智能制造技术及应用

陈晓红　周鲜成　谭平◎主编

清华大学出版社
北京

内 容 简 介

本书根据智能制造在制造业变革中所发挥的关键作用及其发展态势精心编写。在内容架构方面,从智能制造的发展历程开篇,逐步深入其基本内涵、体系架构、技术体系与发展趋势,详细阐述智能感知、工业互联网、智能制造控制等核心技术,以及工业大数据集成与智能决策、先进制造技术、智能装备与系统、智能制造系统运维、智能车间和智能工厂等多方面内容,并佐以丰富的实际案例进行分析。本书的特色在于内容全面、系统且深入,不仅深入剖析了技术原理,还紧密结合实际应用场景,为智能制造的发展提供了清晰的思路与方向。

本书适合制造业技术人员、高校相关专业师生、智能制造领域研究人员及对智能制造感兴趣的读者阅读参考。

图书在版编目(CIP)数据

智能制造技术及应用/陈晓红,周鲜成,谭平主编.

北京:清华大学出版社,2025.7. -- ISBN 978-7-302-69691-9

Ⅰ.TH166

中国国家版本馆 CIP 数据核字第 2025DQ9196 号

责任编辑:吴梦佳
封面设计:傅瑞学
责任校对:李 梅
责任印制:杨 艳

出版发行:清华大学出版社
      网 址:https://www.tup.com.cn,https://www.wqxuetang.com
      地 址:北京清华大学学研大厦 A 座   邮 编:100084
      社 总 机:010-83470000   邮 购:010-62786544
      投稿与读者服务:010-62776969,c-service@tup.tsinghua.edu.cn
      质量反馈:010-62772015,zhiliang@tup.tsinghua.edu.cn
      课件下载:https://www.tup.com.cn,010-83470410
印 装 者:三河市龙大印装有限公司
经 销:全国新华书店
开 本:185mm×260mm   印 张:19.25   字 数:488 千字
版 次:2025 年 7 月第 1 版   印 次:2025 年 7 月第 1 次印刷
定 价:59.00 元

产品编号:109265-01

前　言

进入 21 世纪以来,人类社会正以前所未有的速度步入一个全新的工业时代——智能制造时代。这一时代的开启,与数字经济的蓬勃发展紧密相连。数字经济作为当今世界经济发展的关键趋势,正深刻改变着全球产业格局,为智能制造的兴起提供了肥沃的土壤。党的二十大报告中也明确指出,需加快发展数字经济,促进其与实体经济深度融合,打造具有国际竞争力的数字产业集群。近年来,数字经济发展迅猛,正在重塑全球经济结构与竞争格局。在这一时代背景下,移动互联网、大数据、人工智能等技术不断创新融合,新一轮科技革命和产业变革加速推进,智能制造应运而生,成为制造业发展的关键方向。

湘江实验室作为湖南省委、省政府的重大科技部署,是湖南省强化算力支撑的关键创新平台,在湖南省四大实验室中率先揭牌。湖南工商大学党委书记、中国工程院院士陈晓红担任湘江实验室主任。该实验室聚焦先进计算与人工智能领域,致力于打造“四算一体”的前沿理论研究和关键技术研发高地,推动数字经济与实体经济深度融合,助力传统产业转型升级。陈晓红院士团队在数字经济领域成果丰硕,不仅系统性构建了数字经济理论体系框架,还在算据资源管理、人工智能模型研发等方面取得突破,并在智能制造等多个领域开展了数智技术创新实践,其提交的相关政策建议也获得国家部委采纳,为行业发展提供了重要指引。

湖南工商大学秉持“新工科＋新商科＋新文科”融合理科发展理念,积极推动教育供给侧改革。通过构建“四维强智”新体系、激发“师生共进”新动能、构筑“多元协同”新机制,形成了“三融三促”人才培养模式,培育出众多具备家国情怀、全球视野、系统思维和数智技能的管理型人才。学校以教研成果获奖为契机,深入贯彻党的二十大精神,进一步加强数智型人才培养,为智能制造领域输送专业人才。本书作为数字经济与智能制造领域知识传播的重要载体,旨在为读者提供全面的智能制造知识体系,助力读者理解智能制造对制造业转型升级的重要意义,为其职业发展和技术创新奠定基础。

智能制造的兴起是时代发展的必然产物,也是数字经济发展背景下的必然选择。在全球化、信息化、网络化的背景下,市场需求日益多样化、个性化,传统制造业面临着前所未有的挑战。数字经济的发展使市场竞争更加激烈,对制造业的响应速度、成本控制、质量保证和环保要求等方面提出了更高标准。如何快速响应市场变化,提高生产效率,降低运营成本,同时保证产品质量和满足环保要求,成为摆在全球制造业面前的共同课题。智能制造以其高度集成化、智能化、柔性化的特点,为解决这一问题提供了全新思路,它与数字经济相辅相成,是数字经济在制造业实践中的关键路径。

展望未来,智能制造的发展趋势将呈现高度集成化、高度智能化、高度柔性化、绿色环保和安全可靠等特点,这与数字经济高质量发展的要求相呼应。随着技术的不断进步和应用场景的不断拓展,智能制造将更加注重设备的自诊断与自恢复能力、生产过程的智能化管理,以及对市场需求的快速响应。同时,绿色制造和可持续发展也将成为智能制造的重要方向之一,这也是数字经济可持续发展理念在制造业的重要实践。然而,智能制造的发展并非一帆风顺。在推进过程中,我们面临着技术瓶颈、人才短缺、标准体系不完善等一系列挑战。特别是在数据安全、隐私保护、伦理道德等方面的问题日益凸显,这在数字经济背景下尤为关键,需要我们在技术创新的同时加强法律法规建设和伦理规范引导。

我们希望通过本书的编写和出版,为读者提供一个全面、深入、系统的视角,更好地理解和把握智能制造的理论与实践,展现智能制造在数字经济中的重要地位和作用。本书通过十章内容,系统阐述智能感知技术、工业互联网技术、智能制造控制技术、工业大数据集成与智能决策、先进制造技术、智能装备与系统、智能制造系统运维,以及智能车间和智能工厂等核心内容,旨在为读者构建全面的智能制造知识体系。从智能感知的精准数据获取,到工业互联网的互联互通,再到智能制造控制的精准优化,每一章都深入探讨了智能制造的关键技术与应用。同时,本书还展望了智能制造的未来趋势,包括智能决策、先进制造技术的突破,以及智能工厂的全面构建,为读者描绘了一幅智能制造在数字经济浪潮中的宏伟蓝图。

本书的具体编写分工如下:陈晓红院士制定了本书的大纲,周鲜成教授、谭平副教授负责统稿、校稿,并参与了编写;周开军教授、赵新宇博士、黄雯蒂博士、李世玲博士、高宾华博士、王海军博士、王并乡博士、曾理博士参与了本书的编写。

在本书编写过程中,我们广泛吸纳了学术界与行业专家的研究成果及实践经验,通过系统梳理全球数字经济发展脉络,深度整合跨领域理论范式与产业实践案例,从而确保本书能够立体化呈现当前数字经济领域的前沿理论演进与创新应用图景。值此付梓之际,谨此向所有为本书提供智力支持的专家学者、行业先驱及协作机构致以崇高的学术敬意与真挚的职业祝福!最后,衷心感谢所有为智能制造领域作出贡献的专家学者和业界同人,是你们的智慧和努力推动了智能制造的不断发展和进步,也为数字经济与制造业的融合发展添砖加瓦。我们也期待在未来的日子里与广大读者携手共进,共同探索智能制造在数字经济中的无限可能!

编 者

2025 年 4 月

目　　录

第1章　概　　述

制造业是一个国家的立国之本,是支撑国民经济发展的基石。在科技竞争加剧、人口红利消失、消费结构升级、经济社会转型的背景下,数字经济已成为全球新一轮科技革命和产业变革的新引擎。因此,世界各国纷纷将智能制造提升到国家战略层面,以期在新的工业革命中占据主导地位。近年来,我国积极部署并实施强化制造业实力的国家战略,核心聚焦于加快制造业的创新步伐,提升产品质量与生产效率,以实现从"制造大国"到"制造强国"的历史性跨越。智能制造的关键技术包括智能感知技术、工业互联网技术、智能制造控制技术、工业大数据集成与智能决策、先进制造技术、智能装备与系统、智能制造系统运维、智能车间和智能工厂等。本章围绕智能制造的发展历程、智能制造的基本内涵、智能制造的体系架构、智能制造的技术体系、智能制造的发展趋势这五个方面展开阐述,梳理了智能制造的发展历程,介绍了智能制造发展的总体情况,分析了智能制造发展的三个阶段及其特征,阐述了智能制造的基本内涵,解析了智能制造的体系架构,描述了智能制造体系架构的基本含义,归纳了智能感知技术、工业互联网、智能制造控制等技术体系,展望了智能制造的发展趋势。

1.1　智能制造的发展历程

1.1.1　智能制造发展总体概述

智能制造的概念与技术经过几十年的演变,见证了全球工业格局的深刻变革。从 20 世纪 80 年代日本提出"智能制造系统"(IMS),到美国提出"信息物理系统"(CPS),德国提出"工业 4.0",再到中国提出"中国制造 2025",这一系列里程碑事件共同确立了智能制造在全球工业转型中的核心地位。在此过程中,智能制造领域涌现出众多相互融合、互为补充的发展范式,如精益生产、柔性化生产、并行工程、敏捷制造、数字化制造、计算机集成制造、网络化制造、云制造、智能化制造等,它们共同编织了智能制造的多元化发展图景。特别值得一提的是,精益生产作为这一历史长河中的璀璨明珠,自 20 世纪 50 年代在日本丰田汽车公司诞生以来,凭借其独特理念广泛渗透到全球制造业。其核心精髓是"适时生产,即需即供,量需而制",这一核心理念借助准时制生产(JIT)、全面质量管理、全面生产维护及高效人力资源管理等策略得以实现,彰显了不断追求卓越、持续优化的生产哲学。

精益生产作为智能制造的重要基石,强调效率与灵活性的极致融合,是推动制造业向更高效、更灵活、更智能化方向发展的不竭动力。柔性制造在 20 世纪 80 年代初的兴起,标志着制造业向更高效、更灵活的生产模式迈进。这一系统通过集成数控设备、高效物料储运装置及先进数字化控制系统,实现了生产过程的自动化与智能化。其核心优势在于能够迅速调整以适应多样化的制造任务和快速变化的市场需求,尤其适用于多品种、中小批量的生产任务,不仅提高了生产效率,还显著增强了企业在复杂市场环境下的竞争力和应变能力。并行工程是一种旨在提升产品开发效率和质量的创新方法。它打破了传统串行工程设计中各阶段的严格界限,强调在产品开发的早期阶段就综合考虑产品的全生命周期,并行工程实现了设计、工艺、生产等多环节的紧密合作与协同工作,以尽早开展工作并优化整体流程。

敏捷制造于 20 世纪 90 年代崭露头角,这一概念的兴起紧随着信息技术的日新月异,企业深度融入信息化潮流,实现了生产系统的敏捷重构与高度灵活性。依托快速配置技术与高效资源管理策略,企业能够敏捷捕捉并精准响应用户与市场的动态需求变化,以提升竞争力和市场反应速度。自 1986 年起,制造技术与现代信息技术、先进管理策略、尖端自动化技术及系统工程方法深度融合,形成了高度集成、高效协同的生产体系。借助计算机的强大功能,该系统能够无缝集成并优化企业产品从概念设计到最终废弃处理全生命周期的各个环节,确保人员、经营管理活动与技术应用的和谐统一与高效运作。

21 世纪初,网络化制造作为一股新兴力量迅速崛起,它深度融合了前沿网络技术、制造技术及其他相关领域的先进技术,共同构建起一个高度互联、协同的制造生态系统。这一创新模式极大地提升了企业应对市场变化的敏捷性和全球竞争力。近年来,随着制造问题日益复杂和协同制造需求不断升级,云制造作为面向服务的网络化制造新模式应运而生,并呈现出爆发式的发展趋势。与此同时,智能化制造作为新一代信息技术与制造业深度融合的产物,正引领着制造业向更高层次迈进。它融合了新一代信息技术、传感技术、控制技术及新一代人工智能技术等前沿科技,赋予了产品制造和服务过程以自适应、自学习、自决策等高级能力,是面向未来的制造范式。

这些多元化的智能制造框架不仅是构筑智能生产基石的要素,还从价值创造、技术革新路径及组织结构变革等多维度展现了智能制造的深远影响。这一趋势体现了制造业正加速向数字化、网络化、智能化方向迈进,推动了从自动化到智能化生产的深刻转型,发挥了至关重要的催化作用。然而,随着技术的日新月异与理念模式的层出不穷,企业在选择智能升级路径时面临着诸多挑战与困惑。因此,对当前智能制造的核心范式进行系统化梳理与总结尤为重要,旨在为企业界提供清晰的共识基础,助力中国企业把握智能制造的发展方向,推动制造业的智能化转型与高效升级。

1.1.2 智能制造发展过程

智能制造的发展过程可以根据其解决的问题和在生产体系中的作用划分为以下三个阶段。

1. 智能制造初级阶段

当前,随着人工智能等尖端技术的持续渗透,传统工业自动化系统正在经历深刻变革。这些技术使生产过程中的每一个细节,无论是显性的运行状态还是隐性的潜在问题,都能被精准捕捉并可视化呈现,极大地提高了生产过程的透明度和可控性。同时,这些技术还充当了人类智慧的强大延伸,通过数据分析与预测模型,协助人类做出更科学、高效的决策,进一步优化了生产系统的整体效能。智能制造体系深度融合了工业大数据分析、人工智能算法等前沿技术,展现出超越传统制造模式的巨大潜力。在图像识别、故障预测等特定领域,智能制造系统凭借其卓越的数据处理能力和算法模型,实现了对生产过程的精准把控和前瞻性管理,有效降低了生产风险,提升了产品质量和生产效率。然而,在面对复杂多变的生产环境时,人类经验与直觉的独特价值依然不可替代。智能制造系统更多地作为强大的决策辅助工具,与人类专家紧密协作,共同优化生产流程,而非简单地取代人工判断。

从实施层面来看,智能制造的融入并非一蹴而就,而是采用了稳健的"渐进式"策略。企业根据自身实际情况,在现有工业自动化系统的基础上,灵活嵌入新的智能制造功能。例如,利用扫描技术构建生产线三维模型、增设智能监测设备等,逐步构建起智能制造的雏形。在此过程中,技术限制如模型精度、设备兼容性等问题成为不可避免的挑战,但企业凭借持续的技术创新与实践探索,逐步克服了这些障碍,推动了智能制造在多个维度的快速发展。

现阶段,工业自动化系统仍然是工业生产中的核心控制力量,而智能制造系统则以"智慧顾问"的独特身份,为企业提供了更灵活、高效的定制化解决方案。在自动化生产的基础上,智能制造系统通过模拟专家智慧进行决策分析,帮助企业在复杂多变的市场环境中做出更加精准的决策。当智能制造系统面临挑战或瓶颈时,人类专家与工业自动化系统的紧密协作则成为确保生产连续性和稳定性的关键。

从系统要求的角度来看,工业生产对智能制造系统稳定性和可用性的期望,与 IT 系统的要求并无本质区别。智能制造的当前形态表现为多个独立"节点"的并行发展,尚未构成全面自治的体系。因此,一种描述智能制造的视角是,它基于企业实际需求,依托信息系统平台,模拟专家智慧进行决策分析,从而在某种程度上扩展或替代了专家的部分思维过程,但始终围绕提升生产效能与智能化水平这一目标。在这个过程中,智能制造系统将持续发挥其作为"智慧顾问"的角色,为企业带来更高效、智能的生产体验。

2. 智能制造中级阶段

随着技术的飞速进步,智能制造系统在工业生产领域的核心地位日益凸显。系统集成的关键技术经过广泛实践与验证,逐渐达到成熟阶段,其应用范围不断拓展。例如,传感器与控制器的成本效益与普及程度显著提升,同时,生物识别技术(视频、音频等)的广泛应用,则极大地丰富了系统获取信息的维度与精度。在功能实现方面,各子系统间的数据交互与验证机制得到增强,智能制造系统能够自主综合判断并输出决策,整体智能水平得到提升。面对外部环境变化或故障情况,系统展现出强大的容错能力和自我保护能力,局部故障不再影响全局运行,或能迅速切换至安全模式,保障了整体运行的稳定性和安全性。此外,智能制造的基础技术框架日益稳固,解决了长期困扰行业的确定性、可用性及经济性难题。特别是区块链技术的快速发展,为工业数据的安全性与信任机制构建提供了创新途径,理论上能够有效抵御数据风险,增强系统间的互信基础。

鉴于上述趋势,智能制造系统在工业生产领域的地位将持续上升,其影响力将深入生产流程的每一个细微环节,实现对特定生产单元或功能模块的全面精准掌控。与此同时,考虑到安全生产的重要性,传统的工业自动化系统作为坚实的支撑力量,将作为智能制造系统的有力补充或应急备选,共同确保生产过程的连续性与安全性。

在这一阶段,智能制造系统已超越单纯的智囊角色,而跃升为决策者,主导着生产流程的关键环节。它依据实时生产数据,精准评估生产状态,自主制定并执行控制策略,同时利用反馈机制持续优化与自我调整,确保生产效能的最大化。因此,工业生产领域对智能制造系统的稳定性、可用性及响应速度的要求,相较于传统 IT 系统,有了质的飞跃。

在局部生产单元内,智能制造系统构建了一个高度自治的闭环体系,遵循"状态感知—实时分析—自主决策—精准执行—学习提升"的循环逻辑,确保数据在体系内部顺畅流转,推动系统不断自我完善与进化。这种模式极大地降低了复杂生产环境中固有的不确定性因素的影响,确保生产过程在既定的时间框架和目标导向下,能够自动调整并维持在最优运行状态。

智能制造系统的进化是一场深远而持久的变革,遵循循序渐进、稳步推进的原则。在生产系统中,不同单元的技术发展阶段各异,初级与中级智能制造系统并存,共同推动生产智能化水平的提升。然而,随着技术的不断进步与创新,可以预见,越来越多的初级系统将向中级乃至更高阶段迈进,引领工业生产迈向更加智能、高效的未来。

3. 智能制造高级阶段

随着智能制造系统在全球工业领域的深入渗透与广泛应用,其角色已从初期的辅助工具转变为引领产业升级的主导者,构建起一个个高度自治、智能联动的生产单元。企业纷纷将智能制造作为战略核心,从顶层规划的高度全面拥抱数字化转型浪潮。借助全生产线三维建模与数字交付等前沿技术,企业成功实现了从项目规划、精细设计、高效施工、精准设备选型、精益产品制造到后期运维服务的全链条数据集成与智能化管理,构建了功能完备、高度集成的数字化工厂与数字孪生模型,为智能制造的深化应用提供了坚实的支撑平台。

在 2019 年中国钢铁工业协会发布的《中国钢铁智能制造发展前景展望——钢铁未来梦工厂》的报告中,描绘了依托信息物理系统、大数据、AI、边缘计算等前沿技术的智能制造钢铁企业愿景,预示着一个全新的、高度智能化的生产时代即将来临。这一未来工厂将拥有智能决策与综合管控平台,实现决策的实时性与科学性,确保资源配置的最优化与高效利用。工厂将展现出高度的自感知、自组织、自决策能力,确保能量、物质与信息的动态平衡,实现生产过程"精准、高效、优质、低耗、安全、环保"的全方位提升,推动钢铁行业向高质量发展新阶段迈进。

进入智能制造的高级阶段,其理念必须深入企业的每一个环节,从规划、设计、施工到运维、生产、管理等,都需要精心规划与统筹安排。这包括精心布局智能制造生产系统结构,优化生产车间布局以促进生产有序和物流顺畅,合理配置检测设备及配套设施以保障数据稳定可靠,以及通过三维设计技术和数字交付手段实现生产线的全面数字化转型。为了深化智能制造的发展,构建强大的数据支撑平台,打造稳固的智能制造基础设施成为关键,包括工业大数据平台、工业互联网平台等核心架构,这些平台为智能制造系统提供了强大的数据处理与分析能力,使企业能够实时掌握生产动态,快速响应市场变化。

在此阶段,智能制造系统已成为企业生产活动的核心决策者,是一个远超传统 IT 系统要求的、高度确定且可用性极强的系统生态。这一生态不仅自给自足,还具备高度的自治能力,通过内部机制的协调与优化,实现资源的高效配置与任务的智能调度,推动了一种新型生产方式的诞生,为生产流程带来前所未有的灵活性与效率。这种生产方式基于新一代信息通信技术与先进制造技术的融合,不仅贯穿从概念设计到实际生产的每一个环节,更让制造过程具备了自我感知环境、持续学习优化、自主决策判断、高效执行指令及灵活适应变化等卓越能力,实现了制造领域的深刻变革与飞跃。

1.1.3 智能制造发展过程的特征

如上所述,智能制造的发展进程可划分为三个阶段,各具鲜明特征。在初级阶段,智能制造系统尚未构建起独立且完整的体系,主要作为工业自动化架构的增值部分,为生产过程提供关键的参考依据与辅助支持。进入中级阶段,智能制造重点聚焦特定生产单元,构建起自治闭环系统,局部决策能力得到显著提升,此时传统工业自动化系统则转变为坚实可靠的后备力量。而到了高级阶段,智能制造全面构建起系统化的架构,深入生产各环节,成为主导决策的核心力量,其特征与影响力覆盖整个生产流程。智能制造发展过程的三个阶段如表 1.1 所示。

表 1.1　智能制造发展过程的三个阶段

阶段	智能制造控制范围	特　征	地位作用	表现形式	对确定性、可用性的要求
智能制造初级阶段	局部	自感知、自学习、自适应、辅助决策、辅助执行	参考性作用	工业自动化系统的补充,未形成完整的体系	低
智能制造中级阶段	生产单元(局部)	自感知、自学习、自适应、自决策、自执行	决定性作用	相对完整的系统、相对完整的体系	高
智能制造高级阶段	全过程或全产业链	自感知、自学习、自适应、自决策、自执行	决定性作用	完备的系统、完整的体系	高

1.2　智能制造的基本内涵

智能制造是指借助先进的信息技术,如大数据、人工智能、云计算、物联网等,对制造过程进行优化和整合,从而达成生产过程的智能化、网络化和数字化的生产模式。其核心目标是通过技术和数据的应用,提高制造业的生产效率、产品质量和灵活性,同时降低成本,推动可持续发展。

智能制造涵盖了多种相关范式和技术,这些范式通常具备数字化、网络化、智能化的特性,它们共同作用于优化和改进制造过程。智能制造的基本内涵如表 1.2 所示。

表 1.2　智能制造的基本内涵

数 字 化	网 络 化	智 能 化
智能化制造	智能化制造	智能化制造
云制造	云制造	
网络化制造	网络化制造	
计算机集成制造	计算机集成制造	
数字化制造		
敏捷制造		
并行制造		
柔性制造		
精益生产		

智能制造相关范式的演进流程如图 1.1 所示,可总结为以数字化制造为主要特征的初代智能制造,以"互联网＋"制造为主要特征的二代智能制造,兼备数字化、网络化、智能化多特征的现代智能制造。

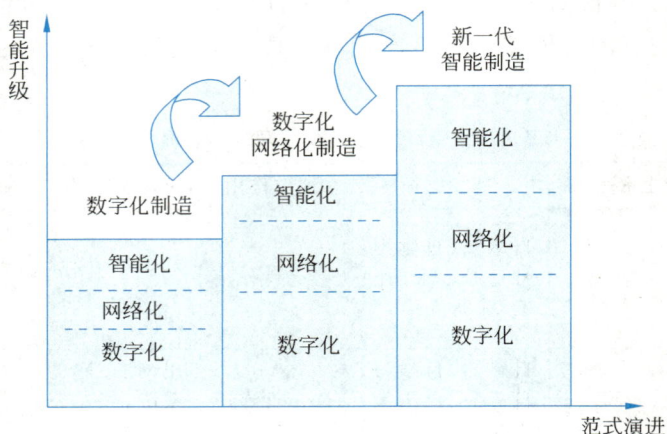

图 1.1　智能制造相关范式的演进流程

经过多年的经济发展,我国已构建起世界上规模最大、工业门类最齐全的制造业体系,包括以机械制造为代表的离散型制造业,以及以化工冶金为代表的流程型制造业。而智能制造则涉及对二者进行数字化、网络化和智能化的改造。

1.3　智能制造的体系架构

1.3.1　智能制造体系架构概述

智能制造贯穿产业链供给的全周期。智能制造体系架构(也可称作智能制造系统架构,或智能制造系统参考架构),是对智能制造活动中各相关要素及其相互关系的一种映射,是对智能制造活动的抽象化、模型化认知。

从宏观层面来看,智能制造体系架构为国家推动制造业向智能化转型提供了建设标准,包括价值、技术和组织等维度。

1.3.2　智能制造体系架构维度解析

智能制造体系架构可从技术维度、价值维度和组织维度三个维度进行解析,如图 1.2 所示。

1. 技术维度——以两化融合为主线的技术进化维度

如图 1.3 所示,智能制造的技术进化历程可以分为数字化制造、数字化＋网络化制造及数字化＋网络化＋智能化制造三个阶段。数字化制造作为智能制造的技术基础,贯穿整个演进过程;进一步地,通过引入工业互联网技术以实现数字化与网络化的融合,将智能制造技术推向新的高度;而新一代智能制造则在前两者融合的基础上,利用先进制造技术与人工智能技

图 1.2　智能制造体系结构

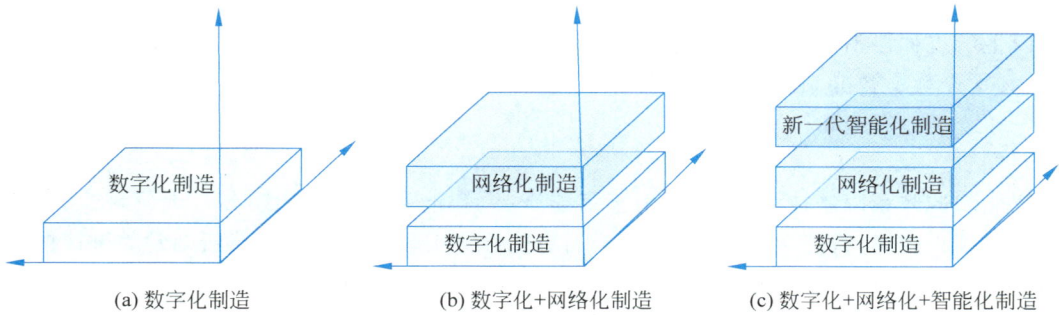

图 1.3　智能制造的技术进化历程

术,真正实现制造业的智能化。

1) 数字化制造

随着数字技术的兴起,融合了数字技术与制造技术的数字化制造概念应运而生,如图 1.3(a)所示。在生产制造中引入数字化设计、仿真和集成制造技术,能使企业生产管理更加协同高效。同时,数字化制造连通虚拟开发与现实生产,能够显著提升产品质量和生产效率,缩短产品创新的研发周期,有助于企业降本增效。

数字化制造具有以下三个特点。

(1) 生产流程的数字化表达,包括生产产品与生产工艺的数字化、生产设备与生产材料的数字化,以及生产人员的数字化。

(2) 生产信息的数字化联通,包括建立长效的生产信息在线共享通信系统,实现信息形式和语义的统一。

(3) 生产数据的数字化集成,将生产数据实时集成至信息化管理系统,以实现整个生产各环节的可视化管理。

2) 数字化＋网络化制造

在数字化制造基础上融入工业物联网技术,可实现各生产实体之间、生产实体与消费实体之间的信息互通,如图 1.3(b)所示。物联网技术有助于整合企业生产与市场需求信息,促进生产资源配置,优化产业链上下游供给,帮助企业改善经营模式,更好地满足市场需求。

数字化＋网络化制造具有以下三个特点。

（1）促进生产和消费环节中供给端的信息融通,帮助企业更精准地把握市场动向。

（2）促进产业链上下游协同,优化资源配置。

（3）促进产品向服务延伸,通过高效的售后运营和维护赋予产品更多价值,进一步帮助企业深入市场,挖掘市场潜力。

3）数字化＋网络化＋智能化制造

随着近年来人工智能技术的飞速发展,融合了先进人工智能技术和制造业技术的智能化制造概念应运而生,如图1.3(c)所示。新一代人工智能技术的进步推动了多媒体智能、跨媒体智能、群体智能、人机混合增强智能、大数据智能及自主智能系统的发展,为制造业开辟了全新的发展方向。

数字化＋网络化＋智能化制造在现有技术基础上,通过应用深度学习、迁移学习、强化学习等技术,赋予生产制造各环节自主学习能力,实现生产数据向知识的有效转化。这一转变显著加速了制造领域内知识的生成、积累、应用与传承过程,从而极大地增强了创新潜力和服务效能。

以生产过程伴随着生产知识创新与应用为标志的数字化＋网络化＋智能化的制造模式的诞生,真正诠释了智能制造的概念。

2. 价值维度——从价值创造的角度出发

智能制造体系以制造为核心,辐射至智能产品、智能生产及智能服务三大领域。其中,智能产品是核心载体,智能生产是关键环节,而智能服务引领的产业模式革新则是关键议题。智能制造的价值创造路径清晰呈现于产品升级、生产优化与服务创新这三大维度。

（1）智能产品,包括通过智能制造技术提升产品功能和性能,进而增加产品的附加值和市场竞争力。

（2）智能生产,包括从产品设计到生产管理的整个制造流程,通过制造技术和信息技术的融合,显著提高了产品设计和生产水平,提升生产效率。

（3）智能服务,包括以用户为中心,覆盖产品全生命周期的各种服务。智能服务的引入不仅催生了如个性化定制等新型生产方式,还深刻促进了服务型制造业与生产性服务业之间的深度融合与变革,实现了整体制造生态效能的提升,包括产品、装备、生产、服务、市场和管理等方面的优化和协同。

3. 组织维度——以人为本的组织系统维度

智能制造自诞生伊始就展现出前所未有的系统集成特征。在组织维度中,智能制造主要体现在智能单元、智能系统、系统集成三个层面。

（1）智能单元作为实现智能制造功能的最小单元,通过硬件和软件实现数据闭环的感知、分析、决策和执行。

（2）智能系统是多个智能单元的集成,扩展了数据自动流动的范围和深度,提升了制造资源配置的精度和广度,涵盖多种形式的制造装备、生产单元、生产线等。

（3）系统集成指多个智能系统通过工业互联网和智能云平台进行有机整合的过程。这种整合不仅能在制造系统内部进行纵向集成,还能跨越不同企业之间,基于工业物联网与智能云平台实现横向集成。多种多样的集成方式共同促进了企业间的信息共享、协作和优化,构建起开放、协同与共享的产业生态。

1.4　智能制造的技术体系

智能制造是融合机械、计算机、通信、控制、管理等多学科知识的专业领域,所涉及的技术非常广泛。总体而言,智能制造涵盖的技术体系主要包括智能感知技术、工业互联网技术、智能制造控制技术、工业大数据集成与智能决策、先进制造技术、智能装备与系统、智能制造系统运维、智能车间和智能工厂等技术。

1.4.1　智能感知技术

智能感知技术通常包括传感器技术、RFID 技术、机器视觉技术、数据处理技术等。

1. 传感器技术

传感器技术是一种能够将特定物理量(如光、声音、压力、温度、振动、湿度、速度、加速度、特定化学成分或气体的存在、运动、灰尘颗粒的存在等)转换为电信号,以此来检测、测量或指示这些物理量的技术。

传感器技术的工作原理通常包括采集和转换两个过程。首先,传感器采集被测量物理量或化学量的相关信息;随后,将这些信息通过内部的转换器转换成标准电信号,输出给计算机或其他控制设备,以供分析和处理。

传感器技术在现代生产和智能制造中发挥着越来越重要的作用。在工业生产中,传感器可实时监测设备的温度和震动情况,及时做出反馈,从而提升生产效率和安全性。在智能制造中,传感器能够感知图像、温度、湿度和压力强度等信息,助力实现智能控制及制造生产的节能环保。

2. RFID 技术

RFID(射频识别)技术是一种无线通信技术,能够通过无线电频率识别标签上的信息。在智能制造中,它通过识别、追踪和管理生产过程中的物料和产品,发挥着关键作用。

通常情况下,RFID 系统的主要组成部分包括标签、读取器和中间件,标签作为信息存储的载体,通常包括一个芯片和一个天线,芯片存储着与物体相关的信息,而天线用于与读取器进行通信;读取器通过无线电信号与标签通信,实现数据的读取和写入;中间件则负责处理读取器获取的数据,并将其集成到工厂管理系统中。

如图 1.4 所示,在生产线上应用 RFID 技术,可实现自动化数据采集和产品追踪。这不仅有助于提高生产效率,减少人为干预,降低生产成本,进而推动工厂向智能化发展。RFID 技术可以实现对原材料和成品的精准管理和追踪,帮助企业实现库存的精细化管理,减少库存积压和物料丢失现象,从而提高库存周转率,降低库存成本。RFID 技术在智能制造中扮演着至关重要的角色,它不仅可以确保生产线的灵活性和适应性,还可以提高生产过程的透明度,从而为工厂的智能化发展提供有力支持。随着市场需求的不断变化,传统生产模式已经无法满足多样化、个性化的需求,而 RFID 技术能够帮助企业快速调整生产线,根据市场需求迅速切换生产模式,更好地满足市场的多样化需求。RFID 技术的应用可以显著提升工厂的生产效率,从而降低生产成本。通过自动化数据采集和产品追踪,RFID 技术能够有效减少了人为错误,避免了传统手工记录和识别过程中可能出现的失误。此外,RFID 技术还能够优化资源分配,实现对生产过程的精细化管理,从而提高生产效率,降低生产成本。

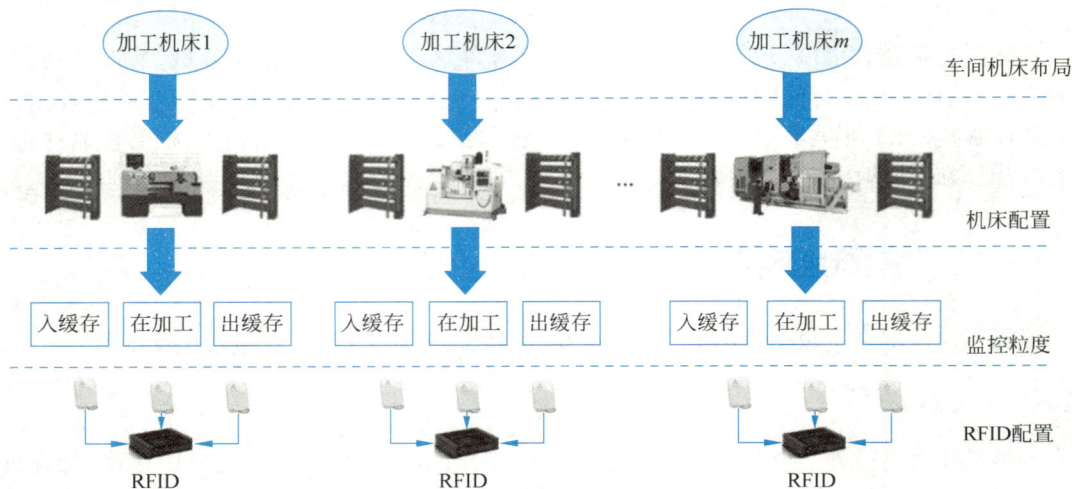

图 1.4　RFID 技术应用示意图

3. 机器视觉技术

机器视觉技术利用视觉相关设备采集目标物体的像素分布、亮度和颜色信息,这些信息随后被转换为数字信号,并传送到专门的图像处理系统中进行最终处理。系统通过多种算法处理这些信号,提取目标特征,并根据分析结果对现场设备进行控制。

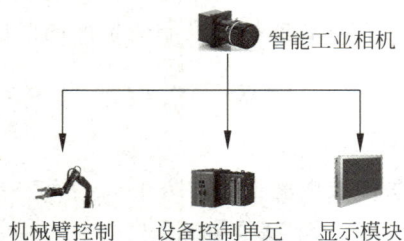

图 1.5　基于智能工业相机的机器视觉技术

机器视觉技术通常分为两大类:基于智能工业相机的机器视觉技术和基于工控机的机器视觉技术。智能工业相机是近年来机器视觉领域发展较快的一项新技术。如图 1.5 所示,智能相机是一个兼具图像采集、图像处理和信息传递功能的小型机器视觉检测系统,属于一种嵌入式计算机视觉检测系统。它将图像传感器、处理模块、通信模块和其他外设集成到一个单一的相机内,这种一体化的设计降低了系统的复杂度,并提高了可靠性,同时大幅缩小了系统尺寸,拓宽了机器视觉的应用领域。智能工业相机直接输出处理后的图像数据,用于设备控制和结果显示,广泛应用于二维码识别、红外目标检测、视觉引导定位等特定场景。

基于工控机的机器视觉技术是目前主流的应用方案。分离式的图像采集系统与基于工控机的处理系统架构,使其能广泛适用于各类工业视觉应用场景。基于工控机的工业视觉系统分为图像采集、图像处理和运动控制三个部分。

工业相机与镜头:成像设备是视觉系统中的关键组件,通常包含一套或多套相机。当系统使用多路相机时,可通过切换控制选择特定相机获取图像数据,或通过同步控制同时从多个相机通道获取数据。同步控制常用于需要多个角度或视点的场景,如立体视觉、三维重建或多目标跟踪。在这些应用中,确保各相机的数据同步性对提高系统的精度和可靠性至关重要。工业相机按照芯片类型、扫描方式、分辨率大小、输出信号方式、输出色彩、输出信号速度、响应频率范围等有着不同的分类方法,种类繁多,需要根据应用需求进行选择。

光源:光源在一定程度上会影响机器视觉系统输入质量,对输入数据的准确性和系统的应用效果有直接影响,所以在视觉系统中至关重要。

控制单元:控制单元通常包含光电传感器、I/O 接口、运动控制模块和电平转换单元等组件,其功能是判断被测对象的位置和状态,进而指示图像传感器进行准确的数据采集,或基于图像处理结果对生产过程实施精确控制。

图像处理算力设备:视觉系统的核心计算单元通常是工控机或 GPU 服务器,负责图像处理和控制逻辑执行。在涉及检测识别或深度学习任务时,高性能的 CPU 或 GPU 至关重要,有助于缩短处理时间并提升系统效率。机器视觉软件主要处理图像数据,进行识别并输出运算结果,输出结果有 PASS/FALL 信号、坐标定位信息、字符串等多种形式。常见的传统机器视觉软件,如 Halcon 和康耐视 Vision Pro 等,能够实现专用(如 LCD 检测、BGA 检测、模板对准等)或通用(包括定位、测量、条码/字符识别、斑点检测等)的视觉检测功能。

4. 数据处理技术

制造业数据涵盖工业领域各个阶段产生的所有数据及其相关技术和应用,这些阶段包括客户需求、销售、订单管理、计划制订、研发、设计、工艺、制造、采购、供应链管理、库存管理、发货与交付、售后服务、运维管理,以及报废或回收再制造等整个产品生命周期。

智能制造数据处理技术主要包括数据采集技术和数据处理技术。数据采集是获得有效数据的重要途径,也是工业大数据分析和应用的基础。数据采集与治理的目标是从企业内部和外部等数据源获取各种类型的数据,并围绕数据的使用,建立数据标准规范和管理机制流程,保证数据质量,提高数据管控水平。在智能制造中,数据分析往往需要更精细化的数据,所以对数据采集能力有着较高的要求。例如,高速旋转设备的故障诊断需要分析高达每秒千次采样的数据,要求无损全时采集数据。通过故障容错和高可用架构,即使在部分网络、机器故障的情况下,仍能保证数据的完整性,杜绝数据丢失。同时,还需要在数据采集过程中自动进行数据实时处理,如校验数据类型和格式,对异常数据进行分类隔离、提取和告警等。

常用的数据获取技术以传感器为主,结合 RFID、条码扫描器、生产和监测设备、PDA、人机交互、智能终端等手段实现生产过程中的信息获取,并通过互联网或现场总线等技术实现原始数据的实时准确传输。

数据处理是指对原始数据进行整理、清洗、转换和存储的过程。如图 1.6 所示,常见的数据处理流程主要包括数据清洗、数据融合、数据分析及数据存储。下面介绍数据处理技术。

数据清洗 ➡ 数据融合 ➡ 数据分析 ➡ 数据存储

图 1.6　常见的数据处理流程

数据清洗也称为数据预处理,是指对所收集数据进行分析前所做的审核、筛选等必要处理,并对存在问题的数据进行处理,将原始的低质量数据转化为方便分析的高质量数据,确保数据的完整性、一致性、唯一性和合理性。鉴于制造业数据具有高噪声特性,原始数据往往难以直接用于分析,无法为智能制造提供决策依据,因此数据清洗是实现智能制造、智能分析的重要环节之一。

数据融合在空间和时间维度上优化和整合来自多个传感器的互补和冗余信息,以提供对观测对象的统一解释和描述。这个过程旨在利用每个传感器提供的感知信息,分析人类的观测数据,通过最佳组合这些信息,提取更有价值的数据。制造业数据具有多源特性,同一观测对象在不同传感器、不同系统下存在多种观测数据,通过数据融合可有效形成各个维度之间的互补,从而获得更有价值的信息。常用的数据融合方法可分为数据层融合、特征层融合及决策层融合。这里需要明确,数据归约是针对单一维度进行的数据约减,而数据融合则是针对不同维度之间的数据进行。

数据分析是通过适用的统计方法对大量收集的数据进行深入解析,以汇总、理解和解释数据,从而最大化其潜在价值,目的是提取有用信息并形成结论,进行详细研究和总结。在智能制造中,数据分析不仅是关键环节,还需高度契合生产过程的特点。与其他领域的纯数据驱动分析不同,制造业的数据分析往往需要与生产过程中的机理模型相结合,采用"数据驱动+机理驱动"的双重模式。这种方法可利用机理模型的理论基础和数据驱动的灵活性,构建出高精度和高可靠性的模型,解决复杂的工业问题,如设备故障预测、生产流程优化、质量控制等。此外,这种方法还能提高对生产过程的可解释性,有助于深入理解和优化生产系统。现有的数据分析技术依据分析目的可分为探索性数据分析和定性数据分析,根据实时性可划分为离线数据分析和在线数据分析。常见的数据分析方法包括列表法、作图法、时间序列分析、聚类分析、回归分析等。

1.4.2　工业互联网技术

工业互联网是新一代信息通信技术与工业经济深度融合构建而成的现代化基础设施及应用模式。该模式把人、机、物及系统作为一个整体进行全面整合,形成了贯穿整个产业链和价值链的综合制造与服务体系。该体系在工业领域及相关行业的数字化、网络化和智能化转型中发挥着关键作用。工业互联网的功能架构主要包括网络、平台和安全三大部分,涉及的技术涵盖工业互联网体系架构、通信协议、开放接口技术及安全体系等。

1. 工业互联网体系架构

工业互联网体系架构为工业企业提供了全面且系统的指导框架,支持其规模化应用的实现。该架构采用自上而下的集成方法,贯穿业务视图、功能架构、实施框架和技术体系,明确了功能架构的设计原则及实施部署策略。这种架构旨在确保各层次的协调一致,为实现工业互联网的全面应用提供清晰的路线图,如图1.7所示。

业务视图从宏观和微观两个角度对企业的数字化转型进行了分析,目的是帮助企业明确工业互联网的定位和价值。同时,这种分析还揭示了企业在整个转型过程中所需的相关业务需求和技术支持,为后续功能架构设计提供关键指导。

功能架构依据业务视角设立了三个核心系统:以平台为中心、基于网络及安全保障。通过对这些系统操作进行抽象,建立起高效的工业数字应用循环。

实施框架定义了在企业内部具体部署功能架构的方式,涉及"在哪里做""做什么"和"如何做"等问题。它将实施划分为四个层级:设备层、边缘层、企业层和工业层,并明确了网络、标识、平台和安全这四个主要实施系统的部署要求,以便更好地与现有制造系统融合。

工业互联网推进产业转型升级需要技术体系作为基础支撑,技术体系主要负责实现功能

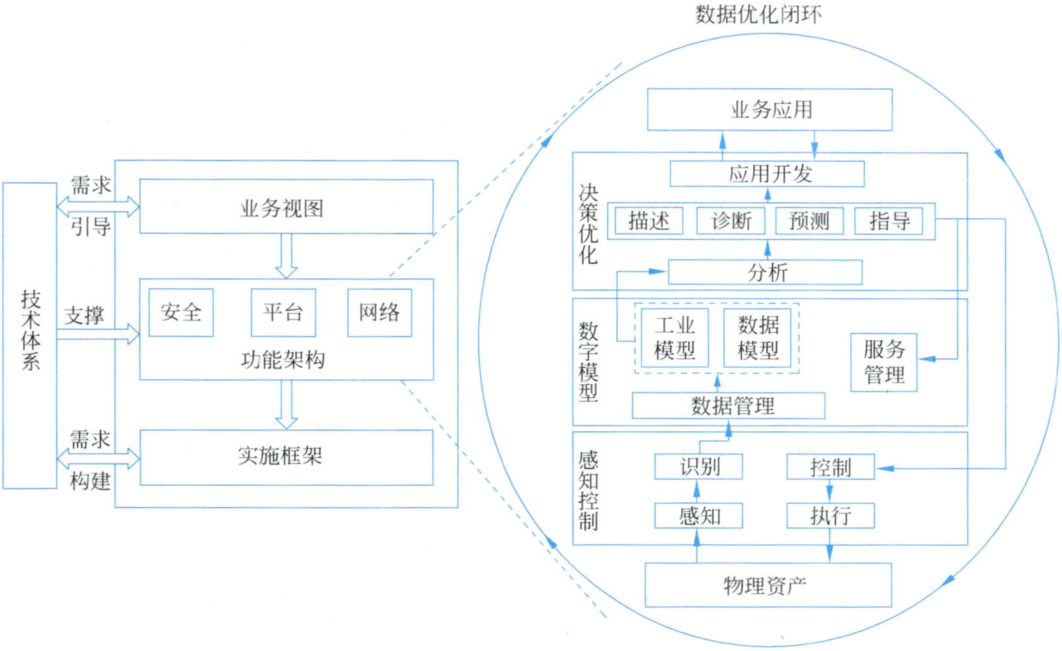

数据优化闭环

图 1.7 工业互联网体系架构

架构并构建实施框架,其应用的关键技术通常包括 5G 通信、边缘计算、工业智能、数字孪生、区块链安全等新一代信息技术。

2. 工业互联网通信协议

通信协议用于描述两个或多个设备在系统中如何通信,内容包括传输数据的方式、数据格式、错误检测和纠正方式、信息交换流程等。工业领域的通信协议通常用于控制和监控工业设备,如机器人、流水线、PLC(可编程控制器)等。工业互联网通信协议通常包括 Modbus、EtherCAT、CANopen、PROFINET、EtherNet/IP、5G 通信技术等。

(1) Modbus 是一种串行通信协议,由 Modicon(现为施耐德电气)于 1979 年发布,旨在实现与可编程逻辑控制器(PLC)的通信。该协议已成为行业标准,并广泛应用于连接工业电子设备。

(2) EtherCAT(以太网控制自动化技术)是由德国公司 Beckhoff 开发的开放现场总线系统,基于以太网技术。名称中的 CAT 意指控制自动化技术。作为一种工业以太网协议,EtherCAT 旨在满足自动化应用对通信的高要求,如短数据更新周期、低通信抖动及经济高效的硬件,以优化以太网性能。

(3) CANopen 是基于 CAN 总线的高级通信协议,广泛应用于嵌入式系统和工业控制领域。它实现了 OSI 模型中网络层及以上的功能,支持网络管理、设备监控、节点间通信,并简化了数据的分段传输和重组。CANopen 标准涵盖了寻址机制、通信子协议和应用层的设备子协议。

(4) PROFINET 是由 PROFIBUS International 推出的工业以太网标准,提供完整的自动化通信解决方案,涵盖实时以太网、运动控制、分布式自动化等领域。它兼容工业以太网和现有现场总线技术,支持多供应商技术,保护现有投资。

（5）EtherNet/IP 是一种广泛应用于工业自动化领域的通信协议，尤其在程序控制、传感器与执行器之间的实时数据交换中表现出色。作为通用工业协议（CIP）的一部分，EtherNet/IP 支持标准以太网基础设施，允许设备间的无缝通信，确保系统的互操作性和灵活性。它采用了对象导向的结构，支持多种通信模式，如实时 I/O 通信和消息传递，并具有较高的扩展性和可配置性。这使得 EtherNet/IP 成为工业自动化中实现高效、可靠数据传输的重要工具。

（6）5G 通信技术是最新一代的蜂窝移动技术，具备海量连接、高可靠性和低时延等特点，是实现工业互联网全面连接的基础。它可应用于增强型移动宽带、大规模物联网和超可靠低时延通信三大场景。

3. 工业互联网开放接口技术

工业应用开放接口技术，即平台上行接口，包括制造类开放接口和数据服务类开放接口。工业应用开发是实现工业互联网平台与工业应用有机融合的重要桥梁，贯穿整个应用开发过程。资源和能力数据上传到云平台之后，数据如何在应用中展示和分析，工业应用开发起到核心作用，对应用开发接口进行规范是实现工业云平台数据处理与工业应用数据展示的核心部分。

制造类接口包括研发设计类、经营管理类、生产制造类、运维保障类、基础数据类和系统设置类接口。数据类接口包括基础数据类、制造数据类和业务数据类接口。

4. 工业互联网安全体系

随着工业 4.0 时代的到来，工业互联网迅速发展，为工业产业的升级和转型提供了强大动力。然而，随着工业互联网的普及和应用，安全问题日益凸显，给工业互联网的发展带来巨大挑战。为应对这些挑战，工业互联网安全技术应运而生，成为工业互联网安全的重要组成部分。工业互联网安全体系须具备以下七个方面的功能。

（1）多源安全威胁感知与防御。平台采用先进的多源安全威胁感知技术，能够实时监测来自网络、恶意软件、钓鱼攻击等多种威胁手段，并通过机器学习和人工智能技术对威胁进行识别和分类，实现快速响应和防御。

（2）高效数据处理与分析。平台采用先进的数据处理技术，对工控系统产生的海量实时数据进行高效、准确的处理和分析。通过数据清洗、数据挖掘等技术手段，确保数据的准确性和完整性，为安全态势感知提供有力支持。

（3）定制化解决方案。平台提供定制化的工控安全态势感知产品，针对不同领域和需求提供个性化的解决方案。通过与客户紧密合作，深入了解其业务需求和安全威胁，提供针对性的产品和服务。

（4）增强产品性能。平台通过技术创新和研发，提升工控安全态势感知产品的性能稳定性。采用先进的算法和数据处理技术，确保产品的实时性和准确性，满足工业生产对安全性的高要求。

（5）智能安全事件报告。平台具备智能安全事件报告功能，能够实时监测工控系统的安全状态，并在发现安全事件时及时、全面地报告。通过自动化和智能化的技术手段，提高安全事件的报告效率和准确性。

（6）统一的事件管理平台。平台构建统一的事件管理平台，实现对不同领域工控系统安全事件的统一管理和监控。该平台具备可扩展性和定制性，能够满足不同领域的安全事件管理需求,提高管理效率。

（7）威胁情报共享与协作。平台积极推动威胁情报的共享与协作,建立完善的威胁情报共享机制。通过与行业内的合作伙伴、研究机构等共享威胁情报,提高工控态势感知行业的整体防御能力。

1.4.3 智能制造控制技术

制造系统控制是根据给定的目标和要求,借助人的智慧,从计算机为工具,对制造系统的运行过程进行合理管控,从而实现生产优化、经营优化的一门技术,对提升制造系统自动化和智能化水平具有重要意义。制造系统控制的目标是通过对制造过程中的物料、人力、设备等生产资源进行合理规划、调度与控制,缩短产品制造周期、提高产品质量、降低物耗能耗、提升生产资源的利用率,最终提高生产率。通常,智能制造系统涉及的控制技术主要有智能控制、可编程逻辑控制、自适应控制、分布式控制、协同控制等。

1. 智能控制技术

智能控制能够突破传统控制理论的局限,将控制理论方法和人工智能技术相结合,产生类似人类的思维活动。常见的智能控制技术包含专家控制、模糊控制、神经网络控制、学习控制、智能算法等。它们具备以下特点:能有效运用类人的控制策略和被控对象及环境信息,实现对复杂系统的有效全局控制,具有较强的容错能力和广泛的适应性;具有混合控制特点,既包括数学模型,也包含以知识表示的非数学广义模型,实现定性决策与定量控制相结合的多模态控制方式;具有自适应、自组织、自学习、自诊断和自修复功能,能从系统功能和整体优化的角度分析和综合系统,以达成预定的目标;控制器具有非线性和变结构特点,能进行多目标优化。上述特点使智能控制相较于传统控制方法,更适合解决含有不确定性、模糊性、时变性、复杂性和不完全性的系统控制问题。

2. 可编程逻辑控制技术

随着智能制造的兴起,可编程逻辑控制器(PLC)在制造业中的地位愈发重要。随着工业技术的持续进步和市场需求的不断变化,PLC 已成为工业领域最常用的控制系统之一,其重要性体现在四个方面。

（1）灵活性和可编程性。PLC 具有高度灵活和可编程特性,能够适应不同的工业应用和生产需求。通过编程和配置,PLC 可以实现从简单逻辑运算到复杂运动控制和过程控制等各种复杂的控制逻辑和功能,为工业生产提供了高度的灵活性和可调节性。

（2）可靠性和稳定性。作为工业自动化的核心控制设备,PLC 具备出色的可靠性和稳定性。它经过严格的测试和质量控制,确保在恶劣的工作环境下也能够长时间稳定运行。PLC 采用可靠的硬件和电子组件,具备抗干扰和抗电磁干扰能力,保障生产系统的稳定性和可靠性。

（3）快速响应和实时控制。PLC 具备快速响应和实时控制能力,可以对工业过程进行精确的监测和控制。通过高速的输入/输出模块和强大的处理能力,PLC 能够在毫秒级时间内对输入信号进行处理并输出相应的控制信号,实现对工业过程的实时监控和控制。

（4）故障诊断和维护便捷性。PLC 提供便捷的故障诊断和维护功能,可帮助工程师快速定位和解决问题。PLC 内置丰富的自诊断功能和报警系统,能够监测系统状态并及时报警,降低故障发生的可能性。此外,PLC 的模块化设计和可替换性使维修和更换部件更加简单高效。

3. 自适应控制技术

自适应控制是一种反馈控制系统,能够智能地调整自身特性以适应环境变化,从而确保系统始终保持在预设的最佳状态。该控制方法主要针对具有不确定性的系统,通过实时调整自身特性来适应对象和外部扰动的动态变化。常见的自适应控制技术有模型参考自适应控制、自校正控制等。

模型参考自适应控制技术的理论基础包括局部参数优化、李雅普诺夫稳定性理论和波波夫超稳定性理论。模型参考自适应控制系统由一个参考模型、被控对象、反馈控制器和一个适应机制(用于调整控制器参数)组成,其技术原理如图 1.8 所示。该系统包含一个内部回路和一个外部回路,内回路是由被控对象和控制器组成的常规反馈回路,外回路负责调整控制器的参数。参考模型的输出 y 体现了被控制对象在理想情况下应如何响应参考输入 γ。

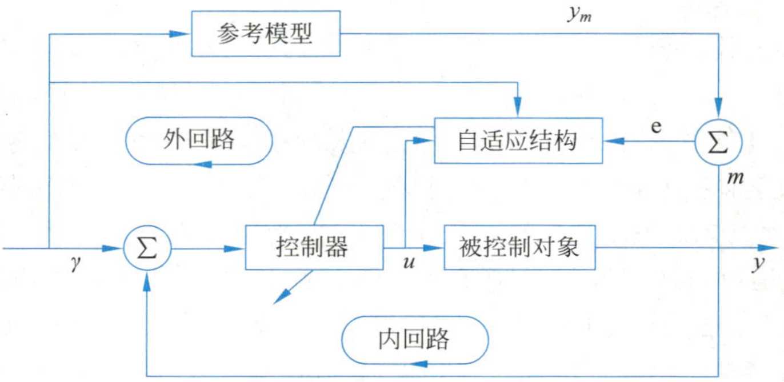

图 1.8　模型参考自适应控制技术原理

自校正控制系统通常包含两个主要环路,其技术原理如图 1.9 所示。内回路由被控对象和线性反馈调节器组成,而外回路包括递推参数估计器和设计机构。外回路的任务是实时识别过程参数,并根据设计方法调整控制器参数,以优化内回路的调节器。系统的特点是通过实时识别被控对象,利用估计的参数和性能指标,在线计算控制参数。这些参数用于调节被控对象,通过不断地识别和调整,提高系统性能。

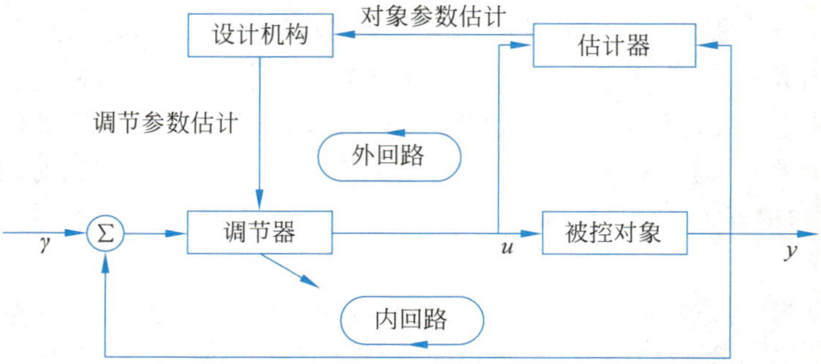

图 1.9　模型参考自校正控制技术原理

4. 分布式控制技术

分布式控制技术(DCS)也称集散控制技术,是一种用于实现分散控制和生产过程集中管理的计算机控制技术。在过程控制需求日渐繁杂、现代工业生产水平不断上升的背景下,这种技术应运而生。多种技术的融合催生了一种新型控制系统,它的目标是优化控制功能,融合了控制集中与危险分散的特点,以此来将安全性和整体效率赋予该系统。该系统的设计理念包括集中管理和分散控制,而其原则是综合协调与自主性,体系结构采用分层设计。在现代自动化系统领域,已经广泛应用了 DCS。

分布式控制系统通常包括三个层级:过程控制、生产监控和集中管理。数据采集站和分布式现场控制站主要负责底层的控制任务,并收集相关数据。这些数据通过计算机系统在监控层通过网络进行传输,底层控制数据由上层系统进行集中管理。随着计算机技术的发展,DCS 可以通过网络连接更高性能的计算机设备,实现更先进的集中管理功能。在过程控制层,各回路由微处理器分别控制,而上级控制则由高性能微处理机或中小型工业计算机实现。高速数据通道用于交流上下级及各回路间的信息。

5. 协同控制技术

智能协同控制是一种通过多个智能体或系统之间的协作与协调,实现对特定任务或系统控制和管理的方法。它涉及将多个智能体的能力和知识集成在一起,以实现更高级别的控制和决策,应用于工业自动化、工业机器人技术等诸多领域。在这些领域中,多个智能体(可以是机器人、传感器、控制系统等)通常需要协同工作,以完成复杂任务或实现特定目标。智能协同控制的关键是实现智能体之间的有效通信和协作,这可以通过使用各种通信协议、共享信息和知识、协同决策等方式达成。智能协同控制可以借助机器学习和人工智能技术,使智能体能够学习和适应不同的环境和任务,并根据需要进行自主决策。智能协同控制的优势在于能够提高系统的效率和性能,并且可以应对复杂和动态的环境。通过协同工作,多个智能体可以共同解决问题,提供更加灵活和智能的解决方案。然而,智能协同控制也面临一些挑战。例如,智能体之间的通信和协作可能会受到噪声、延迟或故障的影响;此外,智能体之间的目标可能存在冲突,需要进行冲突解决和协商。解决这些挑战需要设计合适的协同算法和机制,以确保系统的稳定性和可靠性。

1.4.4　工业大数据集成与智能决策

1. 工业大数据的概念

在工业领域,基于典型的智能制造模式,从产品的客户需求开始,到售后服务终结的整个生命周期里,各个环节产生的数据及其相关技术,统称为工业大数据。企业内部的信息系统是生产和经营数据的主要来源,积累了大量关于产品的相关数据,这些数据的范围也在不断拓展。外部数据包括与工业企业生产和产品相关的外部互联网数据,可用于评估企业的环境绩效、预测市场趋势。新兴且增长最快的工业大数据,一部分来源于此类数据,另一部分是工业设备和产品快速生成的时间序列数据。设备物联网数据是指工业生产设备和产品在物联网环境中生成并收集的实时数据。

2. 基于信息物理系统(CPS)的工业大数据集成技术

CPS 是一种将物理世界与信息世界无缝衔接的系统。它借助传感器、通信和计算技术，把物理实体与信息系统融合在一起，实现对物理世界的实时感知、控制和优化。

根据 CPS 为达成智能化应具备的特征，CPS 技术架构由五个层次构成：智能感知层、信息挖掘层、网络层、认知层和配置执行层。

(1) 智能感知层(smart connection level)。该层专注于高效、可靠地采集机器或组件级别的数据，通常包含本地代理，用于记录、缓存和简化数据，并通过通信协议(如 ZigBee、蓝牙、Wi-Fi 和 UWB)将数据从本地系统传输到远程中央服务器。强大的工厂网络解决方案能够使机器系统更加智能，确保数据透明是首要任务。

(2) 信息挖掘层(data-to-information conversion level)。在这一层，机器系统的运行状况通过这些数据得以反映，数据需转换为更有意义的信息，以便进一步应用。

(3) 网络层(network level)。这一层负责网络内容管理。通过提取的信息展示系统在特定时间点的状态，将不同时间点的机器或其他类似机器与其进行比较，用户可借此预测任务状态，深入了解系统变化。每个机器系统知识库的建立是网络层通过网络化内容管理实现的。

(4) 认知层(cognition level)。基于网络层的实现，机器信号经 CPS 转化为健康信息，进而进行实例比较。在认知层，在线监测系统通过机器提前诊断潜在故障，自适应学习基于历史健康评估开展自适应学习，利用预测算法预测潜在故障及故障发生时间。

(5) 配置执行层(configuration level)。该层基于在线跟踪健康状态，提供健康监测信息和早期故障检测。业务管理系统收到这些信息的反馈，工厂经理和操作员据此做出维护决策。机器通过调整制造进度或工作负载减少故障损失，实现系统的弹性运行。

3. 基于云平台的工业大数据集成技术

在工业互联网环境中基于 Hadoop 生态系统和云平台的架构通常被采用。通过离线计算或流式计算进行数据处理，计算模型的运行使用了容器技术，以便统一访问知识数据。可复制性和通用性是该方法算法和服务的核心。一旦现有服务无法满足外部需求，副本可由容器技术轻易生成，外部访问能力得以扩展。服务的协作和结构被重新定义，非功能特性问题隐藏被无服务器和微服务架构解决。高并发性在工业大数据领域提供服务时不需要被大多数模型所考虑。

云平台技术在工业大数据中提供的集中式服务环境支持了各种应用场景，因此需要统一考虑多样化的应用支撑环境。工业大数据应用程序可能部署在地理位置分散的区域，其应用环境需支持故障恢复能力和跨域协作。

4. 基于工业大数据的智能决策技术

决策是人们为实现特定目标，在掌握一定的信息和经验(知识)的基础上，根据主客观条件的可能性，提出各种可行方案，运用一定科学方法和手段，对解决问题的方案进行比较、分析和评价，并最终做出方案选择的全过程。从本质上看，目标通常驱动行为，问题求解过程以目标为导向，这一过程也被广泛视为人类的思维方式。基于工业大数据的决策方法，即利用工业大数据进行科学决策。工业大数据正成为理解事物、解决问题的重要资源。随着技术的发展，大数据与人工智能深度融合，尤其在复杂决策的建模和分析方面，提供了强大支持。

基于工业大数据的智能决策可分为四个部分：数据融合处理、相关性分析、性能预测和优化决策。

（1）数据融合处理。对制造系统运行中生成的数据进行多层处理，为系统的关联性分析和决策提供可信且可重复利用的数据资源。

（2）相关性分析。在数据融合基础上，针对产品、工艺、设备和系统运行等制造数据的复杂耦合特性，采用制造大数据相关性测量方法进行分析。运用复杂网络等理论，测量制造数据之间的相关程度和相关系数，探索影响车间绩效指标的相关参数。

（3）性能预测。确定车间绩效指标的影响因素后，采用智能车间绩效预测方法，分析车间制造系统内部结构的动态特征和运行机制。从大量制造过程数据中学习并挖掘车间操作参数和性能的演变规律，实现对车间性能的精确预测。

（4）优化决策。分析与预测车间运行状态后，将车间的预测性能与目标决策值实时对照。运用智能车间操作决策方法，在广泛存在的动态干扰条件下，定量调整关键制造数据，实现车间性能的动态优化和决策，确保制造系统始终保持最优稳定运行。

1.4.5　先进制造技术

先进制造技术是一个综合性的技术体系，其主要目标是整合资源、优化流程，实现高效清洁生产，满足用户的各种需求，进而增强企业竞争力。该技术体系涉及超精密切削技术、增材制造技术、先进焊接技术、表面改性技术、激光加工技术等。

1. 超精密切削技术

精密和超精密加工技术是顺应现代高科技发展需求而兴起的机械加工新工艺。它综合运用了机床、工具、计量、环境控制、微机电、数字控制和材料科学等领域的先进成果，是先进制造技术的重要支柱之一，也是研发尖端技术产品不可或缺的关键加工手段。

超精密切削技术主要包括超精密车削、镜面磨削和研磨等。在超精密车床上，使用经过精细研磨的单晶金刚石刀具进行微车削，切削厚度仅约为 $1\mu m$。这些技术常用于加工有色金属材料的高精度和高光洁度的球形、非球形和平面反射器零件。例如，在加工用于核聚变装置、直径为 800mm 的非球面镜时，最高精度可达 $0.1\mu m$，表面粗糙度可达到 $0.05\mu m$。

2. 增材制造技术

增材制造（additive manufacturing，AM）也被称为 3D 打印技术，是 20 世纪 80 年代末期发展起来的新型制造工艺。目前，这项技术能够使用多种材料进行成型，包括金属、非金属、复合材料、生物材料，甚至生命材料。其成型过程的能源来源包括激光、电子束、特殊波长光源和电弧等，或其组合。这项技术可制造从微小元件到超过 10m 的大型航空结构件，对现代制造业的发展和传统制造业的转型升级起到了重要推动作用。

增材制造技术的个性化制造能力非常强大，能够满足未来社会对大规模个性化定制的需求。同时，它对设计创新的支持也颠覆了传统高端装备的设计和制造方式，提供了全新的解决方案，革新了产品设计理念，并推动了中国制造业向创新驱动发展模式的转变。

从最初的原型制造阶段，增材制造逐渐发展到直接制造和大规模生产；从 3D 打印技术扩展到具有可变时间或外部条件的 4D 打印；从主要用于形状控制的模型和模具制造，发展到形状和功能兼备的结构部件制造；从一次性模制部件制造到生物体印刷；从微小功能部件制造扩展到数十米大的民用建筑印刷。作为一种颠覆性技术，增材制造的应用领域不断拓展，影响力持续增强。

3. 先进焊接技术

焊接也称作熔接，是使两种或两种以上同种或异种材料通过原子或分子之间的结合和扩散连接成一体的工艺过程。焊接加工具有以下特点：①节省金属材料，减轻结构重量；②焊接工艺过程简单，生产效率高；③焊接接头的力学性能和密封性优良；④能够实现双金属结构，材料的特性得以完全发挥。

焊接技术的发展总体经历了四个阶段。第一阶段，焊接效率低，焊接一致性差。第二阶段，自动规划开始应用，如机器人的引入，但该工艺过程难以进行模拟和控制。第三阶段，焊接自动化程度提高，焊接机器人具备教学和反馈功能，但通过离线方式实现，对环境的干扰和变化的应变处理能力较弱。第四阶段，智能化应用于焊接系统，能够精确地监控和控制焊接过程，保证焊接质量。

先进焊接技术融合人的智慧和物理系统的优势，形成智能化信息系统，使焊接系统得到极大的改善与提高，尤其是在计算机分析、精确控制、传感等方面，从而显著地提高了人类知识管理的效率、转化和应用。焊接系统的工作效率、质量和稳定性等，从依赖人的经验转变为依赖信息物理系统的知识，即通过软件和数据库实现。

4. 表面改性技术

表面改性技术包含涂层、改性和复合处理等方法，旨在改变材料的表面特性，如形态、化学成分、微观结构和应力状态，以获得所需的性能。其突出特点是无须整体改变材质，因此广泛应用于各个行业。表面工程作为装备制造业中不可或缺的四大重要基础工艺之一，也是提升机械制造整体水平的核心技术之一，对实现制造强国战略具有重要的支撑作用。表面工程行业主要工艺包括电镀、电子电镀、涂装、热喷涂、锌铝涂层、热浸镀、转化膜、防锈润滑、真空镀、粉末渗镀等。行业企业包括专业厂、中间工序（车间班组）、原辅材料生产销售企业、污染治理企业、相关设备生产销售企业、技术开发与应用企业等。

5. 激光加工技术

激光制造技术已成为精密加工工作的重要手段，享有"特用加工工具"和"未来制造系统的普遍方法"的美誉，深刻影响着制造业的发展和工业智能化的进程。

激光制造实现高精度和高质量，主要依赖高性能激光加工技术。人工智能算法在这一领域发挥着至关重要的作用。AI既能调节激光束状态，生成高质量光束并进行整形，以满足复杂的需求，又能监控激光器等设备的运行，保障加工过程更加稳定可靠。

1.4.6 智能装备与系统

智能制造装备是一种具有综合功能的先进制造系统，重点发展的领域包括高端数控机床、自动化生产线、智能控制系统、精密仪器仪表、关键基础部件及智能专用设备。其主要目标是达成生产过程的自动化、智能化、精密化和绿色化，以此提升整个行业的技术水平。

1. 智能装备与系统的特征

智能制造装备融合了机电系统与人工智能,彰显了制造业的转型趋势。相较于传统设备,智能制造装备的特征如下。

(1)自我感知能力。自我感知能力是指智能制造装备通过传感器获取所需信息,对自身状态与环境变化进行感知,而自动识别与数据通信是实现自我感知的重要基础。与传统制造装备相比,智能制造装备需获取数据量庞大的信息,且信息种类繁多,获取环境复杂。因此,研发新型高性能传感器成为实现智能制造装备自我感知的关键。

(2)自适应和优化能力。自适应和优化能力是指智能制造装备根据感知的信息对自身运行模式进行调节,使系统处于最优或较优的状态,以实现对复杂任务不同工况的智能适应。在运行过程中,智能制造装备不断采集过程信息,确定加工制造对象与环境的实际状态。当加工制造对象或环境发生动态变化后,基于系统性能优化准则,生成相应的调控指令,及时地对系统结构或参数进行调整,保证智能制造装备始终处在最优或较优的运行状态。

(3)自我诊断和维护能力。自我诊断和维护能力是指智能制造装备在运行过程中,对自身故障和失效问题能够做出自我诊断,并通过优化调整保证系统正常运行。智能制造装备通常是高度集成的复杂机电一体化设备,外部环境发生变化可能引起系统故障,甚至失效。因此,自我诊断与维护能力对于智能制造装备十分重要。此外,通过自我诊断和维护,还能建立准确的智能制造装备故障与失效数据库,这对进一步提高装备的性能与寿命具有重要的意义。

(4)自主规划和决策能力。自主规划和决策能力是指智能制造装备在无人干预的情况下,基于所感知的信息进行自主规划计算,给出合理的决策指令,并控制执行机构完成相应动作,实现复杂的智能行为。自主规划和决策能力以人工智能技术为基础,融合系统科学、管理科学和信息科学等其他先进技术,是智能制造装备的核心功能。通过对有限资源的优化配置及对工艺过程的智能决策,智能制造装备能够满足实际生产中的不同需求。

2. 智能装备与系统的分类

智能制造装备是人工智能技术与前沿装备设计制造技术的深度融合,覆盖了庞大的业务领域。典型的智能制造装备包括智能数控系统、智能数控机床(金属切削机床、木工机床与锻压机床)、工业机器人、智能物流装备等。

(1)智能数控系统。数控系统是智能制造的核心,其智能化水平为制造和生产提供基础保障。随着工业互联网、云计算和物联网技术的广泛应用,具备自主感知、学习、决策和执行能力的新一代智能数控系统,已成为数控系统发展的关键趋势。智能数控系统能自主感知获取加工信息,自主学习生成知识,利用知识进行自主决策生成最优控制策略,并自主执行控制策略实现对装备的最优控制。智能数控系统需具备三个方面的功能:首先,智能数控系统需要具备开放式系统架构,数控系统智能化发展需要大量用户数据,只有建立开放式系统架构,才能吸引大量用户深度参与系统升级、维护和应用;其次,智能数控系统还需要具备大数据采集与分析能力,支持采集内部指令信息与外部力、热、振动等传感信息,获得相应的机床运行及环境变化大数据,通过人工智能方法对大数据进行分析,建立影响加工质量、效率及稳定性的知识库,给出优化指令,提升自适应加工能力;最后,在互联网环境下,数控系统需转变为能够生成数据的透明智能终端,使制造过程及其生命周期的数据"透明化"。通过智能终端的"透明化",制造过程得以透明化,不仅方便部件加工,还能生成实时数据,服务于各种各样的领域。

这一过程实现了各个环节的资源整合与信息互联。

（2）智能数控机床。传统数控机床缺乏"自感知""自适应""自诊断"与"自决策"特征，无法满足智能制造的发展需求。智能机床作为数控机床进化的高级阶段，集成了顶尖制造技术、先进信息技术与智能科技于一体，展现出了显著的自我感知与状态预测能力。其核心技术亮点涵盖：预测性维护，实现预防性的维护策略，减少非计划停机时间；实时状态监控与故障诊断，确保生产过程的连续性和稳定性；智能质量评估，确保产品质量持续优化；多功能集成与高效加工，显著提升加工效率与灵活性，降低资源和能源消耗。以智能数控车床为例，通过在车床关键位置安装力、变形、振动、噪声、温度、位置、视觉、速度、加速度等多源传感器，采集车床实时运行数据及环境数据，形成智能化的大数据环境与大数据知识库，进一步对大数据进行可视化处理、分析及深度学习，形成智能决策。智能机床的问世，为装备制造业迈向全面生产自动化铺设了坚实基石。一方面，通过智能调控机制，如自动抑制振动、优化热管理、预防干涉、智能调节润滑系统以及降噪处理，显著提升了机床的加工精度与作业效率，确保了生产过程的精细与高效。另一方面，从系统集成视角审视，智能机床作为系统中的重要节点，其自动化水平的提升直接推动了整个集成系统效能的飞跃。随着每台机床自动化程度提高，整个生产流程更加流畅，协同作业能力显著增强，为装备制造业的智能化、集成化转型注入了强劲动力。在数控系统的创新发展中，机床智能化起着关键作用。它能够海量接收并妥善存储各类信息，进而高效执行信息分析、处理、决策、调整、优化及精准控制任务。数控系统不仅强化传统功能，还拓展诸多前沿应用，如构建工夹具数据库实现资源高效管理，引入对话式编程简化操作流程，通过刀具路径检验确保加工精度，利用工序加工时间分析优化生产排期，开工时间状况解析助力产能规划，实时加工负荷监测保障系统稳定运行，加工导航功能提升作业效率，以及实现智能调节、优化与适应控制，全面增强生产过程的灵活性与智能化水平。

（3）工业机器人。工业生产中，多关节机械手组成的工业机器人能够极大节约人力成本。多自由度机器装置以其卓越的伸展性、高度自动化、强大可编程性及广泛的适应性，展现出强大的通用性能。这类装置在工业领域的广泛应用，极大地减轻了人类从事单调重复劳动的负担，同时，它们能够勇敢地踏入那些对人类而言危险或恶劣的工作环境，执行复杂的加工任务，成为工业生产中不可或缺的重要力量。根据国际标准化组织（ISO）的定义，工业机器人具备自动控制、操作和移动功能，可进行各种编程任务。在智能制造领域，工业机器人融合了自动化装备与软硬件，彰显了当代工业技术的高效与先进。作为柔性制造系统、自动化及智能工厂的核心要素，工业机器人正引领机械制造方式的深刻变革。机器人技术的广泛应用，不仅使生产效率实现了质的飞跃，更为制造业的智能化转型铺设了坚实的技术基石。这一变革不仅优化了制造流程，还催生了全自动智能生产线，精准对接了现代制造业对高效、灵活生产模式的需求，引领着行业的未来发展潮流。如图1.10所示，工业机器人一般由三个部分、六个子系统组成。

（4）智能物流装备。生产制造与物料流通是企业进行智能制造数字化转型时优先考虑的核心模块。智能物流作为推动力，可有效实现物料在生产工序间的有序流动，支撑高效运行的智能制造系统，如大规模生产、定制化生产和柔性生产。仓储机器人和数字化物流系统是智能物流装备的典型代表。智能仓储系统与各种AGV等机器人紧密协作，共同完成分拣、搬运等任务。AGV小车在立体仓库和生产线之间往返，将原材料从仓库送到生产线，并将成品运回仓库。AGV的自动化物流管理提升了运营效率，实现了自动化物流的数据流通，确保了上下游业务的信息联通。该系统运用精密的调度算法，为机器人精心规划最优配送路径，有效降低

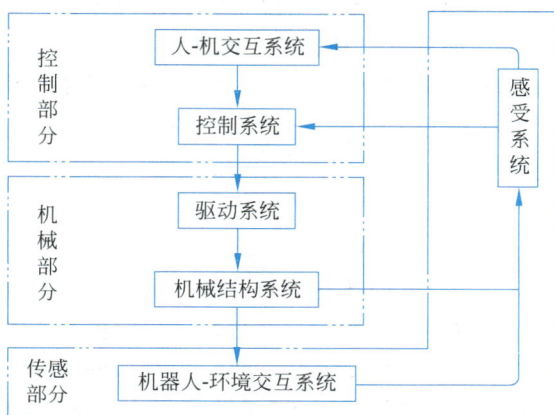

图 1.10　工业机器人系统结构

了生产线因等待或延误而中断的风险。同时,借助系统的严格校验机制,保证配送准确无误,进一步减轻作业人员的负担,提升整体作业效率与顺畅度。

1.4.7　智能制造系统运维

随着制造业的快速发展,制造系统设备运维直接关系到设备的稳定运行和生产效率。通常来讲,智能制造系统运维技术包括设备状态数据预处理、设备故障诊断、设备状态趋势预测、系统性能优化与资源管理等。

1. 设备状态数据预处理

为实现运维的标准化和自动化,可构建基于数据分析驱动的运维体系。通过收集设备运行数据并进行深入分析,可以发现设备故障的规律和趋势,从而提前实施故障预警和预防措施。同时,数据分析还可以帮助优化运维流程,规范操作行为,提高运维效率和质量。

基于数据分析的故障预测与预防功能,可以帮助运维人员提前发现设备潜在的故障风险,进而采取相应的预防措施,避免故障的发生。该功能通过收集设备运行数据并进行深入分析,挖掘出设备故障的规律和趋势,为运维人员提供精准的故障预测和预防措施建议。该系统具备强大的实时监控能力,能够持续追踪设备的运行状态及各项性能指标,一旦发现任何异常迹象,便能迅速响应并采取相应的处理措施,确保设备的稳定运行。

2. 设备故障诊断

在智能制造环境下,系统自由度的降低直接提升了对其可靠性的严苛标准。相应地,这也加重了设备管理者与检维修团队的责任。面对这一挑战,管理者需致力于构建更为精简、智能的设备监测与诊断体系,确保在有限自由度的情况下,仍能实现高效、精准的设备状态评估,为维修决策提供坚实依据,加快设备恢复生产的速度。

设备故障诊断作为预测性维护的核心环节,依赖于精准的状态监测与数据分析。通过精心挑选的状态监测传感器,对设备各部件的状态进行连续、并行的捕捉,为后续分析奠定坚实基础。在此过程中,特征提取算法与故障识别技术的巧妙应用尤为关键,它们直接决定了诊断结果的准确性与时效性。传感器的选择至关重要,因其直接影响特征提取算法所能获取的信息质量,进而影响故障识别的精确程度与预警的及时性。其核心价值在于,通过及时的故障预警,促使管理者与维修人员迅速响应,有效消除潜在故障,确保设备持续稳定运行,为智能制造的连续高效生产保驾护航。

3. 设备状态趋势预测

设备状态趋势预测是一种具有前瞻性的维护策略,其核心在于持续不断地对设备状态进行在线监测与深度数据分析。这一过程旨在精确诊断并预见设备潜在故障的发展轨迹,为制订并实施前瞻性的维护计划提供科学依据。在预测性维护的框架下,状态监测的精准度与故障诊断的有效性,是衡量其整体效能的关键指标,状态预测如同桥梁一般,无缝衔接了故障诊断与维修决策两大环节。基于精准的故障诊断与前瞻性的状态预测,制定出科学、合理的维修策略,进而转化为具体的维修建议,并付诸实施。预测性维护由此得以全面覆盖从设备状态监测、故障精准诊断、未来状态预测到维修决策支持的全流程,形成一个闭环且高效的设备运行维护体系。

在技术层面,预测性维护体系涵盖了四大核心支柱:状态监测、故障诊断、状态预测及维修决策。其中,状态监测技术充分运用多元化传感器,如温度、压力、振动及高频超声波等,全方位捕捉设备的运行细节。这些传感器各有专长,如温度传感器紧盯油温和瓦温,振动传感器则擅长捕捉机械运动的细微变化,而高频超声波传感器则深入设备内部,探测那些肉眼难以察觉的细微摩擦,共同编织出一张设备健康状态的监测网。在故障诊断领域,方法多样且互补,从传统的时域、频域信号分析,到现代的人工神经网络与专家系统综合诊断,每一种方法都力求从海量数据中挖掘出故障的蛛丝马迹,为后续的维修决策提供坚实依据。

4. 系统性能优化与资源管理

制造系统性能优化与资源管理借助人工智能技术,制造企业正在部署具备高度自主性的智能设备,这些设备集感知、学习、分析、决策与协调控制于一身,并通过互联网连接,构建起一个动态协同、自适应的生产管理体系。随着企业间及车间内部互联互通程度的深化,现代制造系统正加速向大数据驱动与智能化转型。在此背景下,智能调度的优化成为企业迅速捕捉市场脉搏、高效组织生产活动、灵活满足用户多元化需求的关键策略。

制造系统性能优化与资源管理基于数学模型进行描述,深入分析调度问题的实质。在理解模型的基础上,运用各种智能优化算法进行求解,确保近似算法能够达到最优解,融合云计算技术,构建智能调度云服务体系,推动智能调度顺利向云制造模式过渡。面对多条并行生产线或多道工序间因加工能力、生产周期及成本差异导致的非等效并行调度挑战,采取灵活的策略:为每道工序规划多条备选加工工艺路线。这一举措不仅提升了调度的灵活性,还能确保根据实际情况选择最优工艺路径,并高效生成覆盖所有生产任务的调度方案。综合考虑流水车间、并行机调度及产品批次规划等多重因素,构建一个复杂的混合流水车间调度模型。针对复杂产品装配过程中的多样性(如多型架、多零部件、多构型)、不确定性(如加工时波动、零件损耗、型架占用等)特点,以实际平尾翼装配流程为例,深入分析混流装配线上的智能调度难题。鉴于不同产品制造流程的独特性,生产计划往往需要跨越多个制造阶段进行精心编排。为实现整体生产进度的最优化,致力于开发一套适用于多车间、多制造环节的调度模型与算法,并将这些智能调度解决方案集成至算法库与插件平台,以提供灵活高效的调度支持。

1.4.8 智能车间和智能工厂

智能制造是指运用先进、互联的技术,对整个工厂和供应链中的物理和数字流程进行协调,目的是提升绩效。智能工厂则是借助互联式设备(内置传感器,即所谓的"工业物联网")所采集的数据,以及机器人和自动化装配线,将智能制造的理念付诸实践。智能车间和智能工厂主要包含三个层面的技术:智能制造生产线、智能车间、智能工厂。

1. 智能制造生产线

智能制造生产线是指采用先进的信息技术、自动化技术和制造技术,实现生产线全过程的高度自动化、智能化和柔性化。借助智能制造生产线,企业能够实现对生产过程的精准把控、资源的优化配置和高效协同,进而提高生产效率、降低能耗并减少浪费。智能制造生产线具备以下特点。

(1)高度自动化。智能制造生产线大量采用自动化设备,实现生产过程的自动化和无人化,降低人力成本,提高生产效率。

(2)智能化管理。通过运用物联网、大数据、人工智能等技术,实现对生产设备的智能监控、故障诊断和预警,提高设备利用率和维护效率。

(3)柔性化生产。智能制造生产线具有较高的生产灵活性,能够依据市场需求快速调整生产计划和产品种类,满足个性化、多样化的需求。

2. 智能车间

为全面提升产品生产的综合效能,我们聚焦于以下关键领域:强化生产管理效能、精细优化产品质量、快速响应客户需求以实现准时交付、升级产品检验技术设施、筑牢安全生产防线、提高生产设备运行效率、深化车间信息化改造、优化车间物流与能源管理策略。

通过构建网络化的软件管理平台,实现了数控自动化设备的全面互联互通,包括生产设备、检测装置、运输工具及机器人等,形成了一个能够实时感知客户需求、生产动态、原材料库存、人力资源、设备状态、生产工艺流程以及环境安全状况的信息网络。基于这一网络,运用实时数据分析技术,驱动自动决策机制,确保指令精准执行,推动车间管理朝着精益化、自组织生产的更高境界迈进。

3. 智能工厂

以提升工厂整体运营管理水平为核心目标,我们聚焦于多个关键维度:深入剖析产品与行业的生命周期规律,从精准捕捉客户需求出发,逐步延伸至工厂内部及上游供应链的全面精益化管理。为达成这一目标,积极采用自动化与信息化技术作为有力支撑,提升销售与市场管理能力,从满足需求迈向开拓市场。

同时,致力于提高环境、安全和健康管理水平,以及提升产品研发能力。在生产方面,专注于提升生产综合效能、内外部物流运作效率以及售后服务管理水平,并致力于优化能源(包括电力、水资源及气体)的利用效率,实现绿色可持续的生产模式。为实现这些目标,依托自动化与信息技术的深度融合,致力于构建精益化管理的工厂体系,并不断完善大数据系统,实现对整个供应链从客户端到上游供应商的全面管理。

1.5　智能制造的发展趋势

1.5.1　智能制造的发展特征

随着科技的飞速发展和全球制造业的持续演进,智能制造已成为工业 4.0 时代的核心驱动力,正引领着一场前所未有的变革浪潮。这种新兴形态不仅宣告了真正意义上智能制造时代的到来,更从根本上加速并主导了第四次工业革命的进程,为我国制造业实现弯道超车、跨越式发展提供了宝贵契机。如果说数字化与网络化制造拉开了新一轮工业革命的序幕,那么新一代智能制造技术的突破性进展与广泛应用,无疑将把这场革命推向全新的高潮。从宏观视角来看,智能制造的发展特征包括高度集成化、高度智能化、高度柔性化、自诊断与自恢复、绿色环保等。

1. 高度集成化

未来的智能制造将实现更高程度的集成化,包括硬件设备、软件系统、数据平台等各个方面的整合。制造工厂的设备将实现互联互通,构建起一个高度自动化的生产网络。与此同时,各种制造执行系统(MES)、企业资源规划(ERP)等软件系统将与生产线深度集成,实现生产过程的可视化、可控化和优化。

2. 高度智能化

凭借人工智能、机器学习等技术,智能制造生产线将拥有更强的自学习、自适应能力。生产线能够实时监测设备状态、产品质量等信息,并通过数据分析对生产过程进行自动调整,实现生产过程的智能化管理。此外,智能制造还将运用智能检测、智能仓储等技术,进一步提高生产效率和产品质量。

3. 高度柔性化

鉴于市场需求的多样化和个性化,柔性化生产将成为智能制造生产线的重要特征。制造业将具备快速切换生产模式、调整生产计划的能力,以契合不同产品的生产需求。同时,智能制造生产线将支持小批量、多品种的生产方式,降低生产成本,增强市场竞争力。

4. 自诊断与自恢复

智能制造将更加注重设备的安全性和可靠性。通过采用先进的安全防护技术、加密技术和冗余设计等措施,确保制造工厂在复杂环境下能够稳定运行并保障数据安全。此外,智能制造还将具备故障自诊断、自恢复能力,降低生产中断的风险。

5. 绿色环保

环保和可持续发展已成为全球共识,智能制造将更加关注绿色环保。生产线将采用节能、减排的设备和工艺,降低生产过程中的能源消耗和环境污染。同时,智能制造还将通过优化生产流程、提高资源利用率等方式,实现绿色制造和循环经济。

1.5.2　智能制造的发展方向

智能制造整合了信息技术、大数据和人工智能等先进技术,这些技术的迅速融合推动着制造业在设计、生产、管理和服务等各个环节向智能化发展。智能制造正引领制造企业实现全流程的价值优化。具体来看,智能制造在以下六个方面呈现出微观发展方向。

1. 智能设计

现代智能设计工具与高级设计信息系统,如 CAX 平台、网络化协同设计环境和设计知识库等的应用,极大地提升了企业产品研发各阶段的智能化程度,有效提高了整体运作效率。特别是建模与仿真技术的深入应用,在产品设计领域发挥着关键作用。它不仅加快了产品验证与迭代的速度,还显著缩短了新产品从设计到投放市场的时间周期,推动了产品创新。

2. 智能产品

智能产品领域正经历着深刻变革。互联网技术、AI 与数字化技术的深度融合,促使传统产品向互联网智能终端转变。这一转变过程包括将传感器、存储、通信及处理器等先进技术融入产品设计,赋予产品实时数据存储、远程通信与智能分析的能力。这些智能产品不仅能够实现全程可追溯、精准追踪与定位,还能敏锐洞察并响应消费者对创新设计的个性化需求,从而在市场中占据更有利的地位。

3. 智能装备

在智能制造的大趋势下,工业生产装备正逐步迈向智能化。这一过程要求装备与信息技术、AI 等前沿技术深度融合,使其具备感知环境、自我学习、数据分析与自主执行的能力。企业在推进装备智能化时,可先从单机智能化或设备间互联开始,逐步构建智能生产线乃至智能车间。但值得注意的是,真正的装备智能化并排仅仅局限于技术层面的升级,还需深度融合市场需求与消费者反馈,以此驱动装备的持续优化与升级,最终实现整个产业链的智能化转型。

4. 智能生产

相较于传统工业模式,智能制造时代彻底颠覆了产品价值的传统架构。以往,生产厂商完全掌控产品价值与价格的话语权,消费者只能被动接受既定产品。如今,智能制造引领了一场由用户主导的变革,实现了从生产导向到需求导向的转变。这意味着智能制造能够精准对接消费者的个性化定制需求,产品的价值衡量与定价机制不再仅仅取决于厂商,而是更加贴合市场与消费者的意愿。

5. 智能管理

得益于大数据、云计算等互联网技术的飞速发展,以及移动通信与智能设备的广泛普及,智能化管理已成为企业运营的常态。在智能制造体系中,企业通过物联网、互联网等先进技术,实现了生产流程的横向无缝衔接与集成。同时,依托移动通信与智能设备,构建起智能生产价值链的全数字化管理体系,形成一个高效协同的智能管理网络。此外,借助大数据与云计算的强大功能,企业能够显著提高数据采集的精准度与实时性,为智能管理决策提供有力支持,推动管理效能朝着更加高效、科学的方向发展。

6. 智能服务

智能服务,作为智能制造生态的关键环节,无缝连接了消费者与制造商,构建起线上线下融合(O2O)的服务新模式。企业借助智能化生产拓展业务范围与市场覆盖,同时依托互联网与移动通信技术,搭建起消费者与企业之间的即时沟通桥梁。消费者的反馈成为企业优化产品服务、深化客户体验的宝贵资源。

智能服务遵循知识密集型、系统整合化及高度集成化的原则,核心在于以人为本,致力于提供主动响应、实时在线及全球化的服务体验。通过智能技术的赋能,服务过程中的状态监测、规划、决策及控制能力得到显著提升,进而推动服务品质的飞跃与服务范围的拓展,为现代制造服务业的繁荣注入强大动力。

从宏观视角来看,智能制造已成为我国打造制造强国战略的核心驱动力。加速发展智能制造解决方案,是中国制造业转型升级、迈向高质量发展、构建国际竞争新优势的必由之路。借助数字化转型的浪潮,我国制造业将实现产品创新与管理体系的双重突破,促进效率与效益的双重提升,最终在全球竞争中占据有利地位,实现从"制造"到"智造"的转变。

思 考 题

1. 简述智能制造发展的三个阶段。
2. 简述智能制造的基本内涵。
3. 试分析智能制造体系架构维度。
4. 智能制造技术体系包括哪些?
5. 智能制造的总体发展趋势包括哪些?

第 2 章 智能感知技术

智能感知在智能制造中的应用越来越广泛且深入。作为智能制造的核心组成部分,其在智能制造中的应用涉及数据采集与监控、自动化与智能化生产、质量检测与保障、智能决策与优化,以及提升生产安全与效率等多个维度。智能感知技术在提高制造效率、降低成本和风险、提升产品质量等方面推动了传统制造业向更高水平发展,具有重要作用。智能感知是在传统传感器的基础上赋予智能属性,从而形成智能传感器。为获取被测对象更全面精准的信息,多传感器以数据融合为核心实现数据处理与分析,并形成感知、认知和决策。RFID 技术、机器视觉技术是智能制造中最典型的智能感知应用。本章将从智能感知技术概述、传统传感器、智能传感器、RFID 技术、机器视觉技术、数据处理技术等方面展开介绍。

2.1　智能感知技术概述

智能感知技术是一种高科技手段,它能巧妙地将物理世界中多样化的信号,如视觉图像、声音等,借助摄像头、麦克风及各类传感器进行捕捉,并转换为数字世界中的信息流。这一过程依托先进的语音识别、图像识别等前沿技术,实现了物理与数字世界的无缝衔接。进而,这些数字信息经过深度处理与解析,提升至人类能够记忆、深刻理解、精准规划乃至高效决策的智能层面。简而言之,智能感知技术赋予机器类似人类感知并理解物理世界的能力,为智能化时代的各个领域带来了革命性变革。

在智能感知中,"智能"一词特指事物在融合网络、大数据、物联网及人工智能等先进技术的基础上,展现出的一种高级属性,即能够灵活且智慧地响应并满足人类多样化的需求。这种智能不仅模拟人类的感知能力,还逐步涵盖记忆存储、知识认知、逻辑推理、持续学习、环境自适应及复杂行为决策等多个方面。在各类应用场景中,智能感知系统以用户需求为核心,主动探测外部环境,依据类似人类的思考模式及预设的知识体系与规则框架,通过对海量数据的实时处理与反馈循环,对充满不确定性的外界环境做出精准判断,并据此制定并执行相应的行动策略。这一过程充分体现了智能技术在提升效率、优化决策及增强人机交互体验方面的巨大潜力。

2.1.1　智能感知的层次结构

智能感知的层次结构主要可从技术实现和应用逻辑两个角度进行划分。

1. 技术实现的角度

从技术实现的角度来看,智能感知技术大致可分为感知层、信息层和应用层三个层级,如图 2.1 所示。

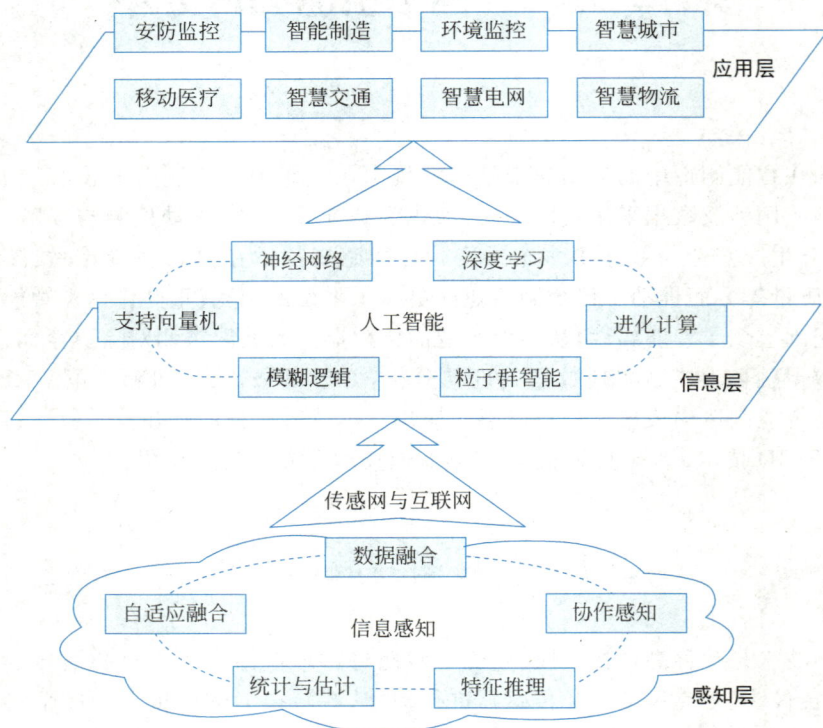

图 2.1　智能感知技术层级

(1)感知层。感知层是智能感知技术的最底层,主要负责通过各类传感器(如摄像头、麦克风、压力传感器等)采集物理世界中的信号。

感知层的技术包括数据采集、数据传输和初步的信息处理。例如,通过摄像头捕捉图像,通过麦克风录制声音,然后将这些原始数据转换为数字信号进行传输。

感知层是智能感知技术的基础,其准确性和稳定性直接关乎后续的信息处理和应用效果。

感知层基于传感网与物联网,对应用层的物理环境对象进行信息感知,信息感知涵盖数据融合的基础理论,采用协作感知、自适应融合、统计与估计、特征推理等理论和方法。

(2)信息层。信息层位于感知层之上,负责对感知层采集到的数据进行进一步处理和分析。

信息层运用神经网络、深度学习、进化计算、粒子群智能、模糊逻辑、支持向量机等人工智能理论和方法,对感知数据进行融合、识别、分类、判断等处理,以提取出有用信息,实现智能感知。

信息层是智能感知技术的核心,它使机器能够理解和阐释感知数据,形成对物理世界的认知。

(3)应用层。应用层是智能感知技术的最上层,直接面向实际应用场景,如安防监控、环境监测、智能制造、智慧城市等被测的物理环境对象。

应用层根据具体需求,将信息层处理后的信息转化为实际行动或决策。例如,在安防监控中,应用层可根据识别出的异常行为触发警报;在智能制造中,应用层可根据感知到的生产数据调整生产流程。

应用层是智能感知技术价值的最终呈现,它使机器能够在实际场景中发挥作用,提高生产效率、保障安全等。

2. 应用逻辑的角度

从应用逻辑的角度来看,与人工智能的发展阶段相对应,智能感知技术也可划分为运算智能、感知智能、认知智能等不同的层级,如图 2.2 所示。

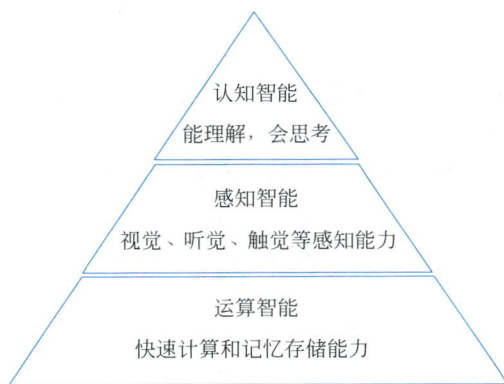

图 2.2　智能感知应用层级

(1) 运算智能是人工智能发展的初级阶段,计算机能够快速进行运算和存储记忆。在智能感知技术中,运算智能体现为对感知数据的快速处理和存储。

(2) 在感知智能阶段,计算机能够通过各种传感器获取物理世界的信息,并进行初步处理和分析。这对应智能感知技术的感知层和信息层部分。

(3) 认知智能是人工智能发展的高级阶段,计算机能够像人一样理解、分析、推理和决策。在智能感知技术中,认知智能体现在应用层,即机器能够根据感知和理解的信息做出实际行动或决策。

从应用逻辑角度来看,各层次与人工智能的发展阶段相对应。这些层次共同构建了智能感知技术的完整体系,使其能够在各种实际应用场景中发挥作用。

2.1.2　智能感知技术的特点

智能感知技术具有以下特点。

(1) 高精度信息获取。该技术能够更为精确地捕捉被测对象或所处环境的信息,其获取的信息质量与精度远高于单一传感器,有力确保了数据的高可靠性。

(2) 特征信息互补性。通过集成多种传感器,智能感知技术实现了不同传感器间的优势互补,进而能够获取到单一传感器无法独立获取的独特特征信息,极大地丰富了数据的维度与深度。

(3) 高效成本效益。相较于传统的单一传感器系统,智能感知技术以更短的时间周期和更低的成本投入,实现了同等甚至更高质量的信息采集,显著提升了系统的整体效率与经济效益。

(4)智能融合决策能力。基于系统内置的先验知识以及对多源信息的深度融合处理,智能感知技术能够执行复杂的分类、判断及决策任务,其决策过程更趋近于人类的思维模式,提升了系统的智能化水平与自主决策能力。

2.1.3 智能感知关键技术

智能感知具有以下关键技术。

1. 智能感知器

感知传感器是智能感知技术的核心要素之一,根据所执行任务的不同,一般可划分为内部感知器和外部感知器。在实际应用中,需考量以下指标。

(1)测量范围。传感器应能对所测信息输入信号的最大值与最小值均予以呈现。

(2)灵敏度。灵敏度反映的是输入和输出之间的关系,它表示输出相对于非测量参数输入(如环境参数的变化)所产生的变化。一般来说,在任何应用场景中的传感器都应该具备足够的灵敏度。

(3)精确度。用来衡量传感器的实际输出与理想输出的接近程度能够说明测量结果的精确程度。精确度既可以用绝对值表示,也可以用输出满量程的百分比来表示。

(4)稳定性。传感器能在一定时间内,在相同的输入时能够保持稳定的输出。对于稳定性,常用术语"漂移"来描述输出随时间的变化情况,它可用输出满量程的百分比来表示。通常情况下,应用于实际领域的传感器往往需要使用较长时间。因此,传感器要有足够的稳定性。

(5)重复性。它是指传感器在重复应用中有相同量输入的情况下,能产生相同数量的输出,也被称为"可重复性"。重复性对于任何传感器都非常重要,特别是用于关键应用场合的传感器。

(6)静态和动态特性。在为某个应用领域选择传感器时,传感器的静态和动态特性都要加以考虑,如上升时间、时间参数和响应建立时间。例如,利用压力传感器测量动态气流速度变化的风洞应用中,传感器的信号输出必须能够跟随风速变化,此时就需要较短的响应时间,否则无法满足监测要求。但响应时间也不是越快越好,过快的传感器响应可能会引入未过滤且不需要的系统噪声或者湍流压力波动等,对系统监测造成干扰。

(7)能量收集。传感器已广泛用于无线传感网络(WSN)中,为保证网络传感器能量的持续供应,可采用能量收集技术实现网络传感器部件的长效供电。能量收集是指收集环境中的能量并加以应用。目前可利用的能量形式包括机械振动、光能、温度变化、电磁场、风能、热能、化学能等,其中以机械振动和光能的应用最为广泛。

(8)温度变化及其他环境参数变化的补偿。由于环境温度、湿度和其他环境参数的变化,传感器的响应会受到影响。为降低外部因素造成的影响,传感器的信号调整部分必须具备合适的补偿机制。

2. 多传感器数据融合

数据融合技术兴起于 20 世纪 80 年代,是一项前沿的信息处理策略,其核心在于应对优化多传感器信息管理的挑战。该技术着重探索如何高效整合来自不同位置、种类各异的传感器所采集的局部且可能不完整的观测数据。通过巧妙利用这些传感器数据的互补特性与冗余信息,数据融合技术旨在弥补单一传感器在感知能力方面的不足与限制,如不确定性高、覆盖范围有限等,从而显著提升整个传感器网络系统的综合效能。这一过程不仅增强了系统对周围环境全面、准确的感知能力,构建出更为完整且一致的环境模型,还极大地提高了所收集数据的精度与可靠性。在智能识别系统中,这一技术的应用更是意义非凡,它加快了识别、判断、决策、规划及响应等各个环节的速度与准确性,赋予系统更高的智能化水平。同时,通过减少因信息不全或误差导致的误判,数据融合技术有效降低了智能系统的决策风险,提升了其在复杂多变环境下的适应性与稳定性(见图 2.3)。

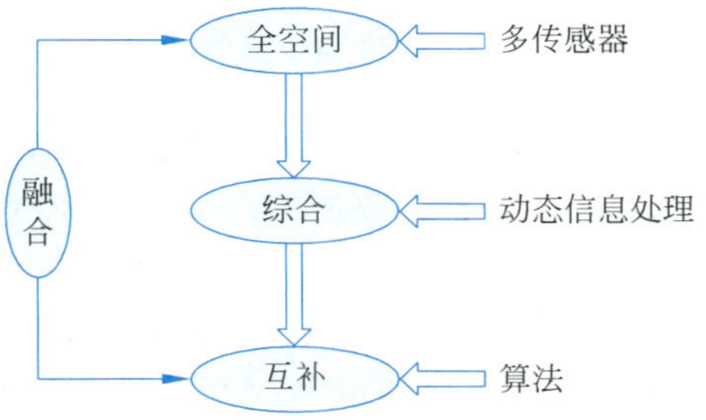

图 2.3　数据融合的过程

智能感知需要多种人工智能方法的综合集成应用。人工智能方法主要包括神经网络、深度学习、模糊计算和进化计算等方面,以实现复杂系统的智能应用。

2.1.4　智能感知技术与人工智能的关系

人工智能主要历经三个发展阶段:①运算智能,表现为计算机具备快速运算和高效记忆存储的功能;②感知智能,即计算机具有通过各种传感器来获取物理世界的信息的能力;③认知智能,即计算机具备像人类一样理解、分析、推理等能力。当前,社会正处于智能感知快速发展的阶段,并朝着认知智能的终极目标迈进。

智能感知是人工智能与现实世界交互的基础和关键纽带,是人工智能服务于工业社会的重要桥梁。它对信息进行智能化的感知及测量,有助于人工智能对信息进行识别、判断、预测和决策,对不确定信息进行整理挖掘,实现高效的信息感知,进而使物理系统更具智能。智能感知涉及诸多工程领域,如海洋船舶、航空航天、土木建筑、生物化学等,这些领域都离不开对信息的智能感知和处理。

人工智能包括信息感知和计算智能两个重要组成部分。信息感知是实现人工智能的基础,计算智能是实现人工智能的关键。

信息感知借助传感系统对被测对象的变化进行测量,是信息处理的首要环节。智能感知技术具备"感、知、联"一体化的功能,涉及数据采集、数据传输与信息处理等流程,涵盖信息采集、过滤、压缩、融合等环节。其中,信息采集旨在获取所需事物的测量信息,必须确保信息的准确性;信息过滤是对所采集信息进行有效的特征提取;信息压缩是去除冗余数据;信息融合是对传感器感知的信息进行融合处理、识别或判别。

计算智能由贝兹德克(Berdek)于 1992 年提出的,他认为计算智能依赖制造者提供的数值数据,而不依赖知识。要实现智能感知,就必须完成信息的感知与数据的融合。由此可知,智能感知是面向感知信息,并基于先验知识模型进行融合处理的过程。传感系统实时采集的数据信息经感知处理,得到测量对象的状态信息。感知系统综合来自各类传感系统和计算云等的数据,分析、提取、感知数据源的有效信息。采用感知测量网络协作获取的多传感器系统测量数据,通过计算智能的方法提取有效的特征信息,以此提升系统的感知能力。智能感知与人工智能已成为当今世界备受瞩目的热门领域,将二者有机结合,具有重大的理论和实际应用价值。

2.1.5　智能感知在智能制造领域的应用

1. 数据采集与监控

(1) 生产线数据采集。通过部署 RFID 工业读写器、传感器、摄像头等物联网感知设备,实现生产线上各类数据的自动采集和传输。这些数据包括零件位置、设备运行状态、产品质量等信息,为智能制造系统提供实时、准确的数据支撑。

(2) 生产过程监控。借助感知设备采集的数据,能够实现对生产过程进行实时监控。通过数据分析,可以精准掌握原材料库存状况、设备运行状态、产品质量等信息,及时发现并解决问题,避免生产中断。

2. 自动化与智能化生产

(1) 工业机器人应用。工业机器人是智能制造技术的典型应用之一。它们通过集成视觉、力觉等感知技术,能够替代人工完成重复性、烦琐或危险的工作。例如,在智能分拣场景中,机器人利用视觉感知技术识别零件位置并准确抓取,大幅提升分拣效率和准确性。

(2) 自适应控制。基于感知技术,智能制造系统能够根据生产环境的变化实时调整控制参数,实现自适应控制。例如,在数控机床加工过程中,通过感知切削力、振动等信号,实时调整加工参数,以提高加工精度和效率。

3. 质量检测与保障

(1) 机器视觉检测。利用机器视觉技术,能够在环境频繁变化的条件下快速识别产品表面的微小缺陷。这种技术广泛应用于制造业的质量检测环节,可大幅提高检测效率和准确性。

(2) 声纹识别与异音检测。通过声纹识别技术,能够实现对产品异音的自动检测,发现不良品并比对声纹数据库进行故障判断。这种技术有助于及时发现并解决产品质量问题。

4. 智能决策与优化

(1) 数据分析与预测。通过对感知设备采集的数据进行深度分析,能够为企业提供丰富的数据支持。这些数据可用于预测设备未来的维护需求、优化生产调度方式等,助力企业做出更科学、智能的决策。

(2) 数字孪生与创成式设计。数字孪生是客观事物在虚拟世界的镜像,通过集成人工智能、机器学习和传感器数据等技术,能够构建一个实时更新、极具现场感的"真实"模型。创成式设计则是一个人机交互、自我创新的过程,通过结合人工智能算法和设计者的意图自动生成最优的设计方案。这些技术有助于企业实现产品设计的智能化和优化。

5. 提升生产安全与效率

(1) 安全监测与预警。智能感知技术还可用于生产安全监测与预警。通过实时监测生产环境中的温度、湿度、气体浓度等参数,及时发现潜在的安全隐患并采取措施加以处理,确保生产安全。

（2）能效管理。通过感知设备采集的能耗数据，可优化能源使用方案，降低生产成本。例如，在智能制造系统中集成能效管理系统，根据生产需求实时调整能源分配和使用方案，提高能源利用效率。

2.2　传统传感器

2.2.1　温度检测传感器

温度是物体冷热程度的表现参数，是生产过程中最为基本且重要的控制参数，关系到生产条件的建立，生产产品的质量和效率，以及生产设备的使用寿命与安全等。温度检测在工业生产中应用极为广泛。

热电式传感器是典型的测温传感器，其工作原理是利用敏感元件将温度变化转换为电动势或电阻的变化，随后通过相应的测量电路输出电压或电流，从而实现监测温度的目的。热电式传感器主要分为热电偶、金属热电阻和热敏电阻等类型。

1. 热电偶

热电偶是目前应用最广的接触式测温装置，具有结构简单、制造方便、性能稳定、测温范围广、检测精度高、信号可远距离传输等诸多优点。

如图 2.4 所示，由两种不同材料的导体（或半导体）A 和 B 组成闭合回路，当两个接点分别处于温度 T 和 T_0 时，回路中会产生电动势。该闭合回路被称为热电偶，相应的电流被称为热电流，导体 A 和 B 被称为热电极。测温时，处于被测温度场的接点称为测量端（工作端或热端），处于某一恒温场中的接点称为参考端（自由端或冷端）。

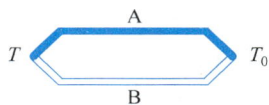

图 2.4　热电效应原理

热电动势是由两种导体的接触电动势和单一导体的温差电动势两部分构成。实验证明，在回路中起主要作用的是两导体的接触电动势，而单一导体的温差电动势只占极小部分，可以忽略不计。因此，总热电势可近似表示为

$$E_{AB}(T,T_0) \approx E_{AB}(T) - E_{AB}(T_0) = \frac{k(T-T_0)}{e} \ln \frac{N_A}{N_B} \tag{2.1}$$

当热电偶两电极材料确定后，热电动势便是两接点温度 T 和 T_0 的函数。如果使参考端温度 T_0 保持不变，则 $E_{AB}(T_0)$ 为常数，热电动势便成为测量端温度 T 的单值函数，即

$$E_{AB}(T,T_0) \approx E_{AB}(T) - E_{AB}(T_0) = f(T) \tag{2.2}$$

在实际测温过程中，只要测出 $E_{AB}(T,T_0)$ 的大小，就可得到被测温度 T，这就是热电偶的测温原理。

2. 金属热电阻

金属热电阻以铂和铜应用最为广泛。

（1）铂热电阻。铂热电阻的阻值—温度关系在 $-200 \sim 0\,℃$ 区间可表示为

$$R_t = R_0[1 + At + Bt^2 + Ct^3(t-100)] \tag{2.3}$$

在 $0 \sim 850\,℃$ 区间可表示为

$$R_t = R_0(1 + At + Bt^2) \tag{2.4}$$

式中，R_0 为铂热电阻在 0℃时的电阻值；A、B 和 C 为常数。

在实际测量中，一般采用查阅标准热电阻分度表的方式，获取阻值与对应温度值之间的关系。目前，我国常用的铂热电阻分度号有 P_{t10} 和 P_{t100} 两种，分别对应 $R_0 = 10\Omega$ 和 $R_0 = 100\Omega$ 两种情况。铂热电阻一般适用于高精度和有腐蚀环境下的工业测量场景。

（2）铜热电阻。铜热电阻在 −40～140℃区间的温度特性可表示为

$$R_t = R_0(1 + At + Bt^2 + Ct^3) \tag{2.5}$$

式中，R_0 为铜热电阻在 0℃时的电阻值；A、B 和 C 为常数。

铜热电阻的特性在 0～100℃区间基本呈线性，因此其温度特性可表示为

$$R_t = R_0(1 + \alpha t) \tag{2.6}$$

式中，α 为温度系数。我国常用的铜热电阻分度号有 Cu_{50} 和 Cu_{100} 两种，它们在 0℃时的电阻值分别为 50Ω 和 100Ω。

铜热电阻的电阻值与温度的关系在一定温度范围内几乎是线性的，其电阻温度系数较大，且价格相对低廉，多用于对测量准确度要求不高、温度较低且无腐蚀的场合。

3. 热敏电阻

热敏电阻式传感器是一种基于半导体材料电阻随温度显著变化的特性而制成的测温装置。与金属热电阻式传感器相比，热敏电阻式传感器具有灵敏度高、体积小、响应速度快等优点，广泛应用于中低温测量领域。制造热敏电阻的材料很多，如锰、铜、镍、钴和钛等的氧化物。常见的热敏电阻有 NTC、PTC、CTR 三种类型，其中，NTC 热敏电阻具有电阻值随温度升高而显著减小的特性，可测温度范围较宽；PTC 热敏电阻在工作温度范围内，具有电阻值随温度升高而显著增大的特性；CTR 热敏电阻在特定温度范围内，其电阻值随温度升高而急剧下降，最高可降低 3～4 个数量级，具有很大负温度系数，且灵敏度很高。

2.2.2 压力检测传感器

压力检测是工业生产和科学研究中常用的技术手段，其方法多种多样，每种方法都有其特定的适用场景和优缺点。以下是压力检测的一些常见类型。

1. 液柱式压力检测

液柱式压力检测是指依据流体静力学原理，将被测压力转换成液柱高度来实现测量，常用的有弹簧管压力计、单管压力计、斜管压力计、补偿微压计和自动液柱式压力计等。

该方法结构简单、使用方便，但精度会受到工作液的毛细管作用、密度及视差等因素的影响，测量范围较窄，一般用于测量较低压力、真空度或压力差。

2. 弹性式压力检测

弹性式压力检测是指利用弹簧管、膜片和波纹管等弹性元件受力变形的特性，将被测压力被转换为位移后进行测量，常用的有弹簧管压力计、波纹管压力计、膜式压力计等。

该方法结构简单、价格低廉、工作可靠、使用方便，常用于精度要求不高、信号无须远传的场合，进行压力的现场检测和监视。

3．负荷式压力检测

负荷式压力检测是指基于静力平衡原理进行压力测量，典型的有活塞式、浮球式和钟罩式压力计。

该方法测量精度高、测量范围宽、性能稳定可靠，一般作为标准型压力检测仪表，用于校验其他类型的测压仪表。

4．电气式压力检测

电气式压力检测是指利用敏感元件将被测压力转换成各种电量，如电阻、电感、电容、电位差等来进行测量，常见的有电阻式、电感式（见图 2.5）、电容式（见图 2.6）、应变片式和霍尔片式等压力传感器和压力变送器。

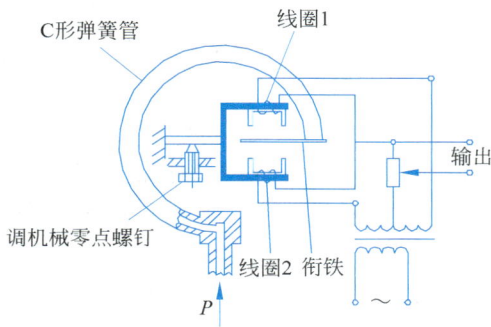

图 2.5　电感式压力测量

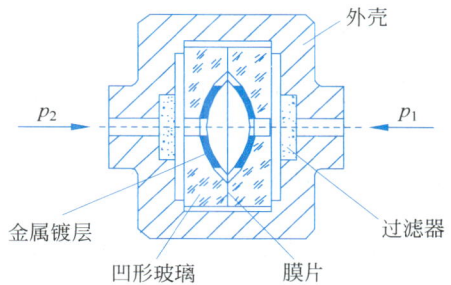

图 2.6　电容式压力测量

该类检测具有良好的动态响应特性，量程范围大，线性度好，便于实现压力的自动控制，常用于测量快速变化、脉动压力及远距离传送压力信号的场合。

5．其他压力检测

（1）应变计技术是指利用应变导致电阻变化的原理进行测量，如电阻应变计，广泛应用于制造业、电力行业、汽车行业等领域。

（2）压电传感器技术是指利用压电效应输入信号，可测量力、压力、振动、加速度等，被应用于车载安全系统、建筑振动分析等领域。

（3）光纤测量技术是指利用光纤信号在光纤中传输的特性进行测量，如光纤光栅传感器、光纤布里渊散射传感器等，可测量压力、温度、应变和振动等多种物理量，广泛应用于交通、电力、环境监测等领域。

2.2.3　距离检测传感器

在智能制造中，距离作为一种常见的物理量，其检测方法多种多样，常见的有超声波测距、雷达测距、激光测距等。

1．超声波测距

声波属于机械波，能够在气体、液体及固体介质中自由传播。在距离检测领域，超声波因其具有独特的工作频率范围(0.25～20MHz),并且在传播过程中具备良好的方向性、较低的能量损耗,以及在多种介质中高效传播的特性,而被广泛使用。当超声波穿越不同介质的分界面时,会遵循物理规律产生反射与折射现象。尤为显著的是,在声阻抗(即声速与介质密度的乘积)差异显著的界面上,超声波几乎会发生完全反射,这一特性为距离测量奠定了重要基础。基于此原理,在待测物体上设置超声波发射与接收装置,便能精确实施距离测量。发射器发出的超声波在遇到目标界面后反射,随后被接收器捕获。通过精确计算超声波从发射到接收的时间差,并结合超声波在特定介质中的传播速度,即可准确推算出目标与发射器之间的距离。这种方法操作简便,测量精度高,广泛应用于各种需要精确测距的场合。

超声波传感器测量的关键在于声速的准确性。由于声波的传播速度与介质的密度相关,而密度又是温度和压力的函数。当温度发生变化时,声速也会随之改变,而且这种影响较为显著,可能导致无法准确测量距离。因此,在实际测量中,必须对声速进行校正,以保证测量精度。

2. 雷达测距

雷达测距属于非接触式测量,有以下两种工作模式。

(1)脉冲波方式。脉冲模式与超声波测距原理相似,天线周期性地发射微波脉冲,同时接收物料面反射的回波,然后对回波信号进行分析处理,进而计算出物位,其精确度为0.2%～0.3%FS。

(2)调频连续波方式(FMCW)。调频连续波式雷达物位计通过喇叭天线发射线性或非线性调制的高频连续波,依据回波与发射波的频率差与物位之间的关系,推算出被测距离。

FMCW方式的测量电路复杂,成本较高,但其测量精度可高达0.1%FS,并且干扰回波相对容易去除,所以一般多用于较为高端的产品。FMCW方式适用于腐蚀性测量环境,抗干扰能力强,理论上没有盲区,因此非常适用于近距离物位测量,但是它的测量距离受发射功率的限制。

3. 激光测距

在工业自动化领域,激光测距传感器是典型的测距传感元件。这类传感器依托先进的激光技术,集成了激光器、精密光学组件及高效光电器件,能够将各类物理量(如长度、距离、位移、振动、流量及速度等)精准转换为光信号,再经光电转换技术转换成电信号,经过相应电路处理(包括滤波、放大、整流等),最终输出可供计算的测量结果。

相较于超声波、红外及毫米波等同类传感器,激光传感器在测量精度、分辨率、抗干扰能力、稳定性及响应速度等方面展现出显著优势。尤其是在需要极高精度(如$0.1mm$～$1\mu m$级)的应用场景中,激光传感器更是成为不二之选。

激光测距传感器因其非接触式高精度测量的特性而备受青睐,广泛应用于监测物体的位移、距离、厚度、振动状态、距离、直径等几何参数。其工作原理主要分为激光三角测量法与激光回波分析法两种模式。

(1)激光三角测量法。如图2.7所示,通过激光束投射到被测物体表面,反射光被接收器接收,利用CCD相机捕捉光点位置的变化,结合已知参数,经数字信号处理器计算得出距离信息。此方法能够实现高达$1\mu m$的线性度和$0.1\mu m$的分辨率,确保了测量的极高准确性,适用于近距离且追求高精度的测量场景。

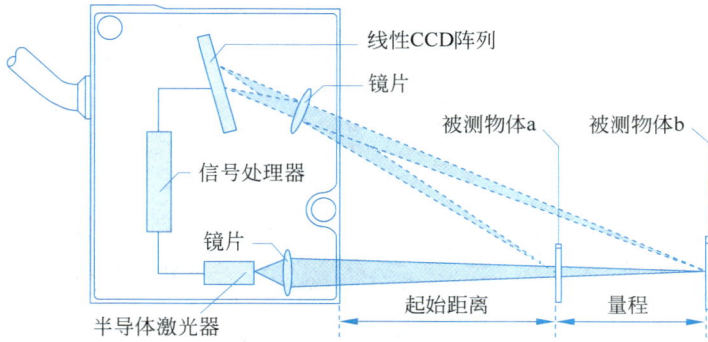

图 2.7　激光三角测量法原理示意图

（2）激光回波分析法。如图 2.8 所示,激光回波分析法是针对远距离测量需求设计的。它利用激光脉冲的往返时间差来计算距离。传感器内部集成的复杂单元(包括处理器、回波处理单元、激光发射与接收器等)协同工作,每秒能够发射数百万次激光脉冲,通过计算脉冲的往返时间来确定距离,可实现长距离(最远可达 250m)的有效检测,尽管其精度相较于激光三角测量法要低一些。

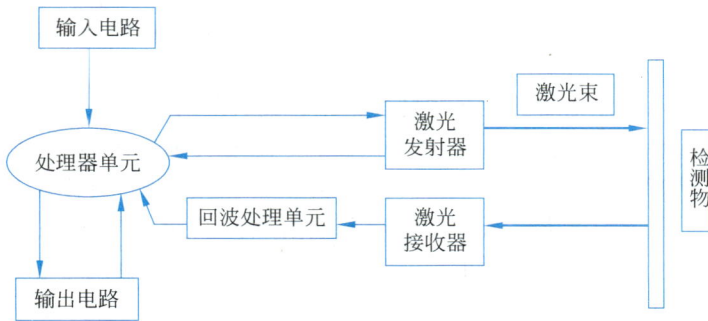

图 2.8　激光回波分析法原理示意图

2.2.4　转速检测传感器

常用的转速传感器有霍尔式、光电式、电涡流式、磁电式等。

1. 霍尔式转速传感器

霍尔式传感器基于霍尔效应的工作原理,当载流金属或半导体处于磁场环境中时会产生电动势输出。如图 2.9 所示,在一块通电的金属薄片上,施加与薄片表面垂直的磁场 B,在薄片的两侧会出现一个电势 V_H,这就是霍尔电势。其表达式为

$$V_H = K_H B I \tag{2.7}$$

式中,V_H 表示霍尔电势,单位为 mV;K_H 表示霍尔元件灵敏系数,单位为 mV/(mA·T);B 表示磁场的磁感应强度,单位为 T;I 表示半导体激励电流,单位为 mA。

图 2.10 所示为霍尔转速表测量示意图。在被测转速的转轴上安装一个齿盘,并使其靠近霍尔元件及磁路系统。随着齿盘的转动,磁路磁阻会周期性地改变,霍尔传感器输出的脉冲频率与被测物的转速成正比。

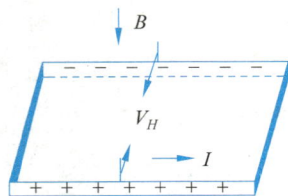

图 2.9　霍尔效应

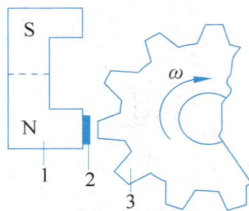

图 2.10　霍尔转速表测量示意图

1—磁铁；2—霍尔元件；3—齿盘

2. 光电式转速传感器

光电式转速传感器具有精度高、响应快、非接触等优点,能够测量低至 10r/min 的转速。相较于很多传统的转速测量方法,其在低速测量时误差较小。光电式转速传感器根据光线传播方式可分为透射式光电转速传感器和反射式光电转速传感器两种。

(1)透射式光电转速传感器主要由读数盘和测量盘两部分组成,二者之间设有等间隔的缝隙。在测量物体转速时,测量盘紧密跟随被测物体同步旋转。随着测量盘的转动,光线周期性地穿过这些缝隙,并照射到另一侧的光敏元件上。光敏元件捕捉到光线的明暗交替变化,随即转换为电流脉冲信号输出。通过对这些脉冲信号在一定时间内进行计数与计算,便可推导出被测物体的转速。

(2)反射式光电转速传感器需在被测转轴上预先设置反射记号。传感器内置的光源发射光线,经过透镜和半透膜聚焦后,照射到被测转轴上。随着转轴的旋转,反射记号对光线的反射特性发生变化。传感器内部集成的光敏元件负责监测这一过程:当转轴上的反射记号处于最佳反射位置时,反射光线增强并通过透镜准确投射到光敏元件上,触发其产生一个脉冲信号;而当转轴继续旋转至反射率较低的位置时,反射光线减弱,光敏元件无法有效感知,因此不产生脉冲信号。通过这种方式,反射式光电转速传感器能够实时、准确地反映出被测物体的转速变化。

3. 电涡流式转速传感器

当通过金属导体中的磁通发生变化时,会在导体中产生涡流状感应电流,简称电涡流。电涡流消耗一部分电能,进而使产生磁场的线圈阻抗发生变化,这一物理现象称为电涡流效应。电涡流式转速传感器是利用电涡流效应,将被测量转换为传感器线圈阻抗 Z 的变化来进行测量的一种装置。

当测量距离 x 为变量时,通过测量电路,可将 Z 的变化转换为电压 U 的变化,从而制成转速传感器。

在电机转轴上安装一个或多个键槽,或做成齿状铁磁材料转盘,在距离转盘表面 d_0 处安装一个电涡流式转速传感器,如图 2.11 所示。当被测旋转轴转动时,齿口处的距离发生 $d_0 + \Delta d$ 变化。传感器线圈的电感随 Δd 的变化也发生脉动变化,输出与转速成正比的脉动信号。该信号由检波器检出电压幅值的变化量,然后经整形电路输出脉冲频率信号 f,可以用频率计指示输出频率值,从而测出转轴的转速,其关系式为

$$n = 60f/N \tag{2.8}$$

式中,n 为被测轴的转速(r/min);f 为脉冲频率(Hz);N 为轴上开的槽数。

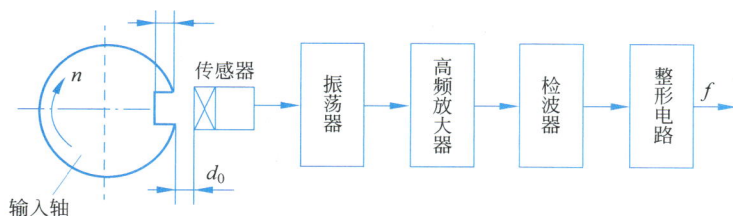

图 2.11　电涡流式转速传感器测量转速原理框图

4. 磁电式转速传感器

磁电式转速传感器的工作原理基于磁通量的变化产生感应电势,其中电势的幅度直接由磁通量变化的速率决定。其结构基本分为两部分:一部分是磁路系统,通常由永久磁铁产生恒磁场;另一部分是工作线圈。

当金属齿轮旋转时,线圈中会获得脉动电动势,通过测量脉冲频率可获得转速物理量,如图 2.12 所示。

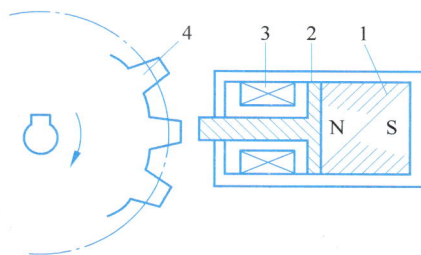

图 2.12　磁电式转速传感器

1—永久磁铁;2—软铁;3—感应线圈;4—铁齿轮

2.2.5　光电检测传感器

光电检测传感器基于光电效应工作,光电效应可分为外光电效应和内光电效应。外光电效应是指光线作用于某些物质表面时,能使电子从该表面逸出的现象,也被称作光电发射。利用外光电效应的光电器件能够有效地捕获并转换光信号,如光电管和光电倍增管。内光电效应则是指物体在光照射下,引起电阻率变化或产生光电动势的现象。这一现象进一步细分为光电导效应和光生伏特效应。光电导效应是指物质导电率随入射光强变化而改变的物理过程,基于此效应的光电器件可根据光照强度调节电阻值,如光敏电阻。光生伏特效应是指半导体材料在吸收光能后,在 PN 结界面上产生电势差的现象。利用这一效应制成的光电元件,如光电池,能够直接将光能转换为电能,广泛应用于各种光电转换领域。

1. 光电管

光电管由一个光电阴极和阳极封装在玻璃壳内构成,光电阴极涂有光敏材料。图 2.13 为光电管的结构。光电管的工作原理如下:在光电管电路中,当无光照射时,电路处于断路状态;当有光线照射时,如果光子的能量大于电子的逸出功,就会有电子逸出并产生电子发射。电子被带有正电的阳极吸引,在光电管内形成光电流,通过检测电流大小可知光量的大小。

2. 光电倍增管

在光电管的阴极与阳极之间(光电子飞跃的路径上)安装若干个倍增极,就构成了光电倍增管,其结构如图 2.14 所示。

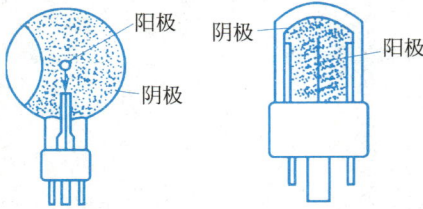

图 2.13　光电管

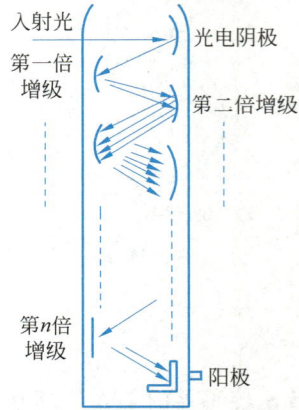

图 2.14　光电倍增管

当高速电子撞击物体表面时,会将一部分能量传递给该物体中的电子,使电子从物体表面逸出,这一现象称为二次电子发射。倍增极即为二次发射体。二次电子发射数量的多少,与物体的材料性质、物体表面状况、入射的一次电子能量和入射的角度等因素有关。

光电倍增管在弱光和光度测量中得到广泛应用,如核仪器中的 γ 能谱仪、X 射线荧光分析仪等闪烁探测器,均采用光电倍增管作为传感元件。

3. 光敏电阻

光敏电阻的工作原理基于光电导效应,它由掺杂的光导体薄膜(光导体)沉积在绝缘基片上制成,其外形如图 2.15(a)所示。

将光敏电阻接入图 2.15(b)所示的电路中,当无光照时,由于光敏电阻的阻值极大,因此电路中电流很小;当有适当波长范围内的光线照射时,其阻值急剧减小,所以电路中电流随之增加。通过测量电流表的电流值变化,即可推算出照射光强的大小。

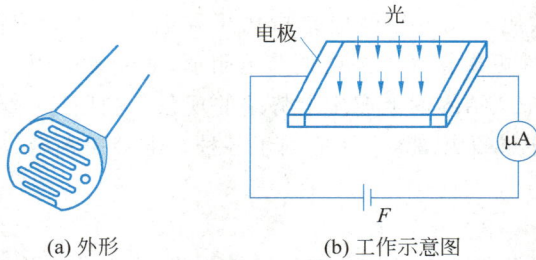

(a) 外形　　　　　　　(b) 工作示意图

图 2.15　光敏电阻

4. 光敏晶体管

光敏晶体管的工作原理主要基于光生伏特效应,广泛应用于可见光和远红外探测,以及自动控制、自动报警、自动计数等领域和装置。

(1) 光敏二极管封装在透明的玻璃外壳中,PN 结位于管子的顶部,可直接接受光照。为提高转换效率,其 PN 结的面积比普通二极管大。

如图 2.16 所示,光敏二极管施加反向电压。在无光照射时,其行为类似于普通二极管,仅允许极小的反向饱和漏电流通过,这一微小电流被称为暗电流,此时光敏二极管处于截止状态,几乎不导电。当光线照射到光敏二极管上时,PN 结区域受光子撞击,半导体材料中的价电子吸收光子能量后被激发,形成电子空穴对。这些新生的电子空穴对在反向电压的作用下迅速分离,电子向负极移动,空穴向正极移动,从而使原本微小的反向饱和电流显著增大,形成光电流,这时光敏二极管相当于导通。这表明 PN 结具有光电转换功能,因此光敏二极管又被称为光电二极管。

(2)光敏三极管,可将光敏二极管产生的光电流进一步放大,是种具有更高灵敏度和响应速度的光敏传感器。

光敏三极管与光敏二极管在外形结构上相似,通常也只有两个引出线——发射极 e 和集电极 c,基极 b 不引出,但光敏三极管有两个 PN 结,如图 2.17 所示,管芯封装在带有窗口的管壳内,管壳同样开有窗口,以便光线射入。

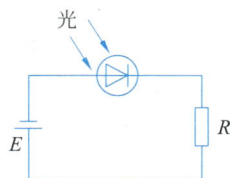

图 2.16　光敏二极管　　　　　　　　图 2.17　光敏三极管

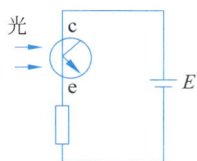

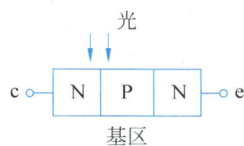

为增大光照面积,基区面积做得较大,发射区较小,入射光主要被基区吸收。工作时,集电结反偏,发射结正偏。光敏三极管可以看成普通三极管的集电结由光敏二极管替代的结果。

当无光照射时,三极管集电结反偏,暗电流相当于普通三极管的穿透电流;当有光照射集电结附近的基区时,激发出新的电子空穴对,经放大形成光电流。光敏三极管利用类似普通三极管的放大作用,将光敏二极管的光电流放大了$(1+\beta)$倍,所以它比光敏二极管具有更高的灵敏度。

5. 光纤传感器

光纤传感器具有灵敏度高、电绝缘性能好、结构简单、体积小、重量轻、不受电磁干扰、光路可弯曲、便于实现遥测、耐腐蚀、耐高温等优点。

光纤传感器可测量位移、速度、加速度、压力、温度、液位、流量、水声、电流、磁场、放射性射线等多种物理量,发展极为迅速,在制造业、军事、航天、航空、航海等众多领域有着广泛的应用。

根据光纤在传感器中的作用,通常将光纤传感器分为功能型(FF 型)和非功能型(NFF型)两大类。①功能型光纤传感器中,光纤一方面起传输光的作用,另一方面作为敏感元件。②非功能型光纤传感器中的光纤只起传光作用,不作为敏感元件,而是通过放置在光纤端面或两根光纤中间的光学材料及机械式或光学式的敏感元件来感受被测量的变化。

6. CCD 图像传感器

CCD 图像传感器是典型的图像传感器,如图 2.18 所示,它可将感光面上的光学影像转换为与其成比例关系的电信号,实现光电转换功能。图像传感器是将其感光面上的光学影像分成许多小单元(像素),并将其转换成可用电信号的一种功能器件。CCD 传感器可在一个器件上完成光电信号转换、信息存储、传输和处理,具有体积小、重量轻、集成度高、分辨率高、功耗低、寿命长、价格低等特

图 2.18　CCD 图像传感器

点。半导体图像传感器由光敏元件阵列和电荷转移器件集成而成，其核心是电荷转移器件。

CCD 图像传感器由光敏单元、转移栅、移位寄存器、辅助输入输出电路组成。CCD 工作时，在设定的积分时间内，由光敏单元对光信号进行采样，将光的强弱转换为各光敏单元的信号电荷数量。采样结束后，各光敏单元的信号电荷由转移栅转移到移位寄存器的相应单元中。移位寄存器在驱动时钟的作用下，将信号电荷顺次转移到输出端，然后将输出信号接入示波器、图像显示器或其他信号存储、处理设备中，就可对信号进行存储或再现处理。

CCD 图像传感器按其像素的空间排列可分为线阵 CCD 和面阵 CCD。线阵 CCD 用于捕捉一维图像，也可结合附加的机械扫描获取二维图像。面阵 CCD 具有呈二维矩阵排列的感光单元，能够直接获取二维图像。

由于 CCD 的像元尺寸小、几何精度高，配置适当的光学系统，即可获得很高的空间分辨率，特别适用于各种精密图像传感和无接触工件尺寸的在线检测。CCD 的输出信号易于数字化处理，便于与计算机连接组成实时自动测量控制系统，可广泛用于光谱测量及光谱分析、文字与图像识别、光电图像处理、传真、复印、条形码识别及空间遥感等众多领域。

2.3　智能传感器

智能传感器的起源可追溯至美国宇航局早期在航天领域的探索。1978 年，随着宇宙飞船研发项目的推进，这一概念应运而生并转化为实际产品。当时，宇宙飞船上产生了海量且复杂的传感器数据（如温度、位置、速度和姿态等），传统的大型计算机处理系统难以应对。为解决这一难题，科学家们提出了 CPU 分散化的创新思路，即赋予传感器自身智能处理能力，以分担中央处理器的压力，这一变革催生了智能传感器的诞生。

传统传感器受技术限制，主要输出模拟信号，缺乏内在的信号处理与通信组网能力，必须依靠外部设备（如测量仪表）来实现信号的转换、处理与传输。而智能传感器实现了质的飞跃，它能够在内部直接对原始数据进行高效处理，并通过标准化接口与外界进行无缝的数据交换。此外，智能传感器可通过软件灵活调整工作模式，满足不同应用场景的多样化需求，推动了传感器技术向智能化与网络化方向发展。

采用标准总线接口是智能传感器的一大显著优势，这赋予了传感器出色的开放性和可扩展性。它不仅简化了系统集成与维护的复杂性，更为系统未来的升级与功能拓展预留了广阔空间，为整个系统的发展提供了有力支撑。

2.3.1　智能传感器的概念

英国人将智能传感器称为 intelligent sensor，美国人则称为 smart sensor。智能传感器是将传统的传感器和微处理器及相关电路组成一体化结构，使其具备信息检测、信息处理、信息记忆、逻辑思维与判断等类似人类某些智能的新型概念传感器。

在 20 世纪 80 年代末至 90 年代中后期，单片机技术的飞速进步极大地推动了智能传感器的发展。通过将单片微处理器内嵌于传感器中，实现了温度补偿、修正及校准等高级功能，并引入 A/D 转换器，将传统的模拟信号转换为数字信号，这标志着智能传感器向全面数字化迈出了重要一步。这一时期的智能传感器不再单纯依赖硬件结构，而是更多地融入软件算法，以实现对信号的高效处理,其输出信号也相应转变为数字格式。

随着现场总线技术的兴起,基于该技术的测量控制系统迅速普及,这给传感器的设计带来了新的挑战与机遇。展望未来,单一传感器独立应用的场景将逐渐减少,取而代之的是多传感器系统的综合应用,以实现更为复杂的多参数测量与多对象控制。为实现这一目标,传感器设计将更加注重软件的作用,通过软件将传感器内部的各个敏感单元以及外部的智能传感器单元紧密连接,形成一个整体系统。在这种架构下,软件不再是针对单个对象的操作,而是对整个系统进行管理和协调。此外,传感器输出的数字信号将遵循统一的通信协议格式,确保传感器之间、传感器与执行器之间,以及传感器与系统之间能够实现高效、准确的数据交换与共享。

2.3.2　智能传感器的主要功能

1. 自补偿和自计算

智能传感器通过软件对传感器的非线性、温度漂移、响应时间等进行自动补偿。即便传感器的加工不太精密,只要其重复性良好,借助智能传感器的计算功能,就能获得较为精确的测量结果。

2. 自校正和自诊断

智能传感器通过自诊断软件能够对传感器和系统的工作状态进行检测,并持续显示诊断结果和工作状态,对于诊断出的故障原因和位置,能够做出必要响应,发出故障报警信号,或在计算机屏幕上显示操作提示。此外,根据使用时间,智能传感器可自动对自身进行在线校正。

3. 双向通信功能

智能传感器利用接口可便捷地与外部设备或网络交换信息。微处理器不仅接收、处理传感器的数据,还能将信息反馈至传感器,对测量过程进行调节和控制。

4. 接口功能

智能传感器内置微处理器,其接口设计易于实现数字化与标准化,能够无缝对接网络系统或上级计算机,促进信息的高效共享与交互。

5. 显示与报警功能

借助接口技术,智能传感器可与数码管、显示屏等外设集成,灵活展示实时测量值及参数,支持单点或循环显示模式。同时,配备打印输出功能及超限声光报警系统,确保测量结果能及时反馈,异常情况得到及时响应。

6. 多参数复合感知

智能传感器具有强大的复合敏感能力,能够同步监测多种物理量与化学量,提供全面且深入的物质状态与变化规律信息,满足复杂环境下的多元化监测需求。

7. 高效数据处理功能

内置微处理器赋予了智能传感器强大的实时信号处理能力,支持多传感器、多参数的混合测量与分析,显著提升探测精度与应用广度,推动其在更多领域的应用探索。

8. 信息存储与回溯功能

智能传感器具备强大的信息存储与记忆能力,可按需记录设备历史数据、探测分析结果等关键信息,为后续分析、故障排查及性能优化提供有力支持。

9. 断电数据保护机制

为确保数据安全性,智能传感器内置备用电源系统。当系统主电源中断时,能迅速切换至备用电源,保持 RAM 供电,有效防止数据丢失,保障数据完整性与连续性。

2.3.3 智能传感器的特点

相较于传统传感器,智能传感器具有以下五个显著特点。

1. 高精度

智能传感器集成多项先进技术,以确保其高精度表现。它不仅能自动校零以消除零点误差,还能实时与标准参考基准对比,自动校正系统整体标定及非线性等系统误差。此外,通过对大量采集数据的统计分析,有效削弱偶然误差的影响,从而维持高精度测量。

2. 高度可靠性与稳定性

智能传感器具备强大的自适应能力,能自动补偿因工作环境条件变化(如温度波动)导致的系统特性漂移。同时,它能根据被测参数变化自动调整量程,实时进行自我检测与分析,确保数据合理性,并在异常情况下提供报警或故障提示,极大地提升了系统的可靠性与稳定性。

3. 优异的信噪比与分辨力

依靠其内置的数据存储、记忆及信息处理功能,智能传感器能运用软件手段进行数字滤波、相关分析等高级处理,有效滤除输入数据中的噪声,精准提取有用信号。在多参数测量环境中,通过数据融合及神经网络技术,还能消除交叉灵敏度的影响,确保对特定参数的测量具有高分辨力。

4. 强大的自适应能力

智能传感器内置智能决策机制,能根据系统实时工作状态动态调整各部件供电情况及与上位计算机的数据传输速率,实现系统运行的最低功耗状态与最优数据传输效率,展现出强大的环境适应性与灵活性。

5. 高性价比

智能传感器之所以能实现高性价比,并非单纯依靠传感器硬件本身的极致优化或复杂调试,而是巧妙地将微处理器/微计算机与廉价的集成电路工艺及芯片相结合,并借助强大的软件算法来实现高精度与高性能。这种软硬件协同的设计思路,使得智能传感器在成本效益方面远超传统传感器。

2.3.4　智能传感器的组成

智能传感器系统的核心构成包括传感器、微处理器及配套电路,其基本组成如图 2.19 所示。在此系统中,传感器的首要任务是将待测的物理或化学量转换为电信号,随后这些信号被传输至精心设计的信号调理电路。此电路集成了滤波(通常内置于可编程放大器中)、放大及 A/D 转换功能,以确保信号质量并将其转换为数字形式,便于微处理器进行后续处理。微处理器作为系统的"大脑",负责接收经处理后的数字信号,执行复杂的计算、数据存储及深度数据分析。这一过程不仅提升了数据的准确性,还通过反馈机制对传感器与信号调理电路进行动态调节,实现了对测量过程的精细控制与优化。同时,处理结果通过输出接口电路,根据预设的格式与界面要求,转换为数字化的测量结果输出,以满足多样化的应用需求。尤为关键的是,微处理器借助多样化的功能软件,极大地增强了智能传感器的整体性能,使其在精度、稳定性、自适应能力及性价比等方面均展现出显著优势。

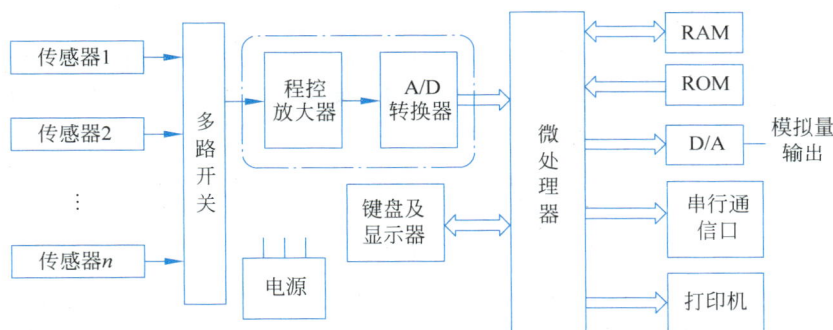

图 2.19　智能传感器系统的基本组成

2.3.5　智能传感器的实现

目前,智能传感器主要从以下三个方面来实现。

1. 非集成化实现

非集成化智能传感器系统通过组合具备信号捕获能力的传感器、专门的信号调理电路,以及集成数字总线接口的微处理器,构建了一个功能完备的智能单元。非集成化实现方式如图 2.20 所示。这种构建方式为实现传感器的智能化升级提供了一种高效且直接的途径。

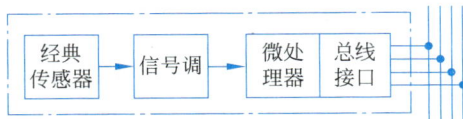

图 2.20　非集成化实现方式

以美国罗斯蒙特(Rose Mount)公司推出的电容式智能压力(差)变送器为例,该系列产品在传统非集成化电容式变送器的基础上,增设了一块集成数字总线接口的微处理器模块,从而实现了对传统设备的智能化改造。此外,通过开发并集成通信、控制、自动校正、自动补偿及自诊断等高级软件功能,这些变送器不仅提升了信号转换的精度与效率,还赋予了设备自我诊断与调节的能力,全面实现了传感器的智能化目标。这一实践案例充分彰显了非集成化智能传感器系统构建策略的可行性与有效性。

2. 集成化实现

此类集成智能传感器系统融合了先进的微机械加工技术与大规模集成电路工艺,将敏感元件、信号调理电路以及微处理器单元集成在单一芯片上,实现了功能的紧密融合。

集成智能传感器具有以下优势。

(1) 高信噪比。传感器输出的微弱信号能够在集成电路中即时得到有效放大,随后再进行远距离传输,这一过程显著提高了信号的信噪比,确保了数据传输的清晰与准确。

(2) 高性能与高可靠性。通过将传感器、微处理器及电路元件集成于同一芯片,实现了组件间的紧密耦合与高效协同。这不仅简化了系统结构,还便于实施自动校准机制,如定期通过自校单元对传感器的零漂、温度漂移进行校正,同时利用反馈技术优化传感器频响,从而全面提升了系统的整体性能与长期运行的可靠性。

(3) 信号归一化处理。集成智能传感器支持能够对模拟信号进行精确的归一化处理,通过程控放大器调整信号幅度,并借助模数转换器将其转换为数字信号。随后,微处理器可根据应用需求,灵活选用多种数字传输形式(如串行、并行、频率、相位、脉冲等)对信号进行进一步归一化,确保了信号处理的灵活性与兼容性。

3. 混合实现

混合实现智能传感器将系统的敏感元件、信号调理电路、微处理器单元、数字总线接口等单元以不同的组合方式集成在两块或三块芯片上,并封装在一个外壳内,实现混合集成,如图 2.21 所示。

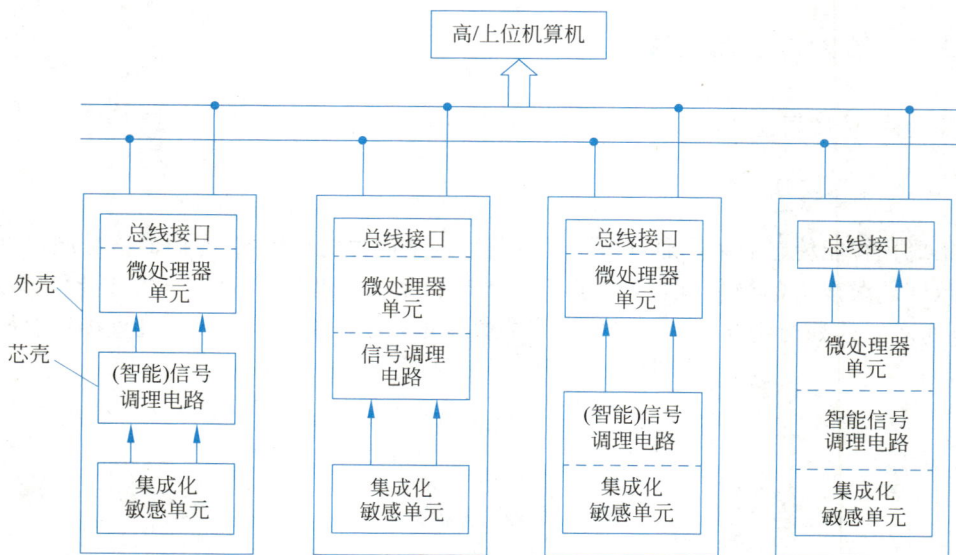

图 2.21　混合实现方式

2.3.6 智能传感器的发展方向

1. 多功能融合

开展多参数、多功能测量是智能传感器的一个重要发展方向,即将原本分散的、各自独立的单敏感传感器集成为具有多敏感功能的传感器,能够同时测量多种被测量,全面反映被测量对象的综合信息。

2. 低功耗

降低功耗不仅可以简化传感器的电源设计,降低对散热条件的要求,还为提高智能传感器的集成度和安装便利性创造了有利条件。

3. 微型化

随着微电子技术、MEMS 的发展,将敏感元件、信号调理电路、微处理单元集成在一块硅片上。这种传感器具有微型化、结构一体化、精度高、多功能、阵列式、全数字化等特点。

4. 网络化

智能传感器通常具备数字通信接口,它们之间能够实现数据的实时传输与共享,并且可以与上级系统进行信息交换。

5. 虚拟化

软件在智能传感器中占据重要地位。智能传感器的智能化程度与软件的开发水平成正比,基于计算机平台完全通过软件开发的虚拟传感器能够缩短产品开发周期,降低成本,提高可靠性,具有广泛的应用前景。

2.3.7 智能传感器在智能制造中的应用

在现代生产制造中,智能传感技术的作用愈发重要,尤其是在万物互联的趋势下,智能传感技术获得了前所未有的发展。如果说互联网连接的是计算机,那么物联网连接的就是世间万物。物联网利用局部网络或互联网通信技术,将传感器、控制器、机器、人和物等以新的方式连接在一起,形成人与物、物与物相连的网络,实现信息化、智能化和远程管理控制,从而对物品进行智能化识别、定位、跟踪、监控和管理。物联网将我们带入一个新的数据时代,使我们的计算能力、云能力、人工智能得以实现。通过智能传感器技术实时监控生产过程、设备状态和质量控制,智能传感器为企业提高生产效率,降低成本,提升产品质量提供了有力支撑。

1. 智能传感器在智能制造中的作用

(1)生产过程监控。在制造过程中,智能传感器的应用为生产过程的监控提供了有力支持。通过安装各类传感器,如温度、压力、湿度等传感器,能够实时监测生产线的运行状态,及时收集关键生产数据。这些数据有助于企业掌握生产过程中的各项指标,从而确保生产稳定进行。

（2）设备状态监测。智能传感器在设备状态监测方面也发挥着重要作用。通过监测设备的振动、声音、温度等参数，可以提前察觉设备潜在的故障隐患，为企业制订合理的维护保养计划提供数据支持。

（3）质量控制与优化。智能传感器在制造过程中的质量控制与优化方面具有显著优势。通过实时监测生产过程中的关键参数，并与标准值进行对比，智能传感器能够帮助企业及时发现质量问题，并采取措施加以调整。

2. 智能传感器在智能制造领域的应用举例

（1）智能传感器在汽车制造业的应用。在汽车制造业中，智能传感器的应用极为广泛。例如，在汽车发动机的监控中，智能传感器可以实时监测发动机的温度、压力、转速等关键参数，确保发动机运行在最佳状态。此外，智能传感器在车辆安全系统中也发挥着重要作用，如ABS防抱死系统、车身稳定控制系统等，它们通过智能传感器收集车辆运动状态信息，实时调整制动力和发动机输出，提高行车安全性。例如，基于智能传感器的自适应巡航系统（ACC）通过车前的毫米波雷达传感器检测与前车的距离和相对速度，自动调整车速，保持与前车的安全距离，减轻驾驶员的疲劳。

（2）智能传感器在电子制造业的应用。电子制造业对生产精度和效率要求极高，智能传感器在这方面的应用具有重要意义。在电子元器件生产过程中，智能传感器可以实现生产过程的实时监控，保障产品质量。例如，电子制造企业采用智能视觉传感器对电路板上的元件进行检测。该传感器通过对元件的形状、尺寸、位置等信息进行识别，能够快速找出不合格品，大大提高了生产效率和产品质量。

（3）智能传感器在食品制造业的应用。食品安全是公众关注的焦点，智能传感器在食品制造业中的应用有助于保障食品安全。通过智能传感器对食品生产过程中的关键环节进行监控，可以有效防止食品污染和变质。例如，食品企业利用智能传感器监测生产车间的温度、湿度等环境参数，并实时将数据传输至监控系统。当参数异常时，系统会立即发出警报，提醒工作人员采取措施，确保食品生产过程中的卫生安全。

2.4　RFID 技　术

射频识别技术（radio frequency identification，RFID）借助无线电信号识别特定目标并读写相关数据，属于非接触式的自动识别技术，无须识别系统与特定目标之间建立机械或光学接触。

2.4.1　RFID 技术概述

RFID技术最早源于第二次世界大战期间的英国，当时用于辨别敌我飞机，到20世纪60年代开始商业化应用。1991年，美国俄克拉何马州（Oklahoma）建成了世界上首个开放式公路自助收费系统，随后发展成为如今国内外常见的ETC系统。美国国防部规定，自2005年1月1日开始，所有的军需物资都需使用RFID应答器；同时，美国食品药品监督管理局（FDA）建议制药商从2006年起利用RFID跟踪造假药品。对RFID应用的另一大推动力量来自零售业巨头沃尔玛(Walmart)和麦德龙(Metro),这两家企业采用 RFID 技术对零售商品进行跟踪。

RFID 相较于条形码具有诸多优点,例如,容易构成网络应用环境;RFID 最大的特点在于其唯一标识性,能够识别单个具体物体,而条形码只能识别物体类别;RFID 可通过无线通信透过外部材料读取数据,而条形码只能依靠激光读取;RFID 能够同时对多个物体进行识读,而条形码只能一个一个地按顺序读取;RFID 标签可以多次改写,存储信息量大,而条形码只能读取,信息量少。此外,RFID 相比条形码的智能化程度更高,使用寿命更长。

2.4.2　RFID 系统的结构与一般工作流程

1. RFID 系统的组成

RFID 系统的结构如图 2.22 所示。

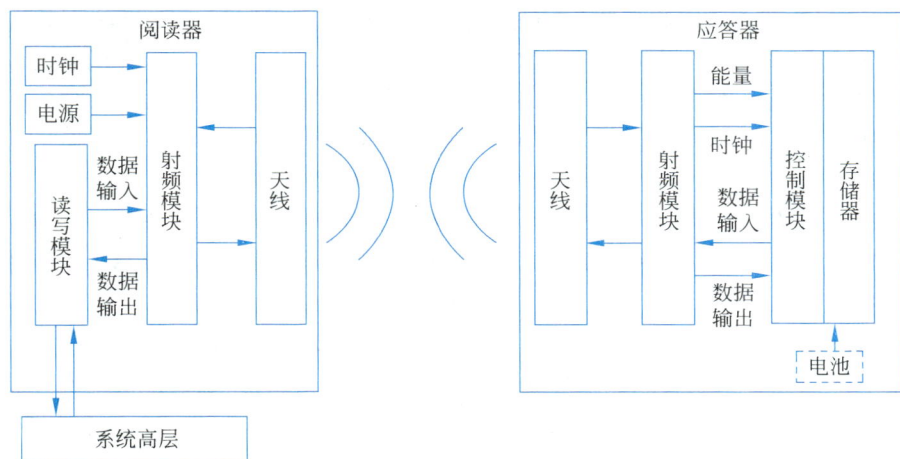

图 2.22　RFID 系统的结构

1) 应答器

应答器,又被称为电子标签、射频标签或射频卡,是由 IC 芯片和无线通信天线组成的微型标签,其内置的射频天线用于与阅读器进行通信。系统工作时,阅读器发出查询信号,标签接收到查询信号后,将其中一部分整流为直流电源,为应答器内电路供电;另一部分能量信号则被应答器内保存的数据信息调制后反射回阅读器。应答器附着在待识别的物体上,每个应答器都拥有唯一的编码,是射频识别系统真正的数据载体。从技术层面来讲,应答器是射频识别的核心。阅读器是根据应答器的性能来设计在射频识别系统中的,因为应答器的价格远比阅读器低,生产数量庞大,应用场景多样,且组成、外形和特点各不相同。射频识别技术采用应答器替代条形码,对物品进行非接触式自动识别,能够实现自动收集物品信息的功能。

(1) 应答器基本组成。应答器由天线、电压调节器、调制器、解调器、逻辑控制单元和存储单元组成。应答器的内部结构如图 2.23 所示。

(2) 应答器内部各结构功能如下。

① 天线。作为应答器与外部通信的接口,天线负责在应答器与阅读器之间传递射频信号。对于无源应答器(被动式应答器),天线还负责捕获阅读器发出的射频能量,并将其转换为

51

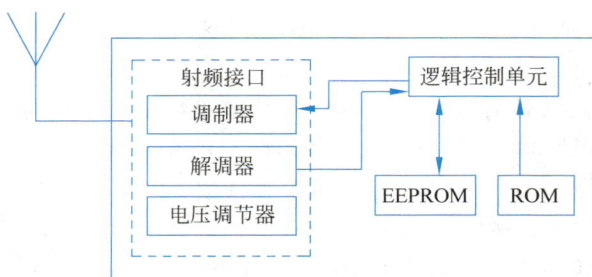

图 2.23　应答器的内部结构

电能,供应答器内部电路使用。

② 电压调节器。它可以是电池,也可以是其他形式的能量存储装置,其作用是为应答器内部电路提供稳定的工作电压和电流。

③ 调制器。逻辑控制电路送出的数据,经调制电路调制后,加载到天线并发送给阅读器。

④ 解调器。解调器负责将接收到的射频信号解调成基带信号,以便后续电路进行处理。在无源应答器中,解调器还需从捕获的射频能量中提取出用于内部电路工作的直流电源。

⑤ 逻辑控制单元。控制器是应答器内部的核心部件,负责管控整个应答器的运行。它根据接收到的指令或内部程序执行相应的操作,如读取存储器中的数据、发送数据给阅读器等。对于设置了密码的应答器,控制器还负责进行数字验证操作。

⑥ 存储单元。存储器是应答器内部用于存储数据的部件,通常采用非易失性存储方式,即断电后数据不会丢失。存储器中存储的数据可以是应答器的唯一识别码、产品信息、状态信息等。

2）阅读器

阅读器(reader),又被称为读写器(reader and writer)或询问器,是一种能够读取和写入应答器内存信息的数据采集设备。阅读器还可与计算机网络相连,完成数据信息的存储、管理和控制工作。其基本功能是作为数据交换的关键环节,将前端应答器所包含的信息传递给后端的计算机网络。

（1）阅读器的基本组成。阅读器主要由控制模块、射频模块、控制处理模块和天线构成。阅读器通过天线与应答器进行无线通信,可将读写器看作一个特殊的收发信机;同时,阅读器也是应答器与计算机网络的连接通道。阅读器的基本组成如图 2.24 所示。

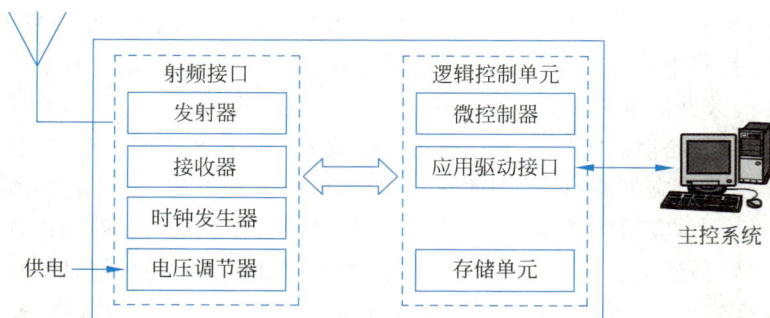

图 2.24　阅读器的基本组成

（2）阅读器各模块功能如下。

① 控制模块由 ASIC 集成电路组件和微处理器组成,其中微处理器是控制模块的核心部

件。ASIC 组件主要负责完成逻辑加密过程,如对阅读器与应答器之间的数据流进行加密,以此减轻微处理器计算过于密集的负担。对 ASIC 的存取操作,是通过面向寄存器的微处理器总线来实现的。

控制模块的主要功能如下:a. 与应用软件进行通信,并执行应用软件发送的命令;b. 控制与应答器的通信过程;c. 实现信号的编码和解码;d. 执行防碰撞算法;e. 对应答器与阅读器之间传送的数据进行加密和解密;f. 进行应答器与阅读器之间的身份验证。

② 射频模块是 RFID 系统的核心组件由发送与接收两大电路模块组成,它们协同运作以实现高频功率的发射及应答器射频信号的接收与解调。

发送电路主要将控制模块处理完成的数字基带信号进行调制、变频、滤波及功率放大,最终通过天线向应答器发送信号。这一过程涉及调制电路、变频混频器、带通滤波器及功率放大器等关键组件。

接收电路则负责捕获由天线接收的已调制信号,通过滤波、放大、混频及解调等步骤,还原出原始的数字基带信号,并将其传递给阅读器的控制单元。此电路模块集成了滤波器、放大器、混频器及可能的电压转换装置。

③ 阅读器接口作为连接控制模块与应用软件的纽带,支持多种数据交换标准,如 RS-232、RS-485、RJ45、USB 系列及 WLAN 等,确保数据传输具备灵活性与兼容性。

3) 天线

天线作为电磁波传输的媒介,是 RFID 系统中不可或缺的部件。它不仅承担着无线电波的发射与接收任务,还直接影响信号的方向性、覆盖范围及传输效率。在 RFID 应用中,天线的设计需要充分考虑其方向性、阻抗匹配、带宽、功率承受能力及效率等因素,以满足不同场景下的信息传输需求。

4) 系统高层

对于构建在多阅读器网络基础上的 RFID 系统,系统高层的作用尤为关键。它不仅负责整合来自各个阅读器的数据,实现数据的统一管理、查询及历史档案的建立,还通过数据分析与挖掘,为决策制定提供有力支撑。这一层级的设计与应用,极大地拓展了 RFID 系统的功能范围,使其能够更好地服务于各类复杂多变的实际应用场景。

2. RFID 系统的一般工作流程

RFID 系统通过射频方式在阅读器和应答器之间进行非接触双向数据传输,以实现目标识别、数据传输和控制的目的。RFID 系统的一般工作流程如下。

(1) 数据写入。首先,工作人员利用编程器将所需数据信息预先写入 RFID 电子标签,这些数据信息可以是物品的唯一标识码、产品信息、生产日期等。

(2) 信号发射。RFID 阅读器(读写器)通过其天线向外发射射频信号(无线电载波信号),这个信号覆盖特定的区域,即阅读器的工作区域。

(3) 标签激活。当带有 RFID 标签的物体进入阅读器工作区域时,标签被射频信号激活。对于无源标签(无内置电源的标签),射频信号为其提供足够能量使其开始工作;有源标签(内置电源的标签)则可能主动发送信号。

(4) 信息发送。被激活的电子标签会将存储在芯片中的产品信息(无源标签)或主动发送的信号(有源标签)通过天线发送出去。

(5) 信号接收与处理。RFID 系统的接收天线接收到电子标签发出的信号后,通过天线的调节器将信号传送给阅读器。阅读器对接收到的信号进行解调解码,提取出标签中的信息。

(6)数据传输。阅读器将解码后的信息传输至后台计算机或中央信息系统。这一步骤实现了数据的实时更新和记录。

(7)权限判断与处理。计算机或中央信息系统根据预设的权限和逻辑运算判断电子标签的合法性,并根据不同的设定做出相应的处理和控制。例如,如果标签合法,则可能允许物体通过门禁;如果标签不合法,则可能触发警报或进行其他操作。

(8)执行操作。根据计算机或中央信息系统的指令,执行机构(如门禁系统、生产线上的机械臂等)进行相应操作。

(9)数据共享。后台管理系统还可以与其他系统进行数据共享和管理,实现更广泛的应用。例如,在供应链管理中,RFID系统可与其他物流系统相连,实现货物的实时追踪和管理。

2.4.3 RFID技术在智能制造中的应用

自RFID技术普及以来,其应用范围极为广泛,最初,RFID主要应用于物流领域,但发展至今,在零售、物流、交通、医疗、制造等诸多行业,都能看到RFID技术的应用实例,如图2.25所示。虽然RFID技术已非新技术,但随着智慧时代的来临,近年来产业界仍不断透过市场需求不断开发各类RFID应用场景。以智能制造为例,鉴于对资源优化和提高成本效率的需求,各制造业企业也开始采用RFID技术,以实现即时位置追踪、资产或人员监控、生产线上的流程管控以及供应链管理等应用。

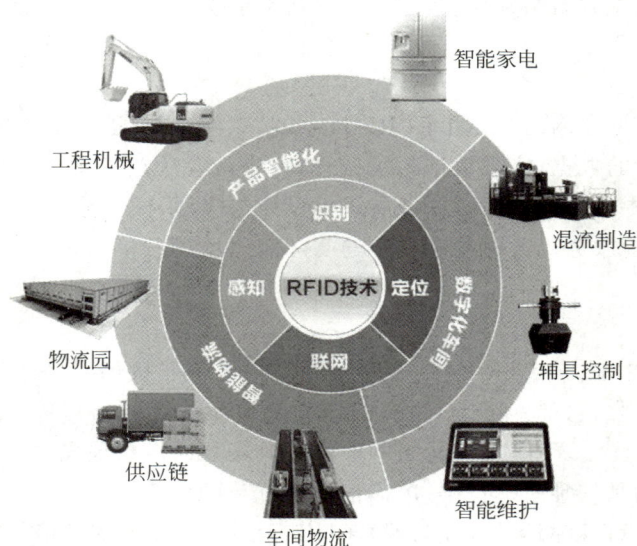

图 2.25 RFID技术在智能制造中的应用

1. RFID技术在智能产品中的应用

RFID技术结合智能板卡,能够实现从产品设计、生产、销售、巡检、诊断维修、信息统计直至报废的全生命周期信息管理,具备运行信息记录反馈、诊断与分析等功能。这对于提升产品的智能化形象,实现产品全生命周期智能化管理具有重要价值。

2. RFID 技术在智能物流中的应用

（1）供应链车辆引导与卸货管理。借助 RFID 技术，结合厂区物料供应需求，可实现厂区供应商车辆预约、排队及身份识别，同时实现厂区卸货资源的智能化分配。这有点像乘车订票系统，在供应商车辆未到达工厂（车站）之前，供应商通过在线预约系统进行预约排队（购票），到达工厂（车站）之后按照指示牌到预约卸货位卸货（等待和上车）。通过部署实施供应链车辆引导与卸货管理系统，能够实现物料拉动式供应链模式。借助 RFID 系统来了解整个厂区的物流资源状态，对厂区物流资源进行疏导，实现对供应链车辆的入厂时间、卸货资源安排指引及时间控制，从而提高厂区的物流资源利用率。

（2）物料配送周转箱管理。RFID 技术在物流周转箱管理领域的应用，显著优化了物流作业流程，有力推动了仓储管理的数字化转型。具体而言，该技术实现了仓储货位的精准管理与货物的快速实时盘点，使得管理决策更加科学、响应更加迅速且执行更加高效。这种管理模式的革新，确保了供应链数据流通的高质量，促进了信息的无缝对接与即时共享，进而大幅提升了物流效率。通过应用 RFID 技术，物流体系能够更精确地追踪周转箱的位置与状态，减少人工错误与遗漏，降低库存积压与浪费，从而有效降低了系统的总体运营成本。此外，实时数据的获取与分析能力还为企业提供了更深入的市场洞察与决策支持，助力企业在竞争激烈的市场环境中保持领先地位。

例如，三一重工的 18 号厂房在所有物料配送出口都安装了鸿陆 RFID 读写器，装配线边也都配备了 RFID 领料器，所有物料的出入库以及线边领料信息都会及时被采集并反馈到后台系统。码垛立库智能识别系统通过自动立库、RFID 智能小车、RFID 托盘等智能部件，实现了配送过程的透明化和智能引导，有效提高了装配物料配送的效率和精度。

3. RFID 技术在智能车间中的应用

（1）刀具全生命周期管控。刀具管控的目标是实现对刀具全生命周期的信息管理，及时地了解刀具的使用、库存状态和位置信息。在刀具采购入库前，为刀具加装 RFID 电子标签，作为刀具的唯一身份识别信息。在刀具的调度和使用过程中，通过 RFID 读写设备及时采集刀具信息，即可在系统中清晰了解刀具是否已上机，具体对应的机床以及使用周期和时长等情况。通过及时跟踪刀具位置状态和使用状态，企业能及时了解刀具磨损情况并进行更换，保证刀具的使用安全。

（2）产线混流制造。随着用户个性化需求的增长，在制造企业的工业生产中，选配和定制已逐渐成为趋势，混流制造的混合流水线生产模式能够很好地满足个性化定制选配的生产需求。混流制造模式是企业灵活应对市场需求，在同一条生产线上高效组织多样化产品生产的策略。该模式的核心在于将具有相似工艺流程和作业方法的多种产品，按照精心规划的投产序列，在同一条流水线上实现有序、按比例且节奏紧凑的混合生产。这一过程强调对品种、产量、工时及设备利用率的全面均衡考量，以确保生产系统的整体效能最大化。

为进一步优化混流制造过程，采用 RFID 技术成为关键手段。通过在关键零部件及托盘上部署 RFID 电子标签，同时在加工设备与生产线体系中集成 RFID 工业读写器，构建起高效的信息交互网络。这一智能通信体系能够即时捕获生产过程中的数据，有效避免因信息滞后引发的工序管理混乱等问题，显著提升生产流程的透明度和可控性。具体而言，RFID 技术的实时数据采集功能为 MES（制造执行系统）提供了坚实的数据基础，使 MES 能够精准掌握在制品的实时状态及各生产工序的进展。基于此,MES能够迅速响应,实现生产调度的精细化与高效化,确保每个工作站都能在最佳状态下连续作业,最大限度地利用时间,减少空转时间,显著提升整体生产效率。

例如,某汽车企业通过在缸体缸盖加工生产线安装RFID标签,实现了6种以上缸体的混流生产,产线全过程的质量数据和过程数据都得到了有效采集。某品牌的家用空调工厂在柔性装配线、工序、工板上安装RFID标签,实现了家电装配过程数据自动采集,数据采集率提升至99%,每条线单件产品减少人工条码扫描时间5分钟,MES数据准确率提升至90%。

(3)模具智能维护管理。东莞一家专注于电极管生产的企业,通过打通模具从设计到制造的信息流和制造流,提高了CNC加工效率,减少了仓库人员和测量人员,使EDM稼动率提高20%以上。具体实现方式是对每个电极管安装RFID标签,对晶体管从入库、生产、测量到放电的全流程进行管控。通过对库存、配置、现场的数据采集,将电极的设计延伸到制造、测量和使用的全过程,使数据和制造无缝交互,实现全流程的自动化与无人化。

2.5 机器视觉技术

机器视觉的作用就是最大限度地模拟人眼的功能,构建一个类似双目立体视觉的集成化感知系统,以获取被测对象的三维信息。机器视觉是人工智能快速发展的一个分支,用机器替代人眼进行测量和判断。机器视觉系统通过机器视觉产品(即图像摄取装置),将被摄取目标转换为图像信号,传送给图像处理系统,以得到被摄目标的形态信息,再根据像素分布和亮度、颜色等信息,转换成数字化信号。最后,图像系统对这些信号进行各种运算,抽取目标特征,进而控制现场设备的动作。

机器视觉在智能制造中具有极其重要的应用。在对人类操作存在危险或人工视觉难以应对的复杂环境中,机器视觉系统成为理想的替代方案,确保了作业的安全与高效。特别是在大规模工业生产线上,传统人工视觉检查效率低下,且难以保证产品质量的精准度。引入机器视觉检测技术后,不仅显著提升了生产效率,还极大地提升了生产过程的自动化水平,使生产流程更加灵活高效。机器视觉的优势不仅限于提升速度和精度,它还能够轻松实现信息的集成化处理,为构建计算机集成制造系统(CIMS)奠定了坚实的技术基础。这一特性使智能制造系统能够实时收集、处理并分析生产数据,进一步优化生产流程,提高整体运营效率。

2.5.1 视觉传感系统

1. 视觉系统的组成

机器视觉系统由图像输入、图像处理、图像理解、图像存储和图像输出等部分组成。图像输入部分通常由CCD固体摄像机、镜头和光源组成。CCD器件将光学图像信息转换为电信号;镜头既能根据被测对象的远近自动调节焦距,也能根据光线强弱自动调节光圈大小;光源对视觉系统影响重大,优质光源可使被测对象形成的图像最为清晰,复杂程度最低,检测所需信息得以增强。

除某些大规模视觉系统外,图像处理、图像理解、图像存储和图像输出部分通常在微型计算机内完成,对于算法不太复杂的应用场景,也可采用数字信号处理器(DSP)来实现。

2. 机器立体视觉原理

机器视觉系统若要处理三维图像,就必须获取物体的大小、形状及其空间位置关系等信息。在空间中判断物体的位置和形状,一般可借助距离信息、明暗信息和色彩信息,其中距离信息和明暗信息是判断物体位置和形状的主要依据。忽略色彩信息能够减少图像信息量,加快图像处理速度。明暗信息由 CCD 固体摄像机和光源获取,距离信息可借助立体摄像法、结构光法等获取。

(1) 立体摄像法。在相距适当距离处设置两台摄像机,同时对准目标物体,根据三角测距原理可测出摄像机透镜至目标物之间的距离。在立体视觉系统中,为测定距离需设定多个坐标系,如工作坐标系(目标物体的空间坐标系)、摄像机坐标系(以固定摄像机的机座为坐标原点)等。

如图 2.26 所示,在摄像机坐标系$(X,Y,Z)Z$ 轴两侧,分别对称地放置一台摄像机。两台摄像机透镜的中心分别位于 X 轴的 C_L 和 C_R 点,其连线中心位于坐标原点 O 处,且距原点的距离均为 a。两台摄像机的光轴交于摄像机坐标系中 Y 轴上一点 P,且与 Y 轴的夹角均为 θ。摄像机透镜的焦距均为 f,即在距 C_L 和 C_R 点 f 距离处分别形成成像面,在成像面上分别建立左眼平面坐标系 (O_{Lx},O_{Ly}) 和右眼平面坐标系 (O_{Rx},O_{Ry})。

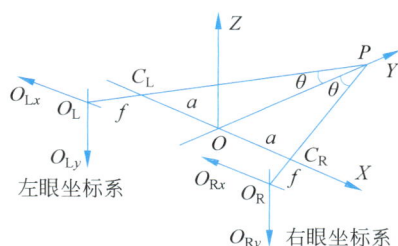

图 2.26 摄像机坐标系

左眼坐标系到摄像机坐标系的坐标变换为

$$\begin{bmatrix} x_L \\ y_L \\ z_L \end{bmatrix} = \begin{bmatrix} -\cos\theta & 0 \\ \sin\theta & 0 \\ 0 & -1 \end{bmatrix} \begin{bmatrix} O_{Lx} \\ O_{Ly} \end{bmatrix} + \begin{bmatrix} -a - f\sin\theta \\ -f\cos\theta \\ 0 \end{bmatrix} \tag{2.9}$$

右眼坐标系到摄像机坐标系的坐标变换为

$$\begin{bmatrix} x_R \\ y_R \\ z_R \end{bmatrix} = \begin{bmatrix} -\cos\theta & 0 \\ -\sin\theta & 0 \\ 0 & -1 \end{bmatrix} \begin{bmatrix} O_{Rx} \\ O_{Ry} \end{bmatrix} + \begin{bmatrix} a + f\sin\theta \\ -f\cos\theta \\ 0 \end{bmatrix} \tag{2.10}$$

式中,x_L、y_L、z_L 为左眼坐标系原点 O_L 的坐标;x_R、y_R、z_R 为右眼坐标系原点 O_R 的坐标。

通过 O_L 和 C_L 的直线称为左视线中轴,通过 O_R 和 C_R 的直线称为右视线中轴,分别记为 L_L 和 L_R,其方程为

$$L_L : \begin{cases} \dfrac{x + a}{x_L + a} = \dfrac{y}{y_L} \\ z = 0 \end{cases} \tag{2.11}$$

$$L_R : \begin{cases} \dfrac{x - a}{x_R - a} = \dfrac{y}{y_R} \\ z = 0 \end{cases} \tag{2.12}$$

式中,x、y、z 为摄像机坐标系中的位置变量。

设物体上任意点 M 在成像面上的投影在左眼坐标系中的坐标值为 (O_{LxM},O_{LyM}),在右眼坐标系中的坐标值为 (O_{RxM},O_{RyM})。根据这两点的投影值及式和式可求出 M 点在摄像机

坐标系中的坐标值。根据 M 点在摄像机坐标系中的坐标值,利用坐标平移和旋转亦可求出 M 点在其他坐标系中的坐标值。

（2）结构光法。选择合适的光源和投光方法也可获得物体的三维信息,这种方法称为结构光法。在一些特定的场合,这种方法既简单又实用。这里的"光源"是一个广义的概念,既可以是激光,也可以是微波或超声波等。投光方法也有很多,可以将条状光或其他结构的光相隔一定距离组成光栅投在物体上,得到线条或其他图案组成的图像,再根据图像分析物体的形状,如图 2.27 所示。

图 2.27　结构光照明实例

应当指出,根据这种图像去识别任何物体是困难的,可以借助某些先验知识来帮助识别物体,也可以通过光源的运动使光条上下移动,以获得物体的图像。使用这种投光方法,光源每运动一次才能摄像一次,光条越密越好,其缺点是速度慢。

2.5.2　图像处理技术

在获取一幅图像后,机器人必须对图像进行处理,以提取有用的信息。图像处理涵盖诸多内容,如对灰度图像进行变换,以寻找物体的边界、骨骼等;对物体的形状特征进行识别,区分物体在背景中的位置;对运动视觉进行分析等。

1. 图像分割

机器视觉处理的是特定物体,物体成像时通常位于图像的某个区域,如何将物体图像与其他部分区分开,这就涉及图像分割。图像分割常用阈值处理和边缘检测两种方法。

（1）阈值处理。以常见的 8bit 灰度图像为例,图像 $f(x,y)$ 中每个像素点灰度的取值范围为 $0 \sim 255$。若通过合适的算法计算出一个灰度阈值 t,根据每个像素点与阈值关系,可将图像的灰度值简化,使其成为二值图像 $g(x,y)$,即

$$g(x,y) = \begin{cases} 255 & f(x,y) \geqslant t \\ 0 & f(x,y) < t \end{cases} \tag{2.13}$$

这种方法又称为二值化,在图像前期处理中占有重要地位,它能够减少数据量,突出图像特征。如图 2.28 所示,经过二值化处理后,轴承的轮廓更加突出。

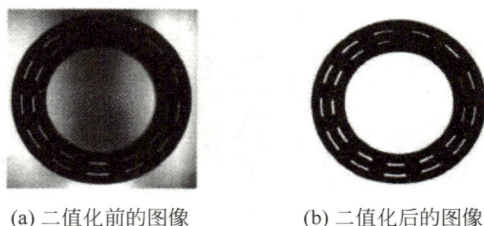

(a) 二值化前的图像　　　　(b) 二值化后的图像

图 2.28　轴承的二值化图像

二值化的关键问题在于选择合适的灰度阈值。确定阈值的算法有很多,对于简单图像可选择单一阈值;对于复杂图像可选择动态阈值,即每个像素点在二值化过程中的阈值都是变化的,与该点的坐标、周围像素点的灰度值等因素有关。

(2)边缘检测。利用灰度值的不连续性,找出物体与背景的分界线,这种方法称为边缘检测。边缘检测是将图像 $f(x,y)$ 中灰度变化最明显的部分作为边缘,即求出图像 $f(x,y)$ 梯度的大小。

对于数字图像,可用差分 $\sqrt{(\partial f/\partial x)^2+(\partial f/\partial y)^2}$ 代替微分,常用的方法是交叉差分法,该方法不需要计算二阶差分。图 2.29 所示为图像中相邻的四个像素,用交叉差分法计算相邻交叉像素的灰度差之和,即

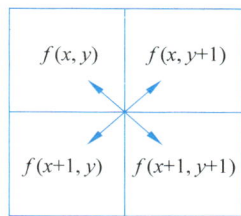

图 2.29　交叉差分法计算示意

$$\nabla f(x,y)=\big|\,f(x,y)-f(x+1,y+1)\,\big|+\big|\,f(x+1,y)-f(x,y+1)\,\big| \qquad (2.14)$$

将灰度差之和 $\nabla f(x,y)$ 与给定差分阈值进行比较,若 $\nabla f(x,y)$ 大于阈值,则该点为边界点。

实际边缘检测还需要考虑一些其他问题,如由于光照的原因,物体与背景之间的灰度变化不显著、图像不同区域的照度不同、图像的噪声较大等,这些因素都会影响边缘检测的准确性。

2. 图像理解

为了分析图像,必须对图像中目标的特征及结构关系进行识别,以获取其特性描述,抽取其特征参数。常用特征参数有面积、周长、形状、不变矩等。

(1)面积。面积 A 的计算公式为

$$A=an \qquad (2.15)$$

式中,a 为每个像素代表的面积;n 为分割区域中像素的个数。

(2)周长。若采用链码表示分割区域,则周长 L 可表示为

$$L=\sum_{i=0}^{n-1}C_i \qquad (2.16)$$

式中,C_i 为第 i 个链码的长度;n 为链码的数量。

由于周长对噪声很敏感,一般不直接作为特征参数,而与其他参数结合运算。

(3)形状。形状可由形状因子 S 来描述,即

$$S=L^2/A \qquad (2.17)$$

(4)不变矩。$(p+q)$ 分割区域的阶惯性矩定义为

$$m_{pq}=\sum_x\sum_y x^p y^q f(x,y) \quad p>0,q>0 \qquad (2.18)$$

$(p+q)$ 阶中心矩定义为

$$\mu_{pq}=\sum_x\sum_y x^p y^q (x-\bar{x})(y-\bar{y})f(x,y) \qquad (2.19)$$

式中,$\bar{x}=m_{10}/m_{00}$、$\bar{y}=m_{10}/m_{00}$ 为区域的重心位置,称为图像的重心坐标。中心矩具有与位置无关的特性。对 $(p+q)$ 阶中心矩作归一化处理,可得

$$\eta_{pq}=\mu_{pq}/\mu_{00}^{\gamma} \qquad (2.20)$$

式中,$\gamma=1+(p+q)/2$。

利用归一化中心矩可构造不变矩：

$$\varphi_1 = \eta_{20} + \mu_{02} \tag{2.21}$$

$$\varphi_2 = (\eta_{20} - \eta_{02})^2 + 4\eta_{11} \tag{2.22}$$

不变矩在物体的缩放、平移、旋转时保持不变，已应用于印刷体字符识别和染色体分析等场景。

2.5.3 视觉传感系统的应用

视觉传感系统在机器人装配、搬运、焊接、喷涂、清洗、管道作业等多个领域均有广泛应用。

1. 焊接机器人的视觉系统

焊接过程中会产生弧光、电弧热、烟雾及飞溅等强烈干扰，而视觉传感器具备灵敏度高、动态响应特性好、信息量大、抗电磁干扰、与工件无接触等优势，已逐渐应用于焊接机器人的视觉系统中。根据视觉传感器所使用的照明光源不同，视觉方法可分为被动视觉和主动视觉两类。

（1）被动视觉技术选取焊接过程中电弧光谱的特定波长段，这些波长对应金属谱线，其光谱强度显著高于电弧自身辐射。通过运用滤光片，能够有效去除选定波长范围外的弧光干扰，进而直接利用熔池自身发出的辐射进行清晰成像。这一过程不仅提高了视觉检测的准确性，还增强了在复杂焊接环境中的信息提取能力。

（2）焊接机器人的视觉系统大多采用主动视觉技术。主动视觉是基于三角测距原理的视觉方法，其光源为单光面或多光面的激光或扫描激光束，将视觉传感器置于焊枪前方，以避免弧光、烟雾的干扰。由于光源是可控的，因此能够滤除环境对图像的干扰，成像真实性好。图 2.30 为采用激光扫描和 CCD 器件接收的视觉传感系统结构原理图。利用扫描转镜将激光光源扫描成条状光照射到焊缝上，通过测量电机转角和图像处理方法，将 CCD 器件接收到的二维信息转化为三维信息，从而提高扫描效率和信息量。在激光扫描方法中，光束能量集中于一点，可获取高信噪比的图像。

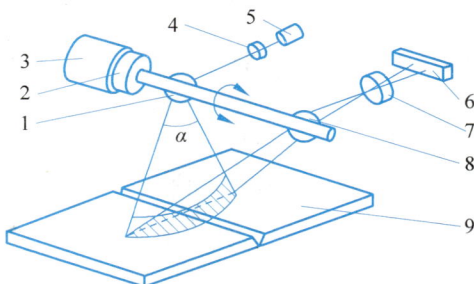

图 2.30　采用激光扫描和 CCD 器件接收的视觉传感系统结构原理图

1—扫描转镜；2—角度传感器；3—扫描电机；4、7—聚焦透镜；5—激光器；6—线阵 CCD；8—检测转镜；9—工件

采用先进的机器视觉系统，利用高效的图像处理算法、模糊控制逻辑与模式识别技术，该系统不仅能够自动执行焊缝追踪、缝隙尺寸测量及接头识别等任务，还能在焊缝追踪过程中实时评估焊接质量，推动焊接工艺迈向智能化新高度。此外，该视觉系统在焊接领域的多个关键参数监控方面展现出广泛应用潜力，涵盖熔透度、熔宽监测、保护气体效果评估、熔池动态分析、弧长稳定控制、焊接速度优化、焊丝伸出长度的精确管理，以及熔滴过渡形态与频率的精细

调控等。同时,它还能有效进行温度场监控与电弧状态诊断,为焊接过程提供全面且精准的智能化管理。

2. 管内作业机器人的视觉系统

管内作业机器人是一种可沿管道内壁行走的结构,能够携带多种传感器及操作装置,实现管道焊接、防腐喷涂、壁厚测量、管道无损检测、获取管道内部状况及定位等功能。

图 2.31 展示了管内 X 射线探伤机器人的基本架构图。该机器人装备的视觉系统负责捕捉管道内部的图像信息,随后运用先进的图像处理技术精确定位焊缝的相对位置。基于这些位置数据,机器人的控制及驱动单元能够自动引导机器人移动至精确位置,实现焊缝的精准定位。此外,系统还配备了外接监视器,方便操作人员手动检查管道内壁质量,确保检测的全面性和准确性。

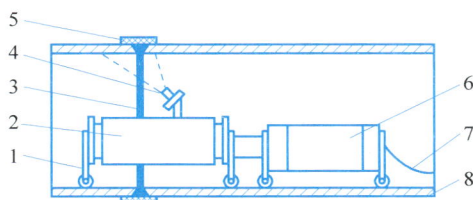

图 2.31　管内 X 射线探伤机器人的基本架构图

1—支撑及调整装置;2—X 射线机;3—焊缝;4—光源及面阵 CCD;
5—感光胶片;6—控制及驱动装置;7—电缆;8—管壁

定位完成后,X 射线机开始工作,由管内向外发射周向 X 射线,使贴在管外的感光胶片曝光,技术人员根据胶片的感光图片即可对焊缝的焊接质量进行评价。

2.6　数据处理技术

传感器数据处理是从大量杂乱无章、难以理解的数据中抽取并推导出有价值、有意义的数据。这是一个复杂且关键的过程。它是智能制造的关键技术之一,是提升生产效率、保障产品质量和实现智能化控制的关键环节。常见的数据处理流程包括数据清洗、数据融合、数据分析及数据存储。

2.6.1　数据清洗

1. 数据清洗的定义

原始数据通常存在较多的瑕疵,如错误数据、重复数据、缺失数据、噪声数据、不一致数据及离群点等。这些"脏数据"如果不经过清洗,将直接影响数据分析的准确性和可靠性。数据清洗(data cleaning)是指对数据进行重新审查和校验的过程,旨在删除重复信息、纠正存在的错误,并确保数据一致性。这一过程包括检查数据一致性、处理无效值和缺失值等,是数据分析处理前的必备步骤,也是数据分析、数据挖掘、数据可视化及统计报表等过程中至关重要的一环。其目的在于发现并纠正数据文件中可识别的错误,提升数据质量,以便数据可以更好地应用于后续分析流程。因此,数据清洗是确保数据质量、提高数据分析效能的关键步骤。

2. 数据清洗的主要任务

数据清洗的主要任务如下。

(1) 处理缺失值。对于缺失值,可以选择删除含有缺失值的记录,或者采用平均值、中位数、众数等方式进行填充。选择哪种方式取决于数据的性质和分析需求。

(2) 处理异常值。异常值是指那些明显偏离其他观测值的数据点,它们可能会对分析结果产生重大影响。因此,在数据清洗阶段应当识别并处理这些值,处理方法可能包括剔除异常值或者通过某些算法对其进行修正。

(3) 处理重复值。重复数据会增加数据处理的复杂度,并可能导致分析结果出现偏差。因此,需要检测并删除重复数据,或者对重复数据进行合并处理。

(4) 检查数据一致性。根据每个变量的合理取值范围和相互关系,检查数据是否合乎要求,发现超出正常范围、逻辑上不合理或者相互矛盾的数据,并进行相应的处理。

(5) 数据格式标准化。将不同来源的数据转换为统一的格式和标准,以便后续的数据分析和处理。

3. 数据清洗的方法

数据清洗的方法多种多样,常用的方法如下。

(1) 手动清洗。通过人工检查数据,发现并纠正错误。这种方法适用于数据量较小、错误类型较为明显的场景。

(2) 编程清洗。利用编程语言(如 Python、R 等)编写脚本,自动化地进行数据清洗。这种方法适用于数据量较大、需要频繁进行清洗的情况。

(3) 使用数据清洗工具。Excel、Python 的 pandas 库、ETL(extract,transform,load)工具(如 Kettle)等,这些工具提供了丰富的数据清洗功能,可以大幅提高数据清洗的效率和准确性。ETL 用于数据的抽取、转换和加载过程,其中也包含数据清理的功能。例如 DataCleaner、Trifacta 等数据清洗软件,提供自动化的数据清洗解决方案。

2.6.2 多传感器数据融合技术

多传感器数据融合(multi-sensor data fusion,MDF)作为智能感知的核心技术之一,下面将重点介绍。

随着科技的进步,多传感器数据融合作为一种新兴的信息处理技术,正逐步成为提升系统性能与决策准确性的关键。该技术通过整合多个传感器的数据,旨在消除单一传感器数据的局限性,提高信息的全面性和可靠性。MDF 起源于 20 世纪 70 年代的军事需求,旨在应对复杂电磁环境下目标信号易被噪声及不相关信号掩盖的挑战。美国率先在这一领域展开研究,随后全球范围内的研究逐渐兴起,并取得了显著成果。我国虽起步较晚,但在数据融合领域的研究与应用也取得了长足进步。MDF 的应用范围极为广泛,从军事领域的海上监视、空防地防、战场侦察,到非军事领域的智能机器人、交通管理、遥感监测、医疗辅助诊断等,无不展现出其强大的实用价值。它不仅提升了系统的感知能力与反应速度,还促进了多领域技术的深度融合与发展。

1. 数据融合的基本原理

MDF 的核心在于模拟人类处理复杂信息的能力,通过多传感器协同工作,实现对目标对象的全面感知与精准判断。其基本原理如下。

(1) 数据采集。利用不同类型的传感器捕捉目标数据,确保信息的多样性和互补性。

(2) 特征提取。从原始数据中提取关键特征,形成特征矢量,便于后续处理。

(3) 模式识别。基于特征矢量,对各传感器数据进行属性说明,明确目标特性。

(4) 数据关联。将不同传感器关于同一目标的数据进行关联,形成完整的目标描述。

(5) 融合处理。运用融合算法,综合各传感器数据,得出目标的一致性解释与描述,提高决策的准确性。

2. 数据融合处理的一般过程

数据融合处理的一般过程如图 2.32 所示。

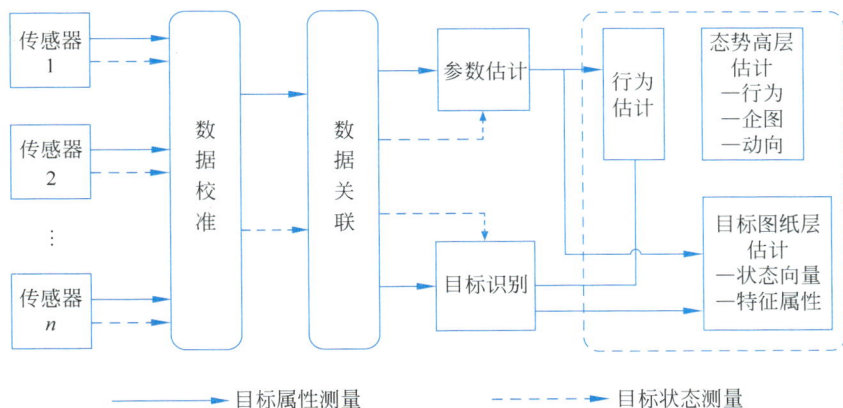

图 2.32　数据融合处理的一般过程

(1) 数据校准阶段。鉴于各传感器可能独立或异步工作于不同的时间和空间基准,数据融合的首要步骤是进行数据校准。此阶段旨在统一所有传感器的时间和空间坐标系统,确保后续处理中的数据一致性和可比性。

(2) 数据关联(或数据相关)阶段。紧接数据校准之后,进行数据关联处理。此过程涉及将当前收集的数据与传感器网络内其他传感器的历史及当前观测数据进行匹配,以判断这些数据是否指向同一目标或事件。通过这一步骤,每个新的观测数据都会被分配到以下三个假设集合之一。

① 新增对象观测集:用于记录新发现的、尚未被跟踪的目标。

② 已存在对象观测集:用于更新或补充已知目标的观测数据,依据其先前标记进行匹配。

③ 虚警集合:识别并排除那些不构成实际目标的传感器观测,从而清理数据集。

(3) 参数估计(或目标跟踪)阶段。在参数估计阶段,融合系统利用每次传感器扫描的新观测结果,结合先前的观测历史,对目标在未来扫描中的可能参数进行预测。这些预测值不仅用于更新目标的状态估计,还反馈给后续的扫描过程,以优化扫描策略和数据处理效率。参数估计的输出是精确的目标状态估计值,为系统的实时响应提供基础。

63

（4）目标识别（或属性分类/身份估计）阶段。目标识别阶段基于传感器的多维观测结果，构建特征向量，每个维度代表目标的一个独特属性。当目标类型多样且每类特征已知时，系统会将实测特征向量与预定义的特征模板库进行比较，通过模式识别技术确定目标的类别。这一过程不仅涉及属性分类，还包含对目标身份的精确估计。

（5）行为估计阶段。行为估计阶段将所有对象的状态数据与预定义或实时分析得出的可能行为模式进行比对。此步骤旨在识别出与当前对象状态最为匹配的行为模式，从而为系统提供关于目标意图、行动趋势的深入理解。行为估计的结果对于制定应对策略、优化资源配置具有重要意义。

3. 数据融合结构

数据融合的结构分为串联型结构、并联型结构和混联型结构。

（1）串联型结构。数据融合的串联型结构如图 2.33（a）所示。其中，$C_1, C_2, \cdots, C_n$ 表示各传感器；$S_1, S_2, \cdots, S_n$ 表示来自各个传感器数据融合中心的数据；$Y_1, Y_2, \cdots, Y_n$ 表示融合中心。

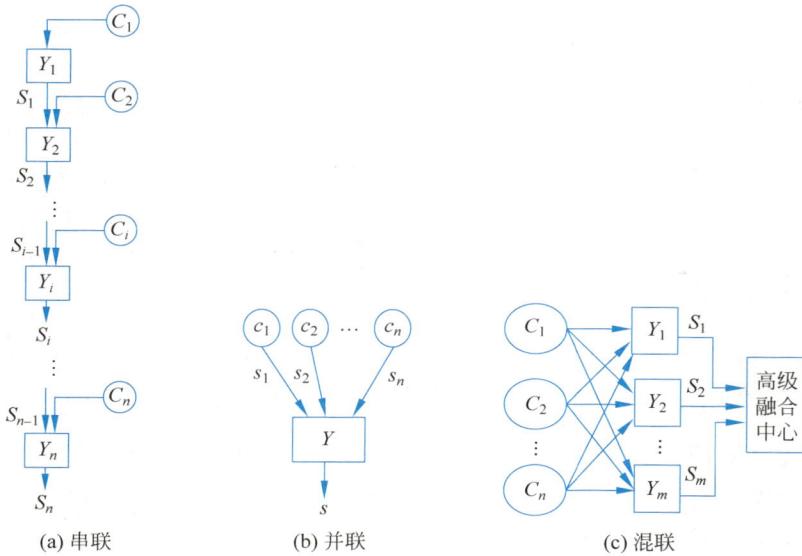

(a) 串联　　(b) 并联　　(c) 混联

图 2.33　数据融合结构

串联结构的数据融合过程如下：第 $i-1$ 级的传感器 C_{i-1} 将获得的信息送到融合中心 Y_{i-1}，由它将此信息及其来自上一级融合中心 Y_{i-2} 的判断数据 S_{i-2} 综合成一个新的判断数据 S_{i-1}，然后传给第 i 级融合中心 Y_i。融合中心 Y_i 将来自第 i 级的传感器 C_i 获得的信息与判断数据 S_{i-1} 进行综合，得到一个新的数据 S_i，并传到下一级融合中心 Y_{i+1} 进行综合。这个过程持续下去，直到最后一级融合中心得到最终判定信息。

信息融合串联结构的优点是具有很好的性能和融合效果，缺点是对线路的故障非常敏感。

（2）并联型结构。信息融合的并联型结构如图 2.33（b）所示。多传感器数据融合的并联架构采用了一种协同机制，该机制要求所有传感器的信息均被成功接收后，才启动信息融合过程。与串联结构相比，并联结构的显著优势在于其信息整合效果更为优越，且能有效规避串联结构固有的局限性，即融合顺序的刚性设定，这导致一旦中间某个传感器失效，整个信息流将中断,融合过程随即终止。然而,从信息处理速度的角度来看,传统的并联结构相较于串联结构可能存在劣势,因为需要等待所有传感器的数据到位才能进行融合。但值得注意的是,若对并联结构进行优化,使其能够灵活处理,即每当接收到任何一个传感器的数据时便即时进行融合,而非等待全部数据集齐,那么这种优化后的并联结构在速度上将不再逊色于串联结构,甚至可能因其并行处理的特性而展现出更高的效率。

(3) 混联型结构。信息融合的混联型结构如图 2.33(c)所示。在第 1 级,与并联结构类似,传感器 $C_1,C_2,\cdots,C_n$ 获得的信息同时传给融合中心 $Y_1,Y_2,\cdots,Y_m$,融合中心 $Y_1,Y_2,\cdots,Y_m$ 把来自传感器 $C_1,C_2,\cdots,C_n$ 的信息分别进行融合处理,Y_1 融合得到信息 S_1,Y_2 融合得到信息 S_2,以此类推,最终得到融合信息 $S_1,S_2,\cdots,S_m$。然后,这些融合信息 $S_1,S_2,\cdots,S_m$ 输入高级融合中心进行融合处理,得到最终的结果。

4. 数据融合的级别

按照信息抽象的五个层次,数据融合可对应分为检测级融合、位置级融合、属性级融合、态势评估和威胁评估五个级别。

(1) 检测级融合。检测级融合是直接在多传感器检测系统中直接对检测判决或在信号层上进行的融合。它通过对多个传感器获取的原始观测信号或预处理后的信号进行综合处理,以提升目标检测的准确性和可靠性。其分别对应集中式检测级融合[图 2.34(a)]和分布式检测级融合[图 2.34(b)]。

图 2.34　检测级融合

(2) 位置级融合。位置级融合是指在传感器的观测报告、测量点迹及传感器的状态估计层面上开展的融合。这种融合直接作用于传感器的原始数据或处理后的数据,目的是提高目标跟踪的准确性和鲁棒性。位置级融合属于跟踪级融合,处于中间层次,也是极为重要的融合之一。其分别对应集中式位置级融合[图 2.35(a)]和分布式位置级融合[图 2.35(b)]。

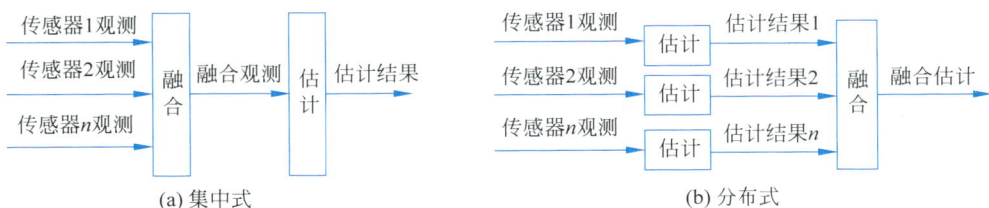

图 2.35　位置级融合

集中式体系架构将多个传感器采集的原始数据统一传输至中央处理单元进行集中处理。其核心在于存在唯一的融合中心,该中心负责整合来自不同传感器的信息。此架构实现了时间与空间维度的深度融合,首先依据观测时间顺序对目标点迹进行时间上的整合,其次针对同一时刻内各传感器对同一目标的观测数据进行空间上的融合,涵盖了多传感器综合追踪与目标状态评估的完整流程。尽管集中式体系在数据处理精度方面表现优异,但其显著缺点是数据传输与处理负荷较大,对通信链路及处理器的性能要求较高,同时可能对系统的整体可靠性产生影响。

分布式体系架构则采用更为分散的处理方式。每个传感器独立处理自身采集的数据,生成状态向量及属性参数后,再将处理结果传输至融合中心进行最终融合。这一过程避免了直接传输大量原始数据,而是以更为精炼的状态或特征矢量形式进行信息交换,从而显著降低了对通信带宽的需求,加快了计算速度,提升了系统的稳健性。然而,分布式体系架构在融合精度上通常稍逊于集中式体系,这是其在处理效率与精度之间权衡后的必然结果。

(3)属性级融合。属性级融合也称为目标识别或身份估计,用于对观测体进行识别和表征。属性级信息融合包括数据级融合、特征级融合、决策级融合。

① 数据级融合。如图 2.36 所示,在数据级融合策略中,重点在于直接整合来自相同或同类传感器的原始数据。这一过程不涉及复杂的预处理,而是直接对基础数据进行合并,随后基于融合后的传感器数据集进行特征萃取与身份辨识。为了有效实施数据层级的融合,关键在于确保所有参与融合的传感器在类型或功能上保持一致。此外,为了保证融合数据能够准确反映同一目标或对象的特征,必须基于原始数据执行关联分析,这一步骤对于实现多源图像的无缝拼接、同质雷达信号的直接叠加等应用至关重要。通过这些措施,数据级融合能够在保持数据源一致性的前提下,提升后续特征提取与身份评估的准确性和效率。数据级融合仅适用于产生同类观测的传感器。此外,就融合结构而言,位置与属性融合紧密相关,且常常并行同步处理。

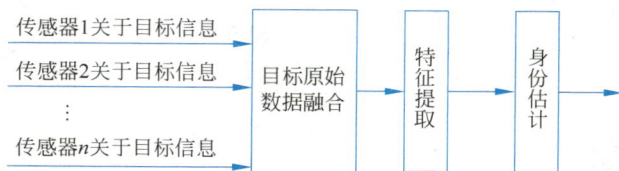

图 2.36　数据级融合

② 特征级融合。如图 2.37 所示,特征级融合是将来自不同特征提取方法或特征表示的多个特征进行融合,生成一个更具代表性和丰富性的特征向量。这种融合方法在多模态数据处理中发挥着重要作用,广泛应用于多模态情感分析、多模态图像识别、多模态人机交互、多模态医学图像分析等领域。

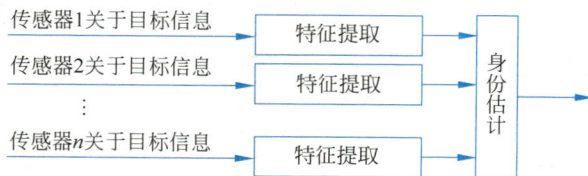

图 2.37　特征级融合

③ 决策级融合。如图 2.38 所示,决策级融合是在信息表示的最高层次上进行融合处理。在此过程中,每个传感器或数据源都独立完成对目标或事件的观测、数据处理和初步决策。然后,这些初步决策结果根据一定的准则和每个决策的可信度进行融合,最终得到一个联合推断结果,该结果直接为决策提供支持。

图 2.38　决策级融合

（4）态势评估。态势评估和威胁评估同属于战略优化层融合。态势评估是信息融合的高级阶段,旨在综合多源异构数据(如传感器数据、情报、历史记录等),构建对当前环境状态的全局理解、识别关键实体、事件及其相互关系的过程。其本质是从数据到知识的转化,为后续决策提供上下文支持。其目标是理解当前态势的全貌,预测未来趋势,为决策提供支持。

常有的技术方法:贝叶斯网络通过概率模型推理实体状态的不确定性,建模变量间依赖关系;专家系统结合知识库和规则库,模拟人类专家推理过程;机器学习如支持向量机、隐马尔可夫模型,利用聚类、分类算法用于模式识别和趋势预测;知识图谱构建实体关系的语义网络;多智能体仿真模拟实体行为以验证态势假设。

典型应用:军事指挥中实时更新战场态势,支持兵力调配和战术规划,分析敌方兵力部署、作战意图及战场环境,生成综合态势图;网络安全中融合网络流量、日志、漏洞数据,监测异常流量,评估系统安全状态,预测攻击路径,优化防护策略;金融领域中分析交易风险,识别欺诈行为,保障系统安全;智能交通中整合摄像头、GPS 数据评估路网拥堵状态。

（5）威胁评估。威胁评估是在态势评估的基础上,量化潜在危险源对目标的危害程度,评估其发生概率、影响范围及应对优先级的过程。其核心是从知识到行动的决策支持;检测可能危害目标的事件或行为,实现威胁识别;计算威胁的可能性与影响,生成风险矩阵,实施风险评估,如评估网络漏洞被利用的概率及可能造成的经济损失;根据风险等级分配资源进行优先级排序。提出缓解措施和应对建议。

常有的技术方法:马尔可夫链、蒙特卡洛等概率模型模拟预测威胁演化路径,基于规则或案例推理,结合历史数据判断威胁类型。攻击树分析分解威胁实施步骤,量化攻击成功率;博弈论建模攻防双方策略互动;动态贝叶斯网络实时更新威胁概率;通过杀伤链定量分析、概率模型计算威胁概率;整合开源情报和内部数据,缩短响应时间。

典型的应用:在军事空域防御中评估来袭导弹的轨迹、弹头类型及毁伤范围,优化拦截策略;金融风控中分析欺诈交易模式,计算信用风险评分,评估交易对手信用风险,制定对冲措施;公共安全中预测恐怖袭击的可能目标与时间窗口,预测潜在袭击目标(如地铁站、广场),计算伤亡概率,建议增派警力或启动应急预案;网络安全中识别高级持续性威胁,以阻断攻击链。

数据融合从原始数据整合逐步递进到战略决策支持,形成"数据→特征→知识→决策→战略"的完整链条。每个层级解决的问题的复杂度递增,技术方法也从简单统计转向人工智能与领域模型结合。

5. 多传感器数据融合算法

（1）数据融合算法基本类型。多传感器数据融合算法的基本类型包括物理模型、参数分类技术及基于认知的方法,如图 2.39 所示。

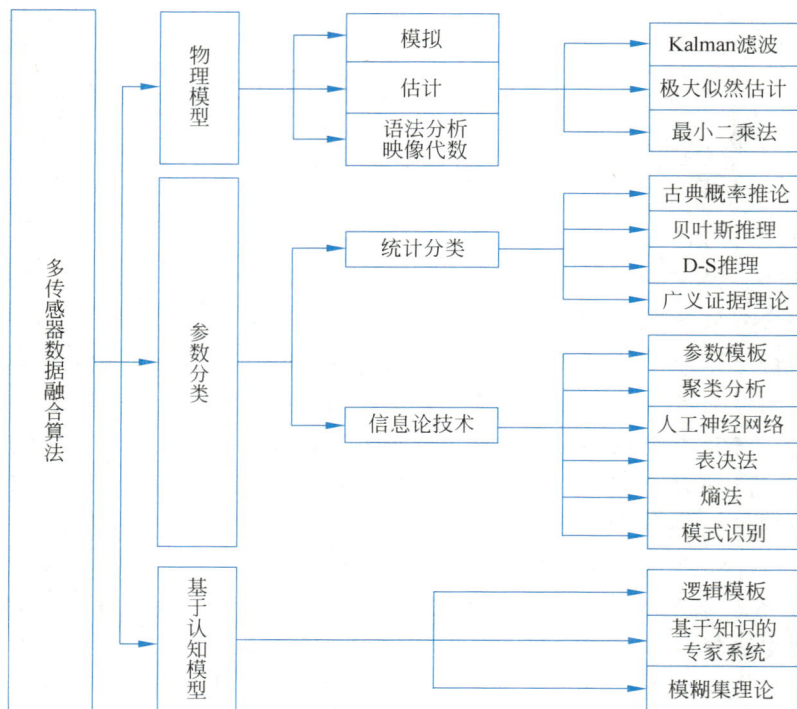

图 2.39　多传感器数据融合算法基本类型

① 物理模型通过模拟可观测或可计算的数据,提供了一种高效途径来验证和解释传感器数据。这种方法减少了对数据直接解释的依赖,降低了因数据噪声、异常值或传感器误差所导致的错误率。当物理模型能够精确模拟实际环境时,它可作为"真相"的代理,与实测数据进行对比,进而帮助识别并剔除那些不符合物理规律的异常数据。这在一定程度上降低了数据质量问题对后续处理的影响。

② 参数分类技术通过直接建立参数数据与属性说明之间的映射,简化了数据解释和分类过程。有参技术利用先验知识优化分类过程,减少了对大量训练数据的依赖;无参技术则避免了先验知识的限制,但在某些情形下可能需要更多数据或更复杂算法来达到相同的分类精度。无论哪种技术,都有助于在数据融合过程中降低分类的复杂性和不确定性,提高分类的准确性和效率。常用的参数分类方法包括贝叶斯估计、D-S 推理、人工神经网络、模式识别、聚类分析、信息熵法等。

③ 基于认知的方法通过模拟人类的推理过程来处理数据,这在一定程度上减轻了算法对严格数学模型的依赖。它允许在知识库的支持下,采用启发式方法来处理复杂的数据模式和不确定性。当目标物体的识别依赖于对其组成和相互关系的深入理解时,这种方法能够提供更直观、灵活的解释。此外,通过不断学习和更新知识库,基于认知的方法还能适应新情况和新挑战,从而降低了因环境变化或新出现的数据模式而导致的性能下降风险。

(2) 贝叶斯估计理论。贝叶斯估计是融合静态环境中多传感器底层数据的常用方法。贝叶斯统计理论认为,人们在检验前后对某事件发生情况的估计存在差异,而且一次检验结果的不同对最终估计的影响也不同。假定通过传感器完成某次测量得到 n 个互不相容的结果 A_1, $A_2, \cdots, A_n$,它们必然且只能发生一个,用 $P(A_i)$ 表示结果 A_i 发生的概率,这是试验前的知

识称为先验知识,则有

$$\sum_{i=1}^{n} P(A_i) = 1 \qquad (2.23)$$

传感器单元输出的特征值用 B(包括 m 个特征值:$B_1, B_2, \cdots, B_m$)来表示,由于一次测量输出的特征 B 的出现,改变了人们对事件 $A_1, A_2, \cdots, A_n$ 发生情况的认知,这被称为后验知识。数据融合的任务就是由特征 B 推导和估计环境结果 A。

在特征为 B 的前提下,事件 $A_1, A_2, \cdots, A_n$ 发生的概率表现为条件概率 $P(A_1 | B)$,$P(A_2 | B), \cdots, P(A_n | B)$,显然有

$$\sum_{i=1}^{n} P(A_i | B) = 1 \qquad (2.24)$$

对一组互斥事件 $A_i, i = 1, 2, \cdots, n$,在一次测量结果为 B 时,A_i 发生的概率为

$$\sum_{i=1}^{n} P(A_i | B) = \frac{P(A_i B)}{P(B)} = \frac{P(B | A_i) P(A_i)}{\sum_{i=1}^{n} P(B | A_i) P(A_i)} \qquad (2.25)$$

式中,$P(A_i)$ 为先验概率;$P(B|A_i)$ 表示已知 A_i 的条件下特征 B 的概率;分母是总体的概率密度,是一个常数,可以忽略不计。

在一次测量结果为 B 时,A_i 发生的概率可以表示为

$$P(A_i | B) = P(B | A_i) P(A_i) \qquad (2.26)$$

这就是贝叶斯决策,在类条件概率密度和先验概率已知(或可以估计)的情况下,通过贝叶斯公式可以比较属于哪类事件的后验概率,将事件判别为后验概率最大的那一类事件。某一时刻从多个传感器得到一组数据信息 B,要由这一组数据推导出当前环境下的一个估计结果 A_i。因此,取最大的后验估计 A_i 即

$$P(A_k | B) = \max_{i=1,2,\cdots,n} P(A_i | B) = \max_{i=1,2,\cdots,n} P(B | A_i) P(A_i) \qquad (2.27)$$

也就是说,最大后验估计是在已知测量特征数据为 B 的条件下,使后验概率密度 $P(A_i|B)$ 取得最大的值。当 $P(A_i)$ 是均匀分布时,最大后验估计可以表示为

$$P(A_k | B) = \max_{i=1,2,\cdots,n} P(B | A_i) \qquad (2.28)$$

在实际应用中,利用贝叶斯统计理论进行测量数据融合,充分利用了测量对象的先验信息是根据一次测量结果对先验概率到后验概率的修正。基于贝叶斯统计的目标识别融合模型如图 2.40 所示,其步骤如下。

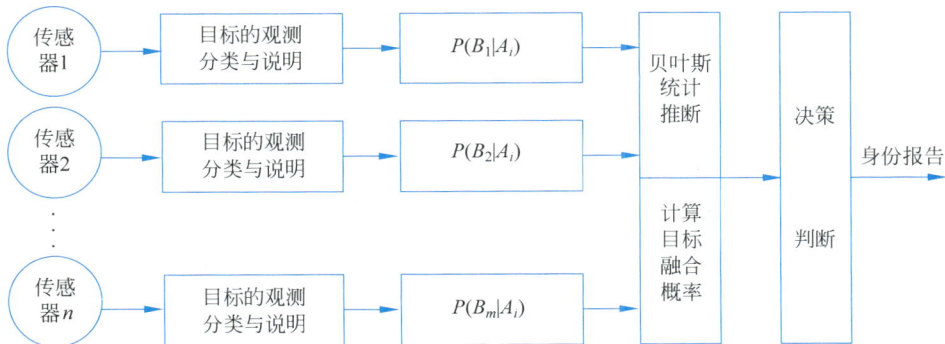

图 2.40　目标识别融合模型

① 获得每个传感器单元一次测量中输出的特征值 $B_1,B_2,\cdots,B_m$。

② 计算一次测量中在事件 A_i 发生时，这些特征出现的概率，即 $P(B_j|A_i)$，$j=1$，$2,\cdots,m$。

③ 计算目标身份的融合概率为

$$P(A_i|B_1,B_2,\cdots,B_m)=P(B_1,B_2,\cdots,B_m|A_i)P(A_i) \tag{2.29}$$

如果 $B_1,B_2,\cdots,B_m$ 相互独立，则

$$P(B_1,B_2,\cdots,B_m|A_i)=P(B_1|A_i)P(B_2|A_i)\cdots P(B_m|A_i) \tag{2.30}$$

④ 应用判定逻辑进行决策，目标识别决策准则为

$$P(A_k|B_1,B_2,\cdots,B_m)=\max_{i=1,2,\cdots,n}\prod_{j=1}^{m}P(B_j|A_i)P(A_i) \tag{2.31}$$

贝叶斯方法通过利用条件概率进行推理，能够在观测到某一特定特征时，精确计算出该特征条件下假设事件发生的概率。这种方法允许嵌入先验知识，从而有效地在推理过程中逐级传递不确定性。然而，贝叶斯方法的一个关键假设是各特征之间的独立性，这在复杂系统中往往难以实现。当面对多个潜在假设以及特征间存在复杂相互关联时，计算过程会变得异常复杂，增加了实现难度。贝叶斯方法强调在一个统一的识别框架内进行推理，这在一定程度上限制了特征组合的灵活性。它不易于在不同层次或不同粒度上自由组合特征，以适应多样化的推理需求。这种限制要求在应用贝叶斯方法时，需要仔细设计识别框架，以确保其能够覆盖所需的推理范围，同时尽量简化计算过程，降低复杂性。

（3）神经网络方法。人工神经网络，又称神经网络或类神经网络，是一种借鉴大脑神经突触连接机制的数学模型，用于信息处理。通过构建不同数学模型，可以衍生出多样化的神经网络方法。其中，多层感知器（multi-layer perceptron，MLP）模型因其突出的性能，成为颇具影响力的代表之一。MLP 模型具备从训练数据中自动学习并映射任意复杂非线性关系的能力，这一特性使其在众多应用领域中展现出强大的潜力和广泛的应用前景。

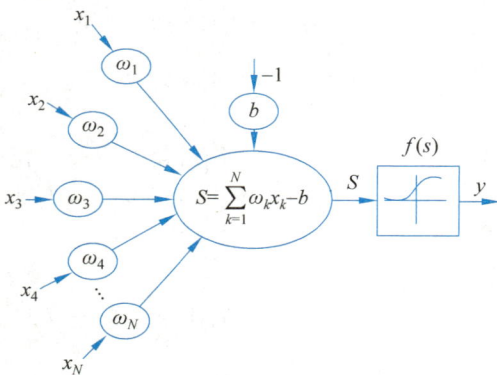

图 2.41　神经元模型

神经网络由大量的节点（或称神经元）相互连接构成，常用的神经元模型如图 2.41 所示。其中，$x_1\sim x_N$ 为输入向量的各个分量，N 为输入向量的维数；$\omega_1\sim\omega_N$ 为神经元各个突触的权值，反映各个输入信号的作用强度；b 为偏置。神经元的作用是将这些信号加权求和，当超过一定的阈值后神经元即进入激活状态，否则神经元处于抑制状态，y 为神经元输出。

$$y=f\left(\sum_{i=1}^{N}\omega_i x_i-b\right) \tag{2.32}$$

式中，$f(\cdot)$ 为传递函数，通常为非线性函数，常用的函数有阶跃函数。

人们常把多个计算神经元相互连接组成的系统称为人工神经网络，图 2.42 为人工神经网络结构。神经网络可分为输入层、输出层和隐藏层等处理单元。输入层单元接收外部世界的信号与数据；输出层单元实现系统处理结果的输出；隐藏层单元处于输入和输出单元之间，是不能由系统外部观察的单元。神经元间的连接权值反映单元间的连接强度，信息的表示和处理体现在网络处理单元的连接关系中。

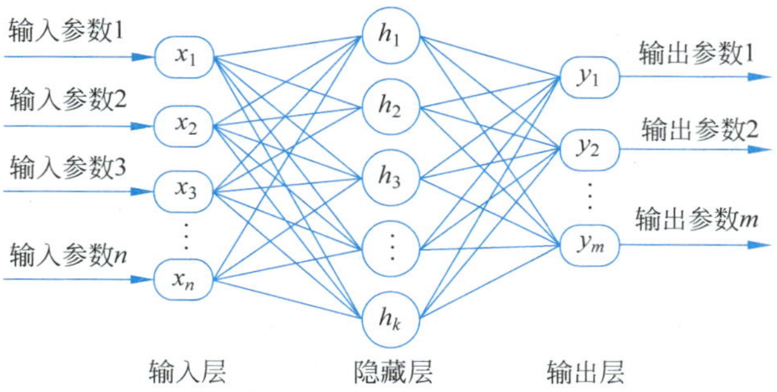

图 2.42　人工神经网络结构

神经网络多传感器数据融合的应用步骤如下。

① 根据系统要求以及传感器数据融合形式,进行神经网络的设计,包括确定网络结构、作用函数和学习算法。

② 进行神经网络初始化工作,确定神经网络权值和阈值的初始值等。

③ 通过实验方法获得神经网络的训练数据和测试数据。

④ 利用得到的实验数据对网络进行训练和测试。

⑤ 利用训练后的网络处理新的输入信息,得到结果。

人工神经网络是一个由众多相互连接的处理单元构成的复杂系统,它具备非线性和自适应的信息处理能力。该网络的性能受到多个关键因素的共同影响。

① 网络结构设计:神经网络的性能首先取决于其网络结构,这主要包括网络的层数及每一层中神经元的数量。不同的层数和神经元配置能够影响网络的容量、学习速度及泛化能力。

② 神经元激活函数:每层神经元所采用的激活函数对网络的非线性处理能力至关重要。激活函数决定了神经元如何处理输入信号并产生输出,进而影响整个网络的信息传递和表示能力。

③ 目标函数与学习算法:神经网络在训练过程中需要优化一个目标函数,该函数衡量了网络输出与期望输出之间的差异。学习算法则负责根据目标函数的梯度信息调整网络的权值和阈值,以最小化这种差异。因此,目标函数的选择和学习算法的效率直接决定了神经网络的训练效果。

④ 初始权值与阈值:神经网络在训练开始前的权值和阈值初始值也是影响其性能的重要因素。不同的初始值可能导致网络陷入不同的局部最优解,甚至影响训练的收敛速度和稳定性。

⑤ 训练数据集:神经网络的性能还高度依赖于其训练数据集的质量和多样性。训练数据应能够充分覆盖目标任务的各个方面,以确保网络能够学习到有效的特征和规律。同时,数据的噪声和偏差也可能对网络的性能产生负面影响。

6. 多传感器数据融合在智能制造领域的应用

(1)工业机器人控制。在智能制造体系中,工业机器人是不可或缺的一部分。多传感器信息融合技术能够显著提升工业机器人的智能化程度。例如,通过融合视觉传感器、力传感器、位置传感器等多种传感器的数据,工业机器人得以更精确地感知工作环境和工件状态,进而实现更为精确的操作和更高效的生产。这种能力对于提高产品质量、降低生产成本具有重要意义。在自动化生产线上，当工业机器人与人进行交互操作时，需要实时获取人员的动作和位置信息，以实现工业机器人的自适应控制。通过融合多种传感器的数据（如视觉传感器、力传感器等），机器人能够更准确地理解人员的意图和行动，从而实现更安全、更精确的协作操作。这有助于降低事故风险，提高生产效率。

（2）生产过程监测与优化。多传感器信息融合技术还可应用于生产过程的实时监测与优化。在智能制造系统中，借助布置于生产线上的各种传感器（如温度传感器、压力传感器、振动传感器等），能够实时采集生产过程中的各种数据。这些数据经过融合处理后，可形成对生产过程状态的全面认知。基于这种认知，系统能够自动调整生产参数、优化生产流程，进而提高生产效率、降低能耗、减少故障率。这些数据经过融合处理后，可以形成对生产状态的全面认知。例如，当系统检测到某个环节的温度或压力异常时，能够自动触发报警机制，并调整相关参数以恢复正常生产状态。

（3）产品质量检测与控制。在产品质量检测与控制方面，多传感器信息融合技术同样发挥着重要作用。通过融合多种传感器（如视觉传感器、激光传感器、红外传感器等）的数据，能够对产品进行全面的检测和分析。这种检测方式比传统的单一传感器检测更加准确、可靠，能够及时发现产品缺陷和质量问题。同时，基于检测结果的反馈控制机制还可实现对生产过程的及时调整和优化，从而提高产品质量的稳定性和一致性。

（4）智能仓储与物流。在智能制造的仓储与物流环节，多传感器信息融合技术也得到了广泛应用。例如，在智能仓库中，通过融合 RFID 标签、摄像头、红外传感器等多种传感器的数据，能够实现对库存物品的实时跟踪和监控。这有助于减少库存积压，提高库存周转率。同时，在物流运输过程中，通过融合 GPS、陀螺仪、加速度计等多种传感器的数据，能够实现对运输车辆和货物的实时定位和状态监测，从而提高物流运输的安全性和效率。

下面给出两个应用举例。

应用 1：智能工厂中的机器人装配线。

在智能工厂中，机器人装配线承担着高效、精确地组装各种零部件的任务。装配线上配备了多种传感器，包括视觉传感器（摄像头）、力传感器、位置传感器（如编码器）及温度传感器等。这些传感器协同工作，收集关于装配过程的各类数据。

摄像头作为视觉传感器，捕捉装配线上的图像，通过图像处理算法进行边缘检测、特征提取和目标识别，以确定零部件的位置、方向和状态。这一处理过程有助于机器人准确抓取和放置零部件。

力传感器安装在机器人的末端执行器上，实时测量机器人与零部件之间的接触力。通过力传感器数据处理，能够调整机器人的动作力度，防止零部件损坏或装配不紧密。

编码器等位置传感器监测机器人的关节角度和末端执行器的位置。这些数据经过处理，能够精确控制机器人的运动轨迹和姿态，确保装配精度。

温度传感器监测装配过程中的温度变化，确保零部件在适宜的温度范围内进行装配。温度数据的处理有助于预防因温度过高或过低而导致的装配质量问题。

在机器人装配线中，上述多种、多个传感器的数据需要进行融合，以形成对装配过程全面、准确的理解。多传感器数据融合技术能够将来自不同传感器的数据进行综合处理，消除冗余信息，提高数据的可靠性和准确性。

（1）需要对来自不同传感器的数据进行时空同步处理，确保它们在同一时间框架和空间位置上具有可比性，以实现时空同步。

（2）在特征级上，可以将不同传感器提取的特征数据进行融合。例如，将视觉传感器提取的零部件图像特征与力传感器测量的接触力特征相结合，以更准确地判断零部件的装配状态。

（3）在决策级上，根据融合后的数据制定装配策略和控制指令。例如，当视觉传感器检测到零部件位置偏差时，可以结合力传感器和位置传感器的数据调整机器人的运动轨迹和力度，确保零部件准确装配。

（4）传感器数据处理为单个传感器的数据提供了必要的清洗、转换和提取过程，而多传感器数据融合则将这些来自不同传感器的数据综合起来，形成对装配过程全面、准确的理解。这种关系不仅提高了装配线的效率和精度，还增强了智能制造系统的智能化水平和鲁棒性。

应用 2：数控机床中的传感器数据处理。

数控机床作为智能制造的重要设备，集成了多种高精度传感器，如位移传感器、压力传感器、温度传感器和振动传感器等。这些传感器实时监测机床的加工状态、刀具磨损情况、工件质量及机床本身的健康状况，为机床的精确控制和优化提供关键数据支持。

传感器数据处理流程如下。

（1）数据采集：数控机床在运行过程中，各种传感器持续采集机床各部位的数据。这些数据包括但不限于机床的位移、速度、加速度、压力、温度、振动频率和振幅等。

（2）数据清洗：采集到的原始数据通常包含噪声、异常值和冗余信息。因此，在数据处理的初始阶段，需要对数据进行清洗，去除噪声和异常值，保留有效数据。这一步骤通常借助滤波、平滑和去噪等算法实现。

（3）数据转换：由于不同传感器采集的数据格式和单位可能不同，因此需要对数据进行转换，将其统一为相同的格式和单位。例如，将位移传感器的数据从毫米转换为微米，或者将压力传感器的数据从帕斯卡转换为千帕等。

（4）特征提取：在数据清洗和转换之后，需要从数据中提取出对机床控制和优化有价值的特征。这些特征可能包括刀具的磨损程度、工件的加工精度、机床的振动模式等。特征提取通常通过信号处理、统计分析和机器学习等方法实现。

（5）数据融合：在数控机床中，通过将来自不同传感器的数据进行融合，能够获得更全面、准确的机床状态信息。数据融合技术如加权平均、卡尔曼滤波和贝叶斯估计等，在此过程中发挥着重要作用。

（6）决策与控制：基于处理后的数据和提取的特征，数控机床的控制系统能够做出更精确的控制决策。例如，根据刀具的磨损程度自动调整切削参数，或者根据工件的加工精度调整机床的运动轨迹。这些决策和控制指令通过数控系统发送给机床的各个执行部件，实现精确加工和智能制造。

在数控机床中，传感器数据处理直接关系到机床的加工精度、生产效率和产品质量。通过精确的数据处理，能够及时察觉机床的异常情况，避免故障发生；能够优化机床的加工参数，提高生产效率和产品质量；还能够为机床的维护和保养提供重要依据，延长机床的使用寿命。

多传感器信息融合技术在智能制造中的应用具有显著的优势和广阔的应用前景。通过持续推动技术创新和应用拓展，该技术将为智能制造的智能化、网络化和个性化发展提供有力支撑。

2.6.3 数据分析

数据分析是指运用适当的统计、分析方法对收集来的大量数据进行处理,通过汇总、理解与消化数据,提取有用信息并加以详细研究和概括总结,旨在揭示数据背后的信息、规律和趋势,以最大限度地开发数据功能,发挥数据作用,进而指导决策制定和优化业务流程。数据分析常见的方法如下。

1. 列表法

列表法是数据分析法中的一种基础且直观的数据展示和分析方法。这种方法将数据以表格的形式呈现,使数据的各项内容、对应关系及数据的分布情况等一目了然。列表法不仅便于数据的记录和整理,还有助于发现数据间的相关性和规律性。

在运用列表法时,一个设计合理的表格应该能够清晰地反映数据的各个维度,包括数据的来源、时间、类别、数值等。同时,表格的列名和行名需清晰明了,以便读者能够迅速理解数据的含义和结构。

列表法的优势在于其简单性和直观性。借助列表法,数据分析人员能够快速获取数据的概览信息,如数据的最大值、最小值、平均值、中位数等统计量。此外,列表法便于数据的比较和排序,有助于发现数据中的异常值和趋势。

然而,列表法也存在局限性。当数据量较大或数据维度较多时,列表法可能变得烦琐且难以管理。此时,可能需要结合其他数据分析方法,如图表法、时间序列分析、聚类分析、回归分析等,以更全面地分析和展示数据。

在实际应用中,列表法通常作为数据分析的初步步骤,用于数据整理和预处理。通过列表法,数据分析人员可初步了解数据结构和特点,为后续数据分析工作奠定基础。同时,列表法也可与其他数据分析方法结合,形成更全面和深入的数据分析报告。

2. 作图法

作图法是通过绘制图形来表达和分析数据的方法。这种方法能够以最醒目的方式展现各个物理量间的变化关系,便于人们直观理解数据。由作图法生成的图表和图形类型多样,每种类型都有特定的应用场景和优势。

常见的作图法图表类型有:①折线图。它可突出数据变化趋势,用于展示数据在连续时间上的趋势变化。主要用于观察数据的变化趋势,如单条线的数据点变化、两组或多组数据在同一时间段的对比等。②柱状图。它能突出数据之间的大小比较,展示每项数据在一段时间内的变化及数据间的对比情况,主要应用于分类数据的对比。③饼图。它突出数据之间的占比关系,用于分析数据的占比情况。用户可通过饼图直观看到每一个部分在整体中所占的比例。④雷达图。用于显示独立的数据系列之间,以及某个特定的系列与其他系列的整体之间的关系。⑤散点图。用于观察发现两组数据的关系与相关性。

3. 时间序列分析

时间序列分析是一种动态数据处理的统计方法。它通过对一个区域在一定时间段内进行连续观测,提取图像有关特征,并分析其变化过程与发展规模,揭示数据随时间变化的特征、趋势和规律,进而进行预测或控制。时间序列分析主要包括确定性变化分析和随机性变化分析两大类。确定性变化分析包括趋势变化、周期变化、循环变化等分析;随机性变化分析则包括AR、MA、ARMA 等模型。在智能制造中,常用的时间序列分析算法和模型有 ARIMA、SARIMA(季节性自回归积分移动平均模型)、LSTM(长短期记忆网络)等。这些算法和模型能够捕捉时间序列数据中的趋势性、季节性和随机性等特点,为智能制造提供有力的数据支持。时间序列分析法是一种用于分析系统中某一变量的观测值随时间顺序排列而成的数值序列,侧重于研究数据序列的相互依赖关系,而非传统统计分析中的独立性假设。它承认事物发展的延续性和随机性,并利用这一特性进行预测。

时间序列分析的实施通常包括以下步骤。

(1) 数据收集和准备:收集时间序列数据,并进行清洗和预处理,包括去除异常值、处理缺失值等。

(2) 数据可视化和探索性分析:通过绘制时间序列图、自相关图、偏自相关图等图表,了解数据的分布、趋势、季节性和周期性等特征。

(3) 模型选择和拟合:根据数据的特征选择合适的时间序列模型,并拟合模型以估计模型参数。

(4) 模型诊断和检验:对拟合的模型进行诊断和检验,以判断模型是否符合数据的特征和假设。

(5) 预测和评估:使用拟合的模型进行预测,并对预测结果进行评估和优化。

(6) 结果呈现和解释:将时间序列分析的结果呈现和解释给决策者和利益相关者。

在智能制造中,对生产线上的传感器数据进行时间序列分析,可预测机器部件的磨损时间和潜在故障点。通过分析历史销售数据、市场需求趋势等时间序列数据,能够预测未来的生产需求,从而合理安排生产计划,避免库存积压或短缺。时间序列分析有助于智能制造系统识别生产流程中的瓶颈环节和低效环节。在产品质量控制方面,时间序列分析可用于监测产品质量参数的变化趋势。此外,时间序列分析还可用于预测物料需求量和供应时间,从而制订合理的物料需求计划,确保物料供应的及时性和准确性。在人力资源配置方面,时间序列分析能帮助企业预测不同时间段内的人力资源需求。通过时间序列分析中的季节性分解方法(如季节性 ARIMA 模型),可以分析生产数据中的季节性变化规律,从而制定季节性生产调整策略,以适应市场需求的变化。

4. 聚类分析

聚类分析技术是一种深入探索数据内在结构的方法,其核心在于将庞大的数据集划分为若干个具有高度相似性的群组,这些群组被统称为"簇"。在聚类过程中,同一簇内的数据实例具有紧密的相似性或关联性,而不同簇的数据实例则呈现出明显的差异性。聚类分析依据数据中蕴含的对象特征及其相互关系信息,自动将数据对象分配到相应的群组中,旨在实现群组内对象的最大化相似(或相关)与群组间对象的最小化相似(或不相关)。当聚类结果呈现出群组内高相似性和群组间大差异性的特征时,即视为聚类效果良好,因为这更能准确揭示数据背后隐藏的分组结构和模式。

聚类效果的好坏依赖如何衡量数据点之间的距离。常见的距离度量方法包括欧氏距离、曼哈顿距离、余弦相似度等。

聚类算法是聚类分析的核心,它决定了数据如何被分组成簇。常见的聚类算法包括 K-均值聚类、K-中心点聚类、层次聚类等。

（1）K-均值聚类（K-means），又称快速聚类法，是一种基于最小化误差函数准则的聚类技术，旨在将数据点自动划分到预先设定的 K 个类别中。此算法原理直观，处理大规模数据集高效。但对异常值或孤立点较为敏感，可能影响聚类结果的准确性。尽管如此，K-均值聚类因其卓越的性能，在多个领域得到广泛应用，特别是在图像处理和文本聚类等复杂数据分析场景中，展现出其强大的数据分组与模式识别能力。

（2）K-中心点聚类选用簇中离平均值最近的对象作为簇中心，从而减少了孤立点对聚类结果的影响。这与 K-均值聚类采用簇中对象的平均值作为簇中心有所不同。

（3）层次聚类（hierarchical clustering），又称系统聚类法，是一种按照一定层次结构对数据进行逐步聚类的分析方法。该方法的聚类过程呈树状结构展开，可自顶向下或自底向上进行。在树状结构中，随着层次的深入（即位置向下移动），聚类的粒度逐渐细化，所包含的数据对象数量减少，但这些对象之间的相似性或共同特征却愈发显著。层次聚类特别适用于处理小至中等规模的数据集，因为它能够清晰展示数据聚类的层次结构，便于理解和分析。然而，当数据量极为庞大时，层次聚类的计算复杂度显著增加，导致聚类过程变得极为耗时，影响算法效率。因此，在处理大规模数据集时，需要谨慎考虑是否采用层次聚类方法，或者寻找其他更为高效的聚类算法。

一般来说，聚类分析法的步骤如下。

① 数据预处理：包括数据清洗、标准化等，以确保数据的质量和可比性。

② 选择合适的聚类算法：根据数据的特性和分析目的选择合适的聚类算法。

③ 设置聚类参数：如设置 K-均值聚类中的类数 K 等。

④ 执行聚类算法：运行聚类算法，将数据分组成簇。

⑤ 评估聚类效果：通过计算簇内相似性和簇间差异性等指标来评估聚类效果的好坏。

⑥ 解释聚类结果：根据专业知识和分析目的对聚类结果进行解释和描述。

在智能制造中，图像处理与识别是重要的环节。聚类法可用于图像分割和特征提取，通过聚类分析图像中的像素值、颜色等数据，将图像划分为不同的区域或对象，从而更好地进行图像分析和识别。在智能制造的供应链管理中，聚类法可用于评估和分析供应商的绩效数据。通过聚类分析，企业可将供应商分为不同的类别，以便更好地了解供应商的优劣势，并据此进行供应商的选择和管理。在产品研发过程中，聚类法还可以用于分析产品性能数据，通过识别不同性能指标的聚类模式，发现产品性能的潜在问题和改进方向。这有助于企业优化产品设计，提高产品性能和市场竞争力。在产品设计和研发阶段，聚类法能帮助企业从大量客户数据中识别出不同的消费群体及其需求特征。通过聚类分析，企业可更准确地了解不同客户群体的需求，从而设计出更符合市场需求的产品。在智能制造中，聚类法可应用于设备监测数据，通过识别设备状态数据的聚类模式，预测设备故障的发生，并提前进行维护，减少生产损失。聚类法能帮助智能制造系统从大量生产数据中发现隐藏的模式和关系，进而优化生产流程，提高生产效率。例如，通过聚类分析，可将生产过程中的相似环节或阶段归类，以便更好地进行资源分配和调度。

5. 回归分析

回归分析法作为统计分析领域的关键工具之一，其核心在于借助深入的数据统计与数学处理手段，揭示并量化因变量 Y 与一系列自变量 X 之间的内在关联。这一过程涉及构建一个具有高度相关性的回归模型(即函数表达式),该模型不仅能够有效描述 Y 与 X 之间的关系,还具备预测 Y 值随 X 变化而变动的能力。具体而言,回归分析法通过建立 Y 与 X 之间的数学映射,精确评估 X 对 Y 的影响程度,为洞察未来 Y 值的变化趋势提供有效途径。这一方法广泛应用于各个领域,为决策制定、趋势预测及因果分析提供了坚实的数据支撑。回归分析主要包括线性回归和非线性回归两种类型,其中线性回归又可分为简单线性回归和多重线性回归等。

回归分析法的步骤如下。

(1) 确定研究问题:明确研究中的因变量和自变量,以及它们之间预期的关系。

(2) 收集数据:收集与研究问题相关的数据,并进行数据清洗和预处理。

(3) 选择回归模型:根据数据的特性和分析目的,选择合适的回归模型。

(4) 拟合回归方程:运用统计软件或编程语言拟合回归方程,并计算回归参数。

(5) 检验回归方程:对回归方程进行显著性检验,包括整体显著性检验和单个参数的显著性检验。

(6) 解释和应用回归方程:根据回归方程的结果,解释自变量对因变量的影响,并运用回归方程进行预测或解释相关现象。

在智能制造中,回归分析法可以:通过监测设备运行数据,利用回归分析(特别是线性回归、逻辑回归等)识别设备可能出现的故障模式。这些模型能够分析设备运行数据中的特征参数(如温度、振动、压力等),并预测设备可能出现的故障类型。通过分析设备运行数据中的趋势和模式,借助线性回归等模型预测设备故障的发生。预测产品质量,并根据预测结果调整生产过程参数,以优化产品质量。通过分析生产过程中的各个环节,识别影响生产效率的关键因素,并利用回归分析建立模型,预测不同条件下的生产效率。基于模型预测结果,可以调整生产流程,减少瓶颈环节,提升整体生产效率。在设计阶段,回归分析可用于预测不同设计参数下的产品性能。通过构建回归模型,分析设计参数与产品性能之间的关系,能够预测不同设计参数组合下的产品性能表现,为设计决策提供有力支持。通过回归分析预测市场需求、生产能力等因素的变化趋势,有助于企业制定科学的产能规划和生产计划,从而避免产能过剩或不足的问题,提高资源利用效率。在智能制造供应链管理中,回归分析可用于预测供应链各环节的需求和供应情况,优化供应链的资源配置和调度。通过构建供应链回归模型,分析各环节之间的相互影响关系,可以制订更加合理的采购、生产和物流计划,降低供应链成本,提高供应链响应速度。

6. 机器学习

机器学习在智能制造的数据处理中发挥着日益重要的作用。

(1) 数据分类与聚类。

① 数据分类:在智能制造过程中,会产生大量生产数据,包括设备状态、产品质量、生产环境等多方面信息。机器学习可通过监督学习方式,利用已有的标记数据训练模型,对新数据进行分类。例如,将产品划分为合格品和不合格品,或者将设备状态分为正常、警告和故障等级别。

② 数据聚类:无监督学习中的聚类算法则能够对未标记的数据进行分组,挖掘数据中的内在结构和关联。这有助于识别生产过程中的异常模式,如生产线的瓶颈或设备的潜在故障。

(2) 预测分析。机器学习技术能够对历史数据进行学习,从而预测未来的趋势和结果。在智能制造中,这可用于预测设备故障、产品质量问题、市场需求等。通过预测分析,企业能够提前采取措施,避免不必要的损失,提升生产效率和产品质量。例如,通过监测设备传感器数据和使用机器学习算法,可以预测设备的故障时间和维护需求,进而实现预防性维护,减少停机时间和维护成本。

(3)质量控制。在智能制造中,质量控制是确保产品质量的关键环节。机器学习能够通过对生产过程中的数据进行分析,识别出影响产品质量的关键因素,并预测可能的质量问题。例如,利用深度学习模型分析图像和视频数据,可以检测产品表面的缺陷和瑕疵。通过机器学习技术,企业能够实现实时的质量控制和反馈机制,及时调整生产工艺和参数,确保产品质量的稳定性和一致性。

(4)供应链优化。机器学习还可应用于供应链数据的分析和优化。通过对供应链中的物流、库存、供应商等数据进行处理和分析,机器学习能够帮助企业优化供应链决策,提高供应链效率。例如,利用时间序列分析和预测模型,可以预测市场需求和库存需求,从而合理安排生产计划和库存水平,降低库存成本并提高市场响应速度。

(5)数据清洗与预处理。数据清洗和预处理是数据处理的初始且关键的阶段。在这一阶段,机器学习能够帮助自动识别和纠正数据中的错误、异常值和缺失值。通过无监督学习中的聚类算法等方法,可以发现数据中的异常点并进行针对性处理。

(6)自动化与集成。机器学习技术需要与云计算、物联网等技术进行集成,以实现数据的实时采集、处理和共享。这有助于构建一个高度自动化的智能制造系统,提升数据处理和决策的效率。

2.6.4　数据存储

1. 数据存储的定义

数据存储是指在信息融合系统中,将采集、处理后的数据以某种形式保存,以便后续访问、分析和使用。数据存储是数据处理流程中的关键环节,确保数据的持久性和可用性。

2. 数据存储的功能

数据存储可以将数据长期保存,防止丢失,实现数据持久化;以结构化或非结构化方式存储数据,便于检索和管理,实现数据组织;确保数据的完整性、保密性和可用性,保证数据安全;提供数据备份机制,防止数据丢失或损坏,实现数据备份与恢复;通过索引、缓存等技术提高数据访问效率,实现数据访问优化。

3. 数据存储的种类

(1)按存储介质分类。按存储介质分类,数据存储常有磁盘存储、内存存储、云存储、分布式存储。例如,HDD、SSD 的磁盘存储,适合大规模数据存储。内存数据库(如 Redis)用于社交媒体中缓存用户动态,加快访问速度,如 RAM 的内存存储速度就很快,但具有易失性。AWS S3、Google Cloud Storage 的云存储提供弹性扩展。HDFS 的分布式存储适合大数据场景,在物联网中使用分布式文件系统存储传感器数据,支持大规模数据处理。

(2)按数据结构分类。按数据结构分类,数据存储常有结构化存储、非结构化存储、半结构化存储。关系数据库(MySQL、PostgreSQL)的结构化存储,在金融领域、银行系统使用关系数据库存储交易记录,确保数据一致性和安全性。NoSQL 数据库(MongoDB、Cassandra)

的非结构化存储,在电商平台使用 NoSQL 数据库存储用户行为数据,支持高并发访问。半结构化存储,如 JSON、XML 文件。

(3) 按存储形式分类。按存储形式分类,数据存储常有文本存储、数据库存储、对象存储。文本存储,如文本文件、二进制文件。数据库存储,如 SQL、NoSQL 数据库,在医疗健康中使用数据仓库存储患者历史数据,支持大数据分析和决策。对象存储,如 AWS S3、MinIO。

4. 数据存储常用技术

(1) 索引技术。索引技术典型的有 B 树/B＋树索引、哈希索引、LSM 树(Log-Structured Merge-Tree)索引。

① B 树平衡多路搜索树,每个节点包含多个键值(如 MySQL 的 InnoDB 引擎默认使用 B＋树)。包含键值对与子节点指针,保证所有叶子节点处于同一层。插入时通过节点分裂保持平衡。查询时间复杂度为 $O(\log N)$。B＋树为 B 树变种,非叶子节点仅存键值,数据全部存储在叶子节点,并形成链表连接。其优势是范围查询效率更高(通过叶子节点链表遍历)。应用场景主要有关系数据库的主键索引(如 Oracle、MySQL)、文件系统元数据管理(如 NTFS、Ext4)。

② 哈希索引通过哈希函数将键值映射到固定大小的桶(Bucket),支持 $O(1)$ 时间复杂度的等值查询。开放寻址法(如线性探测)或链地址法(如 HashMap)解决冲突。其局限性是不支持范围查询(如“WHERE age＞30”)。哈希表扩容时需重新哈希,可能引发性能抖动。应用场景有内存数据库的快速键值查询(如 Redis Hash)、分布式缓存系统(如 Memcached)。

③ LSM 树写入时先追加到内存的跳表(MemTable),写满后转为不可变的 SSTable (Sorted String Table)文件落盘。后台线程合并 SSTable 文件,删除重复或过期数据。其优势是写吞吐量高(顺序写优化),适合写密集型场景(如物联网日志)。应用场景有 NoSQL 数据库(如 LevelDB、RocksDB)、时序数据库(如 InfluxDB)。

(2) 数据压缩。其目标是减少存储空间占用,降低 I/O 与网络传输开销。常见算法如下。

① LZ77 算法基于滑动窗口的字典压缩,将重复字符串替换为(距离,长度,下一个字符)三元组。滑动窗口分为“查找缓冲区”(已处理数据)与“向前缓冲区”(待处理数据)。典型实现 Gzip(DEFLATE 算法 ＝ LZ77 ＋ Huffman 编码)。应用于文本文件、日志文件的通用压缩。

② Zstandard(Zstd)算法结合字典压缩与熵编码(有限状态熵 FSE),支持多线程加速。帧结构包含头部、数据块(多个压缩块)、校验码。优势在于高压缩比(接近 Gzip)与高速度(压缩速度比 Snappy 快两倍)。应用于数据库备份(如 MySQL ZSTD 压缩)、实时消息队列(如 Kafka 消息压缩)。

③ 列式存储压缩针对列式数据(如数值型、枚举型)使用差值编码、字典编码、位打包等技术。如 Parquet 文件格式使用 Run-Length Encoding(RLE)压缩重复值,应用于数据仓库(如 Snowflake、Redshift)和大数据分析(如 Apache Parquet)。

(3) 数据分区。数据分区通过数据分片提升并行处理能力与查询效率。

① 水平分区。按行将数据划分到多个物理节点,按时间或主键范围划分(如订单表按月分片)。哈希分区,通过哈希函数均匀分布数据(如用户 ID 哈希取模);一致性哈希,避免节点增减导致大规模数据迁移(如 Cassandra)。但是跨分片事务需两阶段提交 2PC。热点分片会导致某用户频繁操作。

② 垂直分区。按列拆分表,将高频访问列与低频列分离(如用户表拆分为基本信息表与

扩展信息表)。它可以减少单次 I/O 数据量,提升缓存命中率。

③ 动态分区。根据负载自动调整分片大小与位置(如 HBase Region Split),应用于分布式数据库(如 MongoDB 分片集群)。

(4)数据复制。通过冗余备份保障高可用性与容灾能力。主从复制(Master-Slave)通过主节点处理写操作,通过二进制日志(Binlog)异步或半同步复制到从节点。从节点提供读服务,实现读写分离。但从节点数据可能短暂滞后(如 MySQL Replication)。分布式一致性协议的核心机制是节点通过心跳超时触发选举,获得多数派投票成为 Leader。Leader 将操作日志同步到 Follower,多数派确认后提交。确保已提交的日志不会被覆盖(通过 Term 号与日志索引)。Raft 通过强 Leader 简化逻辑,更易理解与实现。

(5)缓存技术。通过内存加速热点数据访问,降低后端存储压力。

① Redis 数据结构丰富,支持 String、Hash、List、Set、Sorted Set、Stream 等。RDB 定时生成内存快照,恢复快但可能丢失数据。AOF 记录写操作日志,数据更安全但文件较大。

② Memcached 纯内存键值存储,不支持持久化与复杂数据结构。多线程架构,适合高并发简单查询。对比 Redis 更轻量,适合仅需缓存简单键值对的场景。

③ 缓存策略有淘汰算法,LRU(Least Recently Used)淘汰最久未访问数据(如 Redis maxmemory-policy),LFU(Least Frequently Used)淘汰访问频率最低的数据(如 Redis 4.0+)。缓存穿透/雪崩应对采用布隆过滤器,快速判断键是否存在,避免查询不存在的数据(穿透)。随机过期时间,防止大量缓存同时失效(雪崩)。

(6)数据加密。其目的是保障静态数据(At Rest)与传输中数据(In Transit)的安全性。其典型技术如下。

① 对称加密(AES)使用相同密钥进行加密与解密,支持 128/192/256 位密钥。AES-CBC 需要初始化向量(IV),适合文件加密。AES-GCM 支持加密与完整性校验(MAC),适合网络传输。应用于数据库透明加密(如 Oracle TDE)、文件系统加密(如 Linux dm-crypt)。

② 非对称加密(RSA)采用公钥加密,私钥解密,基于大整数分解难题(如 3072 位密钥)。使用私钥签名,公钥验签(如 SSL 证书)实现数字签名。

③ 同态加密允许对密文直接计算,解密结果等同于对明文计算(如全同态加密 FHE)。应用于隐私保护数据分析(如医疗数据联邦学习)。

思 考 题

1. 简述智能感知在智能制造领域的应用。
2. 智能感知中的核心技术有哪些?
3. 智能传感器实现的途径有哪些?
4. 简述 RFID 在智能制造中应用。
5. 简述机器视觉在智能制造中应用。

第3章　工业互联网技术

　　工业互联网(industrial internet)是互联网和新一代信息技术在工业领域、全产业链、全价值链中的融合集成应用,是实现工业智能化的综合性信息基础设施。它不仅连接了工厂内的设备与系统,还打破了企业的"信息孤岛",构建起一个高度灵活、可配置、自组织的智能制造生态系统。其核心在于通过自动化、网络化、数字化、智能化等新技术手段提升企业生产力,实现企业资源的优化配置,最终重构工业产业格局,推动制造业朝着智能化、服务化、绿色化方向转型升级。本章首先介绍工业互联网体系,从业务视图、功能架构、实施框架三个维度解释工业互联网的内涵。其次介绍工业互联网通信协议,借助通信协议实现工厂的设备与系统信息互联。再次介绍工业互联网开放接口技术,由于设备来自不同厂家且搭载多种控制系统,异构性显著,需要通过标准化的开放接口技术来打破"信息孤岛",实现数字化车间的智能化和协同化。最后介绍工业互联网安全体系,随着工业体系向网络化发展,网络安全风险向工业领域全面渗透,工业信息安全问题日益凸显,构建工业互联网的安全体系具有重要意义。

3.1　工业互联网体系

　　工业互联网作为第四次工业革命的核心驱动力,实现了人、机器与物体的深度互联,促进了全要素、产业链及价值链的广泛融合与无缝对接。它依靠对海量数据的实时采集、高效传输与智能分析,形成自动化反馈机制,构建起一个极具灵活性、可定制化及自我优化能力的智能制造生态体系。此体系正引领制造业向全新的生产服务模式转变,不仅优化了资源配置效率,还充分挖掘制造装备、工艺流程及材料应用等方面的潜力。这一变革不仅提升了企业的生产效率,还推动了产品差异化发展与增值服务拓展,为加速第四次工业革命进程注入强大动力。

3.1.1　工业互联网体系的发展

　　为推动我国工业互联网的深入发展,中国工业互联网产业联盟于2016年8月发布了《工业互联网体系架构(版本1.0)》,简称"架构1.0",明确了网络、数据、安全三大支柱体系。网络作为基础支撑,保障工业数据的流通与交换;数据是智能化转型的核心驱动力;安全则确保整个过程中数据的安全与可靠。架构1.0致力于构建三个关键优化循环,分别聚焦于设备效能、运营决策及企业内外协同的全链条优化,进而推动智能化生产、网络化协同、个性化定制及服务化延伸等新型应用模式的发展。

　　随后,工业互联网产业联盟推出体系架构2.0版本,旨在构建一个更为全面、系统且针对性的指导框架。2.0版本的设计融合了工业、通信、软件及数据科学等多领域的最新成果,借鉴 ISO/IEC/IEEE42010 等系统工程架构标准,以及 TOGAF、DODAF 等企业架构方法论,确保架构设计的科学性和系统性。同时,它还吸收了工业互联网参考架构(IIRA)、工业 4.0 架构(RAMI4.0)、工业价值链参考架构(IVRA)及物联网参考架构(ISO/IEC30141)等优秀设计元素,形成更为综合的体系。

在方法论层面,体系架构 2.0 以 ISO/IEC/IEEE42010 为基础,明确架构视图、需求、系统、环境等关键要素及其相互关系,为企业应用实践提供清晰的指导框架。同时,融入 TOGAF、DODAF 等企业架构的核心思想,强调企业商业愿景与业务需求的导向作用,促进架构从通用层面到行业、企业层面的有效转化。

在内容设计上,体系架构 2.0 充分借鉴 RAMI4.0 等工业架构对工业体系层次结构的理解,以及 IIRA 等数据驱动的功能域划分思路,同时考虑 ISO/IEC30141 等通信架构在设备与系统互联互通方面的设计理念。这些元素的融合,使体系架构 2.0 能够更有效地服务于工业领域,推动工业互联网的深入发展与广泛应用。

3.1.2　工业互联网体系的架构

工业互联网体系架构 2.0 由业务视图、功能架构、实施框架三大板块构成,形成了以商业目标和业务需求为牵引,进而明确系统功能定义与实施部署方式的设计思路,自上向下层层细化和深入,如图 3.1 所示。

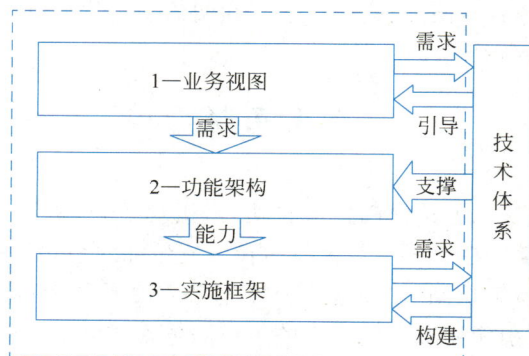

图 3.1　工业互联网体系架构 2.0

业务视图阐释了企业借助工业互联网推动数字化转型的战略意图、核心场景及所需的数字化赋能能力。它首先概述了产业数字化转型的宏观愿景,以及企业利用工业互联网塑造数字化竞争优势的战略路径。这一愿景在企业内部细化为多个业务领域的转型策略和关键能力构建计划,旨在指导企业清晰界定工业互联网的商业角色与价值,同时为功能架构的设计奠定需求基础。

功能架构聚焦于支持企业业务实现所需的核心功能体系与运作机制。它构建了以数据为核心驱动的工业互联网功能蓝图,强调物理世界与数字世界的深度融合与协同优化,覆盖从设备层到产业层的多维应用场景,包括制造、医疗等多个行业。该框架进一步细化为网络、平台、安全三大支柱的具体功能组件,明确了各功能单元间的关联与协作,为构建工业互联网的支撑能力提供参考。

实施框架详细规划了企业在实际操作中部署工业互联网各项功能的方式,包括层级结构、软硬件配置及部署策略,如图 3.2 所示。此架构基于当前制造体系与未来发展趋势,划分为设备层、边缘层、企业层、产业层四个实施层级,并详细说明了各层级在网络、标识、平台、安全等方面的系统构成、部署细节及系统间的交互机制。该架构旨在为企业提供工业互联网落地的系统性规划与建设指导,助力企业精准选择技术路线与构建系统平台。

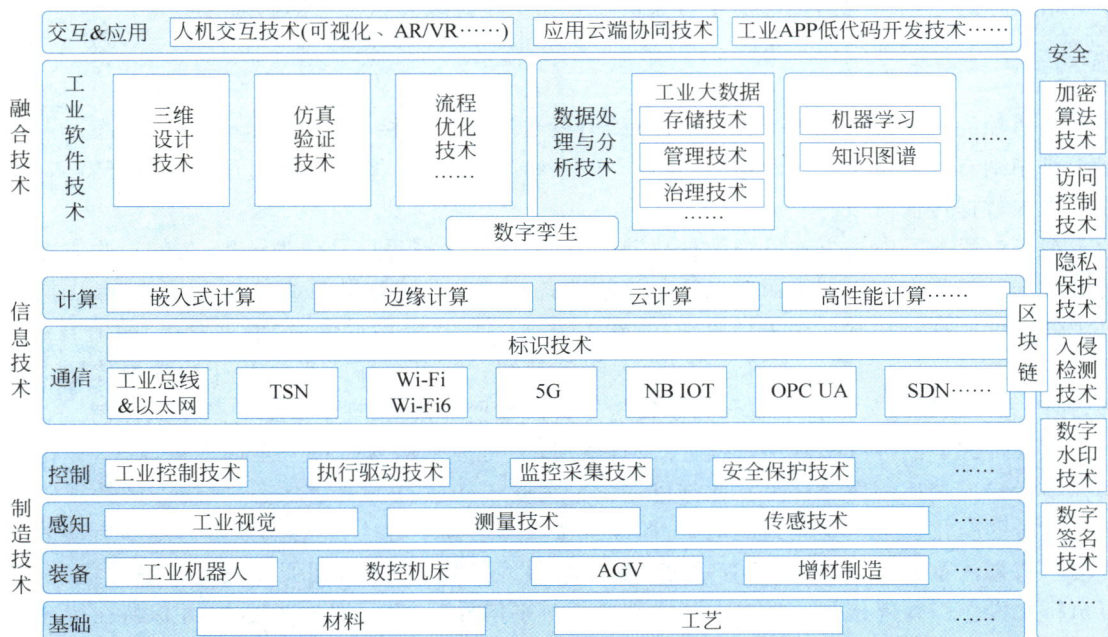

图 3.2　工业互联网技术体系

3.2　工业互联网通信协议

数据通信是通信技术和计算机技术相结合产生的一种新的通信方式。实现两地间信息传输,离不开传输信道的建立。依据传输媒介的不同,传输信道可细分为有线与无线两大类。尽管形式不同,但二者均借助传输信道连接数据终端与计算机,促进了不同地点的数据终端在软件、硬件及信息资源层面的共享与交流。数据通信系统运用数据电路作为纽带,将远端的数据终端装置与计算机系统紧密相连,构建成一个能够执行数据传输、互换、存储及处理的综合体系。

3.2.1　通用串行通信技术

在串行通信体系中,多个设备共享单一物理通道进行数据传输,其中数据以逐位方式按既定协议从发送者流向接收者。由于串行端口主要定义了物理层的连接标准,为确保数据报文的完整性和准确性,必须采用特定的通信方式。

鉴于串行连接中设备的多样性和功能差异,每台设备在接收数据的同时,可能还承担着诸如数据处理、控制运算或并行发送信息等多样化任务。例如,数据采集单元需定时收集并存储数据,控制器则需执行控制逻辑或报文传输,而某些设备在接收时可能同时作为发送方进行活动。因此,串行通信构建了一套适应多工作模式的通信规则。这些规则涵盖了从通信帧的结构设计(如起始与停止位的设定)到连接建立的确认过程(如握手协议),再到数据监测与接收机制(如轮询与中断机制的运用),直至数据的验证(如确认机制)、缓存管理以及错误检测与纠正等措施。这些通信规则确保了串行通信在不同工作负载和状态下的高效与可靠。

1. 连接握手

通信帧的起始位虽能吸引接收端注意,但发送端无法直接确认接收端的就绪状态。连接握手机制则有效解决了这一问题,通过双方互发特定信号,确保连接建立且接收端已就绪,可安全进入数据传输阶段。

握手流程涉及发送方在发送数据块前,先行发送一个握手信号作为预告,告知接收方即将传输数据。接收方则以握手回应确认其接收准备状态。此过程既可由软件逻辑控制,也能通过硬件设计实现。在软件握手场景中,发送方发送一个特定字节作为"请求发送"的信号;接收方识别此信号后,回复一个确认字节,表明已就绪;发送方据此确认并开始数据传输。此外,接收方还能通过另一特定编码指示发送方暂停数据传输,实现了灵活的数据流控制。

在硬件握手的标准实践中,接收方一旦就绪,会将握手信号线提升至高电平状态,并持续监控串行输入端口的发送许可。此许可端紧密关联于接收方的就绪状态,发送方则持续监测这一信号的变化。一旦检测到高电平,即确认接收方已处于待接收状态,发送方随即启动数据传输。值得注意的是,接收方拥有随时将握手信号线拉低的权限,即便在数据传输过程中,也可执行此操作以暂停接收。发送方侦测到此低电平信号后,将立即中断发送,并保持在待命状态,直至握手信号线重新跃至高电平,方继续之前被暂停的数据传输流程。

2. 确认

在数据传输中,接收方通过回复信息来标示数据接收的动作,这一过程称为确认。尽管某些传输可能无须即时反馈确认,但在多数场景下,确认是验证数据成功送达发送者的关键环节。发送方常依据是否收到确认来制定后续策略,因此,确认机制对于确保通信顺畅至关重要。即使接收方无额外信息需传达,也需单独发送确认报文以告知数据已安全接收。

确认报文的设计可灵活多样,如采用特定字节作为标识,该字节蕴含接收者的识别信息。一旦发送方捕获此确认报文,即视为数据传输圆满结束。反之,若未如期收到预期的确认,发送方将视为通信障碍,并可能触发重传机制或其他补救措施,以确保数据完整性与通信的可靠性。

3. 中断

中断机制是一种即时通知 CPU 处理紧急任务的信号机制。每个中断请求均源自特定中断源,经中断控制器与相应信号相连,系统通过自动检测端口事件来触发中断,进而转入中断处理流程。

在串行通信中,硬件中断尤为常见,它可由串口硬件直接触发,或当软件内部计数器达到预设阈值时产生,二者均标志着特定事件的发生,需要立即执行相应的中断处理函数,以做出迅速响应。这一过程基于事件的实际发生自动触发响应,因此也被称为事件驱动机制。

为了有效利用硬件中断,需设计相应的中断服务例程,确保在中断被触发时能够执行预定的操作。众多微控制器内置了支持此功能的硬件中断模块,以满足各类应用需求。一旦检测到事件发生,系统会自动侦测端口状态变化,并随即跳转到相应的中断服务例程中执行处理逻辑。

例如,发送数据、接收数据、握手信号变化、接收到错误报文等,都可能成为串行端口的不同工作状态,或称为通信中发生了不同事件,需要根据状态变化停止执行现行程序而转向与状态变化相适应的程序。

4. 轮询

轮询是一种定期提取特征值或信号以捕获数据或监测事件状态的过程,其核心在于确保轮询的频度足以捕捉所有关键数据点和事件,避免遗漏。此频率的设定需综合考量对事件响应的即时性需求与缓冲区容量。

在数据处理与通信领域,轮询常用于计算机与 I/O 端口间小规模数据或字符序列的交换,其优势在于无须依赖硬件中断,因此能在未配置中断资源的端口上有效运行。为实现周期性访问,轮询过程常借助系统定时器来精确控制读取端口的时序,从而确保数据传输的连续性和完整性。

5. 差错检验

在数据通信过程中,接收方为确保数据准确无误,会采用差错检验技术来验证接收到的数据。针对串行通信,多种高效的差错检验方法被广泛应用,包括但不限于冗余数据验证技术、奇偶性检查机制、校验总和计算法,以及更为复杂的循环冗余校验(CRC)等。

6. 出错的简单处理

当通信异常,如节点检测到错误或接收到无法解析的报文时,应主动向发送方反馈,请求重发或采取其他补救措施。若多次重发未能解决问题,发送方应暂停对该节点的发送,并通过适当渠道(如报文通知或系统操作)向操作人员报告错误,同时继续执行其他可进行的任务。

类似地,若接收方发现报文长度不符合预期,应尝试重新接收。若重试无果,则应果断终止当前连接,并向主机报告异常情况,避免系统陷入无效的等待循环。主机应根据实际情况灵活应对,选择继续发送、重发或彻底停止该报文,确保网络通信的顺畅与效率。

7. 串行异步通信数据格式

无论是 EIA-232 还是 EIA-485 接口,均遵循串行异步通信协议进行数据收发。在异步串行通信中,数据的到达时间对接收方而言是未知的,导致接收方在识别并响应之前,首个数据位可能已丢失。为此,异步传输机制设计了起始位作为数据到达的信号,它位于发送数据序列的最前端,给予接收方必要的准备时间,包括数据接收、缓存及后续响应的准备。相应地,传输结束时则以停止位作为标志,通知接收方本次通信已完成,可安全地结束当前会话,并转入其他任务处理。图 3.3 直观展示了这种串行异步(UART)通信的数据格式。

在无数据传输的通信线路上,应维持其处于逻辑 0(即高电平)的静默状态。一旦计算机启动字符数据的发送流程,首先以逻辑 1(即低电平)的起始位作为信号,标志着数据传输的开始。随后,紧随着起始位的是代表字符内容的数据位,其长度可灵活设定为 5、6、7 或 8 位(bit),以适配不同的数据需求。为确保数据传输的准确性,根据预设规则,可能附加奇偶校验

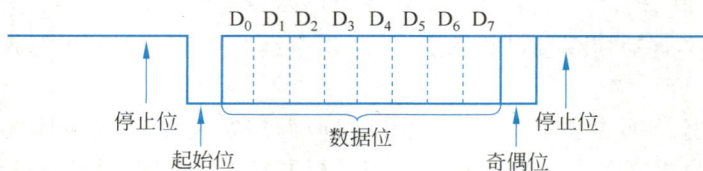

图 3.3　UART 通信的数据格式

位紧随数据位之后。数据传输序列的末尾则由停止位（逻辑 0，即高电平）标志，用以明确指示单次字符发送的结束。停止位的长度具有可选性，通常可选为 1、1.5 或 2 个时间单位，以适应不同的通信环境和要求。

3.2.2　CAN 总线技术

控制器局域网（controller area network，CAN）总线技术是德国罗伯特·博世（Robert Bosch）公司（以下简称"博世公司"）为解决现代汽车内部众多测量控制部件之间的数据交换问题，于 1986 年开发出来的。CAN 总线技术革新了汽车内部电子设备的连接方式。相较于传统的硬接线架构，CAN 总线显著减少了所需信号线的数量，这不仅降低了安装与后期维护的成本，还通过其高效的数据传输机制，显著提升了系统整体的可靠性和稳定性。

CAN 总线是一种串行通信协议，能有效地支持具有很高安全等级的分布实时控制。CAN 总线的应用范围极为广泛，从高速的网络到低价位的多路配线都可以使用。在汽车电子行业中，使用 CAN 总线连接发动机控制单元、传感器和防滑系统等，其传输速率可达 1Mbit/s。同时，CAN 总线还可安装在汽车本体的电子控制系统中，如车灯组、电气车窗等，用以替代接线配线装置。CAN 总线的高性能和可靠性已得到广泛认可，并被大量应用在工业自动化、船舶、医疗设备、工业设备等领域。

一些知名的半导体厂商都生产 CAN 控制器芯片，其类型分为独立型和微处理器集成型两种。市场上有多种独立型号，如 SJA1000、PCA82C200 及 Intel 的 82526/82527 等，它们各自独立运作，提供了灵活的应用场景。此外，集成 CAN 通信控制器的 CPU，如西门子的 SAB-C505C、TI 的 TMS320LF2407，以及 NXP 的 P87C591，更是将高效与便捷集于一身。特别地，P87C591 作为一款 8 位高性能微控制器，内置 CAN 控制器，兼容 80C51 指令集，并集成了 SJA1000 CAN 控制器的 PeliCAN 特性，展现出强大的功能集成性。独立的 CAN 通信控制器因其灵活性而广受青睐，能够轻松与多种单片机及微型计算机的标准总线接口匹配，实现多样化的系统构建。而内置 CAN 通信控制器的 CPU，则在特定设计需求下展现出显著优势，它们简化了电路设计，促进了系统的紧凑化与高效化，为项目开发带来了极大的便利与效率提升。

3.2.3　PROFIBUS 总线技术

PROFIBUS 作为一项国际化的开放现场总线规范，广泛应用于制造业、流程工业、楼宇自动化等多个领域的自动化体系中。它专为工厂自动化设计，特别是在车间监控层级与现场设备层之间，实现了高效的数据交换与控制功能，促进了从现场到监控层的分布式数字化控制与即时通信，为构建全面的工厂自动化及智能设备网络提供了有力支持。

PROFIBUS 的发展历程彰显了其行业影响力。1996 年,PROFIBUS 确立为欧洲工业标准(EN50170);1999 年,成为 IEC61158-3 国际标准组成部分;2001 年,更被纳入中国机械行业标准体系(JB/T 10308.3—2001)。其市场渗透率超过四成,在现场总线市场占据领先地位。西门子作为该技术的重要推动者,已推出数千种 PROFIBUS 兼容产品,并在中国众多自动化系统中得到广泛应用,特别是在工厂自动化网络的单元级与现场级层面,发挥着不可或缺的作用。

PROFIBUS 由 PROFIBUS-FMS、PROFIBUS-DP 和 PROFIBUS-PA 三部分组成。PROFIBUS-FMS 侧重于车间级较大范围的报文交换,它界定了主站间通信的能力,特别适用于车间级别的监控网络体系。该体系内,它能够支持中等速度下的循环与非循环通信模式,确保数据传输的多样性和效率。在 FMS 的应用场景下,主要关注系统功能的全面性与协调性,而非单纯追求响应时间的优化。实际应用时,系统往往需灵活应对随机性的信息交换需求,如参数的即时调整与设定变更等,以保障生产流程的顺畅进行。

PROFIBUS-DP 是一种设置简单、价格低廉、功能强大的通信连接,专门为自动控制系统和设备级分散 I/O 之间通信而设计。使用 PROFIBUS-DP 网络能够取代价格昂贵的 24V 或 4～20mA 信号线。PROFIBUS-DP 可用于分布式控制系统的高速数据传输。

PROFIBUS-PA 专为解决过程自动化控制中大量要求本质安全通信传输的问题而设计,且可提供总线供电,实现了 IEC 61158-2 中规定的通信规程,用于对安全性要求较高的场合。

1. PROFIBUS 控制系统组成

PROFIBUS 控制系统由主站与从站两大核心组件构建而成。主站作为数据流的主导者,拥有对总线控制的绝对权限,一旦获得访问权(即令牌),便能自主发起数据传输,无须外界触发。在此协议框架下,主站也被称作“主动节点”,包括 PLC、PC 及特定控制器等。

相较之下,从站则扮演着被动角色,作为基本的输入/输出单元,它们不具备独立访问总线的权限,其通信行为受限于主站的指令。具体而言,从站仅能确认接收到的数据,或在主站明确请求下反馈信息。在 PROFIBUS 协议体系中,从站被归为“被动节点”,其操作仅需实现总线协议的一小部分功能,从而简化了实现难度,提升了系统的整体效率与稳定性。从站设备涵盖多种类型,具体如下。

(1)智能型 I/O(如 PLC)。作为 PROFIBUS 网络中的一员,PLC 凭借其内置的程序存储功能,自主执行程序并驱动输入输出操作。特别地,PLC 内设有共享数据区,专门用于主站通信,使主站能够间接操控 PLC 的 I/O 设备,实现了高效的数据交互与控制。

(2)非智能型 I/O(分布式 I/O)。此类设备结构相对简单,由电源供应、通信适配器及接线端子构成。它们不具备程序存储与执行功能,而是依赖通信适配器接收并执行主站指令,进而驱动 I/O 操作。同时,分布式 I/O 还能将 I/O 状态及故障诊断信息反馈给主站。值得注意的是,分布式 I/O 的编址由主站统一管理,在编程过程中使用分布式 I/O 与主站自身的 I/O 体验无异,极大地方便了系统集成与维护。

(3)现场设备(如变频器、传感器、执行机构等)。这些设备若配备 PROFIBUS 接口,则能轻松融入 PROFIBUS 网络。主站可在线对这些设备进行系统配置、参数调整及数据交换等操作。至于哪些参数支持通信及具体的参数格式,则需遵循 PROFIBUS 行业规范的相关规定,确保不同设备间通信的兼容性与标准化。

2. PROFIBUS 基本特性

（1）传输技术。现场总线系统的应用往往取决于选用的传输技术。由于单一的传输技术无法满足所有要求，故 PROFIBUS 提供 3 种类型的传输：用于 PROFIBUS-DP 和 PROFIBUS-FMS 的 EIA-485 传输技术、用于 PROFIBUS-PA 的 IEC 61158-2 传输和光纤传输技术。

（2）PROFIBUS 协议。PROFIBUS 协议架构基于 ISO 7498 国际标准，并借鉴开放式系统互联模型构建了七层框架，但具体实现有所裁减。对于 PROFIBUS-DP 而言，它明确界定了第一层、第二层及用户接口层，而中间四层则保持未定义状态，这种设计旨在优化数据传输的效率和直接性。用户通过第二层直接数据链路层的映射接口，可以便捷地访问网络功能，此接口不仅明确了用户与设备间的交互规范，还详尽阐述了各类 PROFIBUS-DP 设备特有的操作特性。

此外，PROFIBUS-FMS 还扩展了协议栈，涵盖了第一层、第二层及第七层（应用层）。在应用层中，现场总线信息规范（FMS）作为核心组件，提供了丰富且强大的通信服务选项，满足多样化应用需求。同时，低层接口（LLI）作为桥梁，确保了不同通信环节间的顺畅协调，并为用户提供了不依赖于具体设备的第二层访问路径。第二层，即现场总线数据链路层（FDL），负责总线访问控制、数据可靠性保障及支持 PROFIBUS-FMS 所需的 EIA-485 或光纤传输技术，进一步增强了网络的灵活性和可靠性。

PROFIBUS-PA 的数据传输机制基于扩展的 DP 协议，并额外定义了针对现场设备行为规范的 PA 行规。遵循 IEC 61158-2 标准，PA 技术不仅确保了传输过程的安全本质性，还实现了通过总线直接为现场设备供电的便利。通过部署分段耦合器，PROFIBUS-PA 网络能够灵活扩展至现有的 PROFIBUS-DP 架构之上。

在 PROFIBUS 总线的通信模式中，主站间采用独特的令牌传递机制，确保每个主站在预定的时间段内获得总线访问权限，而主站与从站之间则遵循主/从通信模式。这种令牌传递机制精心设计，以保障总线存取的有序进行，当主站持有令牌时，便能与从站建立通信链路。进一步而言，基于这种通信架构，系统配置可灵活多样，包括纯主/从系统、纯主/主系统以及二者混合的复合系统，每种配置均适应不同的应用场景与需求。

如图 3.4 所示，PROFIBUS 总线架构由三个主站与七个从站共同构成，形成了一个独特的令牌逻辑环结构。在总线系统的初始化阶段，主站负责分配站点并构建这一逻辑环，为后续通信奠定基础。在系统运行过程中，若遇主站断电或故障，需自动从逻辑环中移除，而新接入的主站则需顺利融入该逻辑环，以保持系统的连续性和稳定性。每当某一主站获取到令牌报文时，它便获得了一个限定的时间窗口来执行其作为主站的核心功能。在这个时间段内，该主站不仅能够依据预设的主/从通信协议与所有从站进行信息交流，还能够根据主/从通信协议与其他主站建立联系。

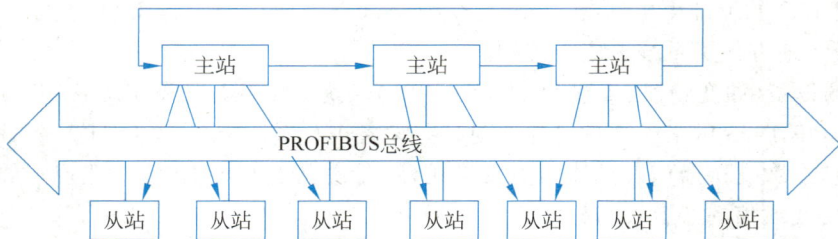

图 3.4　PROFIBUS 总线架构

3.2.4　工业以太网技术

为推动以太网在工业领域的广泛应用,国际上涌现出了工业以太网协会(IEA)、工业自动化开放网络联盟(IAONA)等组织,其共同愿景是推动全球工业以太网技术的革新、教育普及与标准化进程,确保以太网技术能够深入工业应用的各个层面。美国电气电子工程师协会(IEEE)也积极制定针对现场设备与以太网通信的规范,旨在将以太网技术进一步引入工业自动化现场,加速其在工业自动化场景及嵌入式系统中的融合应用。

工业以太网是一种与标准商用以太网(遵循 IEEE 802.3 标准)技术兼容的变体。在产品设计阶段,工业以太网充分考虑了材料选择、产品耐用性、实用性及实时性能等因素,以适应严苛的工业现场环境。

如图 3.5 所示,工业以太网在物理层与数据链路层遵循 IEEE 802.3 标准构建,网络层与传输层采用 TCP/IP 协议,应用层则巧妙地融合了既有的互联网应用协议。这一融合举措凸显了以太网的核心竞争力与技术优势。值得注意的是,随意调整这些已被证明有效的优势组件,可能会对工业以太网在控制领域的稳定性和竞争力产生不利影响,甚至削弱其生命力。工业以太网标准化的重点在于 ISO/OSI 参考模型的应用层,在该层级拓展与自动控制紧密相关的特定应用协议,以确保工业以太网在保持技术优势的同时,更好地满足工业自动化与控制领域的特殊需求。

ISO	工业以太网
应用层	应用协议
表示层	
会话层	
传输层	TCP/UDP
网络层	IP
数据链路层	以太网MAC层
物理层	以太网物理层

图 3.5　工业以太网与 OSI 参考模型的分层对照

工业以太网技术的发展主要体现在以下两个关键方面。

(1) 通信的确定性与即时反馈能力。工业控制环境对通信的即时性要求极高,强调信号传输的高效性与可预测性,这是其区别于常规数据网络的核心特征。实时控制机制通常需要定期精确更新关键变量的数据,以保证控制的精准度。由于传统以太网基于 CSMA/CD 的访问机制,在高负载情况下容易导致通信延迟与不确定性,难以满足工业控制对精确时间同步的需求,因此常被视为非确定性网络。随着快速以太网与交换式以太网技术的出现,为解决这一问题提供了新的途径,主要体现在以下方面。

① 通信速度的提升:通过提高通信速率,有效缩短了数据传输时间,减少了数据在传输介质上的占用时长,降低了信号碰撞的概率,为改善以太网通信的确定性创造了条件。

② 网络负载的智能管理:通过精细调控网络负载,减少了信号间的相互干扰与冲突,间接增强了网络通信的稳定性和可预测性。

③ 全双工交换技术的应用:该技术消除了信号冲突的可能性,极大地提升了网络通信的

效率和确定性,更符合工业控制对实时性和准确性的高标准要求。

(2)稳定性与可靠性。传统以太网设备,如接插件、集线器、交换机与电缆,多为商业应用设计,难以全面适应工业现场的严苛条件,如双电源备份需求、剧烈的温度变化及高防尘标准。鉴于工业领域对网络连续稳定运行的极高期望,特别是在极端作业条件下,美国的 Synergetic 微系统、德国的赫斯曼与 Jetter AG 等企业,专门开发并生产工业级导轨式集线器与交换机。这些创新产品专为 DIN 标准导轨设计,配备双重电源保障系统和耐用的 DB9 型连接器,确保电力稳定与接口牢固。在部署策略上,为进一步提升数据传输的可靠性,主干网络优先选用光纤技术,以满足长距离与高速率传输需求;现场设备接入则推荐使用屏蔽双绞线,有效减少电磁干扰。此外,针对关键网络区域,采用冗余网络架构,通过构建备份路径与设备增强系统抗干扰能力和整体可靠性,确保在单点故障时网络仍能稳定运行,满足工业 4.0 时代对高可靠性网络基础设施的迫切需求。

工业自动化网络控制系统集数据传输与自控功能于一体,通过网络实现远程调控。它不仅实现了数据传输,更重要的是利用这些数据驱动控制逻辑与操作执行,这一过程由多个网络节点协同完成,以确保自控任务的精准执行。为满足开放性与互操作性需求,该系统需遵循高级协议与标准,确保跨平台与应用的顺畅交互。

在 ISO/OSI 七层模型框架下,以太网技术主要聚焦于物理层与数据链路层的实现,而网络层与传输层通常采用 TCP/IP 体系,这已成为该领域的实际标准。而会话层、表示层及更高层次的应用层,目前以太网标准并未直接规定其技术规范,可根据具体应用场景灵活定制。在商用计算机环境中,FTP、Telnet、SMTP、HTTP 及 SNMP 等应用层协议广泛用于信息交换,对互联网生态的繁荣发展起到了重要作用。然而,由于数据结构与通信机制的设计初衷不同,这些协议在处理工业现场设备间的实时通信时,难以完全满足工业过程控制对实时性、可靠性的严格要求。因此,在构建工业自动化网络控制系统时,需要探索或定制更适合工业现场需求的通信协议与标准。

为满足工业现场控制系统的严苛要求,基于以太网与 TCP/IP 构建全面的通信服务模型至关重要。通过设计高效的实时通信策略,优化实时与非实时信息流的协调传输,确立得到工控生产商与用户认可的应用层与用户层协议框架,推动形成开放且标准化的体系。为响应此需求,各大现场总线组织积极将以太网技术融入其高速总线架构,融合 TCP/IP 技术与现有的低速总线应用层协议,开发出了 HSE、PROFINET 及 Ethernet/IP 等工业以太网协议,推动了工业通信技术的革新与标准化进程。

在 Ethernet/IP 中,Ethernet 一词明确标识了其遵循 IEEE 802.3 标准的以太网技术网络通信框架;IP 则特指其为工业领域的协议,以区别于通用的以太网协议集。值得注意的是,Ethernet/IP 采用了业界广泛接受的开放标准——控制与信息协议(CIP)作为应用层的核心规范,这一举措不仅彰显了其兼容性优势,也标志着 CIP 在 Ethernet 及 TCP/IP 架构下的成功应用实例。简而言之,Ethernet/IP 是 CIP 技术在 Ethernet 环境中的一种具象化实现,正如 DeviceNet 作为 CIP 在 CAN 总线技术上的具体展现,二者均体现了 CIP 跨平台、高适应性的技术特性。

由于在应用层集成了 CIP 技术,Ethernet/IP 具备了 CIP 网络的一系列显著优势,具体体现在以下方面。

① 它支持数据多样性传输,涵盖了 I/O 数据、配置信息、故障诊断报告以及程序上传下载等多种类型,满足复杂工业场景的多样化需求。

② 通信过程强调连接导向性,确保每次通信前均建立稳定连接,保障数据传输的安全性与可靠性。

③ 针对不同类型的报文采用灵活的传输策略,以最优方式处理各类信息,提升通信效率。

④ 遵循生产者/消费者模型,为多种通信方式提供强有力的支持,促进了网络内设备间的高效协作。

⑤ 支持多种通信模式,如主从、多主、对等及它们的任意组合,增强了网络的灵活性和适应性。

⑥ 在 I/O 数据触发机制上,它提供了轮询、选通、周期触发及状态变化触发等多种方式,以应对不同应用场景的需求。

⑦ 应用层协议采用对象模型进行描述,这种结构化的设计极大地方便了开发者的编程实现,降低了开发难度。

⑧ 为各种设备提供了详尽的设备描述,确保不同设备间的互操作性和互换性,推动工业生态的标准化与集成化。

Ethernet/IP 不仅支持显性与隐性报文传输,还充分利用了当前市场上广泛采用的商用以太网芯片及物理媒介,体现了其技术的先进性与普及性。如图 3.6 所示,Ethernet/IP 工业以太网采用高效的有源星形拓扑架构,设备通过点对点方式直接连接至交换机,此设计简化了布线流程,便于快速定位故障及系统的日常维护,展现了其在工业应用中的便捷性与可靠性。

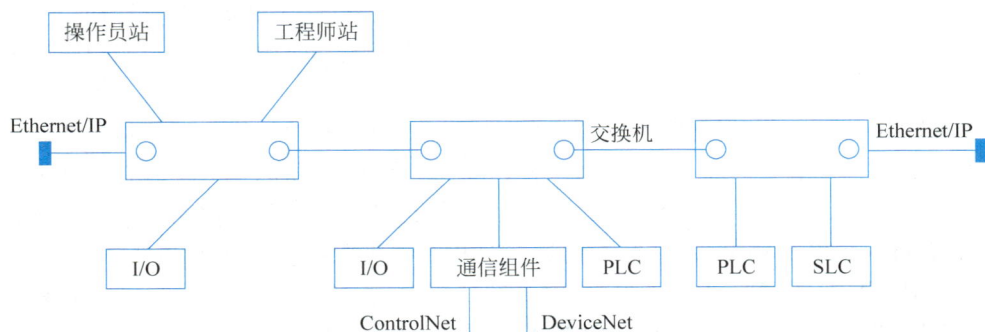

图 3.6　Ethernet/IP 工业以太网系统结构

3.2.5　第五代移动通信技术

1. 5G 概述

5G,即第五代移动通信技术(the 5th generation mobile network),是继 4G 之后确立的新一代移动网络标准。它实现了上网速度的大幅提升,相较于 4G,速度提升超百倍,同时显著增强了运营商的服务效能。作为移动通信技术演进的前沿领域,5G 不仅是技术进步的重要趋势,更是构建现代化信息基础设施的关键组成部分。与上一代 4G 技术相比,5G 不仅是其延续与发展,更在提升用户网络体验的同时,深度契合了万物互联的新时代需求,为各类智能设备与服务的无缝连接提供了可能。

5G 网络以其高度集成性引领了一场技术范式革新,其新范式特征鲜明,涵盖采用极高载波频率实现的海量带宽、先进的基站技术、高密度部署的设备配置,以及前所未有的大规模天线阵列。根据国际电信联盟无线电通信局(ITU-R)的规范,5G 被划分为三大核心应用场景:

强化型移动宽带（eMBB）、极可靠超低时延通信（uRLLC）及大规模物联网通信（mMTC）。这些应用场景广泛覆盖了移动互联网的深化应用、工业互联网的精准控制与智能互联，以及其他多元化、具体化的行业实践。

2. 5G 的特点

5G 的核心特性体现在高速率、广泛覆盖的泛在网、能效优化的低功耗及近乎即时的低延迟。

（1）高速率。相较于 4G，5G 的首要突破在于其显著提升的传输速度，这是提升用户体验的关键。从传统互联网到 3G 时代，网络速度的限制使得数据流量成为稀缺资源，社交互动受限于用户的主动访问模式。进入 4G 时代，速度的提升让带宽不再稀缺，推动了社交应用向主动推送信息的模式转变，极大地丰富了用户体验。展望 5G 时代，其前所未有的速度将为视频等传统业务带来质的飞跃，并激发新兴市场的蓬勃发展与创新运营模式的诞生。

（2）广覆盖。随着业务领域的不断拓展，网络服务需实现全方位、深层次的渗透，以满足多样化业务需求和复杂场景的应用。全面网络覆盖包含两层含义：一是广泛普及，即确保社会各个角落，包括以往因人烟稀少而常被忽视的高山峡谷等地，也能接入网络。5G 技术的应用，使得在这些区域部署大量传感器成为可能，进而支持环境监测、空气质量分析乃至地质变化、地震预警等重要应用，展现出极高的实用价值。二是深度优化，即在已有网络覆盖的基础上进一步提升网络质量，实现高品质的深度覆盖。在一定程度上，全面网络覆盖对于提升 5G 整体体验而言，其重要性甚至超越了单纯的速度提升，是确保 5G 服务品质与用户体验的根本基础。

（3）低功耗。5G 技术为支撑大规模的物联网生态，对设备功耗提出了严格要求。尽管可穿戴设备市场有所增长，但用户体验的局限性，尤其是续航能力的不足，成为制约其进一步发展的主要障碍。以智能手表等典型产品为例，频繁充电的需求凸显了功耗问题的紧迫性。物联网设备普遍依赖电池供电，而高能耗的通信过程会严重限制其使用便捷性和用户接受度。因此，5G 时代下的低功耗设计至关重要，主要通过两大技术路径实现：一是以美国高通等企业推动的 eMTC（增强型机器类型通信）技术，二是华为引领的 NB-IoT（窄带物联网）解决方案。这些技术旨在优化通信效率，降低能耗，从而推动物联网设备向更加便捷、持久的方向发展。

（4）低延迟。网络时延是数据在源端与终端间传输所需的时间间隔。5G 通过双重策略实现超低延迟：一是显著降低空中接口（空口）的传输时延，二是优化网络路径，减少转发节点，拉近源点与终点间的"逻辑距离"。5G 低时延的实现还需全局考量，采用跨层设计思路，确保空口技术、网络架构、核心网等各层级间紧密协作，灵活适应各类垂直行业对时延的差异化需求。相较于 4G 网络，5G 将时延阈值降至 1ms 以下，为特定领域如工业控制带来了革命性变革。在工业控制场景中，极低的时延是确保高精度生产的关键。例如，在高速运转的数控机床中，停机指令的即时传达至关重要，任何显著的延迟都可能导致加工精度的下降。而 5G 的低时延特性确保了指令的即时执行，机床能够迅速响应，从而保障了产品的精密制造。

3. 5G 关键技术

（1）大规模 MIMO 技术。多天线通信架构，即 multiple-input multiple-output（MIMO）技术，其核心在于在通信系统的发送与接收两端均部署多个天线单元。这种配置使得信号能够通过多元化的路径进行传输与接收,进而显著优化通信效能与数据质量。为加速无线网络性能的提升,一个重要策略是引入多天线阵列技术,即在基站与用户设备两端集成多个天线,构建 MIMO 网络架构。该架构通常以 $M \times N$ 的形式表示,M 代表发射天线数,N 为接收天线数(如典型的 4 发射天线与 2 接收天线配置)。大规模 MIMO 技术,则是这一概念的深度拓展,它采用了更为庞大的天线阵列规模。通过充分利用空间维度的资源,实现了信号的多路并发传输与接收,无须额外增加频谱带宽或提升发射功率,即可实现系统信道容量的显著倍增。大规模 MIMO 不仅增强了数据传输的可靠性和速率,还优化了网络的覆盖范围和连接稳定性。

(2)网络切片技术。网络切片技术是一种创新手段,它能够将运营商的物理网络资源灵活地分割成多个独立的虚拟网络环境。这些虚拟网络各自针对不同的服务特性需求进行优化,包括时延控制、带宽分配、安全策略及可靠性保障等,以精准匹配多样化的应用场景。该技术的核心优势在于允许在同一物理基础设施上构建多个逻辑上隔离的网络切片,避免了为每个特定服务单独构建物理网络的高昂成本和复杂过程,从而显著降低了网络部署与运维的总体成本。

(3)软件定义网络。软件定义网络(SDN)架构颠覆了传统网络设计。通过标准化的接口,如 OpenFlow 等开放协议,将网络的控制逻辑(控制面)从底层的物理基础设施(数据面)中分离出来。标准化的接口作为桥梁连接数据平面与控制平面。SDN 的核心是将网络控制功能迁移至可编程的通用硬件平台,并通过软件化手段集中管理和优化网络资源。在 SDN 架构中,控制层由专门的 SDN 控制器负责,该控制器作为智能中枢,统筹全局网络策略。而基础设施层则主要由交换机等硬件设备构成,负责数据的转发与处理。SDN 通过南向接口(如 OpenFlow 等)实现控制器与交换机之间的无缝通信,确保控制指令的精准传达与执行。同时,SDN 还提供了北向接口,允许控制器与应用层软件直接交互,从而简化了网络服务的部署与管理。

(4)毫米波通信。5G 相较于 2/3/4G 的一个显著区别在于其引入了毫米波技术,这是一种位于射频(RF)频谱 30GHz 至 300GHz 区间、波长介于 1~10mm 的无线电波,填补了微波与远红外波之间的空白。毫米波通信凭借其作为信息传输媒介的独特优势,展现出多项革新特性。首先是其超宽带宽,毫米波的总可用带宽高达 135GHz,是传统微波带宽的五倍之多,这在频谱资源日益稀缺的当下尤为珍贵。此外,毫米波以其极窄的波束特性,实现了对目标物的精细分辨与细节还原,显著提升了通信的精确性。在环境适应性上,毫米波相较于激光对气候条件更为宽容,而相较于微波,其元器件尺寸的大幅缩小则促进了设备的小型化进程。针对 5G 时代高密度用户并发场景,毫米波技术尤为适用。其高频短波的属性不仅赋予了毫米波频谱资源丰富、信道容量显著提升的优势,还有增强沙尘烟雾穿透力、优化短距离点对点通信安全性及实现天线阵列紧凑集成等特性。

3.3　工业互联网开放接口技术

在当前工业环境中,车间内的设备来自不同厂商,搭载多种控制系统,各系统的数据类型和格式各异,呈现出显著的异构性。这种异构性致使设备间的数据交换和通信变得极为复杂,形成了"信息孤岛",严重影响数字化车间的整体效能和协同作业。更为严峻的是,由于缺乏统一的信息标准规范,数字化车间的推广成本居高不下,难以实现有效的网络集成,阻碍了向智能制造的升级进程。

解决这一问题,实现设备间的互联互通、互操作,以及设备模型与生产线、车间信息模型的融合,对推进智能制造至关重要。而构建严格规范的标准化信息模型,正是应对这一挑战的关键。目前,PLCopen 和 OPC 等组织正在合作,通过定义功能块,将 IEC 61131-3 这一全球工业控制编程标准与 OPC UA 这一高安全性、可靠性的跨平台通信协议相结合,以促进车间与企业之间信息的高度联通和互操作。此外,MTConnect 标准为制造设备的联网数据收集提供了标准化方案。MQTT 消息协议则通过支持异步通信,为工业互联网开发人员提供了一种平衡解决方案。这些技术和标准的发展和应用,将有助于打破"信息孤岛",实现数字化车间的智能化和协同化。

3.3.1　PLCopen 接口技术

工业机器人等高端工业设备依赖复杂的专有语言编程,这对于非专业人士而言极具挑战性,通常只有具备专业背景的程序员才能进行操作。然而,随着运动控制器的普及和广泛应用,人们发现这些设备的编程通常依赖于 PC 库或特定语言。鉴于 PLC、运动控制器与复杂工业设备之间紧密的集成需求,每个组件都需通过其专有语言来展现自身特性。但近年来,一个明显趋势是,越来越多的最终用户倾向于使用他们熟悉的 PLC 语言统一编程这些设备。这种选择不仅便于机器制造商的程序员理解,也方便最终用户的服务人员进行设备维护。

为降低编程的复杂性,并协调不同平台间的外观、操作感受和功能,PLCopen 工作组针对运动控制设计了一套标准化工具。借助这套工具,可在 PLC 编程环境中直接对运动控制进行编程。PLC 在设备和自动化生产线控制中始终扮演着关键角色。在迈向智能制造和智慧工厂的进程上,PLC 仍将在基础自动化层面发挥基础性作用。

1. PLCopen 的软硬件横向集成

PLCopen 国际组织在 PLC 软硬件集成技术方面处于领先地位,持续为工业 4.0 和智能制造不断增长的需求做准备。如表 3.1 所示,PLCopen 携手 OPC 基金会,共同研发了遵循 IEC 61131-3 标准的 OPC UA 信息模型及其配套的客户端与服务端功能块规范。该成果覆盖多个层级体系(涵盖产品、现场设备、控制设备、车间、工厂直至跨企业连接),有力推动了工业 4.0 背景下软硬件的分布式扁平化通信进程。

为满足 M2M(机器对机器)实时通信的迫切需求,OPC UA 正积极融合发布/订阅通信机制,此机制在现场总线与工业以太网实时通信领域已得到广泛应用。同时,OPC 基金会致力于开发符合 IEEE 时间敏感网络(TSN)标准的 OPC UA TSN 版本,这标志着 OPC UA 向全面替代传统工业以太网迈出重要一步。

表 3.1　PLCopen 在工业 4.0 和智能制造中的技术角色

技术/规范	应用层级	功能描述	与工业 4.0 的关系
OPC UA 信息模型	产品层、现场设备层、控制设备层、车间层、工厂层、企业层、跨企业连接层	提供分布式、扁平化通信	符合工业 4.0 通信要求
OPC UA 客户端和服务端	产品层、现场设备层、控制设备层、车间层、工厂层、企业层、跨企业连接层	实现远程监控、控制和数据交换	促进设备间互联互通

续表

技术/规范	应用层级	功能描述	与工业 4.0 的关系
发布/订阅通信机制	现场设备层、控制设备层	实时通信机制,提高响应速度	满足 M2M 实时通信需求
IEC 61131-3 逻辑控制和顺序控制	现场设备层、控制设备层、车间层	提供标准化编程和控制方法	标准化控制策略,促进设备集成
IEC 61131-3 XML 模式规范	工厂工程设计平台(AutomationML 等)	数据交换和图形交换	统一的工程设计和维护平台

PLCopen 的运动控制标准在工业自动化领域,特别是在现场与控制设备层级,得到了广泛的采纳与应用。与此同时,遵循 IEC 61131-3 国际准则的逻辑、顺序以及面向对象的控制编程方法,在现场设备、控制设备及车间等多个层次得以应用,展现出其灵活性与实用性。此外,机械安全规范作为确保生产环境安全的重要环节,在工厂、车间直至具体设备层面均发挥着不可或缺的作用。

此外,PLCopen 的 IEC 61131-3 XML 模式规范已在 AutomationML 工厂工程设计平台及多个控制系统集成化工程、运维服务平台中成功部署,为多样化的功能设计引擎提供了高效的数据与图形交换工具,促进了设计流程的标准化与互操作性。

为加速 PLCopen 软硬件技术在工业 4.0 生态中的深度融合,积极参与产品描述标准的制定是一个关键策略。鉴于工业 4.0 对标准化数据组件的广泛需求,PLCopen 在 PLC 技术领域发挥着核心作用。依托其长期积累的功能块库,可进一步创新并定义新型功能或软件组件,构建功能性的抽象层次结构,并通过映射机制将其无缝对接至实际应用的功能层,从而推动技术创新的快速落地与工业生态系统的协同发展。

2. PLCopen 的产品信息纵向集成

对于物理实体资产的数字化映射,相关产品描述(数据性能)的标准化流程可遵循国际标准化组织制定的 ISO 29002-5 标准。该标准是《工业自动化系统和集成特征数据交换》的"标识方法"部分,它指导如何使用 eClass Version9.1 软件包进行产品分类描述,同时利用 URI 和 URL 实现资源的唯一标识和定位。ISO 29002-5 详细规定了如何唯一标识管理项的数据元素及其语法,这些管理项包含名称、缩略词、定义、图片、符号等,它们可被归类到某一概念类别,并与源文件相对应。

3.3.2 OPC UA 接口技术

随着技术的不断发展,企业对对象链接与嵌入的过程控制(OLE for process control,OPC)规范的需求日益增长。经典 OPC 规范在工业企业中曾发挥重要作用,但因其基于微软的 COM/DCOM 技术,导致 OPC 的运行受限于 Windows 平台,缺乏跨平台通用性。此外,COM/DCOM 采用二进制数据格式,这不仅使得 OPC 与基于 XML、HTML 的 Internet 程序集成面临困难,还难以穿越企业防火墙。

为了克服这些局限性,OPC 基金会于 2008 年发布了 OPC 统一架构(OPC unified architecture,OPC UA)。OPC UA 是一种平台无关且面向服务的架构,它不仅整合了现有 OPC 规范的所有功能,还兼容了经典 OPC 规范。为满足工业控制领域以服务为导向的需求,OPC UA 协议对不同规范所定义的信息模型重新进行归类设计,构建成一系列服务集,供用户灵活使用,进而实现了广泛的互联互通。

与经典 OPC 规范相比,OPC UA 具有诸多优势。首先,它提供了更加安全的通信性能,借助标准安全的信息模型,保障了数据传输的可靠性和完整性。其次,OPC UA 采用了统一的访问方式,使用户能够通过多种方式进行数据的读写和监控。再次,OPC UA 的开发具有高度可靠性和冗余性,保证了系统的稳定性和可用性。最后,OPC UA 实现了跨平台的功能,使不同操作系统和设备之间能够实现无缝集成和通信。

OPC UA 的发布为工业自动化领域带来了新的机遇和挑战。通过采用 OPC UA 技术,企业能够更为灵活、高效地构建和维护自动化系统,实现更广泛的互联互通和数据共享。

1. OPC UA 典型通信架构

OPC UA 采用客户端/服务器架构,其核心在于服务器将制造资源数据封装在统一的地址空间内,使客户端能够以统一方式进行访问。客户端通过接口与通信栈交互,将消息传递给服务器通信栈。服务器则调用相应的服务集(如节点管理服务集、监视服务集等)对请求进行处理,对地址空间进行查询或操作,并将结果返回给客户端。

OPC UA 客户端由应用程序、API 和通信栈 API 构成;而服务器则包括真实对象、硬件驱动程序、地址空间等关键组件。通信栈负责数据的编码、加密与传输,通常使用 OPC 基金会提供的 UA 开发包来设计。

OPC UA 具备出色的信息建模能力,采用集成地址空间将不同规范的地址空间加以整合。地址空间的基本单位是节点,用以映射实际设备,并且包含变量、方法和事件等。节点之间通过引用形成层次化网络,支持各种形式的信息访问。地址空间中的视点概念简化了客户端对地址空间的访问流程。服务器能够通过视点筛选地址空间的不同区域,限制用户或任务的可见范围。

不同的工业组织通过服务器地址空间实现其特定的信息模型表示,这种地址空间为多样化的实际设备提供了一个统一的抽象层。这种统一模型极大地简化了对节点的管理,使得服务集能以统一的方式访问这些节点。此外,利用引用机制,可以从基本节点构建出满足实际需求的复杂节点模型,进而适应实际设备对多样性描述的要求。

以图 3.7 所示的温度传感器为例,该设备具有配置参数和测量值,其中测量值可能随配置的不同而有所变化。在 OPC UA 地址空间中,这些传感器信息被映射为具有层次结构的数据节点,从而便于管理和访问。

OPC UA 规范在逻辑上集成了丰富的功能模块,包括安全信息服务集、会话服务集、节点管理服务集等。这些服务集不仅操作地址空间,还对 OPC UA 通信栈传入的请求进行分析,并调用相应的服务集来处理这些请求。在众多服务集中,属性服务集和监视项服务集尤为常用。属性服务集专注于读写属性值,赋予客户端与节点属性间互动的能力。相较之下,监视项服务集则侧重于客户端对监视项的设立与管理,这些监视项起着监控作用,密切关注变量、属性状态及事件通知器的变动情况。一旦监测到任何数据异动、事件触发或报警信号,该服务集会即时生成相应通知,内容涵盖报警信息、数据更新、事件详情及程序执行结果等,随后这些通知会被精准发送至预设的接收端,最终传递给客户端,确保信息的即时传递与响应。

这种结构化的信息模型和服务集机制使 OPC UA 成为一种强大且灵活的工业通信协议,

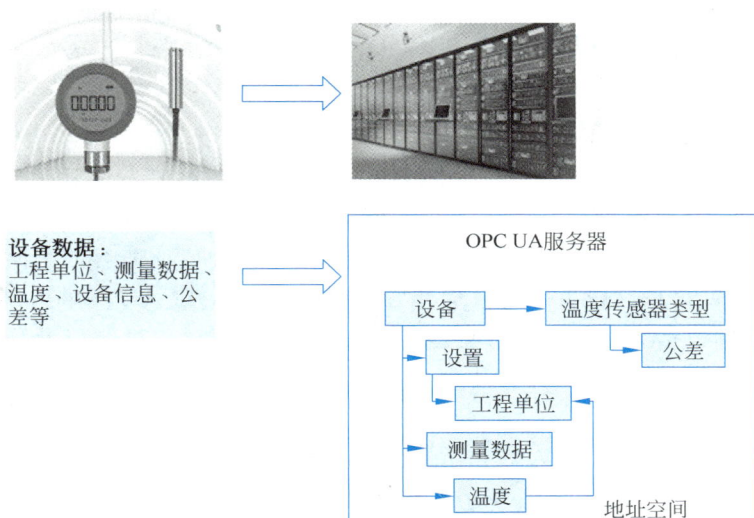

图 3.7　温度传感器信息在 OPC UA 地址空间映射

能够满足各种复杂场景下的需求。

2. OPC UA 数据访问方式

OPC UA 服务构建了应用层面的数据交互规范,通过方法接口供客户端访问服务器内部的信息模型数据。客户端与服务器之间的消息传递基于 Web 服务的请求/应答机制,每个服务调用均为异步进行。

如表 3.2 所示,OPC UA 数据访问的主要方式如下。

(1) 同步通信。客户端发送请求后需等待服务器响应完成,适用于客户端较少且数据量较小的场合。

(2) 异步通信。客户端发送请求后立即返回,不等待服务器响应,服务器完成响应后通知客户端。异步通信效率更高,适用于数据量较大或客户端较多的场景。

(3) 订阅方式。客户端发送一次订阅请求后,当订阅的数据项发生变化时,服务器自动按更新周期刷新客户端数据。适用于读取更新频率较高的数据,如传感器数据。

在选择数据访问方式时,需要根据开发目的、数据量和访问性能等进行综合考虑。同步方式适用于控制写操作,异步方式适用于大量数据访问,而订阅方式则适用于高频更新的数据读取。从程序开发角度来看,同步方式处理简单,异步方式开发难度较大。

表 3.2　OPC UA 数据访问的主要方式

数据访问方式	描　　述	特点/应用
同步通信	客户端发送请求并等待服务器响应完成后再继续操作	适用于客户端数量少、数据量小、实时性要求不高的场合
异步通信	客户端发送请求后立即返回,不等待服务器响应;服务器处理完成后通知客户端	效率高,适用于客户端数量多、数据量大、实时性要求高的场景
订阅方式	客户端向服务器发送订阅请求,服务器在数据发生变化时自动推送数据给客户端	适用于需要实时获取最新数据,如传感器数据监测等场景

3.3.3 MTConnect 接口技术

1. MTConnect 通信架构

MTConnect 由 AMT(美国制造技术协会)于 2006 年创立,是一个致力于促进多样化装置、设备及系统间无缝连接的标准框架。一方面,该标准巧妙运用 HTTP 与 XML 技术,构建了一个包含详尽词汇表与定义集的体系,让机床能够以一种广泛兼容的公共语言"自述"其状态与功能,进而促进机床设备间的互操作性。另一方面,OPC UA 则是一套全面的规范,它详细界定了基础数据类型、灵活的地址空间结构、高效的存取机制以及稳健的会话管理机制,为跨行业的信息模型构建提供了坚实的标准化基础,助力不同系统间的数据交换与集成。

尽管 MTConnect 与 OPC UA 在技术层面展现出不同的特性,但它们共同指向了相同的目标——促进设备间无缝衔接与高效互操作性。为实现此目标,OPC 基金会携手 AMT 自 2010 年起展开紧密合作,并于 2013 年取得突破,成功整合了这两种通信协议,发布了 MTConnect-OPC UA 联合规范草案。此草案不仅强化了 MTConnect 与 OPC UA 之间的兼容性与协同工作能力,还开辟了新途径,使 MTConnect 丰富的信息模型能够无缝融入 OPC UA 体系之中,进一步推动了工业通信标准的融合与发展。

MTConnect 的通信架构基于客户端-服务器模型,利用 HTTP 请求与响应流程,实现 XML 格式数据的顺畅交换。其典型架构体系涵盖客户端与代理两大软件组件。鉴于当前多数数控机床制造商尚未直接采用 MTConnect 标准的数据采集接口,专门的适配器应运而生,作为数据转换的桥梁,有效复用并扩展现有采集接口的功能。

(1) 适配器。适配器在 MTConnect 体系中扮演着至关重要的角色。作为不同 CNC 机床数据结构的"翻译器",它能够将特定加工设备的数据转换成 MTConnect 系统可理解的术语数据流。每个数控系统只需设计一个符合 MTConnect 标准的软件适配器,连接上标准的代理后,即可与其他 MTConnect 系统设备、网络或相应的应用程序相连接。适配器安装在加工设备的控制单元上,如机床的 CNC 系统,或联网的 PC 或服务器上。它具备翻译转换功能,是系统中的一个关键连接枢纽,将从设备采集到的数字信号整合转换成 MTConnect 系统可理解的术语数据流。

(2) 代理器。代理程序连接器在 Web 服务器中扮演着关键角色,负责从智能终端提取数据,并将其按照统一的信息模型编码转换成网络格式,以便于网络上的传输和提供。代理具备同时处理多个数控系统信息的能力,通过独特的适配器 IP 地址与端口实现差异化管理。它们不仅将遵循 MTConnect 标准的数据妥善存储在缓冲区内,还作为网络接入点,完成应用程序的读取指令,确保数据的即时可用与高效传递。

数据源所采集的信息,依据其组织形式,可细分为结构化、非结构化及半结构化三大类。其中,结构化数据以其特有的二维形态展现,这种形态特点使得数据呈现出一种有序的、易于查询和管理的状态,如属性和值的键值对,通常使用关系数据库存储。非结构化数据则包括文本、图片、音频等,通常以二进制格式整体存储。而半结构化数据如 XML、HTML,允许将结构化与非结构化数据作为节点保存在同一结构中。

随着技术的发展,机器学习被应用于分析不同类型的数据,不仅提取传统数字信号中的信息,还能挖掘非结构化数据中的潜在价值。XML 作为半结构化数据的代表,其可扩展性为制造过程信息的存储提供了解决方案,通过搭建合理的信息模型,解决了制造过程信息的标准化问题。

MTConnect 采用 XML 描述制造过程数据,建立了以功能为导向的层次化数据结构。这种模型不仅逻辑性强,而且更加直观。MTConnect 的灵活性体现在其只规定了数据存储规范,而不做完全的标准约束,使得开发者能够根据需要调整监控需求,而无须对源程序进行大规模修改。代理作为网络接口,使得外部应用程序能够访问所需数据。数据采集通过客户端与代理间的请求/应答机制实现,客户端通过 HTTP 协议发送包含适配器 IP、查询类型和约束的查询请求,代理则返回相应的 XML 数据流。

(3) MTC 客户端。适配器可以作为桥梁实现了车间加工设备与 MTConnect 系统的无缝沟通;而代理程序连接器则扮演了信息传输者的角色,它通过网络将 MTConnect 系统的数据与文件准确无误地传递至与之兼容的应用程序。MTC 客户端可以简单地理解为一个网络浏览器,它能够将收集到的 XML 文件进行解析并可视化。

2. 基于 MTConnect 的制造信息模型

在复杂系统的信息建模过程中,模型的集成是一项关键任务,它要求处理模型内部既独立又可能因功能需求而耦合的多样化信息。面向对象建模机制,以其卓越的封装性和可扩展性,成为制造信息建模的理想选择。MTConnect 便是引入这一机制来描述信息间复杂关系的典型实例。

具体来说,机床数据模型由多个机床组件及其相应的数据项构成。MTConnect 通过分析各类机床的结构和功能特点,运用组件化方法来表达不同数据源之间的层次和嵌套关系。这些信息涵盖了与加工过程密切相关的多个方面,如机床型号、主轴运行状态(包括转速、加速度、驱动功率等)、当前工件状态、刀具信息(如刀具号和长度)等。在数据处理方面,MTConnect 进一步将信息按照变化频率的不同划分为连续型数据和非连续型数据两大类。连续型数据,如 X、Y、Z 轴的坐标值或主轴的驱动功率,其变化频率较高,数据类型通常为实数。而非连续型数据则进一步细分为状态型和事件型两种。状态型数据主要用于描述开关状态和逻辑值,而事件型数据则关注于描述状态跳变的重要事件,例如加工程序名的更改、主轴运转模式的切换以及任何报警信息的产生。

通过这种精细化的信息分类和建模方法,MTConnect 不仅提高了信息处理的效率,还增强了系统的灵活性和可维护性,为复杂制造系统的信息集成提供了强有力的支持。

例如,数控加工机床的 MTConnect 信息模型。数控机床作为一个设备,由轴组件、控制器组件和系统组件三部分组成。其中,控制器组件包含机床此时正在使用的刀具的索引,用于关联查询机床本体以外的刀具资产的详细信息。资产虽不属于设备本身的组件,但在机床加工周期中需要用到,与加工过程密切相关,在不影响机床功能情况下可以移除,例如刀具就是一种典型的机床资产。刀具磨损对机床实时数据以及在制品表面质量影响极大,若按照常规组件的分类方法进行分类,数据的逻辑关联性较差,因此采用《切削刀具数据的表达与交换》(ISO 13399)对数控刀具进行标准化描述。该标准规定了用于识别和描述切削刀具组件的数字代码的通用格式,采用具有相同含义的相同术语和数字以减少模糊性。按照 ISO 13399 标准把刀具分为切削组件(cutting item)、工具组件(tool item)、适应组件(adaptive item)、辅助组件(assembly item)四个部分。

3.3.4 MQTT 接口技术

在工业互联网的萌芽阶段,网络可靠性成为亟待解决的关键问题。为此,IBM 创新地推出了 MQTT(消息队列遥测传输)协议,为工业互联网的稳定运行奠定了坚实基础。MQTT 并非传统意义上的消息队列技术,而是一种独特的异步通信协议,它巧妙地实现了信息发送者与接收者之间在时间和空间上的解耦。即便网络环境波动频繁,也能确保数据传输的连续性与可靠性。其名称中的"消息队列"更多体现了其在消息传输机制上的灵活性与高效性。最初,MQTT 专为应对卫星等远程对象的数据传输需求而设计,其发布/订阅模型为工业物联网中的大规模数据流动与处理提供了理想的解决方案。

工业互联网远不只是一个网络架构,它代表着一个全新的工业生态系统。其核心在于通过网络将各种工业设备连接起来,并允许使用单个或多个终端对这些设备进行远程控制和操作。工业互联网是对传统互联网的延伸与拓展,用户端不再局限于传统计算机,而是扩展到任何设备间的交互。这些设备通过传感器收集信息,并借助计算设备进行网络间的数据交换与通信。然而,工业互联网在初期发展阶段面临着网络可靠性的严峻挑战。为解决这一问题,IBM 提出了 MQTT(消息队列遥测传输)协议。MQTT 是一种支持异步通信的消息协议,它允许消息的发送者和接收者在空间和时间上相互分离,从而能在不稳定的网络环境中稳定运行。虽然其名称中包含了"消息队列",但 MQTT 与传统消息队列技术并无直接关联,而是采用了发布/订阅模型,最初设计用于类似卫星等远程物体的数据传输。

随着互联网技术的不断发展,特别是工业互联网的兴起,设备间的通信模式发生了变革。HTTP 作为人与人信息交流的标准,在机器设备间的大规模通信中显得捉襟见肘。相比之下,发布/订阅模式更契合这种场景,而 MQTT 作为一种轻量级、可扩展的协议,恰好满足了这一需求。MQTT 能够在资源受限的设备硬件及高延迟、低带宽的网络环境中高效运行,其灵活性也使其能够适配工业互联网中多样化的设备和服务场景。

1. MQTT 协议的优势和安全性

MQTT 协议在工业物联网领域备受青睐,其优势主要体现在以下几个方面。

(1)消息开销小。MQTT 的每个消息头部最短可达 2B,相较于 HTTP 等其他协议,具有极低的消息开销。这意味着在网络传输中,MQTT 能高效地利用带宽,降低数据传输成本。

(2)网络稳定性。MQTT 对不稳定网络的容忍度很高。即便在网络发生断开或故障,MQTT 也能迅速恢复连接,无须额外编写代码处理。这一点对于工业互联网中的设备间通信至关重要。

(3)低功耗设计。MQTT 专门针对低功耗设备进行设计,能够有效降低设备的能耗,延长设备使用寿命。而 HTTP 等传统协议在功耗方面并无特别优化。

(4)推送机制。MQTT 支持推送通知,使设备间的信息传递更加及时、高效。与 HTTP 的 COMET 方法相比,MQTT 的推送机制更加节省资源,减轻了客户端和服务器的负载。

(5)平台兼容性。MQTT 客户端已在多个平台实现,并且因其简单性,很容易在更多平台上进行扩展。这使 MQTT 在工业互联网中具有广泛的适用性。

(6)防火墙容错。MQTT 可以通过封装在 WebSockets 连接中,以 HTTP 升级请求的形式通过防火墙的限制端口进行通信,增强了其在复杂网络环境下的适用性。

关于 MQTT 的安全性,主要涉及身份验证和加密两个方面:其一,身份验证。MQTT 通过连接包中的用户名和密码进行身份验证。但为保证安全,建议使用 TLS(安全传输层协议)对信息进行加密传输,以防止信息被拦截和篡改。其二,加密通信。虽然 MQTT 协议本身不提供加密功能,但可以借助运行在其底层的 TCP 协议和 TLS 协议来实现加密通信。这确保了数据在传输过程中的安全性,不过也会增加一定的计算复杂性。

MQTT 协议在设计时遵循了一系列原则,以确保其在工业互联网环境中的高效性和可靠性。

(1)精简设计。只包含必要的功能,避免冗余和复杂性。

(2)发布/订阅模型。采用发布/订阅模式进行消息传递,方便传感器和设备之间交换信息。

(3)动态主题创建。允许用户根据需求动态创建主题,降低了运维成本。

(4)高效传输。通过优化协议设计和减少传输量来提高传输效率。

(5)适应复杂网络环境。充分考虑低带宽、高延迟、不稳定网络等因素,确保 MQTT 协议能在这些环境下稳定工作。

(6)会话控制。支持连续的会话控制,保障设备间的通信连续性。

(7)客户端计算能力。考虑到客户端设备计算能力可能有限,在设计协议时进行了相应的优化。

(8)服务质量管理。提供服务质量管理功能,确保重要消息优先传输和处理。

(9)数据灵活性。MQTT 协议对数据格式和类型没有强制要求,保持了高度的灵活性,能够适应各种不同类型的数据传输需求。

2. 发布/订阅模型

在 MQTT 协议框架下,明确区分了两种关键元素:消息分发中心(消息代理)与消息交互终端(客户端)。消息代理作为网络通信的中枢,负责汇聚来自不同客户端的信息流,并依据预先设定的主题标签,智能地将这些信息精准推送给所有已订阅该主题的客户端。客户端范围广泛,涵盖了工业现场的各种智能传感器,以及后端数据中心中负责数据处理与分析的各类软件应用程序。

MQTT 的核心在于其发布/订阅(pub/sub)模型,该模型允许消息的发布者和订阅者之间实现解耦,从而提供更高的灵活性和可扩展性。如图 3.8 所示,在这种模型中,客户端向消息代理发布特定主题的消息,而订阅了该主题的客户端将接收到这些消息。这种基于主题的通信方式使应用程序能够精确控制哪些客户端能够接收哪些消息。

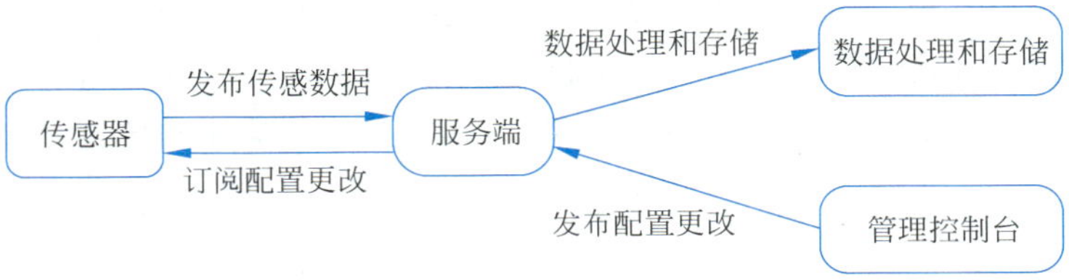

图 3.8　发布/订阅模型

MQTT 的轻量级设计使其特别适用于资源受限的环境。它采用简单的消息格式,包括消息类型标头、文本主题和二进制数据有效负载。有效负载可以是任何格式的数据,如 JSON、

XML 或加密数据,只要接收客户端能够解析即可。

为满足不同应用场景的需求,MQTT 支持三种服务质量(QoS)级别。QoS0 提供"至多一次"的传递保证,适用于对消息丢失不敏感的场景;QoS1 确保"至少一次"的传递,适用于需要确保信息到达的场景,但可能会产生重复消息;QoS2 则提供"恰好一次"的传递保证,确保消息准确且仅传递一次,但实现复杂度较高,可能会影响性能。

通过 MQTT 协议,设备能够轻松与互联网云服务连接,实现远程监控、数据管理和业务应用。这种能力使得 MQTT 在质量监测、工艺优化、远程运维和预防性维护等工业场景中得到了广泛应用。

3.4　工业互联网安全体系

在全球工业转型的浪潮下,包括德国的"工业 4.0"、美国的"再工业化"与"先进制造"倡议,以及我国致力于成为"制造强国"与"网络强国"的战略规划纷纷推进。与此同时,云计算、大数据、物联网与人工智能等新一代信息技术广泛应用,推动工业体系从自动化向数字化、网络化与智能化的新阶段迈进。这一转型为经济转型注入新活力的同时,也致使网络安全威胁迅速向工业领域蔓延,使得工业信息安全问题愈发受到关注。

在工业领域,信息化、自动化、网络化与智能化的基础设施是其基石,如同各行业的神经中枢,重要性不言而喻。因此,保障工业互联网安全的核心,在于维护这些关键基础设施的稳定与安全。当前,尽管行业积极推广工业防火墙、安全监测审计及安全管理等安全解决方案,但工业互联网安全领域的研究与产业支撑仍处于起步阶段,现有措施难以全面应对日益复杂多变的安全挑战。强化工业网络基础设施的防护能力,优化控制体系的安全机制,确保工业数据与个人隐私得到严密保护,提升智能设备的安全性能,加强工业应用的安全审核与管理,这些将成为推动工业互联网安全发展的重要动力。

3.4.1　工业互联网安全概述

自工业互联网诞生以来,安全问题便如影随形,相较于传统互联网安全,工业互联网安全呈现出更为复杂和多维的特点。

1. 防护边界拓展,安全环境多元化

工业互联网安全不仅继承了传统互联网对网络设施、信息系统及数据安全的关注,还将保护范畴延伸至企业内部,涵盖设备、网络、控制、应用及数据等多维度安全。诸如工业智能设备、跨层级网络架构、关键控制系统等防护对象,共同构建起更为丰富的安全场景。

2. 跨域连接增强,物理世界面临威胁

工业互联网打破了工业现场与互联网的界限,实现了数据通信的直接跨越。这一特性在提升效率的同时,也使得攻击者能更轻易地突破防线,直接影响生产现场。从研发到消费,从管理到生产,各个环节均可能成为潜在的攻击入口,进而加剧了物理世界的安全风险。

3. 协议多样性增加安全分析难度

工业互联网所采用的工业控制、现场总线等协议种类繁多,且普遍缺乏内置安全机制,加之企业间接口标准存在差异,导致协议互通与安全分析面临巨大挑战,难以适应泛在互联的需求。

4. 数据多样性对防护策略构成挑战

工业互联网中的数据种类繁多,流动路径复杂,涉及研发、生产、管理等各个环节。单一的数据保护策略难以全面覆盖所有情况。因此,需要构建更为灵活、多层次的防护体系,以应对多样化的数据保护需求。

5. 网络安全与生产安全深度融合,风险显著增大

工业互联网的特殊性在于其直接关联生产安全。一旦遭受攻击,不仅可能导致信息泄露或服务中断,还有可能引发安全生产事故,造成难以估量的损失。此外,工业互联网数据的敏感性也要求更高的保护级别,以防止数据泄露对企业、行业乃至国家造成重大损害。

6. 新兴技术融合带来全新挑战

随着大数据、云计算、人工智能等技术的深度融合,工业互联网的安全防护体系面临着前所未有的考验。新技术的引入虽然提升了效率与智能化水平,但也带来了新的安全风险点,如信息泄露、数据窃取等。特别是 5G 的全面互联网化及边缘计算的应用,对工业互联网的安全防护能力提出了更高的要求。

3.4.2　工业互联网安全体系与框架

工业互联网的安全需求可以从工业和互联网双重视角来审视:在工业层面,重点在于确保智能化生产的连续性与可靠性,尤其重视智能装备与工业控制系统的安全;互联网层面则着重保障工业互联网应用的顺畅运行,如个性化定制、网络化协同等,同时防范数据泄露,强化工业应用、网络、数据及智能产品服务的安全性。

1. 工业互联网安全体系

构建工业互联网安全体系需涵盖五大核心要素:设备安全、网络安全、控制安全、应用安全与数据安全。

1) 设备安全

工业互联网设备作为信息技术与工业生产深度融合的载体,种类繁多是功能各异。这些设备包括工业控制设备(如 PLC、RTU)、网络及安全设备(如工业交换机、防火墙)、智能终端(如数据采集网关、视频监控设备等)。其安全防护需从硬件、网络通信、系统服务、应用开发、数据安全等多个维度入手,确保每个环节都足够安全。

在硬件安全方面,要严格管控设备调试接口权限,增强芯片安全保护,防范通过对设备功耗等信息进行统计分析而发起的潜在攻击。当前,许多设备仍保留未充分验证的调试接口,这成为安全风险的高发点,必须立即采取措施加以防范,避免设备密钥、认证信息等敏感数据泄露。

此外,针对工业互联网设备不同的应用周期与特性,需实施差异化的安全管理策略。对于已部署的"存量"设备,要加强网络安全检测与风险评估,通过叠加防护措施与监测手段来降低潜在威胁。而对于新投入的"增量"智能化设备,尤其是那些具备远程控制与数据处理能力的设备,在设计阶段就应融入强化的硬件安全、网络通信和数据安全机制,并配备网络安全感知、预警与应急响应系统,确保其在复杂网络环境中安全稳定运行。

2)网络安全

网络安全涵盖工厂内外多个维度的安全,包括工厂内部有线与无线网络、标识解析系统等的安全,以及工厂外部与用户、合作企业互联的公共网络环境安全。特别要指出的是,工业互联网标识解析系统面临多重安全挑战,如架构层面(节点稳定性、协同效率及关键节点关联性)、数据层面(数据完整性、保密性与隐私保护)、运营层面(访问权限管理、业务连续性保障),以及身份管理层面(身份验证、权限控制)存在潜在风险。

随着5G技术在工业互联网中的深度融合,网络环境的开放性显著增加,传统安全边界变得模糊,给信息安全防护带来了新的复杂性和难度。

鉴于此,工业互联网的网络安全防护策略需全面覆盖。不仅要做好工厂内部网络与外部网络的隔离与防护,还要特别强化标识解析系统的安全保障。这包括优化网络架构设计、加强边界安全防御、实施严格的接入认证机制、保护通信内容免受篡改与窃听、确保通信设备本身的安全性,以及建立全面的安全监测与审计体系。

3)控制安全

工业控制系统(ICS)又称工控系统,是工业生产不可或缺的基础,由一系列协同工作的控制单元组成,专门服务于特定的工业流程。其核心构成广泛,包括监控与数据采集(SCADA)系统、分布式控制(DCS)、现场总线控制(FCS)、安全仪表(SIS)、可编程逻辑控制器(PLC)、远程终端单元(RTU)、人机交互(HMI)界面,以及确保各元素间顺畅通信的接口技术。

作为ICS的核心组件之一,SCADA系统发挥着关键作用,用于控制远程分散设备,实现对远程设备的集中监控与管理。该系统是工业控制网络调度中心各种应用软件的主要数据来源,负责实时及非实时数据的收集与处理。SCADA系统设备逻辑图如图3.9所示,它可以监测并控制包括压力、温度、黏度、电压、流量、风速及盐度在内的各类物理参数。

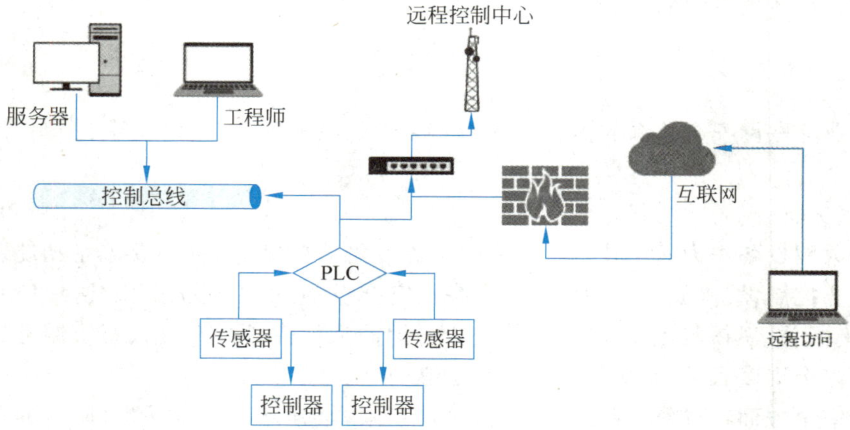

图 3.9 SCADA系统设备逻辑图

SCADA 系统独立运行,首先通过直观监测判断系统运行状态是否处于预设的安全阈值内,随后将监测数据反馈至计算分析系统,评估系统健康状况。一旦发现异常,SCADA 系统能迅速做出响应,通过调整运行参数或紧急关闭危险系统,确保工业生产的安全与稳定。

DCS 系统是由过程控制级和过程监控级组成的多级计算机架构,通过通信网络紧密连接,包含操作、工程、现场控制、数据采集站及通信系统等多个组件。

PLC(可编程逻辑控制器)专为工业控制设计,依靠可编程存储器存储并执行复杂指令,如逻辑判断、顺序执行、时间控制、计数统计及数据处理等,通过模拟或数字输入输出接口,精准操控各类机械设备与生产流程,堪称工业控制的智能中枢,掌控着工业流程中的诸多关键环节。

RTU 是安装在远程现场的电子设备,用于对远程现场的传感器和设备状态进行监视和控制,负责对现场信号、工业设备进行检测和控制,获取设备数据,并将数据传送给 SCADA 系统的调度中心,确保信息的实时流通与高效管理。

工业控制系统的应用范围不仅限于制造业,还深入交通、水利、电力等基础设施领域。随着工业领域的数字化转型与智能化升级,新技术不断融入,极大提升了控制系统的智能化程度,但同时也对系统安全提出了更高要求。与日常 IT 系统不同,工控系统因其独特的生产服务导向、复杂的升级兼容性及停机规划需求,难以简单采用传统 IT 安全措施,如即时停机更新来保障安全。此外,企业内部 IT 团队由于专业领域差异,往往难以全面评估和维护工控系统安全。因此,构建覆盖工控系统全层级的信息安全体系尤为复杂,需要企业高层推动、跨部门协作共治。

在工业互联网背景下,控制安全聚焦于 PLC、DCS、SCADA 等关键系统的安全保障,涵盖控制协议、平台及软件等多个维度。防护策略包括协议强化、软件加固、恶意软件防御、补丁更新、漏洞修补及安全审计等多种手段。值得注意的是,工业控制系统与信息系统的建设初衷与运作机制截然不同,导致两者在技术架构、管理策略及服务体系上存在显著差异,需要区别对待,精准施策。

2015 年 5 月,遵循《联邦信息安全现代化法案》的指令,美国国家标准技术研究所(NIST)发布了重要的《工业控制系统安全指南》(简称 NIST SP 800-82),该指南旨在为包括 SCADA、DCS、PLC 及执行控制任务的各类终端与智能电子设备在内的工业控制系统(ICS)提供全面的安全保障策略,助力企业有效减轻与 ICS 信息安全相关的潜在风险。此指南不仅深入剖析了 ICS 的构成与架构,还明确指出了 ICS 领域面临的多重威胁与潜在安全漏洞。为应对这些挑战,NIST SP 800-82 创造性地提出了四大核心策略领域,为企业构建了一个系统性的安全实施框架:首先,聚焦于 ICS 的风险评估与管理,强调对潜在风险的全面识别与量化评估;其次,推动 ICS 安全项目的开发与实施,确保安全策略的有效落地;再次,构建稳固的 ICS 安全架构,为系统提供坚实的防护基础;最后,实施精细化的 ICS 安全控制措施,覆盖从访问控制到数据保护等各个方面,形成全方位的安全防护网。通过这些策略的综合运用,企业能够显著提升其 ICS 的安全防护能力,确保关键工业设施的安全稳定运行。

2017 年,中国工业和信息化部(简称"工信部")先后出台了两项重要政策文件,以强化工业控制系统(ICS)的信息安全防护。7 月发布的《工业控制系统信息安全防护能力评估工作管理办法》及其配套评估方法,详细规定了评估管理体系的构建、评估主体与人员的资质、评估工具标准、工作流程及监管机制,全面覆盖了 ICS 从规划至维护的全生命周期安全评估需求。针对不同企业规模,重要企业需每年接受第三方评估,而其他企业则至少每年自行或委托第三方进行一次评估。同年 12 月,工信部公布了《工业控制系统信息安全行动计划(2018—2020 年)》,即《行动计划》,强调企业需承担主体责任,依据《中华人民共和国网络安全法》设立工控安全责任制,清晰界定企业高层的管理责任,并建立健全管理机构与制度。此外,《行动计划》还倡导构建完善的标准体系,涵盖工控安全的分级、要求、实施及测评等多个维度。

2022 年,我国信息安全领域迎来又一里程碑,即国家标准《信息安全技术关键信息基础设施安全保护要求》(GB/T 39204—2022)的发布,该标准自 2023 年 5 月 1 日起正式实施,标志着我国在关键信息基础设施(CII)保护方面迈出了坚实一步。该标准确立了三项核心保护原则:以关键业务为基石的整体防控、风险导向的动态防护,以及信息共享驱动的协同防御。同时,它详细列出了 111 条具体安全要求,覆盖分析识别、防护、评估、预警、防御及应急处置六大环节,为 CII 运营者提供了全面、系统的保护指南。

在构建企业生产车间的工控系统网络安全策略时,通常采用区域化布局、强化边界防护、深化内部监控与主机防护的多维度策略。这些措施旨在实现跨区域边界的严格访问控制,及时侦测并响应来自内外部的潜在攻击,同时加固工控主机的安全防线。此外,搭建全面的网络安全管理体系,并对网络与主机设备进行基线强化,以增强系统对网络攻击及恶意代码的抵御能力,全方位提升生产网络工控系统的安全性,确保生产作业流程的高效、平稳与安全执行。

工业控制系统安全作为国家网络安全与信息安全战略的基石,对于推动新型工业化进程、促进制造业与互联网的深度融合具有不可替代的作用。随着相关法律法规的逐步完善,不仅为构建坚固的工业防护体系、加速工业信息化与智能化进程提供了明确路径,还为工业控制系统安全领域的技术创新与应用深化设立了指导框架与标准规范。这一系列举措,为网络安全治理奠定了坚实的法律基础,也为网络强国战略的实施提供了强有力的法律支撑。

4) 应用安全

工业互联网的应用范畴极为广泛,其核心由工业互联网平台与工业应用领域构成,这两大部分协同运作,在多个关键维度上推动生产智能化、作业网络化协同、服务个性化定制及业务模式的服务化转型。聚焦工业互联网平台层面,当前面临的安全挑战呈现多元化态势,包括但不限于数据安全的严峻考验(存在数据泄露、篡改及丢失风险)、权限管理体系复杂、系统存在潜在漏洞、账户安全性有潜在威胁,以及设备接入过程中的安全难题等,这些都亟待全面且有效的应对。

而对于工业应用程序,其安全性的主要威胁集中在安全漏洞方面。这些漏洞可能源于软件开发阶段,因编码实践未遵循安全标准而产生内生性缺陷;也可能由外部因素引发,如集成不安全的第三方库时引入外部漏洞。因此,保障工业应用程序的安全,需从开发流程的各个环节严格把控,同时谨慎选择并监控第三方组件的使用。

(1) 工业互联网平台安全。它作为制造业数字化转型的基石,借助云平台技术,实现了海量数据的全面采集、高效汇聚、深度分析及定制化服务,促进了制造资源的无缝互联、灵活供给与优化配置。保障该平台的安全性,是构建整个工业互联网安全体系的核心要点。具体而言,其安全架构涵盖边缘计算层安全、工业云基础设施层防护、工业云平台服务层安全、工业应用层安全及平台数据安全保障五大关键领域,如图 3.10 所示。

在工业互联网架构中,边缘计算层处于核心地位,它有效地将计算负载从云端分散至边缘,极大提升了数据处理的即时响应能力。然而,边缘计算节点广泛分布并暴露于开放环境之中,这加剧了数据在采集、处理阶段的安全挑战,相较于集中式的云端处理模式,其面临的安全威胁更为突出。边缘计算的实现高度依赖无线网络、移动核心网及互联网的深度融合,这种多

图 3.10　工业互联网平台安全

网络交织的特性促进了物联网设备与传感器的广泛互联,但同时也为潜在攻击者提供了更多入侵路径。此外,在边缘计算架构下,关键数据往往先在边缘进行初步处理,随后才传输至云端进行深入分析与存储。数据传输流程在通信通道上易受到拦截或篡改等安全威胁,直接影响数据的保密性、完整性和服务可用性,成为工业互联网与边缘计算深度融合进程中的一大阻碍。为确保工业互联网与边缘计算技术能够安全、高效地协同发展,亟须建立一套更为强健的安全防护机制,以全面应对上述安全挑战,保障数据全生命周期的安全与稳定。

(2)工业应用程序安全。工业应用程序主要指工业互联网 App,在近年来的安全评估中暴露出显著的安全隐患。2018 年,工信部网络安全管理局的评估揭示了某平台 App 存在的多项安全漏洞,如反编译风险、WebView 中密码的明文存储不当,以及 Janus 签名机制的缺陷。这些漏洞为攻击者提供了可乘之机,使其能够非法获取用户的敏感信息,包括个人身份数据、设备运行状态、关键工作参数及敏感工程位置等。更进一步,攻击者还能通过篡改设备故障信息,干扰用户接收报警,从而可能引发大型机械设备的长期异常,最终酿成重大工程灾难。

值得注意的是,当前工业 App 的发展尚处于初级阶段,许多应用场景在设计时未能充分融入安全考量,在身份验证、访问权限控制、数据加密存储与传输、安全校验机制及精细化的权限管理等方面均存在不足。同时,作为支撑层的 PaaS 平台也面临挑战,缺乏统一且高标准的安全 API,限制了 SaaS 层应用的安全调用能力。工业互联网平台整体同样处于探索期,安全体系尚不健全。鉴于此,工业 App 的开发过程应强化代码审计环节,旨在精准识别并修复潜在的安全漏洞,从开发源头筑牢安全防线。此举对于提升工业应用程序的整体安全性,保护用户数据及设备稳定运行,防止重大安全事故的发生具有重要价值。

5）数据安全

数据是工业互联网重要的生产要素,当前工业领域对数据安全的关注度显著提升。数据安全涵盖从工厂内部管理、操作到外部用户信息等广泛范畴的数据保护,这些数据不同于传统互联网数据,特别聚焦于生产控制系统运行、监测及流程管理的多维度数据。保障数据安全需贯穿数据传输、存储、访问控制、迁移乃至跨境流动的全过程,防范任何形式的监听、拦截、篡改及非法访问,确保敏感信息不被泄露或滥用。

工业互联网数据依据其特性和用途,可细分为设备状态数据、业务运营数据、知识资源数据及用户隐私数据四大类。同时,基于数据敏感性考量,工业数据被划分为一般、重要及高度敏感三个层级,实施差异化保护策略。在数据的全生命周期中,包括采集、传输、存储、处理等多个环节均面临安全挑战。随着数据量的激增、维度的扩展及流动模式的转变(由少量单一向大量多维、双向交互发展),工业互联网数据环境变得更为复杂,促进了数据在内外网络间的双向流通与共享,但同时也加剧了数据泄露、未经授权分析以及用户隐私泄露等安全风险。

此外,随着新一代技术的广泛普及,新的安全挑战也随之出现。数据采集终端设备面临被网络攻击者利用为入侵路径或中转站的风险。同时,5G技术构建的服务导向型网络架构引入了新的安全漏洞,边缘计算领域的安全防护措施尚显薄弱,难以全面抵御潜在威胁。此外,数字孪生技术的安全性也备受关注,该技术一旦被破解,可能引发物理世界与数字世界之间映射关系的错乱,造成难以预料的后果。

值得注意的是,在工业互联网领域,大数据技术的运用为企业开拓了前所未有的效益空间,但工业大数据给工业企业带来的是双刃剑效应。它既是推动产业升级的宝贵机遇,也蕴含着不容忽视的安全挑战。具体而言,工业控制系统普遍采用明文协议,加之环境常依赖未及时更新的通用操作系统,从业人员安全意识薄弱,以及数据源的多样性和标准化不足,共同构成了易于被攻击的脆弱点。另外,工业应用场景对数据安全的严苛要求不容小觑。任何信息安全漏洞的暴露,都可能对工业生产流程的稳定性、人员安全乃至国家层面的安全构成严重威胁。鉴于此,深入探索工业大数据的安全管理体系,强化针对工业企业的安全防护措施,加强对工业企业的安全保护显得尤为重要。

2. 工业互联网安全框架

在2018年11月,工业互联网产业联盟正式发布了《工业互联网安全架构》,该架构明确界定了其涵盖的内容边界与适用范围。此安全架构的构建基于三大维度:防护目标界定、防护策略实施及防护管理体系建设。针对不同防护目标,定制化部署安全防护手段,借助实时监控技术,及时察觉并应对潜在或现存的网络安全隐患。此外,在防护管理层面加以强化,确立以安全目标为导向的持续优化策略,为工业互联网的稳定运行保驾护航。

具体而言,在防护目标界定方面,该架构聚焦于设备安全、控制安全、网络安全、应用安全及数据安全这五大核心领域;在防护策略实施方面,涵盖威胁防御、监测预警及应急恢复三大关键步骤。在威胁防御阶段,针对上述五大目标实施主动与被动相结合的双重防护策略;而在监测预警与应急恢复环节,则借助信息共享机制、预警系统及高效的应急响应流程,全面提升工业互联网的动态防御与恢复能力。对于防护管理体系,它紧密围绕工业互联网的安全目标,对潜在安全风险进行全面评估,并据此选择最为适宜的安全策略作为行动指引,确保各项防护措施得以精准、高效地部署与实施。

工业互联网安全框架内的三大防护维度既各自独立运作,又呈现出紧密的相互依存关系。

从对象维度来看,每一个防护实体都需要一套科学合理的防护措施及详细的管理流程,以保障其安全。在措施维度上,各类防护措施均针对特定防护对象设计,并在精心规划的管理流程框架内有效运行。而管理维度的核心在于明确防护对象的界定,并巧妙整合各类防护措施,推动整个防护流程顺利进行。这三者相互支撑、相互促进,共同构建了一个全面、灵活且持续进化的安全防护网络。

3.4.3　工业互联网安全技术

1. 边界防护技术

随着工业互联网的兴起,传统工控系统正逐渐向网络互联网方向转变,推动了 OT 与 IT 领域的深度融合。这一变革打破了 OT 网络原有的封闭性,带来了多元化的网络边界问题。在传统 IT 防护体系中,IT 防火墙是保障边界安全的关键手段,但难以直接应用于支持 OPC 协议(面向过程控制的 OLE 技术)的工控环境。由于传统防火墙缺乏对 OPC 协议的解析能力,为保证 OPC 客户端与服务器间的顺畅通信,不得不开放全部端口,这无形中增加了生产控制网络的安全风险,使其更易遭受外部攻击。为应对这一挑战,专为工控网络设计的工业防火墙应运而生。这类防火墙不仅具备对 OPC 协议的深度解析能力,还能动态跟踪 OPC 连接过程中端口的变化,并实时监控传输指令的安全性,从而实现了对工控网络边界的精细化防护。通过部署工业防火墙,能够更有效地抵御来自生产管理层及外部网络的潜在威胁,确保工控网络的安全稳定运行。

边界防护聚焦于工控系统中过程监控层与生产管理层之间的通信安全,主要依靠 OPC、ODBC 等协议进行数据传输。其核心目标是构建一道坚固防线,抵御来自企业管理层及互联网的潜在安全威胁。在设计防护策略时,必须兼顾传统网络安全与工控安全,防止病毒或恶意攻击从管理层穿透,通过通信链路侵入工控网络,进而扰乱生产秩序和业务运营。边界防护的关键在于确保管理层与互联网的恶意行为无法对工控网络造成实质性损害。这要求严格管理合法数据访问权限,只允许经过验证的可信主机访问过程监控层的关键信息,同时即便管理层或互联网侧遭受攻击,也能保证工控网络的独立性和稳定性不受影响。

在工业互联网环境下,边界防护需要采取定制化策略,依据不同网络边界的特定需求部署合适的防火墙解决方案。这些方案应具备对常见工业协议的深度理解能力,以保障数据流通的顺畅与安全;同时,高可靠性和低延迟特性也是工业环境下不可或缺的关键要素,以确保生产过程的连续性和高效性。

2. 工业主机防护技术

随着工业互联网的快速发展,先进制造业与新一代信息技术加速融合。与此同时,工业互联网打破了工业控制系统传统的封闭格局,网络安全风险不断向工业领域转移,致使工业互联网安全环境日益严峻。据《2019 年工业控制网络安全态势白皮书》显示,近年来工业互联网行业发生了数起勒索软件攻击事件,大多数攻击目标直指工业主机,这对加强主机安全防护提出了更高要求。

在工业互联网中,工业主机是连接信息世界和物理世界的"桥梁",做好工业主机的安全防护和控制是保障工业互联网安全的核心。在互联网中,传统 IT 主机通常采用防病毒技术,通过接入互联网进行病毒库升级,但需要实时更新升级病毒库。工业主机有其自身特点,企业在工业主机上安装传统的杀毒软件无法在这样的环境下正常运行,需要采用单管控技术,如入口拦截、扩散拦截等,才能有效保护工业主机的安全。在具体防护措施上,工业主机可以采用基于关闭无关端口、进行最小权限的账号认证、设置强制访问控制等措施的主机加固技术,提高主机操作系统的安全性。

3. 白名单技术

白名单技术是一种基于信任原则的访问控制方法,其核心是构建一个工业控制协议的白名单列表,只允许此列表内经过验证的、可信赖的指令与消息在网络中流通,从而彻底屏蔽非法访问。与黑名单机制形成鲜明对比,黑名单侧重于阻止已知的不良行为,而白名单则专注于放行经过严格筛选的合法活动。该技术通过两个关键阶段来实施安全防护:首先是正常通信行为建模阶段,系统利用学习模式自动分析并识别网络中的合法通信模式;其次是规则优化与防护启动阶段,在报警模式下对初步建立的规则进行精细调整,以确保其准确性,最终启用防护模式,实现对工控指令篡改、控制参数恶意修改等潜在攻击行为的精准拦截,显著降低工业控制系统面临的安全威胁,提升其整体防护能力。

工业互联网作为现代工业生产的核心支撑,对系统的高可用性和实时响应能力提出了严苛要求。鉴于传统工控网络的封闭性及其安全策略的局限性,直接接入工业互联网的设备和软件面临着严峻的安全挑战,难以确保全面可信。传统 IT 安全领域广泛应用的黑名单策略,在应对已知威胁方面确实有效,但在防御未知攻击方面则显得力不从心。为此,在工业互联网的安全防护体系构建中,应采取一种创新的策略组合:以白名单技术为核心,辅以黑名单技术。这一策略选择背后有着深刻的考量:工业控制流程及其业务逻辑往往具有高度的稳定性和确定性,这使得白名单技术在确保只有预定义且可信的指令与数据流通方面展现出卓越优势,能够充分满足工业互联网对高安全性和实时性的双重需求。同时,为了进一步提升安全防护的全面性,在开放的网络环境中引入黑名单技术作为辅助手段,以实现对潜在未知威胁的初步识别和拦截,从而构建起一道更加坚固的安全防线。

目前,白名单技术在工业控制网络安全领域的应用日益广泛,其核心在于利用智能学习机制构建精确的工业控制协议白名单模型。该技术深入剖析工业控制网络中的各类协议,精准识别并解析控制字段与值域,全面捕捉通信流程中的每一条协议控制指令。通过这一过程,建立起详尽且精准的白名单模型,实现对工控协议访问的精细控制。它能够有效阻止任何未经授权或非预期的控制指令触及工业控制设备,从而在源头上防范恶意控制攻击,确保工业控制设备及整个网络体系的安全无虞。此外,白名单技术的应用还促进了安全策略的灵活性与适应性,使工业控制系统能够在复杂多变的网络环境中保持高度稳定与可靠。

4. 渗透测试技术

渗透测试作为一种安全验证与评估机制,旨在验证网络防护体系的有效性及符合性。它通过模拟真实攻击场景,运用多样化的安全扫描工具对网站、服务器等关键资产进行非侵入性的安全探测。此过程不仅旨在模拟入侵者可能采取的路径,更侧重于深入探索系统潜在的脆弱点,并详细记录渗透尝试的每一步骤与发现。测试完成后,所收集的数据与观察结果将被整理成详尽的报告,清晰呈现存在的安全漏洞与潜在威胁。这份报告不仅是识别安全弱点的关键,也是安全团队优化防御策略、加固安全防线的宝贵参考。通过及时响应与调整,组织能够显著降低安全风险,确保网络环境的稳健与安全。

　　在工业互联网的安全架构中,渗透测试既可以独立开展,也可以作为产品研发周期中 IT 安全风险管理的关键环节之一。通过模拟黑客的潜在攻击路径,进行深入分析,并依据所收集的信息持续优化安全防御策略,加固工业互联网的整体安全防线。为了更全面地评估系统安全,渗透测试过程中还会融合暴力破解、网络嗅探等多种技术手段,获取包括用户名和密码在内的敏感信息。

　　在工业互联网安全体系中,渗透测试可能是单独进行的一项工作,也可能是产品系统在研发生命周期中 IT 安全风险管理的一个组成部分。网络渗透测试技术能够对黑客的攻击行为进行模拟分析,并根据这些信息和数据不断完善安全防护体系,从而增强工业互联网的安全性能。在工业控制环境中,渗透测试遵循一系列精心设计的步骤,包括但不限于:针对应用业务系统的深度渗透、内网资源的全面收集、针对内网 Web 服务的专项渗透测试、工控系统的精准识别、系统风险的细致分析,以及最终对工控系统权限的合法尝试获取。为确保渗透测试的有效性与合规性,工业互联网领域的渗透测试实践需紧密围绕工控系统的特定需求展开,并参照一系列权威的安全测试流程指南,如渗透测试执行标准(PTES)、OWASP Test Guide 等,这些指南为测试过程提供了宝贵的框架与指导。综合运用这些资源能够系统地提取出渗透测试中的核心流程、关键环节及技术要点,从而实现对工控系统安全性的深入洞察与有效加固。

思 考 题

1. 工业互联网的体系架构包括哪些主要内容?
2. 工业互联网的通信协议主要有哪些? 各有什么优缺点?
3. 工业互联网的开放接口技术主要有哪些?
4. 工业互联网的安全体系包括哪些主要部分?
5. 常用的工业互联网安全技术有哪些?

第4章 智能制造控制技术

在智能制造系统中,智能控制技术广泛应用于生产过程的自动化控制、制造系统的优化调度、故障预测与诊断等环节,为智能制造提供了强大的技术支撑。将智能控制技术与智能制造系统相结合,能够实现制造过程的智能化、自动化和高效化,提高产品质量和生产效率,降低运营成本。智能控制作为控制理论发展中的高级形态,融合了智能信息处理、智能反馈机制及智能决策制定等核心要素。它旨在攻克传统控制手段难以应对的复杂系统调控难题,这些系统往往具有数学模型的不确定性、高度的非线性特征以及错综复杂的任务需求,构成了智能控制研究领域的独特挑战与核心关注点。智能控制技术在处理非模型化系统、非线性系统和复杂任务要求方面具有显著优势,能够实现自适应、自组织、自学习和自协调等功能。本章围绕智能制造控制技术,首先阐述智能控制理论,包括智能控制的发展、分支和应用;其次回顾第三次工业革命的关键——可编程逻辑控制技术;最后介绍近年来在智能制造领域广泛应用的几种控制技术:自适应控制技术、分布式控制技术和协同控制技术。

4.1 智能控制理论

随着"中国制造 2025"行动纲要的正式提出,我国制造业领域对掌握智能化控制技术的人才需求极为迫切。

传统控制方法涵盖经典控制与现代控制两大范畴,其核心是根据被控对象的精确数学模型来实施控制策略。然而,这些方法在灵活性与适应性方面存在不足,更适合处理线性、时不变性等较为简单的控制问题。在实际应用中,传统控制方法面临诸多难以克服的障碍。现实系统的复杂性、非线性、时变性及不确定性等因素,使得构建精确数学模型十分困难,甚至在某些情况下无法实现。对于复杂且充满不确定性的控制过程,传统数学模型难以准确描述。传统控制策略常常基于严苛的线性化假设,而这些假设往往难以完全契合实际系统的动态特性,导致控制效果难以达到预期。随着技术的进步,控制任务日益复杂多样,如智能机器人操控、计算机集成制造系统(CIMS)及社会经济管理系统等,这些高级别、高复杂度的控制任务已远超传统控制方法的能力范围,难以有效承担。

在生产实践中,将熟练操作人员的经验和控制理论相结合,能够有效解决复杂控制问题,由此催生了智能控制技术。智能控制采用全新思路,用人的思维方式建立逻辑模型,运用类似人脑的控制方法进行控制,通过灵活结合控制理论方法和人工智能技术,能够适应具有复杂性和不确定性的控制对象。

智能控制作为控制理论发展的前沿领域,其核心价值在于应对传统控制手段难以解决的复杂系统控制难题。其研究对象具有以下几个显著特征。

（1）模型的不确定性。智能控制对不确定性对象具有卓越的适应性。这种不确定性体现在两个层面，一是模型本身未知或认知有限，二是模型结构与参数可能在较大范围内发生动态变化，给控制策略的设计与实施带来了前所未有的挑战。

（2）高度非线性。针对传统控制方法在处理非线性系统时的局限性，智能控制提供了更为有效的解决途径。它能够深入分析并精确控制高度非线性系统的动态行为，确保系统运行的稳定性和性能优化。

（3）复杂多变的任务需求。智能控制不仅局限于实现简单的控制目标，更擅长处理复杂且多变的任务要求。例如，在智能机器人领域，它要求控制系统具备自主规划路径、自我约束及灵活避障到达指定目标的能力。而在复杂的工业过程控制系统中，智能控制进一步拓展了其功能范畴，包括实现多物理量的精确调节、系统的自动启停控制、故障的快速诊断与自动修复及紧急状况下的应急处理等，全面提升了系统的智能化水平和自主运行能力。

4.1.1　智能控制的发展

智能控制作为自动控制领域的前沿进展，标志着控制学科进入了一个全新的发展阶段，其核心在于有效解决传统控制理论难以应对的复杂系统控制挑战。自 20 世纪 60 年代以来，随着计算机技术的飞速发展、人工智能领域的蓬勃兴起，控制科学界的研究者们不再局限于探索自组织与自学习控制的边界，而是积极寻求将先进人工智能技术深度融入控制技术的方法，旨在显著提升控制系统的自我学习与适应能力。这一过程不仅拓宽了控制科学的研究视野，还为解决更为复杂多变的控制问题提供了有力的工具与手段。

1966 年，门德尔（J. M. Mendal）前瞻性地提出将人工智能技术融入飞船控制系统的设计理念，为智能控制在航天领域的应用开启了先河。随后，在 1971 年，傅京逊教授进一步明确了智能控制的概念，并系统地归纳了智能控制系统的三大类型。

第一类智能控制系统，强调人的直接参与作为核心控制器，这类系统不仅具备自我学习、自我适应和自我组织的高级能力，还能根据环境变化动态调整控制策略。

第二类人机协作的智能控制系统，其中机器与人各司其职，形成高效互补。机器专注于执行那些需要连续、高速计算处理的常规控制任务，确保系统的稳定运行；而人则专注于更高层次的任务分配、决策制定及系统运行的全面监控，以人的智慧和经验弥补机器在复杂决策上的不足。

第三类无人值守的自主智能控制系统，这类系统代表了智能控制的最高层次。它们构建为多层次的复杂体系，能够自主完成从问题识别与求解、环境建模、传感器数据分析到低层次反馈控制的全方位任务。这类系统尤其适用于如自主机器人等需要高度自主性和适应性的应用场景，展现了智能控制技术在未来自动化与智能化发展中的巨大潜力。

迈入 21 世纪，智能控制技术迎来了前所未有的飞跃式发展，其影响力与重要性在全球范围内显著提升。众多工业强国纷纷将人工智能、智能制造及智能机器人作为国家战略的重点发展方向，这一趋势不仅极大地推动了智能控制技术的深度研发，也为其开辟了广阔的应用前景与市场空间。在此背景下，我国政府相继出台了《中国制造 2025》《新一代人工智能发展规划》及《机器人产业发展规划（2016—2020 年）》等一系列重大战略规划，这些政策举措为智能控制的基础理论研究及其在智能制造、智能机器人、智能驾驶等前沿领域的产业化进程注入了强大动力，加速了科技成果向现实生产力的转化。与此同时，随着神经网络、模糊数学、专家系统、进化计算等基础学科的蓬勃兴起与交叉融合,多样化的智能控制方法不断涌现,这些新方法不仅丰富了智能控制的理论体系,也极大地拓展了其在实际应用中的边界,推动了智能控制技术朝着更加智能化、自适应、高效能的方向迈进。

4.1.2 智能控制的分支

智能控制按照作用原理进行分类,可分为以下十种系统。

1. 递阶控制系统

递阶智能控制(hierarchically intelligent control)作为一种先进的控制策略,其理论基础源于早期学习控制系统,融合了工程控制论视角下对人工智能与自适应、自学习、自组织控制之间关系的深刻理解。作为智能控制领域早期的标志性理论之一,递阶智能控制与系统科学及管理学的紧密相关,进一步丰富了其内涵。在递阶控制理论的发展过程中,相继提出了几种具有代表性的框架,包括但不限于基于知识/解析混合的多层智能控制体系、"精度与智能反向关联"的递阶控制理论,以及一个经典的四层递阶控制模型。该模型细分为任务规划层、行为决策层、行为规划层及操作控制层,各层既相互独立又紧密协作,共同构成一个高效运作的整体。

尤为值得注意的是,由萨里迪斯(Saridis)提出的递阶控制方法,它是认知与控制系统整合的典范,创造性地将"精度随智能提高而降低"的分配原则引入分级管理系统,实现了控制智能的精准分层部署。这一方法论的核心是构建了一个三级架构体系:组织级负责全局规划与战略决策,协调级专注于中层策略协调与任务分配,执行级则直接面向具体操作与控制,确保指令精确执行。萨里迪斯的递阶控制理论因其深刻的理论洞察力和广泛的实践应用潜力,成为该领域极具影响力的理论之一。

2. 专家控制系统

专家控制系统(expert control system,ECS)作为一种关键的智能控制体系,其独特之处在于成功地将专家系统技术的精髓与经典控制机制,特别是工程控制论中至关重要的反馈原理,进行了深度融合与创新。这一融合不仅赋予ECS强大的问题解决能力,还极大地拓展了其在工业领域的应用范围。正因如此,ECS现已广泛应用于故障诊断、精密工业设计及复杂过程控制等多个关键领域,成为应对工业控制中棘手问题的新型利器,对推动工业过程控制向智能化、高效化转型发挥着不可估量的作用。

从系统构成来看,ECS通常由几个核心部分组成:知识库,作为系统智慧的源泉,存储着丰富的专业知识与经验;推理机,负责模拟人类专家的思维过程,进行逻辑分析与决策;控制规则集,定义了一系列指导控制行为的规则;控制算法,具体执行控制策略,确保系统按预期目标运行。这些组件协同工作,使得ECS能够像人类专家一样,对复杂多变的工业环境做出准确判断与有效应对。专家系统与智能控制之间存在着深刻的内在联系,两者均基于对不确定性问题的探索,并以模拟人类智能为共同基石。专家系统与智能控制的研究范畴广泛重叠,共同致力于提升控制系统在面对不确定性、复杂性和动态变化时的适应性和鲁棒性。而工程控制论(乃至生物控制论)与专家系统技术的深度融合,正是催生专家控制系统这一创新成果的关键所在,为智能控制领域的发展注入了新的活力与可能。

3．模糊控制系统

模糊控制是一种基于模糊集合理论的创新控制策略,其有效性体现在两个维度。首先,模糊控制为实施基于知识(特别是规则导向)乃至自然语言描述的控制策略提供了一种新颖且高效的机制,这一特性使得控制策略的制定更加贴近人类直观理解和经验判断。其次,模糊控制作为一种先进的替代方案,显著优化了传统非线性控制器的性能,尤其适用于那些包含不确定性因素或难以直接通过经典非线性控制理论进行有效管理的系统。模糊控制器的核心架构由四大功能模块构成:模糊化接口,负责将精确输入转换为模糊集合;规则库,存储着控制决策所需的模糊逻辑规则;模糊推理机,依据规则库中的知识执行逻辑推理,生成控制策略;模糊判决(或称清晰化)接口,将模糊控制输出转换回精确值以驱动被控对象。得益于其独特的优势,模糊控制技术在众多领域得到了极为广泛的应用与认可。虽然专家控制系统与模糊控制系统有所区别,然而,至少有一点是共同的,即二者都要建立人的经验和决策行为模型。

4．学习控制系统

学习作为人类智慧的核心能力之一,贯穿于日常生活的方方面面,包括对自动化设备的操控与管理。当探讨利用机械装置替代人类执行体力与脑力任务(含控制职能)时,其核心目标在于模拟并实现人类的思维过程。在人类漫长的发展历程中,学习机制不仅推动了文明的进步,还深刻影响着个体适应环境、解决问题的能力。因此,学习控制作为一种前沿技术探索,旨在模拟并优化人类自身所具备的卓越控制与调节机制。

学习控制系统是一种具备自我提升能力的自动化体系。在运行过程中,它能够不断捕获关于受控过程及其所处环境的未知信息,通过经验的累积与整合,依据预设的评价标准,执行数据的评估、分类、决策等高级认知任务,进而持续优化系统性能,确保其在面对复杂多变的环境时,能够展现出更加卓越的控制品质与适应能力。进入 21 世纪以来,机器学习的研究取得新进展,尤其是一些新的学习方法为学习控制系统注入新鲜血液,必将推动学习控制系统研究的进一步发展。

5．神经控制系统

神经控制,即以人工神经网络(ANN)为基础的控制策略,自 20 世纪末期起,作为智能控制领域的新兴力量崭露头角。随着 20 世纪 80 年代末期人工神经网络研究的复苏与迅猛发展,90 年代对神经控制的研究同样呈现出蓬勃生机,研究焦点集中于神经网络自适应控制、模糊神经网络控制及其在机器人控制领域的创新应用。

神经控制之所以被视为一个极具潜力的研究方向,不仅得益于神经网络技术与计算机技术的飞速进步为其奠定的坚实技术基础,还在于神经网络本身所具备的多种优越控制特性与能力。这些特性包括卓越的并行处理能力,使其能够高效处理复杂信息;强大的非线性处理能力,为应对非线性系统控制挑战提供了可能;通过持续训练获取新知识的学习能力,使系统能够不断优化自身性能;以及出色的自适应能力,使系统能够灵活应对环境变化与不确定性。因此,神经控制在处理复杂系统、大型系统、多变量系统以及非线性系统的控制问题时,展现出独特的优势与广阔的应用前景。

6. 仿生控制系统

进化控制策略受到达尔文"物竞天择,适者生存"进化法则的启发,将进化计算的核心——尤其是遗传算法的原理,与传统控制理论中的反馈机制相融合。生物群落的存续历程深刻体现了自然选择机制,每个个体依据适应性强弱经受自然界筛选。生物体通过个体间的自然选择、遗传交叉与基因突变等机制,不断调适以适应多变的自然环境。生物免疫系统作为复杂自适应系统的天然范例,展现出非凡的防御能力,能够精准区分并抵御外来病原体,同时保护自身细胞不受误伤。这一能力源于免疫系统通过进化学习不断优化其识别机制。将免疫控制的精髓与计算方法相结合,应用于控制系统设计,便构成了免疫控制系统,为控制科学开辟了新的路径。

智能控制,在某种意义上,是对生物及人类控制机制的深刻模仿与借鉴,旨在复制其结构、行为及功能以实现高效控制。这种模仿可细分为仿生控制与拟人控制两大类别。神经控制、进化控制及免疫控制等,均属于仿生控制的范畴,它们直接模拟了生物体内部的控制机制。而递阶控制、专家控制、学习控制及仿人控制等,则更多地体现了拟人控制的特征,即试图模拟人类思维与决策过程以实现控制目标。这两种控制策略相辅相成,共同推动着智能控制领域的不断发展。

7. 网络控制系统

随着计算机网络技术、移动通信技术和智能传感技术的发展,计算机网络已迅速成为世界范围内广大软件用户的交互接口,软件技术也大步走向网络化,通过现代高速网络为客户提供各种网络服务。计算机网络通信技术的发展为智能控制用户界面向网络靠拢提供了技术基础,智能控制系统的知识库和推理机也都逐步与网络智能接口交互起来。于是,网络控制系统应运而生。网络控制系统(networked control system,NCS)又称为网络化的控制系统,是指在网络环境下实现的控制系统。它是某个区域内一些现场检测、控制及操作设备和通信线路的集合,用于提供设备之间的数据传输,使该区域内不同地点的设备和用户实现资源共享和协调操作。

8. 分布式控制系统

计算机技术、人工智能、网络技术的出现与发展,突破了集中式系统的局限性,并行计算和分布式处理等技术(包括分布式人工智能)和多真体系统(multiple agent system,MAS)应运而生。可把真体(agent)看作能够通过传感器感知其环境,并借助执行器作用于该环境的任何事物。当采用多真体系统进行控制时,其控制原理随着真体结构的不同而有所差异,难以给出一个通用或统一的多真体控制系统结构。

9. 集成智能控制系统

将多种各具特色的智能控制机制与方法有机融合,构建而成的控制体系称为集成(integrated)或复合(compound)智能控制,其对应的系统架构则被称为集成智能控制系统。这一系统设计的精妙之处在于,它能够汇聚各智能控制策略的优势,同时有效规避各自的局限性,通过优势互补,实现更为全面和高效的控制效果,无疑是一种卓越的控制策略选择。具体实现形式包括模糊神经控制、神经学习控制、神经专家控制、自学习模糊神经控制、遗传神经控制、进化模糊控制以及进化学习控制等,均属于集成智能控制的范畴。

此外,仿人控制则是基于对人类控制结构的深入理解和模拟,进一步拓展至对人类控制行为与功能的全面复现,并将这些模拟成果应用于控制系统中,以达成既定的控制目标。仿人控制不仅融合了递阶控制、专家控制以及基于模型控制的核心特点,更在此基础上实现了多种控制策略的复合运用,展现出高度的灵活性和适应性,可视为一种高度集成的复合控制方法。

10. 组合智能控制系统

将智能控制策略与传统控制方法(涵盖经典的 PID 控制及现代控制理论)进行巧妙融合,便能够构建出组合智能控制系统。这一系统设计的核心在于,它能够充分吸纳智能控制与传统控制各自的优点,同时有效弥补双方的不足,实现优势互补,从而形成一种高效且全面的控制策略。模糊 PID 控制、自适应神经网络控制、神经自校正控制、神经最优控制以及模糊鲁棒控制等,均是组合智能控制在实际应用中的典型实例。

从严格意义上讲,几乎所有的智能控制方法都内在地包含了反馈机制的作用,这一特性使得它们能够实时地根据系统状态调整控制策略,确保系统运行的稳定性与性能优化。因此,从广义上理解,这些智能控制方法均可以被视为组合智能控制的一种表现形式,即它们都是在传统控制理论的基础上,融入了智能控制的元素与思想,以实现更为先进和灵活的控制目标。

4.1.3 智能控制的应用

如前文所述,智能控制主要用于解决那些采用传统控制方法难以应对的复杂系统的控制问题。下面以智能控制在机器人运动控制和过程控制中的应用为例进行说明。

1. 在机器人运动控制中的应用

智能机器人在智能制造产业中发挥着关键作用。例如,它们能够执行零部件的搬运、装配等重复性高、劳动强度大的任务;借助机器视觉、传感器等技术,可对产品进行高精度的检测和质量控制,确保产品的稳定性和一致性;还能替代人工完成一些繁重、枯燥或危险的任务,如处理有毒有害材料、在高温或高压环境下作业等。在 20 世纪 80 年代初,曼达尼教授(E. H. Mamdani)率先地将模糊控制理论应用于实际工业机器人的操作臂控制中,这一开创性举措标志着模糊控制技术在机器人领域的首次实践应用。随后,阿尔巴斯教授(J. S. Albus)于 1975 年提出了小脑模型关节控制器(cerebellar model articulation controller,CMAC),这是一种基于小脑控制肢体运动机制的神经网络模型。CMAC 的出现,为机器人关节控制提供了一种新颖且有效的神经网络方法,成为该领域内神经网络技术应用的典范。

然而,尽管机器人技术取得了显著进步,但当前工业界使用的机器人中,超过 90% 仍主要依靠预设程序和简单传感器工作,尚不具备高水平的智能特性。随着科技的飞速发展,特别是人工智能、机器学习及先进控制技术的不断突破,对具备不同程度智能的机器人的需求日益增长。这一趋势表明,未来机器人将不再局限于执行预设任务,而是能够更加灵活、自主地适应复杂多变的环境,展现出更高的智能化水平。

智能控制算法能够对机器人的运动轨迹、速度、加速度等参数进行精准控制,确保机器人按照预定路径和速度完成任务。通过对图像、声音等信息的分析,智能控制算法可帮助机器人进行环境感知,从而避开运动中的障碍物,提高安全性和稳定性,还能为机器人进行复杂的路径规划,提升执行任务的效率和精度。例如,在工业生产线上,机器人需要在多个工位之间移动,智能控制算法能够优化路径,减少时间浪费。

通过引入机器学习算法,可实时监测运动物体的状态,并预测其未来行为,从而提高控制的精确性。利用优化算法,能够对运动过程中的各种参数进行优化,如速度、加速度等,提升运动的稳定性和效率。自适应算法则可根据运动环境的变化实时调整控制策略,增强运动的灵活性和适应性。

在控制机械臂时,逆运动学算法通过计算合适的关节角度,使机械臂能够到达特定的目标位置和姿态,实现精确控制。逆运动学算法还可用于计算机械臂在特定工作空间中的运动轨迹,并避免与障碍物碰撞,提高作业的安全性。

飞行器作为具有非线性、多变量和不确定性特征的复杂被控对象,是智能控制发挥潜力的重要领域。利用神经网络对非线性函数的逼近能力和自学习能力,可设计神经网络飞行器控制算法。例如,采用反演控制和神经网络技术相结合的非线性自适应方法,能够实现飞行系统的纵向和横侧向通道的控制器设计。

2. 在过程控制中的应用

过程控制是工业自动化中的重要概念,主要是指针对连续或间歇过程中的温度、压力、流量、液位、化学成分(如产品成分、含氧量)等变量实现的自动控制系统,使其保持恒定或按一定规律变化,以克服干扰,满足性能指标要求。智能控制在过程控制中有着广泛的应用。对于涉及多种参数变量关系的复杂过程,传统控制方法难以兼顾所有变量因素,导致控制效果不理想。利用人工智能算法,尤其是人工神经网络,可根据信号处理需求自动生成决策,并通过学习算法和知识整合技术不断优化决策过程。这有助于揭示变量之间的内在复杂关系,实现更好的控制效果。

在工业生产中,智能控制系统能够自动获取所有生产设备的运行状态信息,并运用算法进行运算和调整,减少了对人工的依赖,降低了企业生产成本。智能控制系统的模式识别与分类技术,涉及对系统中的模式进行识别和分类,以便更好地进行控制和优化。这种技术在机器学习、计算机视觉等领域广泛应用,可帮助智能控制系统更准确地识别和处理生产过程中的各种情况。

智能控制应用于过程控制领域,是控制理论发展的新方向。

4.2 可编程逻辑控制技术

可编程逻辑控制器(PLC)作为一种集成微处理器的先进控制设备,具备执行多样化且复杂控制任务的强大能力。其商业化的先驱诞生于 20 世纪 70 年代初,这一创新技术的主要使命是革新大型制造业环境,逐步取代传统的继电器控制系统,开启了自动化控制的新纪元。PLC 的初步应用领域极为广泛,涵盖了自动化装配流水线的精密调控、喷气式飞机引擎的复杂监控及大型化学工厂的全面管理等,充分展现了其在提升生产效率、保障运行稳定性方面的卓越价值。时至今日,PLC 已成为工业自动化不可或缺的核心组件,其应用范围远不止于此。在机器人技术中,PLC 确保机械臂的精准协同作业;在物流传送系统中,它保障物料流动的顺畅;在生产线上,PLC 则是实现高效生产控制的关键。简而言之,PLC 的广泛应用,正深刻改变并推动着全球工业自动化的快速发展。

4.2.1　可编程逻辑控制技术的发展

可编程逻辑控制技术的发展可分为以下三个阶段。

1. 起源阶段(20 世纪 60 年代)

在这一阶段,传统的继电器控制系统在工业自动化中广泛应用,但存在布线复杂、维护困难等问题。为解决这些问题,工程师们开始研究开发新型控制系统,即 PLC。1968 年,美国人理查德·E.莫利(Richard E. Morley)发明了第一个可编程控制器,被称为 Modicon-05。这是 PLC 的雏形,采用固态逻辑和存储器来实现控制功能,取代传统的硬连线逻辑,从而实现了更灵活和可扩展的控制。另一种说法是,1969 年,美国数字设备公司研制出第一台可编程逻辑控制器 PDP-14,并在美国通用汽车公司的生产线上试用成功,首次采用程序化手段应用于电气控制,被认为是世界上公认的第一台 PLC。

2. 发展阶段(20 世纪 70 年代至 90 年代)

1971 年,通用汽车(General Motors)公司开始在汽车制造工厂中使用 PLC,用于控制生产线上的各种操作。1973 年,PLC 开始在石油和化工行业广泛应用,用于控制流程和监测设备状态。20 世纪 80 年代,PLC 的功能不断扩展,开始支持更复杂的控制算法和通信协议。此时,PLC 已成为工业自动化领域的主流控制设备。20 世纪 70 年代末到 80 年代初,微处理器的出现为 PLC 的发展带来了革命性的变化。人们迅速将微处理器引入 PLC,使其增加了运算、数据传送及处理等功能,PLC 开始集成更多的通信接口,实现与其他设备和系统的连接;支持更复杂的编程语言,如梯形图、结构化文本和功能区块图,成为真正具有计算机特征的工业控制装置,应用于建筑自动化、能源管理和物流等领域。

3. 成熟阶段(21 世纪初至今)

进入 21 世纪,PLC 技术持续发展并走向成熟。随着计算机技术、通信技术和控制技术的不断进步,PLC 的功能愈发强大,应用范围也日益广泛。PLC 在工业自动化、机械制造、电力、交通、建筑等领域得到广泛应用,成为现代工业控制系统中不可或缺的一部分。此外,随着物联网、大数据、人工智能等新技术的发展,PLC 开始支持更智能化的控制算法和决策系统,如通过学习算法优化控制策略、提高生产效率等,实现更智能化、高效化的控制和管理。例如,西门子的 SIMATIC S7-1500TM 将 AI 技术更深层次地整合到 PLC 系统中,使 PLC 能够自我学习和优化控制策略。

随着工业物联网(ILoT)的普及,PLC 需要支持更高速的通信协议(如 5G、Wi-Fi6)及更广泛的通信协议,以实现与大量设备和系统的实时通信。未来的 PLC 可能集成边缘计算能力,实现数据的本地处理和分析,减少数据传输延迟,提高系统响应速度。为满足不同行业和不同应用场景的需求,PLC 的设计越来越注重模块化和可重构性。用户可根据实际需求选择不同功能的模块进行组合,构建出符合自身需求的控制系统。随着网络安全和系统安全性日益重要,PLC 的设计将更注重安全性和可靠性,包括加强密码学应用、实现网络隔离和访问控制,以及提高系统的容错能力和抗干扰能力等。PLC 将具备更强的环境适应性,能够在高温、低温、高湿度、强电磁干扰等恶劣环境下稳定可靠地运行。同时，PLC的设计也将注重绿色节能，采用低功耗的硬件设计、优化控制算法以减少能源消耗等。

4.2.2 可编程逻辑控制器的结构

PLC本质上是一种专为工业控制环境设计的计算机，其核心功能是无缝集成从输入设备捕获信号、依据预设编程逻辑处理这些数据，再到输出信号以控制外围设备的完整控制循环。图4.1直观展示了PLC的功能结构，其中，输入设备的状态会被PLC定期扫描，并即时更新至其内部的输入映像寄存器中。随后，用户通过编程器预先下载至PLC存储器的程序，依据这些当前输入状态进行逻辑处理，处理结果即时反映到输出映像寄存器中。最终，输出设备根据输出映像寄存器中的最新指令，实时调整其工作状态。

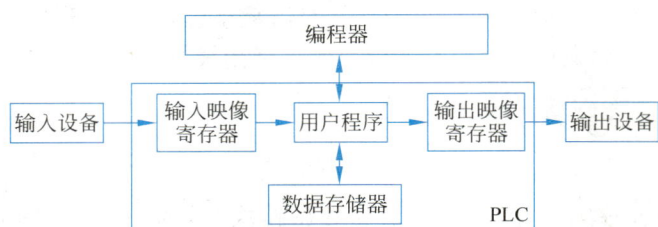

图 4.1　PLC 的功能结构

当前自动化领域所涉及的输入/输出设备均遵循标准化的接口规范，确保设备能够轻松适配任何品牌的PLC，实现了高度的兼容性和灵活性。PLC系统通常配备数字I/O模块、模拟到数字(A/D)转换模块、数字到模拟(D/A)转换模块，以及必要的隔离电路，它们共同构建起传感器、执行器等模拟量或开关量设备与PLC之间的桥梁。值得注意的是，除了PLC的电源供应部分和直接与外界交互的I/O接口部分，PLC内部的所有信号处理均采用低电压的数字信号形式。这一设计不仅提高了系统的稳定性和可靠性，也便于进行高速、精准的数据处理。

自1969年Modicon-084投入工业应用以来，市场上老牌与新锐制造商竞相角逐，不断推出更高性能且用户友好的PLC系统，同时配套先进的程序开发与调试工具。PLC产品线的多样化体现在其不同尺寸与多级处理能力上，这不仅优化了成本结构，还极大地促进了复杂分布式控制系统的设计与部署。多家厂商还实现了跨品牌兼容，允许将不同品牌的PLC无缝集成至统一的分布式控制系统中。此外，面对超大规模的控制需求，通过在单一PLC系统基础上扩展大量互连功能模块，也能有效构建出强大的控制系统解决方案。

一个典型的PLC核心构成包括中央处理单元(CPU)、供电模块、存储系统、通信接口，以及输入输出(I/O)接口与辅助电路。从功能视角来看，PLC犹如一个集成了成百上千个虚拟继电器、计数器、定时器及数据存储单元的智能平台，这些传统硬件组件在PLC内部实则通过高级软件算法模拟实现。具体而言，继电器功能借助存储单元中单个二进制位(bit)的状态转换来模拟。图4.2直观展示了这一典型PLC的硬件架构。

PLC内部的输入接口常采用晶体管电路构建，这些接口负责从外部连接的开关或传感器捕捉信号，进而感知并识别生产过程中的各类状态参数。同样，PLC的输出接口也主要依赖晶体管电路实现，特别是利用三极管电路来精确控制交流电路的通断状态。具体而言，当输出映像寄存器中的特定bit(位)被设置为1时，会触发PLC输出接口内部转变为导通模式，这一

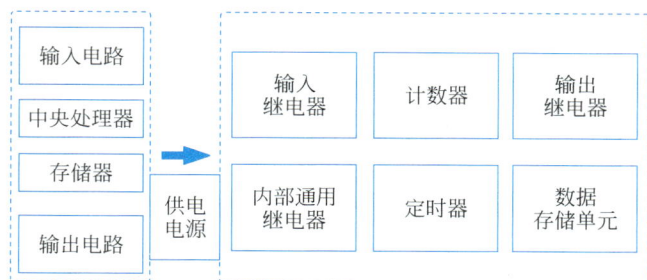

图 4.2　PLC 的硬件架构

过程等效于传统输出继电器线圈获得电能的状态,从而实现对外部设备的控制。输出接口利用 PLC 计算得出的 ON/OFF 信号控制外部连接的螺线管、灯、电机及其他通过开关量控制的设备。PLC 中的计数器没有对应的硬件实体,而是通过软件实现的,可以通过程序来配置计数器是向上计数还是向下计数,是对上升沿计数还是对下降沿计数。虽然这些计数器的计数速度有限,但已能满足绝大多数实时应用。大多数的 PLC 厂商都提供高速硬件计数模块,从而可以捕获高速的事件脉冲。典型的计数器包括增计数器、减计数器以及增/减计数器。PLC 中的定时器也没有对应的硬件实体,同样通过软件实现,延时开定时器、延时关定时器以及保持定时器是最常见的 3 种定时器。

PLC 使用高速的存储器/寄存器来提高数据存储效率,这些存储器/寄存器一般作为数据操作或者数学运算中的暂存器使用,它们也用于存储定时器、计数器、I/O 接口及用户接口等的暂存数据,同时还可用于 PLC 失电后的数据和程序保存,PLC 再次上电后可重新读取失电前的数据和程序段。

4.2.3　可编程逻辑控制计算的应用

PLC 作为工业自动化控制的核心设备之一,在智能制造中发挥着重要作用。下面从汽车生产线、数控机床控制、智能仓储管理等方面举例说明。

1. 汽车生产线自动化控制

在汽车制造过程中,通过预先编程在 PLC 中的控制逻辑和操作参数,能够实现对整条生产线的自动化控制。PLC 可以接收来自传感器的信号,监测车身零部件的位置、速度和质量等信息,并根据预设的控制策略调整生产线的运行状态。这种精确的控制和监测系统可大幅提高汽车生产线的生产效率和产品质量,同时减少人为操作的错误,降低事故发生的可能性,进而降低了生产成本。

2. 数控机床控制系统

在机械加工领域,PLC 被广泛应用于数控机床的控制系统。数控机床借助 PLC 控制切削工具的运动轨迹、速度和切削力等参数,实现高精度的加工过程。PLC 的精确控制和监测功能能够确保加工过程的稳定性和加工质量的一致性,提高加工效率和产品质量。

3. 智能仓储管理系统

在仓储物流领域,PLC 被广泛应用于仓库管理系统。通过 PLC 控制,可实现仓库内货物的自动存储、检索和运输。PLC 可以接收来自传感器的信号,监测货物的位置、数量和状态等信息,并根据预设的规则和算法进行自动调度和管理。这种智能仓储管理系统能大幅提高仓库的存储效率和货物管理的准确性,降低人工成本和错误率。

这些例子展示了 PLC 在智能制造中的广泛应用和重要作用。通过集成 PLC 控制系统,智能制造能够实现生产过程的自动化、智能化和高效化,提高生产效率和产品质量,降低生产成本和人为错误率。

4.3　自适应控制技术

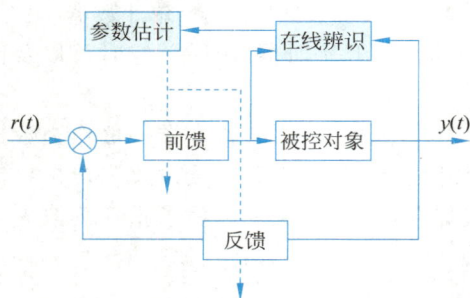

图 4.3　自适应控制系统的关键结构

20 世纪 50 年代,随着飞行控制器的出现,自适应控制算法开始引发人们的关注,特别是在飞机高性能自动驾驶仪的设计中得到了初步应用。由于飞机在不同工作点变换时,其动态特性变化剧烈,是典型的时变非线性系统,传统的固定增益反馈控制难以发挥作用,因此惠特克(Whitaker)等人提出了模型参考自适应控制(MRAC)的概念。如图 4.3 所示,自适应控制系统在经典控制系统的基础上,通过系统模型在线辨识和参数估计,对系统的前馈或反馈通道进行补偿。

在早期阶段,自适应控制在飞行控制领域的实践探索面临诸多挑战。尽管在理论层面取得了一些关键进展,但其在实际部署时却频繁受挫。一个典型的例子是 1957 年的一起试验性飞行事故,该事故与应用了 MIT 调节规律的控制系统直接相关,这引发了业界对自适应控制技术的广泛质疑,动摇了人们的信心,甚至导致部分研究先驱暂时或永久地离开了这一研究领域。然而,随着控制科学理论的持续深化以及计算机技术的飞速进步,自适应控制的理论框架与实现手段逐渐趋于完善与成熟,为其在飞行控制及其他领域的广泛应用奠定了坚实基础。

自 20 世纪 70 年代初起,自适应控制技术取得了显著的发展突破。标志性事件包括 1973 年奥斯特洛姆(Astrom)提出的自校正调节技术在造纸工业的成功应用,以及 1974 年吉尔巴特与温斯顿在光学跟踪望远镜项目中利用模型参考自适应控制(MRAC)技术,将跟踪精度大幅提升至原来的五倍以上。这些成功案例极大地激发了行业内外对自适应控制的兴趣,促使相关应用项目数量迅速增加。据统计,至 20 世纪 80 年代初,已登记的自适应控制应用项目至少达到 58 项,其中 6 项具有特别的代表性和影响力。

在这一时期,为满足更广泛的实际需求,一系列创新性的自适应控制方法和算法相继涌现,如广义预测自适应控制、中国独创的全系数自适应控制方法、组合自校正器以及自适应 PID 控制器等。这些新方法极大地丰富了自适应控制的理论体系与实践应用。自适应控制借助现代控制理论的优势,实现了对系统特性的在线辨识与控制策略的动态调整,确保控制系统性能始终维持在最优状态。

随着技术的不断成熟与普及,自适应控制逐渐走出实验室,向商业化、产品化迈进。1983 年,美国率先推出商业性自适应控制软件包,标志着自适应控制技术正式进入市场,成为可批量生产和广泛销售的产品。此后,自适应控制的应用范围迅速扩大,不仅跨越国界,深入全球多个国家和地区,还从单一的试验项目扩展到多元化的应用场景,涵盖了从工业制造到科学研究、从军事防御到民用生活的多个领域。在理论研究方面,人们开始关注自适应控制系统的稳定性、收敛性、鲁棒性等问题,并提出了相应的解决方案。例如,鲁棒自适应控制理论和应用的研究取得了重大进展,解决了稳定自适应控制对未建模动态等缺乏鲁棒性的问题。随着计算机技术的快速发展,特别是微处理机的广泛普及,为自适应控制的实际应用创造了有利条件。同时,神经网络等新技术也被引入自适应控制系统中,进一步提升了系统的性能和适应性。在理论方面,系统参数识别、动态规划随机控制理论等领域取得了进步,为现今的自适应控制理论奠定了基础。在应用方面,实验室试验台或实际工业应用中已经出现了许多自适应控制和学习的实例。

自适应控制理论可以分为三大类:基于模型的自适应控制、无模型自适应控制和基于学习的自适应控制。

(1)基于模型的自适应控制器设计完全基于被控系统的模型。设计这类自适应控制系统的核心问题是如何综合自适应调整律,即自适应机构所应遵循的算法。通过调整可调参数,使被控对象的输出或状态跟踪参考模型的输出或状态,从而使系统性能达到最优或次优。

(2)无模型自适应控制器的设计不依赖于系统的任何物理模型,而是完全基于反复试验、误差和学习。在对象参数受到扰动而发生变化时,控制系统仍能保持或接近最优状态。自校正控制的一个主要特点是加入了一个被控对象的参数估计器,通过在线估计系统参数并调整控制器参数来实现自校正。

(3)基于学习的自适应控制器设计需要用到系统的一些基本物理模型,虽然模型是部分已知的,但增加了学习层来补偿模型中的未知部分。学习层依赖于大量数据来训练和优化其控制策略。这些数据可以来自系统的历史运行记录、实时传感器反馈或人工标注的样本。根据实时感知到的信息,控制器能够动态地调整其控制策略。这种调整可以是参数级的,也可以是结构级的,以确保系统在面对不确定性时仍能保持稳定性和性能。

4.3.1　基于模型的自适应控制

自适应控制通过反馈自适应控制方法在线调整控制器参数,从而补偿某些模型不确定性。根据对模型不确定性的补偿方法是直接还是间接,基于模型的自适应控制方法可以分为以下两类。

1. 直接自适应控制

直接自适应控制是一种直接通过调整控制器的参数来实现自适应控制的方法。这种方法不需要预先知晓被控对象的精确模型,而是通过实时观测系统的输出和状态,直接修改控制器的参数以适应系统的变化。这类方法实时性强,依据系统的输出和状态信息实时调整控制器的参数,使控制系统能够快速响应环境变化。由于不依赖精确的数学模型,所以能够适应各种复杂和不确定的系统。但是,由于需要实时计算和调整控制器的参数,计算量相对较大。

对于线性系统,直接自适应控制理论中主要的一种思路是依赖李雅普诺夫(Lyapunov)稳定性理论,其中控制器及其参数自适应律的设计要使得所给的李雅普诺夫函数非正定。我们称采用这个思路的直接自适应控制为基于李雅普诺夫的直接自适应控制方法。另一种非常有名的方法是直接模型参考自适应控制(direct-model reference adaptive control,d-MRAC),这种方法采用期望的参考模型(在调节问题时具有恒定的输入参考值,或者在跟踪问题时具有时变参考轨迹),将它的输出与系统的输出进行比较,然后根据输出误差来调整控制器参数,从而使得输出误差最小化并且所有反馈信号保持有界。线性直接自适应控制的另一个著名方法是直接自适应极点配置控制(direct-adaptive pole placement control,d-APPC)。该方法在概念上类似于d-MRAC,不同之处在于,它并不尝试复制参考模型的行为,而是尝试通过将闭环极点配置在某些期望区域来设计所期望的闭环响应。该方法显然是受到线性时不变系统极点配置方法的启发,此处控制对象的未知系数会用它们的估计值来代替(即确定性等价)。然而,在d-APPC中,控制对象的未知系数并不需要确切估计,而是通过更新控制系数来补偿系统的不确定性。

对于非线性系统,可以利用参数线性化的方法,运用李雅普诺夫稳定性理论设计控制器,或是利用不确定系统的非线性参数化方法(如基于速度梯度的自适应方法)设计控制器。

上述直接自适应控制方法适用于机器人控制、航空航天控制、电力电子系统控制等需要快速响应和直接调整控制参数的场景。在机器人的动态环境中,环境变量常常受到多种干扰,如机器人的支撑面、被抓物体的重量、传感器的误差等。这些干扰因素使得机器人的运动表现不稳定。直接自适应控制能够通过在线调整控制器的参数,使机器人在不同环境下适应性更强,表现更加稳定。飞行体控制表面的偏转所产生的力矩是速度、高度和功率角的函数,传递函数在飞行过程中始终发生很大变化。直接自适应控制可以实时调整控制参数,以适应这些变化,提高飞行器的稳定性和性能。在电力电子系统中,如自适应电网控制和自适应电力电容器控制,直接自适应控制能够根据电力需求和供应的实时情况,动态调整电网的运行状态和电力分配策略,实现电网的稳定运行。

2. 间接自适应控制

间接自适应控制是首先通过实时观测系统的输出和状态,估计被控对象的参数或模型,然后基于估计的参数或模型调整控制器的参数来实现自适应控制的方法。这类方法先估计被控对象的参数或模型,这增加了系统的复杂性,但可以提高控制的精度。由于间接自适应控制是基于参数估计来进行的,因此它的稳定性分析通常更加复杂。需要确保参数估计的准确性以及控制器参数调整的合理性,以保证整个控制系统的稳定性。间接自适应控制需要进行参数估计和控制器参数调整两个步骤,因此其计算量通常较大。但随着现代计算机技术的发展,这一问题得到了一定程度的缓解。

间接自适应控制依赖对被控对象参数的准确估计,因此系统辨识技术是其关键技术之一。系统辨识技术包括各种参数估计方法,如最小二乘法、最大似然法等。

具有未知参数的间接自适应方法是采用反馈控制律并以自适应律作为补充的控制方案。这里的自适应律的目标是在线估计未知参数的真值。间接自适应控制是一种通过在线估计被控对象的参数并以此为基础调整控制参数的控制方法。在进行控制之前,需要先辨识对象的参数。间接自适应控制通常根据被控对象的输出信号,通过信号处理、系统辨识等方法,对控制器参数进行在线调整。其目的是使得该参数的估计误差趋于零,因此一般要求对系统模型结构有清晰的了解。然而,要获得实际系统的精确模型几乎是不可能的。

间接自适应控制系统广泛应用于化工过程控制等需要在线估计系统参数的智能制造系统中,基于这些参数调整控制策略。化工过程中,系统的动态参数和结构可能随工况和条件改变而变化。间接自适应控制能够在线估计这些参数,并基于估计结果调整控制器的参数,确保化工过程的稳定性和效率。

4.3.2　无模型自适应控制

无模型自适应控制是指控制器的设计完全不依赖于系统的任何数学模型,而是基于从系统直接收集的在线测量数据。这里的“自适应”意味着控制器能够适应和应对系统中的任何不确定性,原因就在于它不依赖任何特定模型。无模型自适应控制系统不需要对系统的动态特性进行精确建模,只需了解系统的输入输出关系;该系统不包含过程辨识环节,因此避免了传统自适应控制中因辨识而产生的诸多问题,如离线学习,以及辨识过程与系统平稳运行之间的矛盾等;它能够根据系统的实时状态,自动调整自身参数,以实现对系统输出的最优控制;并且具备闭环系统稳定性分析和判据,能够确保系统稳定运行。在无模型控制框架中,经常使用的控制方法有三种:极值搜索算法、动态线性化方法、强化学习算法。

1. 极值搜索算法

极值搜索算法的基本目标是搜索极值。在对系统的信息了解甚少(未给定函数或其梯度的闭合形式),仅知晓系统存在局部极值的情况下,通过算法控制找到极值点。在给定真实系统的模型后,控制目标是优化系统的给定性能,控制优化的核心在于调节系统性能,使其达到稳定输出或精准追踪动态轨迹。此过程无须构建复杂过程模型,也不依赖精确定量数据,而是利用伪偏导数(PPD)在每个工作点构建动态线性化模型。该模型通过实时输入输出数据估算PPD,以此刻画系统动态行为。基于这一虚拟模型,设计控制器并进行理论分析,从而灵活实现非线性系统的自适应控制策略。

极值搜索算法理论已成为自适应控制中极具前景的研究领域,并在实际控制系统中获得了成功的应用。例如,它可用于寻找气味源的局部极值位置等场景。极值搜索算法具有对模型依赖较少、应用领域广泛等优点。然而,该控制理论的应用范围仍存在一定局限性,针对这些不足,有研究者提出了退火回归神经网络极值搜索算法等改进方法,以拓展其应用范围并简化系统的稳定性分析。

2. 动态线性化方法

动态线性化方法将非线性系统在每一个工作点附近转化为与其等价的、具有增量形式的时变线性化数据模型。该方法的核心在于,通过在线学习方式,利用系统的输入输出数据,实时调整控制器的参数,以实现控制系统的良好性能。动态线性化方法有三种具体形式,分别如下。

(1) 紧格式动态线性化(compat form dynamic linearization,CFDL)。这种方法最为复杂,因为其伪偏导数包含了估计误差在内的大量信息。它能精确描述系统的非线性特性,但计算过程可能更为复杂。

(2) 偏格式动态线性化(partial form dynamic linearization,PFDL)。相较于紧格式动态线性化,偏格式动态线性化的伪偏导数包含的信息较少,对估计算法的要求相对较低。它提供了一种更为简洁的方式来处理非线性系统。

（3）全格式动态线性化（full form dynamic linearization，FFDL）。全格式动态线性化是上述两种方法的扩展，它能更全面地描述系统的非线性特性。然而，这种方法可能需要付出更多的计算代价。

动态线性化技术以其简洁性著称，它能将复杂的非线性系统简化为仅含单一参数的线性时变系统，极大地简化了控制器的设计流程。此数据模型完全基于闭环系统的输入输出（I/O）实测数据构建，既不直接也不间接依赖于受控系统内部的结构或参数信息，是一种纯粹的数据驱动策略。所提出的动态线性化方法可用于大多数实际系统的控制器设计，无论系统的参数和模型结构是否时变。

无模型自适应控制的动态线性化方法是一种有效的技术，它通过将非线性系统转化为线性系统进行处理，提升了控制系统的性能。这种方法具有结构简单、数据驱动和广泛适用等特点，并在实际应用中取得了良好效果。

3. 强化学习算法

强化学习的理念是，通过尝试随机控制动作，控制器最终能够构建一个被控系统的预测模型。强化学习是一类机器学习算法，它学习如何将状态映射到动作，以使期望回报最大化。利用强化学习方法设计无模型自适应控制的控制器时，需要设计一个奖励函数，该函数根据系统状态和控制器的动作提供反馈，指导控制器如何调整自身行为以达到目标。可以使用Q-learning、SARSA、Policy Gradient 等强化学习算法来训练控制器。这些算法通过迭代地更新一个值函数（如 Q 函数）或策略（即动作选择规则）来优化控制器的性能。

在这些算法中，控制器必须通过试错来发现最佳动作，利用收集到的数据来更新其内部参数（如 Q 值、策略参数等）。在强化学习中，控制器学习一个最优策略（或动作），该策略定义了系统在给定时间和状态下的行为方式。经过试错，通过对期望值函数（该值函数可用于长期评估策略的价值）进行优化，我们能够获得最佳策略。简而言之，在给定状态下的值函数是控制器从该状态开始到未来可期望所积累的即时回报总量。随着数据的积累，控制器逐渐学会如何根据当前状态选择最优动作，以实现长期奖励最大化。这种自适应调整使得控制器能够适应系统参数的变化和外部环境的不确定性。

试错过程引发了著名的探索和利用的权衡问题。实际上，为使值函数最大化，控制器必须选择以前尝试过且能获得高额即时回报的动作（或策略），而更重要的是能获得高的长期价值。然而，为发现这些可获得高回报的动作，控制器不得不根据需要尝试许多不同的动作。这种控制动作的反复试验与应用构成了开发与探索的困境，也是大多数无模型学习控制器的特点。还有一点值得注意的是，一些强化学习算法所采用的试错步骤并非为了学习最佳状态动作的映射，而是学习系统的模型，然后将该模型用于未来控制动作的规划。

4.3.3 基于学习的自适应控制

基于学习的自适应控制研究旨在通过学习和适应环境的不确定性，实现控制系统参数的自动调整，以达到优化控制效果的目的。基于学习的控制器是指部分基于物理模型，部分基于无模型学习算法的控制器。无模型学习用于对物理机理模型进行补充，同时补偿模型的不确定或缺失部分。这种补偿可以通过对不确定部分进行学习而直接完成，也可以通过调整控制器来间接处理不确定性。

随着无模型学习领域的蓬勃发展,基于模型的经典控制器与无模型学习算法相结合的理念应用于自适应控制中。基于学习的自适应控制方法兼具基于模型设计的稳定特性,同时具备无模型学习的优势:快速收敛性和鲁棒性。这种组合通常被称为用于自适应控制的双重化或模块化设计。

在模块化自适应控制设计中融入神经网络时,系统模型被划分为已知与未知(视为干扰)两大组成部分。神经网络用于逼近并模拟模型中的未知部分。随后,结合已知的模型部分与神经网络对未知部分的估算,共同指导控制器的设计,从而实现特定的调节或跟踪性能目标。这类控制器能够确保闭环信号的一致有界性、状态轨迹到参考轨迹的实用指数收敛性,以及回归向量到某最优值的收敛性,即模型不确定性的最优估计。

深度强化学习融合了深度学习和强化学习的优点,通过构建一个神经网络来实现自适应学习的目标。首先,构建神经网络模型,用于表示控制策略或控制系统。其次,进行强化学习训练,在训练过程中,控制系统与环境进行交互,收集数据并更新神经网络的参数。通过试错和反馈,控制系统逐渐学习到最优的行为策略。最后,进行自适应调整,在控制过程中,控制系统根据环境变化和任务要求,自动调整神经网络的参数,以实现优化控制效果。神经网络的设计对于基于学习的自适应控制至关重要。需要选择合适的网络结构、激活函数和优化算法等,以提升控制系统的性能。在训练过程中,需要大量的数据来更新神经网络的参数。因此,如何有效地收集和处理数据是一个关键问题。基于学习的自适应控制需要在实际环境中运行,因此需要具备良好的实时性和鲁棒性。如何保证控制系统的稳定性和可靠性是一个重要挑战。

基于学习的自适应控制已在许多领域得到应用,例如,智能制造中的智能物流车控制,智能物流车需要根据任务需求自动调度,并能够应对环境变化。基于学习的自适应控制可使其更好地适应不同的地形和交通状况,提高运输效率。飞行控制系统,在飞行控制系统中,基于学习的自适应控制可以自动调整飞行器的姿态、速度等参数,以应对不同的飞行条件和干扰因素。电力系统控制,在电力系统中,基于学习的自适应控制可以自动调整发电机组的电压、频率等参数,以适应不同的负荷变化和故障情况。

4.4　分布式控制技术

随着控制理论、计算机科学、网络通信技术等领域的深度融合与协同发展,现代工程控制系统的复杂程度急剧攀升,传统针对单一系统的控制理论已难以充分满足实际工程应用中的多元化需求。在此背景下,并行计算与分布式处理技术(涵盖分布式人工智能在内)迅速兴起,并在过去二十多年间取得了长足进展。这些技术特别适用于处理诸如机器人编队协作等由众多相互依存、动态交互的子系统构成的复杂互联系统。分布式控制技术作为解决此类大规模互联系统控制难题的关键手段,展现出巨大的应用潜力。近十年来,多智能体系统(MAS)的研究成为分布式人工智能领域的突出热点,它不仅为分布式系统的综合设计、性能分析、高效实现及广泛应用提供了创新性思路与实施工具,还开辟了一条通往更高级别系统智能化与自主化控制的新路径。多智能体系统通过模拟自然界中生物群体的协作机制,使系统中的每个智能体能够根据自身能力、局部信息及与其他智能体的交互,共同实现复杂任务的控制与优化,为分布式控制技术的发展注入了新的活力与可能性。本章将从分布式人工智能、多智能体系统及其控制等方面介绍分布式控制技术。

4.4.1 分布式人工智能

20 世纪 70 年代末期,分布式人工智能的探索始于分布式问题求解领域,其核心目标是构建一个高度协作的系统架构,该架构由多个紧密集成的子系统组成。在这一协作框架下,各子系统并非孤立运行,而是相互配合,共同致力于解决特定问题。为实现这一目标,研究者们首先将复杂问题拆解为一系列相对独立的子任务,并针对每个子任务精心设计专门的问题求解子系统。随后,通过特定的交互策略,将这些子系统集成为一个既灵活又统一的整体系统。

在设计过程中,自顶向下的方法论被广泛采用,确保系统从顶层需求出发,逐步细化到各个子系统及子任务的具体实现。这种设计思路不仅保证了系统能够满足最初设定的全局性要求,还促进了系统内部各组件之间的有效沟通与协作,从而提升了整体的问题求解能力与效率。

分布式人工智能系统凭借其独特的架构特性,展现出以下几个显著优势。

(1)分布性。该系统在逻辑与物理层面均实现了信息(数据、知识及控制机制)的全面分布。这种设计从根本上消除了对单一全局控制点或数据存储中心的依赖,有效避免了单点故障可能导致的系统崩溃风险。同时,借助并行处理机制,各路径与节点能够并行执行问题求解任务,显著提高了子系统的处理效率,使整个系统能够迅速响应并处理各类复杂任务。

(2)连接性。通过先进的计算机网络技术,分布式人工智能系统中的各个子系统和求解机构紧密相连。这种连接不仅降低了问题求解过程中的通信成本与计算负担,还促进了系统内部资源的高效共享与利用,确保各组成部分能够顺畅地协同作业,共同推进问题的解决进程。

(3)协作性。该系统强调子系统之间的紧密协作,通过智能化的协调机制,将多个子系统的能力汇聚成强大合力,以应对那些单个机构难以独自攻克或根本无法解决的难题。这种协作模式极大地增强了系统的整体求解能力,拓宽了其应用范围。例如,在处理复杂问题时,多领域专家系统能够跨领域协作,共同提供超越单一领域或专家系统局限的创新解决方案。

(4)开放性。分布式人工智能系统通常具备开放性和可扩展性,能够方便地与其他系统进行集成和扩展。这种开放性使系统能够适应不同的应用场景和需求,并与其他技术和系统实现互操作性。

(5)容错性。由于系统采用分布式结构,当某个部分出现故障时,其他部分仍可继续正常工作,从而提高了系统的容错性和可靠性。这种容错性使系统在面对复杂环境和不确定性时,能够保持稳定和可靠的性能。

(6)独立性。每个子系统和节点在分布式人工智能系统中都具有一定的独立性。这意味着它们可以独立进行决策和执行任务,而不需要依赖其他部分。这种独立性使系统具有更高的灵活性和可扩展性,能够适应不同的应用场景和需求变化。

分布式人工智能系统所具有的分布性、连接性、协作性、开放性、容错性和独立性等特点,使其具备高效、可靠、灵活和可扩展的智能处理和控制能力,能够应用于工业自动化、智能交通、医疗诊断等复杂领域中。

分布式人工智能领域主要涵盖了两大分支:分布式问题求解与多智能体系统。这两类研究均聚焦于如何在多个相互协作、共享知识的模块、节点或子系统之间有效分配任务并共同解决问题。其中,分布式问题求解侧重于从全局视角出发,针对统一的问题、概念模型及成功标准,通过构建大粒度的协作群体,采用自顶向下的设计策略,实现任务分解与协同求解。这种方法强调从整体到局部的规划,确保系统能够高效整合各群体的力量以实现目标。

相比之下,多智能体系统则展现出更为灵活多样的特性。它关注一群具有自主决策能力的智能体之间的智能行为协调,这些智能体各自拥有局部的问题视野、概念理解及成功评判标准。在构建多智能体系统时,通常采用自底向上的设计方法,即先定义并实现各智能体的独立功能与自主性,随后探究它们如何协同(或竞争、对抗)以完成复杂任务。这种设计思路赋予系统更高的适应性和动态调整能力,使其能够应对更为复杂多变的环境与挑战。

一些学者认为分布式问题求解是多智能体系统研究的一个子集,多智能体系统具有更大的灵活性,更适应开放和动态的环境,受到更多研究者的关注。接下来,主要介绍多智能体系统及其控制技术。

4.4.2　多智能体系统

智能体是指能够感知周围环境、运用自身知识库并做出相应反应的物理或虚拟实体。多智能体系统,则是由众多此类智能体及其相互间的组织架构与信息交流协议共同构成的复杂系统,旨在协同执行特定任务。这些组织规则明确了智能体之间的关联方式,而信息交互协议则负责智能体状态的同步与更新。

在自然界中,多智能体系统的实例随处可见,如鱼类群体有序迁徙、蚂蚁群落协同觅食、牛群统一迁徙路线及鸟群壮观的飞行阵列。这些系统虽由大量智能有限的个体组成,但每个个体仅在局部范围内交换信息,无须全局统一指挥,却能呈现出复杂且协调的群体行为。目前,人工多智能体系统及其理论框架已广泛应用于无人机编队、无人地面车辆自主协同、电网智能管理等多个前沿领域。

近年来,群集运动控制作为多智能体系统分布式协同控制领域的一个核心议题,受到了科研界的广泛关注。群集运动具有自适应、强韧性、去中心化及自组织等特性,在无人驾驶编队、地面机器人集群作战、水下探索等实际场景中展现出巨大的应用潜力。针对网络化多智能体系统,分布式群集运动控制理论为编队规划、区域监控、探索任务及战场侦察等空间协同作业提供了理论支持与解决方案。

多智能体系统的特点可以归纳如下。

(1) 自主性。在多智能体系统中,每个智能体(agent)都能自主管理自身行为,具备自主合作或竞争的能力。这意味着每个智能体能够根据其内部状态和外部环境信息,独立地做出决策并执行相应动作。

(2) 容错性。多智能体系统具有较高的容错性。即便系统中的某些智能体出现故障或失效,其他智能体也能够自主地适应新的环境并继续工作,不会致使整个系统陷入故障状态。这种容错性使得多智能体系统在面对不确定性或动态变化的环境时更加稳健。

(3) 灵活性和可扩展性。多智能体系统采用分布式设计,智能体具有高内聚低耦合的特性,这使得系统具备极强的可扩展性。当需要增加新功能或处理更复杂任务时,可以通过添加新的智能体或模块来拓展系统能力。同时,智能体之间的相对独立性也赋予了系统更高的灵活性,能够根据需求调整智能体的配置和参数。

(4) 协作能力。多智能体系统属于分布式系统,智能体之间可以通过合适的策略相互协作以完成全局目标。这种协作能力使得多智能体系统能够处理更加复杂和大规模的问题，通过智能体之间的协同工作，实现更高效、更精准的解决方案。

（5）高效性。与单个智能体系统相比，多智能体系统通过智能体之间的相互协作，能够以更快的速度和更低的成本来完成复杂任务。这是因为多个智能体可以并行处理不同的子任务，并通过协作整合结果，从而提升了整个系统的处理效率和性能。

（6）高扩展性。当多智能体系统需要完成多个不同任务时，系统能够根据当前要完成的任务情况，适当增加或减少智能体数量。这种高扩展性使得多智能体系统能够灵活适应不同的应用场景和需求变化。

多智能体系统作为高度灵活与开放的智能架构，其设计框架对系统的智能表现与性能发挥起着决定性作用。以自主导航机器人为例，它需要在复杂多变的自然环境中实时应对地形、地貌、通道等挑战，规划路径、执行操作，确保高效稳定地执行导航、追踪及越野等任务。这就要求机器人系统的各个智能体模块具备先进且合理的架构，既能独立处理局部难题，展现卓越的问题解决能力，又能通过协同合作实现整体目标。

人工智能的核心任务在于构建智能体程序，即创建一个从环境感知到行为响应的映射机制。这些程序运行于特定的计算架构之上，该架构可以是通用计算机，也可以是针对特定任务优化的硬件平台，甚至包含软件层，以确保智能体程序与物理世界有效隔离，便于高层次的编程与定制。简而言之，体系结构负责连接传感器输入、执行程序代码，并将执行结果反馈至执行机构，智能体因此由这一结构及其运行的程序共同构成。

计算机系统为多智能体系统的开发与部署提供了坚实的软硬件基础，确保各智能体能够基于全局态势协调作业。在计算机环境中，智能体作为独立的功能单元，配备专属外设、输入输出设备、操作程序集、数据结构及输出机制。其核心——决策引擎或问题求解模块，作为指挥中心，接收全局信息、任务指令及时间序列，调度各功能模块协同工作，并将关键执行结果存储于全局数据库中，供整个系统协调使用。智能体的运行依赖一个或多个进程，受统一调度管理，尤其在环境多变、任务动态调整的情况下，更需要强化全局协调机制。各智能体在分布式计算资源上并行执行，体系结构不仅支撑其运行环境，还促进资源共享、通信顺畅及总体协调，确保所有智能体在共同目标下高效协同工作。

4.4.3　多智能体系统控制

多智能体系统由个体的动态模型、通信网络拓扑、分布式控制律（或协议/规则）三个要素构成。本小节主要探讨多智能体系统的分布式控制问题，主要涵盖四个方面的研究。

1. 分布式一致性控制

在多智能体系统中，一致性是指随着时间推移，系统中所有成员在某一或某些关键状态上逐渐趋于统一或同步的状态。这一现象构成了多智能体系统控制领域的基础难题，即一致性问题。为推动这一状态的实现，智能体之间遵循一种特定的一致性协议。该协议详细规定了每个智能体如何与邻近智能体进行信息交流与共享，通过这些局部交互过程，促使整个系统向一致状态演进。一致性算法的基本思路是，每个智能体借助智能体网络传递信息，设计合适的分布式控制算法，最终使智能体动力学与智能体网络拓扑耦合成复杂系统，从而实现状态的一致或同步。一致性算法主要研究智能体如何在分布式环境中达成一致性与合作，这包括分布式算法、协议,以及在无中心控制的情况下,智能体如何共同完成任务。其核心在于设计算法和策略,以确保多智能体系统中的智能体能够协调一致行动,实现系统的全局目标。

2. 多智能体路径规划

多智能体路径规划是一项复杂的优化任务,旨在为多个智能体在同一环境中规划出从起始点到目标点的无碰撞最优路径集合。这一过程不仅关乎单个智能体的路径选择、障碍物规避,更强调智能体之间的协同运动与空间共享。由于该问题具有组合性质,随着智能体数量增加,其潜在状态空间将呈指数级增长,使该问题在计算上极具挑战性,已被学术界广泛认定为NP-hard 难题,即不存在已知的多项式时间算法来确保找到最优解。相关进展包括有效的路径规划算法、动态环境下的运动协同策略等,以确保智能体在复杂环境中安全、高效地移动并完成任务。多智能体路径规划可分为分布式路径规划方法、集中式路径规划方法、混合式路径规划方法三类。在分布式路径规划中,每个智能体只关注自身所能感知的信息,如相邻个体的位置、速度等,并基于这些感知信息选择最优路径;在集中式路径规划中,所有智能体都受集中式控制器的控制,控制器根据全局信息选择最优路径,并通过指令控制每个智能体的移动方向;混合式路径规划则结合分布式和集中式路径规划方法的优势,以实现更优的路径规划效果。

3. 多智能体分布式决策

多智能体分布式决策涉及多个智能体在分布式环境中共同协作,以达成某个全局和局部目标的过程。在多智能体系统中,所有个体具备部分信息和决策能力,通过局部决策和与其他智能体的通信,实现整体上的最优决策。主要有博弈论、强化学习和合作协调三类方法:博弈论方法将智能体之间的决策制定视为博弈过程,通过博弈模型来寻找最优决策策略,这种方法适用于智能体之间存在竞争或合作关系的场景;强化学习方法使每个智能体能够通过与环境交互学习并不断优化自身的决策策略,进而与其他智能体协同合作;合作协同方法强调智能体之间的合作与协调,通过智能体之间的信息交流和资源共享,实现最优决策结果,达成共同目标。

在分布式决策中,不同智能体之间的信息交流存在限制,致使智能体的决策过程可能受不完全信息影响;不同智能体可能因自身利益产生决策冲突,因此需要找到解决冲突并达成一致决策的方法。

4. 多智能体通信

多智能体通信研究智能体之间的通信方式,包括信息传递、共享和编码。相关进展包括适应性通信策略、网络拓扑设计等,以确保智能体之间能够高效、可靠地通信,从而协同完成任务,主要包括中心化通信、分布式通信和黑板通信三种机制:中心化通信存在一个中心节点,所有智能体都通过该中心节点交换信息,类似于传统的客户端-服务器模型,能降低通信复杂性,但可能成为系统瓶颈;分布式通信允许智能体之间直接通信,增加了通信复杂性,但提高了系统的鲁棒性和可扩展性;黑板通信是指所有智能体共享一个"黑板"(公共信息区),智能体可在黑板上读写信息,这种机制简化了通信,但可能引发信息冲突和不一致。

在多智能体通信过程中,如何有效处理内容冗余,以及如何在有限带宽下传输大规模信息,是多智能体通信面临的重要挑战。如何设计一种既能适应不同智能体需求,又能高效、准确传输信息的通信协议,是多智能体通信研究的另一个重要方向。利用多智能体一致性的组织、表示、通信等特点,能够实现网络管理的智能化和自动化,实现网络环境下用户之间的协同工作,如远程教学和健康信息系统等。

这些研究内容共同构建了多智能体系统控制问题的研究框架,为实际应用提供了理论基础和技术支撑。

4.5 协同控制技术

协同控制技术是指多个智能体(如机器人、无人机、航天器、网络通信节点、车辆等)之间通过相互协作,共享信息或任务,以实现一个或多个共同的目标的控制方法。在协同控制系统中,各个智能体或系统可能具有不同的性能、功能和特性;智能体之间的相互作用包括反馈、传递、分布式等形式,存在非确定性因素。

4.5.1 协同控制技术的发展

协同控制技术的发展经历了从单个机器人控制和路径规划到多智能体系统协同控制的历程。早期,研究人员主要聚焦于单个机器人的控制问题,如路径规划、避障等。随着研究的不断深入,多智能体系统协同控制问题逐渐受到关注。在多智能体系统中,协同控制技术分为集中控制和分布式控制两种方式。集中控制方式下的协同控制已较为成熟,并广泛应用于无人机编队控制、智能车辆协同控制等领域。而分布式控制技术则需要研究人员探索更为复杂的算法和策略,随着现代控制理论和自适应控制技术的不断发展,分布式协同控制技术也在不断取得突破,已应用于智能体编队控制、网络动态模型控制、移动机器人协同控制等领域。

协同控制可分为分布式控制、分散控制和集中控制三类。

(1)分布式控制的控制功能分散于多个控制器中,每个控制器能够独立处理部分信息并进行决策,不过整体上仍有一个中心控制器进行集中管理。控制器之间通过网络通信,通信速度较快,能够实现实时控制。当一个控制器出现故障时,其他控制器可以接管部分任务,维持系统的稳定运行。分布式控制的优点是危险分散、控制集中优化,缺点是开放性欠佳、分散程度不够,适用于大型、复杂的工业控制系统,如石油、化工、电力等行业的自动化系统。

(2)分散控制没有统一的控制器,所有控制功能都分散在各个子系统中,各子系统独立运行,互不干扰;各子系统之间的通信方式可以是专用通信线路或无线通信,通信速度可能较慢。当一个子系统出现故障时,只会影响该子系统的运行,不会对其他子系统造成影响。分散控制的优点是针对性强、信息传递效率高、系统适应性强,缺点是信息不完整、整体协调困难,适用于对可靠性和灵活性要求较高的系统,如机器人系统、智能交通系统等。

(3)集中控制存在一个中心控制单元,负责处理所有信息并做出决策,然后向其他单元发送控制指令。所有信息都流入中心,由中心统一进行加工处理,主要依赖中心控制单元与其他单元之间的通信。一旦中心控制单元出现故障,整个系统可能会受到影响。集中控制的优点是整体一致性好,缺点是下层管理人员缺乏积极性,可能导致官僚主义和反应迟缓,适用于结构简单、规模较小的系统,如小型企业、家庭作坊等。

4.5.2　协同控制算法与决策方法

目前,协同控制技术的研究主要集中在以下几个方面。

1. 协同控制算法

协同控制算法主要包括控制算法设计、通信协议设计等方面。协同控制算法的设计需要考虑多个控制器之间的信息交换、控制策略协调等问题,同时要根据具体的控制对象和控制要求,确定最优的控制算法。协同控制算法需要借助通信协议实现多个控制器之间的信息交换,通信协议的设计需要考虑通信效率、通信可靠性等问题。此外,协同控制算法要具备实时性,能够在控制过程中及时响应控制信号,确保系统稳定性和控制精度;还需具备容错性,即在某些控制器故障或通信故障的情况下,仍能维持系统的正常运行。研究者们提出了许多优化的信息交换策略,如基于事件触发的信息交换和基于邻居关系的信息交换,以提升算法的实时性和鲁棒性。

多智能体协同控制的核心在于构建高效的一致性协议或分布式协同算法,旨在实现系统中各智能体状态量的同步化,这一过程通常被称为一致性达成问题。在设计这类协议时,智能体间的数据交换,如位置、速度等关键信息的共享,成为确保系统协调运作的关键。信息的全面流通与共享是达成所有智能体状态一致性的必要前提,要求所有成员积极参与信息交互。因此,在实际部署时,除了考虑硬件设备的物理连接布局外,精心规划系统的通信网络架构同样至关重要。通信拓扑的设计需满足特定条件,以确保系统能够有效促进各智能体状态的最终同步。

2. 多智能体系统协同决策

在多智能体系统中,智能决策技术尤为关键,它可以通过集中式或分散式的方式实现,旨在提升系统的灵活性、响应性、效率性和鲁棒性。协同决策是一种群体决策成员通过沟通、商议等协同交互方式,减少认知差异并达成共识,从而完成决策任务的决策方式。它起源于20世纪80年代,由计算机支持的协同工作发展而来。

(1)集中式智能决策技术是指所有智能体共享同一决策信息源,通过集中控制完成任务。在集中式智能决策技术中,决策中心可以是单个智能体或是由多个智能体组成的团队。对于单智能体系统,主要面临信息不对称和决策负荷过重的问题,需要采用协作策略,如博弈论和动态规划等来解决。团队智能体系统则解决了单一智能体难以处理的问题,如决策过程中的信息共享、协调和合作。

(2)分散式智能决策技术是指智能体之间进行信息交流和协作,各自做出局部决策最终达成全局决策。分散式智能决策技术中的协作式决策需要解决的关键问题包括通信协议、任务分配、角色分配和信任建立等。而竞争式决策则是指不同智能体在完成任务时通常并非完全协作,而是在一定程度上存在竞争关系,通过竞争来获取资源和利益。

在分布式协同决策方法中,每个智能体根据自身感知到的局部信息,以及与其他智能体的交互信息,进行局部决策,并通过迭代、协商等方式达到全局一致。该方法系统鲁棒性强,易于扩展和维护,但是决策过程可能较长,且需要解决局部最优与全局最优之间的冲突。

4.5.3　协同控制算法的应用

协同控制算法的应用案例广泛,下面从重大装备制造的多智能体协同控制、多机械臂协同控制系统两个方面举例说明。

1. 重大装备制造的多智能体协同控制

在航空航天、深远海洋探索以及高速轨道交通等尖端科技领域,大型复杂部件的制造不仅是技术实力的体现,更是推动行业进步与国家战略性新兴产业发展的关键。其中,飞机蒙皮、船舶舱体及高铁车身等关键组件,因其庞大的尺寸、复杂的制造工艺、严苛的结构刚性要求以及多变的型面设计,构成了制造领域的重大挑战。传统的制造模式往往依赖密集的人工操作、专用机械设备以及多机器人生产线,但此模式存在显著局限性:人工加工易导致产品质量一致性差且效率低下;单机加工则面临灵活性不足、操作空间受限等问题。为克服这些障碍,由多个独立机器人协同工作的多机器人制造系统应运而生,该系统显著增强了作业适应性和柔顺性,在加工、装配等关键环节展现出巨大优势,成为推动大型复杂部件制造向高效、高精度方向发展的关键技术力量。

2. 多机械臂协同控制系统

随着智能制造任务的日益复杂,多机械臂系统研究正吸引着全球学者与专家的广泛关注,其研究范畴不断拓展深化。相较于单一机械臂,多机械臂的协同控制难题显著增加,并呈现出强烈的非线性特征。鉴于机械臂系统属于 Euler-Lagrange 系统的一个特殊分支,众多研究者基于多 Euler-Lagrange 系统的已有成果,深入探索多机械臂系统的前沿技术。

在应对通信延迟的挑战方面,华为公司已在钢铁制造业率先实施“5GtoB 平台解决方案”,依托 5G 网络的强大能力,实现了多机械臂的精准协同装配作业,并且成功将端到端的传输延迟控制在 20～50 毫秒的极低范围内。对于多机械臂系统的一致性问题,美国喷气推进实验室(JPL)开发了一套创新的遥控操作多机械臂系统,该系统允许操作者通过双手的协调操作进行远程控制,专为空间环境设计,能够完成一系列高度复杂的任务,展现了多机械臂系统在极端环境下的卓越应用能力。

思 考 题

1. 智能控制技术随着工业发展的需求应运而生,请列举身边可能用到智能控制技术的智能系统,并用本章所学的内容进行解释说明。
2. 自适应控制技术主要用于解决哪些经典控制系统中难以解决的问题?
3. 设计一个分布式控制系统的关键技术在哪里?
4. 什么是多智能体系统?协同控制技术在其中起到怎样的作用?

第 5 章　工业大数据集成与智能决策

工业大数据的集成与智能决策共同构筑了其核心竞争力的双翼,各自扮演着不可或缺且相辅相成的角色。工业大数据集成作为智能制造的基石,不仅为智能制造提供丰富、全面且实时的数据源,助力深度挖掘数据价值,更为后续的智能化应用奠定了坚实的基础。而智能决策,则是智能制造领域的智慧大脑。它基于工业大数据集成所汇聚的海量数据资源,运用先进的人工智能算法和模型,开展复杂的数据分析和预测,为制造企业提供科学、合理的决策支撑。本章将全方位、深层次地探讨智能制造领域的核心技术与应用前沿。首先,从工业大数据概述出发,剖析其作为智能制造时代新生产要素的重要性与独特性。其次,聚焦于基于 CPS 和云平台的工业大数据集成技术,剖析这些技术如何协同工作,实现跨设备、跨系统、跨地域的数据汇聚、处理与共享,为智能制造提供坚实的数据支撑。最后,进一步探讨基于工业大数据的智能决策技术,展示这些技术如何运用先进的数据分析、机器学习及人工智能算法,从海量数据中提炼出有价值的信息与深刻洞见,为企业的战略规划、生产管理、市场预测等提供智能化、精准化的决策支持。

5.1　工业大数据概述

工业大数据是工业领域内产品从设计到废弃全生命周期各类数据及其支撑技术和应用的总和。工业大数据体系以客户需求为起点,全面覆盖销售、订单处理、计划规划、研发设计、生产制造、采购供应链、库存管理、物流配送、售后服务、设备维护直至产品报废回收再利用等全产品生命周期的各个环节。其核心在于产品数据,不仅拓展了传统工业数据的范畴,还涵盖了与工业大数据相关的技术和应用。随着信息化与工业化的深度融合,条形码、工业传感器、工业自动控制系统和物联网(IoT)等技术在工业领域广泛应用,有力推动了工业企业的发展,促使企业所掌握的数据量实现前所未有的快速增长。生产线的高效运转产生了海量的现场设备数据、生产管理数据和外部数据。

工业大数据的逻辑基于互联网和物联网技术,通过收集、整合企业在研发、生产、经营管理等各个环节产生的数据,并进行汇聚、分析(包括数据存储、清洗、建模、深度分析和可视化等步骤),最终将分析结果应用于实际业务中。这种应用为工业领域带来诸多变革,包括更低的成本感知、更高速的移动连接、分布式计算和高级数据分析,进而推动企业在研发、生产、运营、营销和管理方式上的创新。这些创新不仅提升了企业的速度与效率,还增强了企业的洞察力和竞争优势。

在工业 4.0 的规划背景下,美国和德国均高度重视工业大数据的分析。尽管大数据分析技术最初并非源自工业领域,而是主要用于应对互联网中产生的社会和媒体大数据,并基于其特性(即体量大、多样性、速度快和价值密度低)不断发展完善,但工业大数据的特性使得传统的互联网大数据分析技术难以直接套用。

5.1.1　工业大数据的分析技术

工业大数据具有专业性、关联性、流程性、时序性和解析性等独特性,这些特性决定了在处理工业大数据时,需采用不同于传统互联网大数据的方法。因此,工业大数据分析技术的核心在于解决关键的三个问题,即业务理解、技术适配和数据治理,如图 5.1 所示。

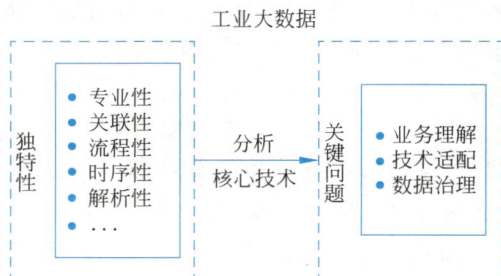

图 5.1　工业大数据分析图

1. 业务理解

在工业大数据的应用场景中,数据与复杂的工业流程和多样化的业务需求紧密相连。这就要求数据分析人员不仅要具备扎实的数据分析技能,还需深入了解工业领域,熟悉工业流程的每一个环节,以及各环节之间的相互作用和依赖关系。同时,他们还需了解不同业务场景下的具体需求,如产品质量控制、生产效率提升、能源管理优化、设备维护预测等。

深入理解业务背景对工业大数据分析至关重要。分析人员不仅要熟悉业务的常规运作模式,还需能够识别和理解业务中的异常情况、瓶颈问题和潜在风险。通过全面理解业务背景,分析人员可确保数据分析与实际应用场景紧密结合,从而提供更准确、更具针对性的分析结果和建议。此外,业务理解还需要跨部门的沟通和协作。工业大数据分析往往涉及研发、生产、采购、销售等多个部门和团队。因此,分析人员需要与这些部门和团队紧密合作,共同确定数据分析的目标、方法和评估标准。通过跨部门的沟通和协作,分析人员能够获取更全面的业务信息和数据资源,提高数据分析的准确性和有效性。

综上所述,业务理解是工业大数据分析的核心要素之一。只有深入理解业务背景,紧密贴合实际应用场景,才能确保数据分析的有效性和实用性,为工业企业的决策和运营提供有力支撑。

2. 技术适配

在工业大数据分析过程中,技术适配至关重要。由于工业大数据具有极强的专业性、时序性等特点,传统的大数据分析技术往往难以满足其复杂需求。因此,需针对这些特点,开发或应用特定的技术工具和方法,以确保数据的有效处理和准确分析。首先,实时数据流处理技术在工业大数据分析中占据重要地位。在工业环境中,数据产生速度极快,且需要实时分析与响应。实时数据流处理技术能够确保数据在产生瞬间被捕获、处理和传输,为分析人员提供实时的数据洞察,支持快速决策与响应。其次,时间序列分析是工业大数据分析的另一关键技术。工业数据通常具有明确的时间序列特性,如设备运行数据、产量数据等。时间序列分析技术可帮助分析人员捕捉数据中的时间趋势、周期性变化及异常事件,从而揭示数据背后隐藏的有价值信息。此外,预测性维护技术也是工业大数据分析的重要应用之一。通过分析历史数据和实时数据,预测性维护技术能够预测设备的故障发生概率和时间,提前进行维护和修复,避免设备故障对生产造成影响。这种技术的应用可大大提高设备的可靠性和生产效率,降低维护成本。当然,除了以上提到的技术工具和方法,机器学习、深度学习、人工智能等技术也适用于工业大数据分析。这些先进的技术手段赋能分析人员,使其能够从海量的数据中精准提取宝贵信息,揭示数据间隐藏的关联与规律,为工业企业的战略决策提供坚实的数据支撑与洞察力。总之,技术适配是工业大数据分析的关键。我们需根据工业大数据的特点和需求,选择或开发适合的技术工具和方法,确保数据的有效处理和准确分析,为工业企业的决策提供有力支持。

3. 数据治理

在工业大数据时代背景下,数据治理尤为重要。由于工业大数据具有多样性和关联性,数据的来源、格式、质量及使用方式呈现出极大的差异性和复杂性。因此,建立一个高效、全面且贴合工业大数据特性的数据治理系统至关重要,这可为数据分析奠定坚实可靠的基础。首先,数据治理需确保数据质量。工业大数据包含海量数据,但并非所有数据都有价值或准确。因此,数据治理体系需包括数据质量监控和评估机制,通过设立数据质量标准、制定数据清洗和校验规则,以及建立并实施完善的数据质量反馈与纠正机制,保障数据的准确性、完整性、及时性和一致性。其次,数据治理需关注数据的关联性。工业大数据中,数据之间的关联关系错综复杂,既有内部数据的相互关联,也有外部数据与内部数据的关联。数据治理体系需建立数据关联模型,明确数据之间的逻辑关系,确保数据分析时能够正确理解和使用数据。此外,数据治理还需确保数据的安全性。工业大数据包含企业的敏感信息、商业秘密等,一旦泄露将给企业带来巨大损失。因此,数据治理体系需建立数据安全管理制度,采取加密、备份、访问控制等安全措施,确保数据不被非法获取、篡改或破坏。

为实现以上目标,数据治理体系包括以下几个方面:数据治理组织架构,构建专门的数据治理组织或委员会,明确各成员在数据治理中的职责与角色,确保数据治理工作有序开展;数据管理制度,制定完善的数据管理制度,包括数据质量标准、数据使用规则、数据安全管理制度等,为数据治理提供制度保障;数据平台建设,构建统一数据平台,整合各业务系统的数据资源,实现数据的集中存储、管理和共享;数据治理流程,建立数据治理流程,包括数据采集、清洗、存储、分析、应用等各环节的标准,确保数据治理工作的规范性和有效性。

总之,数据治理是工业大数据分析的基础和保障。通过建立高效的数据治理体系,可确保工业大数据的质量、一致性和安全性,为数据分析提供可靠的数据基础,进而支持工业企业的决策和运营。

5.1.2　工业大数据的价值

工业大数据,作为现代工业领域的核心驱动力,其价值绝非仅体现在数据层面。它如同一座蕴藏无尽宝藏的矿山,亟待我们去挖掘和运用。首先,工业大数据能够为企业提供前所未有的洞察力。借助对海量数据的收集、分析和处理,企业能够精准地把握市场动态、生产效率和产品质量,为决策提供强有力的数据支撑。相较于传统基于经验的判断模式,这种依托大数据的决策模式更具科学性和准确性,能够帮助企业在激烈的市场竞争中抢占先机。其次,工业大数据能够推动工业生产的智能化升级。在大数据技术的赋能下,生产设备能够实时收集生产过程中的各类数据,实现自动化监控和调整。这不仅提高了生产效率,降低了生产成本,还保障了产品质量的稳定性和一致性。同时,大数据还能够预测设备故障,实现预防性维护,减少设备故障对企业生产的影响。再次,工业大数据对于供应链管理具有重要意义。通过大数据分析,企业能够更准确地预测市场需求和供应能力,实现库存的优化管理和物流的精准调度。这不仅能够降低库存成本,还能够提高物流效率,缩短交货周期,进而增强客户满意度。最后,工业大数据还有助于推动工业领域的绿色可持续发展。通过大数据分析,企业能够优化能源使用方案,降低能源消耗和排放,实现绿色生产目标。

总之,工业大数据的价值在于其能够为现代工业领域带来前所未有的变革和机遇。我们应该充分认识和利用工业大数据的价值,推动工业生产的智能化、绿色化和可持续发展。工业大数据的价值及核心目标如图5.2所示。

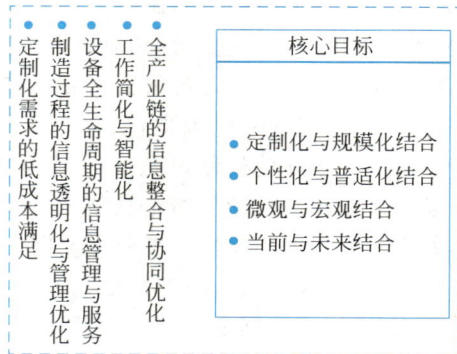

图 5.2　工业大数据的价值及核心目标

从应用层面来看,大数据环境为工业界带来的核心价值,主要体现在以下几个关键方面。

1. 定制化需求的低成本满足

大数据技术的应用,使企业能够精准捕捉和分析市场及用户需求,从而以更低的成本满足客户的个性化定制需求。这种对市场变化的快速响应能力,不仅提升了企业的竞争力,还为客户带来了更为优质的体验。

2. 制造过程的信息透明化与管理优化

大数据的引入,让制造过程中的各个环节信息得以实时、准确地收集和处理,实现了信息的透明化。这不仅提高了生产效率,提升了产品质量,还降低了生产成本和资源消耗。同时,通过数据分析,企业能够更高效地进行生产管理,优化资源配置,提升整体运营效率。

3. 设备全生命周期的信息管理与服务

大数据技术的运用,使设备从采购、使用到报废的全生命周期信息得以有效管理。通过对设备数据的分析,企业能够预测设备故障,实施预防性维护,提高设备的可用率。

4. 工作简化与智能化

大数据的应用使得诸多烦琐、重复的工作得以自动化处理,减轻了员工的工作负担。同时,通过数据分析,企业能够发现生产过程中的瓶颈和问题,为员工提供更加精准的工作指导。在某些领域,大数据甚至能够部分替代人工工作,实现生产的智能化和自动化。

5. 全产业链的信息整合与协同优化

大数据环境使企业能够整合全产业链的信息资源,实现生产系统的协同优化。这种信息整合不仅提升了生产系统的灵活性和动态性,还让企业能够更迅速地响应市场变化,降低生产成本,提高生产效率。通过全产业链的信息共享和协同,企业能够构建更加紧密的产业链合作关系,共同推动产业的发展和进步。

5.1.3　工业大数据的核心目标

对于工业 4.0 时代的智能制造转型而言,工业大数据的核心目标在于将不同元素和概念有效融合,以此推动制造业的数字化转型和智能化升级。具体而言,这些核心目标包括以下几个方面。

1. 定制化与规模化结合

工业大数据使企业能够兼顾定制化生产和规模化效益。通过对大量用户数据的分析,企业能够洞悉每个客户的需求,并据此开展定制化生产。同时,借助智能化生产系统和流程优化,企业能够在维持高效率的同时满足多样化需求。

2. 个性化与普适化结合

在工业 4.0 时代,企业不仅要关注产品的个性化,还需确保其普适性和通用性。工业大数据能够帮助企业找到个性化和普适化之间的平衡点,保证产品既能满足不同用户群体的需求,又能在不同场景下都有出色表现。

3. 微观与宏观结合

工业大数据能够深入生产过程的微观层面,捕捉设备运行数据、生产线效率等细节信息。同时,它还能将这些微观数据汇总至宏观层面,为企业提供整个生产系统的运行状态、生产效率、能耗等宏观指标。这种微观与宏观的融合,使企业能够全面掌握生产情况,做出更加明智的决策。

4. 当前与未来结合

工业大数据不仅关注当前的生产状况和市场趋势,还能帮助企业预测未来的发展趋势和潜在风险。通过对历史数据的分析,企业可以洞察市场的变化规律,预测未来的需求和竞争态势。这种对当前与未来的兼顾,使企业能够提前做好准备,把握机遇,应对挑战。

通过实现这些价值目标,企业能够提高生产效率、降低成本、优化产品质量、满足客户需求,并在激烈的市场竞争中保持领先地位。

5.2　基于CPS的工业大数据集成技术

无论是德国工业4.0战略,还是美国CPS计划,这些引领工业未来发展的重要战略,均将信息物理系统(cyber-physical systems,CPS)视作实施的核心技术,并据此设定各自的战略转型目标。CPS并非一项孤立的技术,而是一个具备完整架构和使用流程的综合技术体系。该体系融合物理世界的设备和传感器、信息网络、计算存储能力和人类活动等多个维度,构建起一个能实现信息物理高度融合的系统。在CPS中,数据处于核心地位,其关键作用贯穿从收集、汇总、解析排序、深入分析到预测、决策,直至最终实现数据分发的整个处理流程。这一流程赋予CPS对工业数据进行高效、实时且流水线式的分析能力。

在CPS的分析过程中,为确保分析结果的精准性与实用性,它全面融合机理逻辑、流程关系、活动目标以及商业活动等关键特征和要求,进行综合考虑。通过实时、准确地获取和分析数据,CPS能够助力企业更好地理解生产过程,优化资源配置,提高生产效率,降低运营成本,并提升产品质量。因此,CPS被视为是工业大数据分析中智能化体系的核心。它通过紧密连接物理世界和数字世界,实现对工业过程的全面感知、动态控制和优化服务。

5.2.1　CPS的概念

1. CPS的定义

信息物理系统,堪称物理与数字世界融合的典范,其核心在于构建一个综合框架。该框架能够从物理世界的对象、环境及活动中捕获大数据,涵盖数据的采集、存储、建模、分析、挖掘、评估、预测、优化与协同处理全过程。这一过程并非单纯的数据处理,而是将处理成果深度融入实体对象的设计、测试及运行效能的实时反馈中,进而塑造出一个与实体空间紧密交织、实时互动、相互耦合且持续更新的网络空间。此网络空间是机理空间、环境空间与群体空间和谐共生的产物。更进一步,信息物理系统凭借自感知、自记忆、自认知、自决策与自重构等先进智能特性,辅以智能支持技术的赋能,推动工业资产向全面智能化转型。它使物理世界的实体能够实时感知自身状态及环境变化,记忆历史数据,认知自身行为对系统的影响,自主决策以优化运行效率,甚至在必要时进行自我重构以适应新的工作环境。这种全面的智能化不仅提升了工业生产的效率和质量,也为工业领域的未来发展开辟了新道路。

2. CPS的内涵

CPS从本质上讲,是一个集成多维度的智能技术体系。它以大数据的丰富性、网络的广泛性以及海量计算的强大能力为基石,通过智能感知、深入分析、数据挖掘、综合评估、精准预测、优化决策与高效协同等一系列核心智能技术手段,成功实现计算(computing)、通信(communication)与控制(control)这三大关键领域的无缝融合与深度协同工作。这一体系不仅展现出技术的高度集成性,还促进了物理世界与数字世界之间的紧密互动与协作。

在这一体系中,CPS不仅关注个体对象的状态和性能,还深入探究对象所处的环境及与之相互作用的群体情况。它通过实时采集和处理数据,对对象的机理、环境以及群体行为进行全面而深入的分析,从而在网络空间与实体空间之间建立起紧密联系和实时交互。这种深度融合特性使 CPS 能够精准反映实体世界的动态变化,并为决策提供科学依据。通过智能分析和优化,CPS 能够自动调整系统参数和运行状态,实现资源的优化配置和高效利用。同时,CPS 还具备强大的协同能力,能够与其他系统或设备进行无缝对接和协同工作,从而实现更大范围内的信息共享和资源整合。总之,CPS 是一个集感知、分析、优化、协同于一体的智能技术体系,它通过实现计算、通信和控制的有机融合与深度协作,为工业领域的智能化转型和升级提供了强有力的技术支撑。

3. CPS 的特征

以 CPS 为核心的智能化体系,专为满足工业大数据环境中的分析和决策需求而设计,其显著特征包括以下几个方面。

(1) 智能感知。CPS 系统具备强大的智能感知能力,能够从多元化的信息来源中准确、全面地采集数据,并采用先进的管理方式确保数据质量。这为上层应用提供了坚实的数据环境基础,支撑着整个智能化体系的运行。

(2) 数据到信息的转化。CPS 系统不仅注重数据的收集,更注重数据的转化和价值提取。通过对数据进行特征提取、筛选分类和优先级排列,将原始数据转化为有价值的信息,使其更易于理解和应用。

(3) 网络的融合。CPS 系统通过深度融合机理、环境及群体因素,精心构建了一个网络环境。该环境作为实体空间的智慧导航,不仅实现了高度的精确同步与关联建模,还详尽记录各种变化,具备强大的分析预测能力。此网络环境为实体空间提供全面、精准的指导和强有力的支持,确保系统的高效运行与持续优化。

(4) 自我认知。CPS 系统凭借机理模型与数据驱动模型的双重优势,确保数据解读的精准性,严格遵循客观物理规律。该系统不仅实时捕捉并呈现对象状态的微妙变化,还巧妙融合数据可视化工具与先进的决策优化算法,为用户量身打造面向特定活动目标的决策支持系统。这一创新设计极大地促进了用户对复杂工业过程的理解与管理能力,实现了从数据洞察到决策优化的无缝衔接。

(5) 自由配置与优化。CPS 系统具备高度的灵活性和可配置性,能够根据活动目标进行自由配置和优化,通过执行优化后的决策实现价值最大化。这种自由配置与优化能力使 CPS 系统能够适应不同工业场景需求,提高生产效率和质量。

5.2.2　CPS 驱动的数据价值创造架构

CPS 驱动的数据价值创造架构是以 CPS 为核心,构建起一个全面且高效的数据价值创造环境。其设计理念在于将物理世界的各类数据元素与网络空间的智能处理深度融合,实现数据全面收集、智能分析、优化决策和价值应用的闭环流程。在此架构中,CPS 作为核心驱动力,不仅负责从物理世界实时采集数据,还借助智能感知、分析、挖掘等技术手段,对数据进行深度处理,以揭示其内在价值和潜在规律。同时,该架构融合了云计算、大数据、人工智能等先进技术,为数据处理赋予强大的计算能力和分析能力。具体来说,这一架构包含以下几个关键组成部分。

1. 数据采集层

数据采集层是整个数据价值创造架构的基石。它通过广泛部署的各类传感器、执行器等设备,实时从物理世界中捕获并收集数据。这些传感器和执行器可部署于生产线、设备、环境等各个角落,实现对温度、压力、速度、位置、湿度、光照等多种物理量的实时监测。数据采集层的设计确保了数据的全面性和准确性。全面性意味着系统尽可能覆盖更多物理量和场景,以获取最完整的数据集;准确性要求传感器和执行器具备高精度和高可靠性,能够精准反映物理世界的真实状态。

为实现高效数据采集,数据采集层通常还配备了先进的数据传输技术和协议,如无线传感器网络(WSN)、物联网(IoT)等,确保数据能够实时、稳定地传输至后续处理层。此外,数据采集层需考虑数据的安全性和隐私保护,防止敏感信息泄露。通过数据采集层,整个数据价值创造架构得以获取最原始、最真实的数据资源,为后续数据处理和分析奠定坚实基础。

2. 数据处理层

利用CPS的智能感知和分析能力对采集到的数据进行处理,是至关重要的环节。在这一阶段,系统首先对数据进行清洗,去除数据中的噪声、异常值和重复项,保障数据的准确性和一致性。其次通过整合不同来源、不同格式的数据,能够构建一个全面、统一的数据集,为后续分析提供便利。在数据清洗和整合的基础上,CPS运用先进算法和技术手段进行特征提取。特征提取是数据分析的关键步骤,旨在从原始数据中提取出具有代表性的、能反映数据本质的特征。这些特征可以是数值型、文本型、图像型等,它们能够揭示数据的内在规律和结构,为后续分析和建模提供有力支撑。

CPS的智能感知和分析能力在这一过程中发挥核心作用。借助深度学习、机器学习等算法,系统能够自动学习并识别数据中的模式和规律,从而更精准地提取有价值的特征。这种能力使CPS在处理复杂、大规模数据集时具备更高效率和准确性。经过这一阶段处理,数据变得更加精炼、有序和易于分析,为后续数据分析、挖掘和建模提供了坚实的基础,使整个数据价值创造架构更好地发挥作用,为企业创造更大价值。

3. 数据分析层

基于大数据技术对数据进行深入挖掘和分析,是数据价值创造过程中不可或缺的部分。在这一阶段,强大的计算能力和高效的数据处理技术用于对清洗、整合后的数据进行深度剖析,以揭示数据背后隐藏的规律、趋势和潜在价值。大数据技术提供丰富的算法和工具,用于数据的深入挖掘和分析,包括但不限于数据挖掘、机器学习、关联规则分析、聚类分析、时间序列分析等。通过这些技术,可从数据中提取有用信息和知识,助力企业更好地理解业务运行规律、优化资源配置、提升运营效率。

在挖掘和分析过程中,CPS的智能感知和分析能力发挥重要作用。通过与业务场景紧密结合,CPS能够识别数据中的关键指标和关键因素,从而引导数据分析的方向和重点。此外,CPS还可根据分析结果自动调整和优化数据处理流程,提高数据处理的准确性和效率。通过基于大数据技术的深入挖掘和分析,企业能够更全面地了解业务运行状况、市场需求和竞争态势,进而制订更科学、合理的决策方案。这些决策方案不仅有助于提升企业竞争力和市场份额,还能为企业创造更大的经济效益和社会效益。

4. 决策支持层

结合人工智能(AI)和机器学习(ML)技术,数据价值创造架构能够根据深入的数据分析结果提供智能化决策支持。这种支持不仅基于数据的规律和价值,还融合先进算法和模型,协助用户制订更科学合理、精准有效的决策方案。在智能决策支持过程中,AI 和 ML 技术发挥核心作用。首先,它们能够自动学习并识别数据中的复杂模式和规律,这些模式可能是传统方法难以捕捉的。通过学习这些模式,系统能够预测未来的趋势和可能的结果,为决策提供前瞻性指导。其次,AI 和 ML 技术还能帮助系统理解用户的偏好和需求。通过历史数据和用户行为的分析,系统可以推断出用户的决策偏好,并据此提供个性化的决策建议。这种个性化支持使决策更加符合用户的期望和需求,提高了决策的满意度和效果。再次,AI 和 ML 技术还能优化决策过程。它们可以通过自动化的方式来处理和分析数据,减少人工干预,提高决策的效率。同时,这些技术还能根据历史决策的效果进行反馈学习,不断优化决策模型和算法,提升决策的准确性和可靠性。最后,智能化的决策支持还能提供可视化结果展示和解释。通过直观的图表、图像和报告,用户能够更好地理解数据分析和决策支持结果,从而更便捷地做出决策。同时,系统还可以提供对决策结果的解释和说明,帮助用户理解决策背后的逻辑和依据。

综上所述,结合人工智能和机器学习技术,数据价值创造架构能够提供智能化的决策支持,帮助用户制订更加科学合理、精准有效的决策方案。这种支持不仅提高了决策的效率和质量,还为用户提供了更好的决策体验和效果。

5. 价值应用层

将决策方案转化为实际行动,是数据价值创造过程中至关重要的一环。通过优化资源配置、改进生产流程等方式,企业能够将数据分析的成果转化为实际的生产力和竞争力,实现数据的价值应用,进而为企业创造更大的经济效益和社会效益。

在实际操作中,企业首先需要根据决策方案明确具体的实施步骤和计划。这可能包括调整生产线配置、优化库存管理、改进供应链管理等方面。借助精确的数据分析和智能决策支持,企业能够更准确地把握市场需求和竞争态势,从而制订更符合实际、更具针对性的实施方案。在资源配置方面,企业可利用数据分析结果来优化人力、物力、财力等资源的分配。通过精准预测市场需求和产能需求,企业能够避免资源的浪费和短缺,提高资源利用效率。同时,企业还可根据数据分析结果来优化供应链管理,确保供应链顺畅稳定,降低运营成本。在改进生产流程方面,企业可利用数据分析结果来识别生产过程中的瓶颈和问题,并采取相应的措施加以改进。例如,通过优化生产线的布局和流程,提高生产效率和产品质量;通过引入先进的生产技术和设备,降低生产成本和提高生产效率。这些改进措施不仅能够提高企业的生产效率和竞争力,还能够增强企业的品牌形象和市场地位。

除了经济效益,数据的价值应用还能为企业带来社会效益。例如,通过优化资源配置和改进生产流程,企业能够减少对环境的影响和污染,降低能源消耗和废弃物排放,实现绿色生产和可持续发展。此外,企业还可利用数据分析结果来优化产品和服务,满足消费者的需求和期望,提高客户满意度和忠诚度。综上所述,将决策方案转化为实际行动,并通过优化资源配置、改进生产流程等方式实现数据的价值应用,是企业实现数据驱动转型的关键步骤。总之,以CPS 为核心的数据价值创造架构是一个全面、高效、智能的数据处理环境,能够为企业提供从数据采集到价值应用的全流程支持,助力企业实现数字化转型和智能化升级。

5.2.3　CPS 框架下的智能信息转化

CPS 系统高度聚焦于如何从海量的工业大数据中高效提取并创造直接面向客户的价值。尽管当下先进的传感器、通信技术及物联网的广泛应用,极大地便利了大规模数据的收集,但值得注意的是,数据价值并非自动显现,而是需要经过精心处理与利用方能彰显。众多运营型企业虽拥有大量的设备使用数据,却往往仅将其用于问题发生后的被动分析,忽视了数据在预防潜在问题、提升运营效率方面的巨大潜力。因此,构建一个统一的平台,对数据性深度关联分析与前瞻进行预测,成为充分挖掘数据价值、预防潜在风险、优化运营效能的关键路径。此外,数据的可用程度也至关重要,大量采集的数据可能包含大量冗余或无用信息,这对数据采集和存储的精准性提出了新的要求。因此,CPS 体系致力于通过提高数据利用效率和可用程度,实现从工业大数据到客户价值的最大化创造。

在 CPS 框架下,即便拥有可利用的数据,也必须经过一个复杂且精准的过程,才能将其转化为有用信息。这个过程类似于人类的记忆机制,并非简单的数据存储或镜像映射,而是需要经过筛选、存储、关联、融合、索引和调用等一系列操作,使数据转变为对决策有实际意义的信息。为实现这一目标,CPS 能够自适应、动态地根据信息分析的频率和重点,进行"数据—信息"的转换。同时,它还需解决海量信息的持续存储、多层挖掘和层次化聚类调用等问题,以确保信息提取的高效性和准确性。这种智能的信息提取过程,是实现从数据到价值转化的关键。

在工业 4.0 时代,信息向价值的转化机制已突破单一信息源生成单一价值的局限。其核心在于,在实时动态环境中,通过多源数据的深度融合、多维度关联分析及精准预测,驱动多问题域、多生产环节乃至整条产业链的协同优化进程。这一变革性策略有效缓解了用户需求规模化与高度定制化之间的固有矛盾,催生出更为丰富多元的应用价值。通过无缝整合来自多个源头的信息流,企业能够洞悉市场趋势的微妙变化,精准优化生产流程,将产品质量提升至新高度,并最终为用户提供更具个性化、附加值更高的产品与服务,实现用户与企业价值的双赢。

5.2.4　CPS 技术应用特征

从 CPS 技术体系的角度来看,其核心价值在于借助数据分析能力来创新性地创造新价值。数据分析作为 CPS 技术的关键环节,能够对海量的物理世界信息进行采集、整合、处理和解读,进而挖掘出潜在的商业机遇和优化方案。

这一核心价值决定了 CPS 技术具备高度的移植性和通用性。由于数据分析的方法和工具可广泛应用于各类场景和行业,CPS 技术因而能够跨越不同的行业边界,实现技术的快速转移和应用。无论是工厂车间的生产优化、运输系统的效率提升,还是能源行业的资源分配,CPS 技术都能凭借其强大的数据分析能力,为各行各业带来切实的价值提升。

在工厂车间,CPS 技术可实时监测设备运行状态和生产线生产效率,通过数据分析发现潜在的问题和优化空间,进而提升生产效率和产品质量。在运输系统中,CPS 技术能够实时追踪货物的位置和状态,优化运输路线和配送计划,降低运输成本并提升客户满意度。在能源行业,CPS 技术可实时监测能源的使用情况和设备的运行状态,通过数据分析发现能源浪费和潜在的安全隐患,进而实现能源的优化分配并降低运营风险。

综上所述,CPS 技术凭借高移植性、高通用性,以及强大的数据分析能力,在各行各业展现出广泛的应用前景和巨大的价值潜力。以 CPS 为核心的数据价值创造体系应用于工业 4.0 时,确实需要一个全面且细致的"二维"应用战略。这个战略旨在确保从基础平台建设到高级应用扩展的全面覆盖,从而最大限度地发挥 CPS 技术的潜力,为工业 4.0 的发展提供强大的技术支撑。在三个横向的应用基础方面,首先要搭建稳固的平台基础。这包括构建高效、智能的数据收集系统,以及能够支持大规模数据处理和存储的平台。通过这些平台,可实时获取并整合来自生产线的各类数据,为后续数据分析提供坚实的基础。其次,分析手段是创造数据价值的关键。这涉及运用各类智能化的数据分析、管理和优化工具及软件,对收集到的数据进行深入挖掘和分析。借助这些工具,能够发现数据中的规律和趋势,为生产决策提供科学依据,并不断优化生产流程,提高生产效率。最后,商业模式内核是数据价值创造体系的核心。这包括设计并应用智能管理及服务体系,将数据分析的结果转化为具体的商业模式和盈利点。通过智能化的管理和服务,能够为企业创造更多的商业价值,提升企业竞争力。

在三个纵向的应用扩展方面,首先要从基础的部件级应用起步。这包括将 CPS 技术应用于单个生产设备或部件的智能化改造,实现设备间的互联互通和协同工作。通过部件级应用,可初步领略 CPS 技术带来的优势,为后续应用扩展奠定基础。接着,要实现系统的装备级应用。这包括将多个智能化设备或部件整合成一个完整的生产系统,通过 CPS 技术的统一管理和调度,实现生产系统的智能化运行和优化。装备级应用可进一步提升生产效率和质量,降低生产成本和能源消耗。最后,要构建成体系的应用链。这包括将多个智能化生产系统连接起来,形成一个完整的产业链或价值链。通过 CPS 技术的应用,能够实现产业链或价值链的智能化管理和优化,提高整个产业的竞争力和可持续发展能力。同时,成体系的应用链还可促进不同产业之间的融合和创新,推动工业 4.0 的全面发展。在工业 4.0 的背景下,CPS 的应用为智能装备、智能工厂和智能服务带来了革命性变革。

1. 智能装备

在 CPS 技术的助力下,智能装备能够展现出高度的智能化和自主化特性。在网络层面上,通过机器网络接口(CPI)进行网络健康分析的交互连接,智能装备能够实时地收集、处理和交换信息。

(1)数据切片管理。智能装备借助数据切片管理,有效地管理从机器中输入网络空间的信息。通过收集并记录机器在特定时间点的状态快照,减少对硬盘空间和处理能力的需求。这些快照仅在机器状态发生重要变化时生成,如机器健康值的显著波动、维护行为或工作模式的变更。这些历史快照用于构建特定状态点的时间机器历史,以支持后续的分析和比较。

(2)相似识别。在网络互联环境下,智能装备具备强大的自我诊断与优化能力。它们运用先进的特征提取与建模技术,深入分析设备自身在不同运行模式和健康状态下的历史数据,构建出精准的状态模型。这些模型随后与实时采集的设备数据进行比对,使智能装备能够自主识别当前的健康状态,并据此进行风险评估与故障诊断,实现故障的早发现、早预防。进一步,智能装备还具备跨设备的比较与学习能力。它们能够与网络中的类似设备进行数据交换,自动识别并聚类那些工况模式相近的设备群体。智能装备能深入比较各设备间的性能差异,从而获取更全面的性能评估视角。这种自我比较与自我反省的能力,不仅增强设备对自身状态的认知,还赋予它们预测未来状态变化的能力,实现设备自预测性的显著提升。

(3)执行决策的优化。当智能装备具备自省性、自比较性和自预测性的能力时,它能对自身当前和未来的性能进行预测,并基于这些预测优化决策。智能装备能够结合当前自身性能与任务要求,自动预测自身性能与任务需求在当前和未来的匹配性,并制定最优化的执行策略。这种优化旨在在满足任务要求的前提下,最小化资源使用、减少对设备健康的损害,并在最佳时机进行状态恢复。为实现这一点,智能装备需要清晰认知其在复杂工业系统中的角色,并能够预测其活动对系统整体表现的影响。这是设备从自省性向自认知能力进一步发展的体现。

2. 智能工厂

在智能工厂中,CPS技术的引入彻底革新了传统工厂的运作方式,实现了设备间的无缝连接和高效协同工作,显著提升了整个生产线的效率和灵活性。

(1)设备间的无缝连接与协同。CPS技术通过物联网技术,将工厂内的各类设备、传感器、控制系统等进行网络连接,实现设备间的无缝连接。这些设备能够实时交换数据、共享信息,从而实现协同工作。借助CPS技术,设备能够自动感知环境、自动调整工作状态,并与其他设备协同完成生产任务。

(2)实时监控生产线的运行状态。智能工厂通过CPS技术能够实时监控生产线的运行状态,包括设备的工作状态、生产进度、产品质量等信息。通过安装在生产线上的传感器和控制系统,智能工厂能够实时获取生产数据,并将数据传输至中央控制系统进行分析。如此,工厂管理人员能够实时了解生产线的运行情况,及时发现并解决问题。

(3)数据分析与优化生产流程。智能工厂通过收集和分析生产数据,能够发现生产过程中的瓶颈和问题,进而优化生产流程。CPS技术提供了强大的数据分析工具和方法,可帮助工厂管理人员对生产数据进行深入挖掘和分析。通过数据分析,智能工厂能够找出生产过程中的浪费和不合理之处,提出改进方案,降低生产成本和能源消耗。

(4)提升生产灵活性和响应速度。CPS技术的应用使智能工厂的生产更加灵活,能够快速响应市场变化。通过实时监控和分析生产数据,智能工厂能够及时发现市场需求的变化,并快速调整生产计划和生产策略。同时,智能工厂还可根据客户需求进行定制化生产,提供更加个性化、多样化的产品和服务。

总之,CPS技术在智能工厂中的应用实现了设备间的无缝连接和协同工作,提升了生产线的效率和灵活性。通过实时监控生产线的运行状态、数据分析与优化生产流程及提升生产灵活性和响应速度等方面的工作,智能工厂能够降低生产成本和能源消耗,提高生产效率和产品质量,为企业带来更大的商业价值。

3. 智能服务

智能服务作为工业4.0的核心组成部分,通过CPS技术的赋能,正逐步实现服务的智能化和个性化。CPS技术的融入使智能服务能够更好地满足用户日益多样化的需求,并为企业创造更大的商业价值。

(1)服务的智能化。CPS技术通过实时收集和分析用户数据,使智能服务能够更精准地理解用户的行为和需求。这种智能化服务不仅体现在对用户需求的快速响应上,更在于能够预测用户的潜在需求,并提前做好相应的准备。例如,在智能家居领域,智能服务可通过分析用户生活习惯,自动调节家居设备的运行状态,为用户营造更加舒适的生活环境。

(2)服务的个性化。在CPS技术的支持下,智能服务能够根据用户的个人喜好和习惯,提供个性化的服务方案。这种个性化服务不仅提升了用户的满意度和忠诚度,也为企业带来了更高的市场竞争力。例如,在电子商务领域,智能服务可根据用户的购物历史和浏览行为,推荐符合其个人喜好的商品,提高用户购物体验和转化率。

(3)提升用户体验。智能服务的智能化和个性化特点极大地提升了用户体验。用户无须再花费大量时间和精力搜索和筛选信息,智能服务能够主动为用户提供所需的信息和服务。同时,智能服务还能根据用户的反馈不断优化自身的服务质量,使用户体验更加流畅和愉悦。

(4)为企业创造商业价值。智能服务的智能化和个性化特点不仅提升了用户体验,还为企业带来了更多的商业价值。通过精准地把握用户需求和市场趋势,企业能够制定更有效的市场策略,提高市场占有率和盈利能力。同时,智能服务还能为企业积累数据资产和洞察力,助力企业更好地理解市场和用户,为未来的业务发展提供有力支撑。

总之,CPS 技术在智能服务中的应用,不仅实现了服务的智能化和个性化,提升了用户体验和满意度,还为企业带来更多的商业价值。随着技术的不断发展和完善,智能服务将在未来发挥更加重要的作用,推动工业 4.0 的深入发展。

5.3　基于云平台的工业大数据集成技术

基于云平台的工业大数据集成技术,是工业 4.0 时代的关键驱动力之一。该技术凭借云端强大的数据处理和分析能力,实现对海量、复杂且多样的工业数据的集中存储、高效管理和智能分析。这种技术不仅解决了传统数据管理中数据分散、孤立和难以整合的问题,还能实时收集、清洗、整合来自不同设备、不同系统、不同生产环节的异构数据。

在数据的无缝集成与共享方面,该技术借助统一的数据模型和标准化的数据接口,实现数据的快速接入和高效流通,使企业内部的各个部门、供应链上的各环节及企业间能够共享数据资源,从而打破"信息孤岛",提升整个产业链的数据利用效率。此外,基于云平台的工业大数据集成技术还具备强大的数据分析和挖掘能力。通过对海量数据的深度分析和挖掘,企业能够获取更全面、准确、及时的数据洞察,为产品研发、生产管理、市场营销等各个业务环节提供有力的数据支撑,助力企业实现精准决策和运营优化。最终,这项技术的应用推动了工业生产的智能化、高效化和可持续发展。通过数据驱动的生产管理,企业能够更精准地控制生产过程,提高生产效率和产品质量;通过数据分析,企业能够发现新的市场机会和潜在风险,为市场拓展和风险控制提供有力支持;通过数据共享和协同,企业与合作伙伴建立更紧密的合作关系,共同推动整个产业链的升级和发展。

为实现对工业大数据的高效处理,云计算模式凭借其强大的计算能力和可扩展性迅速兴起。云计算模式催生出一系列可扩展的基础设施和云服务处理引擎技术,如 Apache 基金会推出的 Hadoop 编程模型,它通过分布式文件系统 HDFS 和 MapReduce 编程模型,为海量数据的存储和计算提供了有力支持。此外,加州大学伯克利分校 AMP 实验室研发的 Spark 内存计算框架,进一步提升了数据处理的速度和效率,使大数据处理更加迅速、灵活。然而,尽管云计算模式在大数据处理方面成果显著,但在当前的集中式处理模式下,海量数据需上传至云端,再调用云端服务器进行运算分析,这种方式在实时性方面存在明显不足。谷歌公司的研究显示,每 400 毫秒的网络时延会导致用户搜索请求下降 0.59%,这凸显了实时性在数据处理中的重要性。亚马逊公司也指出,每增加 100 毫秒的网络延迟,就会降低 1% 的收益,这进一步表明工业领域对实时数据分析的迫切需求。为满足工业场景对运算、分析与控制的实时要求,边缘计算作为一种新型计算模式应运而生。边缘计算将数据处理和分析能力从云端下沉到网络边缘,即设备或数据源附近,从而显著降低数据传输延迟和带宽需求。通过边缘计算,工业设备能够直接在本地进行实时数据分析,快速响应环境变化和控制需求,大幅提高整个系统的响应速度和稳定性。

云计算可处理全局性的大数据分析和复杂的计算任务,而边缘计算能够在本地实现实时数据处理和快速响应。这种混合计算模式能够充分发挥两种技术的优势,为工业领域提供更高效、灵活、可靠的数据处理方案。

5.3.1 "边缘-云"协同:构建实时高效的工业大数据分析模型

本节将深入探讨"边缘-云"模式中"边缘-云"融合的大数据分析模型架构,以及支撑该架构的云计算技术、边缘计算技术、流数据处理技术和内存计算技术。云平台的大数据分析模型架构如图 5.3 所示。

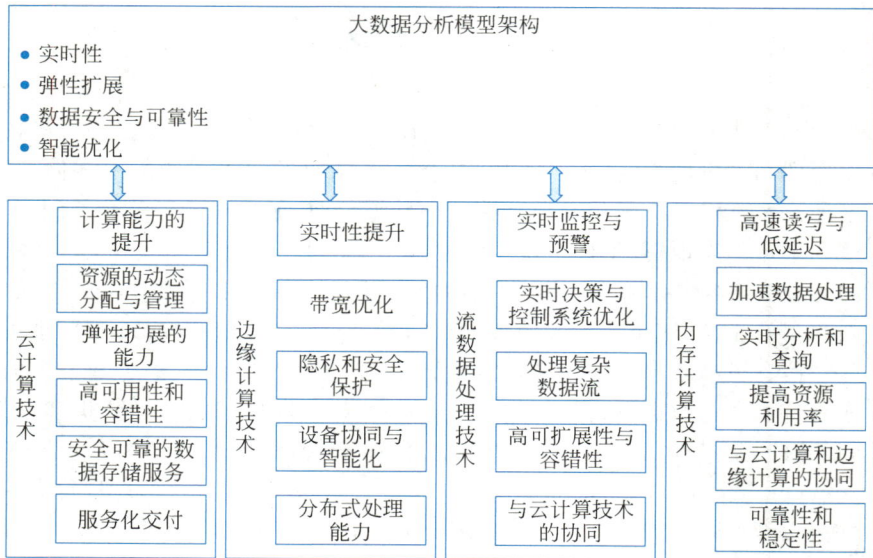

图 5.3　云平台的大数据分析模型架构

1. 大数据分析模型架构

"边缘-云"融合的大数据分析模型架构是一种创新且高效的分布式计算架构,它巧妙融合了边缘计算和云计算的核心优势,以适应现代工业环境对大数据处理的高要求。在数据采集阶段,边缘计算设备部署于数据源附近,如生产线的各个节点、传感器网络等,它们能够实时捕获原始数据,如设备状态、生产参数、环境变量等信息。这些设备通过本地处理,能够执行初步的数据清洗、筛选和简单分析,从而快速识别出异常或关键信息。随后,经过初步处理的数据被传输至云计算平台。云计算平台具备强大的计算资源和存储能力,能够对海量数据进行深入分析和挖掘。借助 Hadoop、Spark 等大数据处理引擎,云计算平台可对数据进行批处理、流处理或图计算等复杂分析任务,进而揭示数据中的潜在价值,为企业决策提供有力支持。此外,"边缘-云"融合的大数据分析模型架构还具备以下优势。

（1）实时性。由于边缘计算设备在数据源附近进行实时处理,极大减少了数据传输延迟,整个系统能够在毫秒级别内响应数据变化,充分满足工业生产对实时性的要求。

（2）弹性扩展。云计算平台具有弹性扩展的能力,可根据数据处理任务的需求,动态增加或减少计算资源,确保系统始终维持在最佳性能状态。

（3）数据安全与可靠性。云计算平台提供了安全可靠的数据存储服务,采用多重备份、加密和访问控制等机制,切实保障数据的安全性和可靠性。

（4）智能优化。基于云计算平台的分析结果,企业能够实时了解生产状况、市场需求等信息,并据此对生产计划进行调整、对设备参数进行优化等,以实现智能化生产和管理。

总之,"边缘-云"融合的大数据分析模型架构不仅提高了数据处理的效率和实时性,还为企业提供了更为全面、深入和智能的数据洞察和决策支持,有助于推动工业生产的智能化、高效化和可持续发展。

2. 云计算技术

云计算技术作为现代信息技术的核心之一,为"边缘-云"融合的大数据分析模型架构提供了强大支撑。

（1）计算能力的提升。云计算技术凭借其分布式计算和并行处理能力,显著增强了大数据处理所需的计算能力。在"边缘-云"架构中,云计算平台能够集中管理大量服务器和存储资源,通过虚拟化技术实现计算资源的池化和共享,确保在处理大规模数据集时的效率和性能。

（2）资源的动态分配与管理。云计算技术具备动态分配和管理计算资源的能力。这意味着,根据数据处理任务的需求,云计算平台能够实时调整分配给任务的计算资源数量。这种动态资源管理机制有效避免了资源浪费,同时保证了任务的及时处理和完成。

（3）弹性扩展的能力。云计算技术提供弹性扩展能力,允许系统根据需求变化快速调整资源规模。在大数据处理中,这种弹性扩展能力至关重要。随着数据处理任务的增减,云计算平台能够自动增加或减少计算资源,确保系统始终处于最佳性能状态。

（4）高可用性和容错性。云计算技术通过冗余部署和容错机制,具备高可用性和容错性。在"边缘-云"架构中,即便某个节点或服务器出现故障,云计算平台也能迅速切换至其他正常节点或服务器,确保数据处理任务不间断执行。这种高可用性和容错性对于保障工业生产的连续性和稳定性意义重大。

（5）安全可靠的数据存储服务。云计算技术提供安全可靠的数据存储服务。通过多层次的安全防护措施和备份机制,云计算平台能够确保数据的安全性和可靠性。在"边缘-云"架构中,经过边缘计算初步处理的数据被传输至云计算平台进行深度分析,而云计算平台则通过加密、访问控制等手段保护数据安全,防止数据泄露和非法访问。

（6）服务化交付。云计算技术采用服务化交付模式,使用户能够按需获取和使用计算资源。在"边缘-云"架构中,企业可根据自身需求选择合适的云计算服务,如基础设施即服务（IaaS）、平台即服务（PaaS）或软件即服务（SaaS）,从而快速构建和部署大数据分析系统。

综上所述,云计算技术为"边缘-云"融合的大数据分析模型架构提供了强大的计算和存储能力、动态的资源分配与管理、弹性扩展能力、高可用性和容错性及安全可靠的数据存储服务。这些优势使得该架构能够高效、实时地处理和分析工业大数据,为企业的智能化生产和管理提供有力支持。

3．边缘计算技术

边缘计算技术是一种将数据处理和分析能力推向网络边缘的技术，它在数据源附近直接进行数据的实时收集、处理和分析，从而显著降低数据传输延迟和带宽需求。

（1）实时性提升。边缘计算技术通过将数据处理能力部署在设备或数据源附近，实现数据的即时处理和分析。这种就近处理方式减少了数据传输延迟，使系统能够在毫秒级别内响应数据变化。对于需要实时反馈的工业场景，如自动化生产线、智能交通系统等，边缘计算技术提供了至关重要的支持。

（2）带宽优化。传统数据处理模式需将大量原始数据传输到云端进行处理，这不仅增加数据传输延迟，还占用大量带宽资源。而边缘计算技术通过在数据源附近进行初步数据处理，仅将关键数据和处理结果传输到云端，大幅降低了数据传输的带宽需求。这既降低了数据传输成本，又提高了网络带宽的利用效率。

（3）隐私和安全保护。在边缘计算架构中，敏感数据在数据源附近进行处理，无须传输到云端，从而降低了数据泄露的风险。此外，边缘计算设备还可采用本地加密和访问控制等手段来保护数据的安全。这种分布式数据处理方式使数据在传输过程中受到更严密的保护，有助于提高整个系统的安全性。

（4）设备协同与智能化。边缘计算技术使设备之间能够实现更紧密的协同工作。通过实时收集和分析设备数据，边缘计算设备可以智能调整设备参数、优化工作流程、预测设备故障等，从而实现设备的智能化管理和维护。这种设备协同与智能化能力有助于提高工业生产的效率和可靠性。

（5）分布式处理能力。边缘计算技术具备分布式处理能力，可将数据处理任务分散到多个边缘计算节点上进行并行处理。这种分布式处理模式不仅提高了数据处理的效率，还使系统能够应对更大规模和更复杂的数据处理任务。同时，由于边缘计算节点通常部署在设备或数据源附近，因此它们能够更好地利用本地资源，如存储、计算和网络等，进一步提升系统的整体性能。

综上所述，边缘计算技术通过实时性提升、带宽优化、隐私和安全保护、设备协同与智能化以及分布式处理能力等方面的优势，为"边缘-云"融合的大数据分析模型架构提供了有力支持。这种分布式处理模式不仅提高了数据处理的效率和实时性，还为企业提供了更智能化和高效化的解决方案。

4．流数据处理技术

流数据处理技术作为处理实时数据流的核心技术，在"边缘-云"融合的大数据分析模型中占据至关重要的地位。这种技术专注于实时、连续不断地处理和分析来自边缘计算节点的数据流，确保在数据流产生的同时能够即时提取有价值的信息，并据此进行决策和响应。

（1）实时监控与预警。在工业生产、金融交易、网络安全等场景中，实时监控和预警能力极为关键。流数据处理技术能够实时分析数据流中的模式和趋势，一旦检测到异常或潜在风险，就能立即触发预警机制，通知相关人员或系统采取相应措施。这种即时响应能力对于避免潜在损失、确保系统稳定运行具有重要意义。

（2）实时决策与控制系统优化。在需要快速响应的工业场景中，流数据处理技术能够实现实时决策和控制系统优化。通过对实时数据流的分析，系统能够迅速了解生产线的运行状况、设备的性能参数等信息,并根据这些信息调整生产参数、优化工作流程或进行设备维护。这种实时的决策和控制系统优化能力有助于提高生产效率、降低能耗和减少故障率。

(3)处理复杂数据流。在"边缘-云"融合的大数据分析模型中,数据流往往具有多样性、复杂性和不确定性等特点。流数据处理技术能够处理来自不同数据源、具有不同格式和速率的数据流,并能够在数据流中识别出复杂的模式和趋势。这种技术具备强大的数据处理能力,能够应对大规模、高速率的数据流,并确保数据处理的准确性和效率。

(4)高可扩展性与容错性。流数据处理技术通常具备高可扩展性和容错性。这意味着系统可根据数据处理任务的需求动态增加或减少计算资源,确保系统始终保持最佳性能状态。同时,流数据处理技术还具备容错能力,能够在节点故障或网络中断等情况下继续运行,确保数据处理的连续性和稳定性。

(5)与云计算技术的协同。边缘计算节点负责实时收集和处理数据,并将处理结果传输到云计算平台进行深度分析和挖掘。云计算平台则利用强大的计算能力和存储资源,对流数据处理结果进行进一步处理和分析,并为企业提供更全面、深入的数据洞察和决策支持。

综上所述,流数据处理技术在"边缘-云"融合的大数据分析模型中发挥着重要作用。它通过实时监控与预警、实时决策与控制系统优化、处理复杂数据流、高可扩展性与容错性及与云计算技术的协同等方面,为企业提供了实时、高效、准确的数据处理和分析能力,有助于企业实现智能化、高效化的生产和管理。

5. 内存计算技术

内存计算技术是一种在内存中直接存储和处理数据的技术,它显著提高了数据处理的速度和效率。在"边缘-云"融合的大数据分析模型中,内存计算技术发挥着至关重要的作用。

(1)高速读写与低延迟。内存计算技术利用内存(RAM)作为数据处理的主要场所,与传统基于磁盘的存储相比,内存具有极高的读写速度和极低的延迟。这意味着数据能够被迅速加载到内存中,并且数据处理操作几乎可立即完成。例如,动态随机存取内存(DRAM)作为内存计算技术的核心,通过微小的电容来存储信息,虽然需要定期刷新以保持数据,但其读写速度远超磁盘。

(2)加速数据处理。由于内存的高性能,内存计算技术能够显著加速数据处理的速度,特别是对于大规模数据集的处理。在"边缘-云"架构中,无论是边缘计算节点还是云端数据中心,都能借助内存计算技术实现快速的数据分析和处理。在处理大数据时,内存计算技术能够支持多通道内存读取模式,从而显著提高内存带宽,加快数据处理速度。

(3)实时分析和查询。内存计算技术允许对大规模数据集进行实时分析和查询,无须等待数据从磁盘加载到内存中。这使企业能够更快地获取数据洞察,为决策提供有力支持。特别是在边缘计算环境中,内存计算技术能够确保数据的实时处理和分析,满足对响应速度有严格要求的应用场景。

(4)提高资源利用率。内存计算技术通过优化内存使用和管理,提高了计算资源的利用率。内存控制器作为管理计算机内存的硬件,负责确定数据在内存中的位置,并在需要时执行数据的读取和写入操作。此外,内存计算技术还支持内存共享和分页技术,进一步提升了内存资源的利用效率。

(5)与云计算和边缘计算的协同。边缘计算节点利用内存计算技术处理实时数据流,而云计算平台则利用内存计算技术对边缘节点处理后的数据进行深度分析和挖掘。这种协同工作模式确保了数据的高效处理和利用。

（6）可靠性和稳定性。虽然内存计算在断电后数据会丢失（不同于 ROM），但通过定期刷新和备份机制，内存计算技术能够确保数据的可靠性和稳定性。在边缘设备和云端数据中心中，内存计算技术结合其他容错和备份技术，共同保障数据完整性和安全性。

综上所述，内存计算技术在"边缘-云"融合的大数据分析模型中发挥着至关重要的作用，它通过提供高速读写、低延迟的数据处理能力，支持实时分析和查询功能，提高资源利用率，并与云计算和边缘计算技术协同工作，共同推动数据处理的可靠性和稳定性。

5.3.2 工业云与大数据的融合

我国高度重视工业云的发展，将其视为推动工业现代化、提升经济竞争力的关键驱动力。近年来，为加速工业云技术的普及与应用，国家层面密集出台了一系列针对性强、导向明确的政策举措。在国家政策的激励下，全国各级地方政府迅速响应，积极制定并落地实施一系列工业云发展规划，构建起全方位的支持体系，为工业云的稳健成长与繁荣发展注入了强劲动力。借助应用工业云技术，企业能够实现对生产经营过程的全面管控，加大管控力度，进而实现降本增效的目标。同时，工业云的应用有助于企业优化管理流程，提高管理效率，全面提升企业的管理水平。工业云的发展不仅助力企业实现数字化转型，还能推动产业链上下游的协同合作，促进整个产业的升级和发展。此外，工业云还能为企业提供更为精准的数据分析和决策支持，帮助企业更好地把握市场趋势，制定更科学的经营策略，提高企业的核心竞争力。

总之，我国高度重视工业云发展，并通过政策扶持和地方政府的积极推动，为工业云的普及和应用营造了良好的环境和条件。随着工业云技术的不断发展和完善，相信它将在我国工业现代化和经济高质量发展中发挥更加重要的作用。

1. 资源的利用

在工业领域，工业云的引入和应用极大地推动了企业资源的集中管理和优化利用，为后续的大数据处理和智能分析奠定了坚实的基础。随着企业工业云的建设和完善，存储资源、计算资源、数据资源及生产资源等各类资源得以集中管理，进而实现了资源的高效配置和灵活调度。

具体来说，工业云通过搭建统一的资源管理平台，将原本分散于企业各部门的资源集中整合，形成一个可统一规划与共享的资源池。这种集中管理模式不仅提高了资源利用率，还降低了企业运营成本。同时，工业云将生产所需的资金流、信息流、物流和服务流进行集成，实现生产过程的全面数字化和智能化。借助工业云，企业能够实时掌握各类资源的状态和使用情况，根据生产需求进行灵活调配。这种灵活的资源调度方式不仅提升了生产效率和产品质量，还缩短了产品上市周期，增强了企业的市场竞争力。此外，工业云为企业提供了强大的数据分析能力，通过对生产数据的挖掘和分析，企业能够及时发现生产过程中的问题并采取相应的改进措施。

总之，工业云的建设和完善为企业实现资源的集中管理和优化利用提供了有力支撑，为后续的大数据处理和智能分析奠定了坚实的基础。企业应积极拥抱工业云技术，加强技术研发和人才培养，推动工业云的广泛应用和深入发展。

2. 互联与集成

工业云并非孤立存在的技术平台,而是作为一座桥梁,紧密连接着企业、不同行业及技术领域的各个环节。它通过高效集成与汇聚多样化的资源和能力,成功打破了传统工业企业间的技术壁垒与"信息孤岛"的局面,有力促进了技术能力的共享与信息的顺畅流通。这一变革性作用显著增强了整个工业领域的产品创新能力,推动了服务水平的全面提升。工业云的互联特性使得不同企业、平台之间的信息得以充分共享。这种信息共享不仅促进了产业链上下游的紧密协作,还为整个工业领域构建起一个宏观的信息化格局。在此格局下,企业能够获取更全面、准确的市场信息,用以指导自身业务发展和战略规划。此外,工业云在信息安全方面也发挥着重要作用。它结合协同防护机制,确保用户业务在享受专业、广泛、协同服务的同时,获得强有力的安全保障。这种保障不仅增强了用户对工业云的信任度,也为工业云的持续健康发展提供了有力支撑。

综上所述,工业云凭借其互联与集成的特性,推动了工业企业间的深度合作与信息共享,提升了整个工业领域的产品创新能力和服务水平,同时为信息安全提供了强有力的保障。

3. 新技术融合

工业云作为工业领域创新升级的关键驱动力,正积极与人工智能、数字孪生、VR/AR(虚拟现实/增强现实)、区块链、软件定义等前沿科技深度融合,共同加速工业领域的革新与发展。作为工业大数据的基石,工业云平台不仅承载海量数据,更为人工智能在工业领域的广泛应用搭建了坚实的道路。这一融合将极大提升资源调度的精准性,优化生产流程的各个环节,赋予企业前所未有的决策智能化水平,共同引领工业迈向更高效、更智能的未来。

在未来的发展中,工业云将进一步拓展与云计算、工业物联网、工业大数据、工业软件、VR、AR、AI 等技术的融合范围,形成一套完整的数字化解决方案。这些技术将在工业研发设计、生产制造、市场营销、售后服务等全生命周期的各个环节得到深入应用,实现产品从设计到售后服务的全链条数字化、智能化管理。通过这种全面且深入的融合,新技术将在工业领域得到广泛普及和应用,引领工业领域迎来全面的技术升级和产业变革。工业云及其相关技术的融合应用,不仅将提升企业的生产效率和管理水平,还将促进产业链上下游的协同创新,推动整个工业生态系统向更加高效、智能、绿色的方向发展。

4. 云计算与数据中心

在数据中心的建设与改造过程中,云计算中的虚拟化技术占据着举足轻重的地位,其应用范围不断拓展。该技术的核心优势体现在三个方面:首先,它极大地降低了对物理服务器资源的依赖,实现了硬件资源的优化配置;其次,虚拟化技术简化了服务器管理体系,提升了运维效率;最后,通过高效利用服务器资源,实际使用效率得到显著提高。

通过充分利用虚拟化技术,网络用户能够将多个应用整合到更少的物理服务器上,同时保持高可靠性和应用灵活性。这不仅提高了系统的整体性能,还增强了系统完成业务任务的能力。相比之下,传统信息技术数据中心在能耗方面面临巨大挑战。根据统计数据,能源消耗通常占数据中心整体运维成本的一半左右。此外,过高的能耗还会产生大量热量,如果不能及时散热,将对设备性能和运营的稳定性产生严重影响。而云计算的引入有效解决了这一问题。通过虚拟化技术,云计算能够最大限度地减少硬件设备的数量,从而降低能源消耗和制冷成本。这不仅降低了运营成本,还提高了设备性能和稳定性。在相同预算下,企业能够采用更高端的设备,实现更高的运维管理标准。

综上所述,云计算中的虚拟化技术为数据中心的建设和改造带来了革命性变化,不仅提高了系统性能和可靠性,还降低了能耗和运营成本,为企业发展提供了有力支持。

5.4 基于工业大数据的智能决策技术

工业大数据在智能决策中发挥着至关重要的作用,并展现出巨大价值。随着工业4.0和数字化转型的推进,企业面临海量的数据挑战和日益复杂的决策环境。工业大数据不仅提供丰富的信息资源,还通过实时、精准的数据分析,为企业提供前所未有的洞察力和决策支持。

在智能决策过程中,工业大数据助力企业识别生产过程中的关键指标和模式,预测设备故障、优化生产计划、改进供应链管理等。通过对大数据的深度挖掘和分析,企业能够发现隐藏在数据背后的规律和价值,从而做出更科学、准确的决策。此外,工业大数据还支持预测性维护和智能调度等高级应用,帮助企业实现生产过程的自动化和智能化。通过实时监测设备状态和生产效率,企业能够及时发现潜在问题并采取相应措施,提升生产稳定性和设备可靠性。

总之,工业大数据在智能决策中的作用和价值不可估量。它为企业提供了强大的数据支持和决策工具,助力企业实现更高效、智能的生产和管理。随着技术的不断进步和应用场景的不断拓展,工业大数据将在智能决策中发挥更为重要的作用,为企业的可持续发展注入新动力。

5.4.1 工业大数据与智能决策技术的结合

工业大数据具有数据量大、数据类型繁多、数据产生速度快、数据价值密度低这四个特征,其预处理和特征提取技术是处理和分析工业大数据的关键步骤。工业大数据与智能决策技术的结合如图5.4所示。

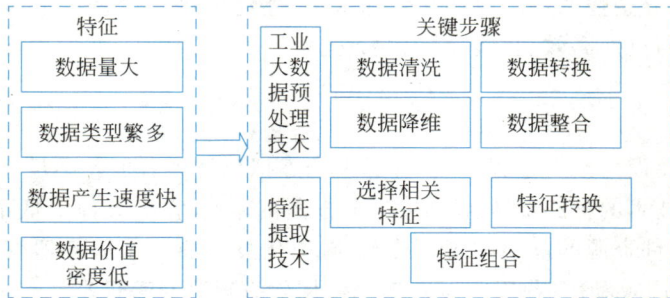

图5.4 工业大数据与智能决策技术的结合

1. 工业大数据预处理技术

(1)数据清洗的主要目的如下。

① 去除缺失值。当数据集中存在包含缺失值的记录时,可选择直接删除该记录。这种方

154

法操作直接,但可能导致数据量减少,尤其在缺失值较多时。此外,如果缺失值所在的记录对分析目标极为重要,直接删除可能造成重要信息的丢失。

② 填补缺失值。当不能直接删除包含缺失值的记录时,就需考虑如何填补这些缺失值。常用的填补方法有使用固定值填补、使用众数或中位数填补、使用插值法填补、使用机器学习算法填补等。

③ 错误数据识别与纠正。在数据清洗过程中,运用统计方法或业务规则识别并处理数据中的异常或错误是关键任务。这些异常或错误数据可能对数据分析结果产生重大影响,因此必须及时发现并纠正。统计方法提供了多种工具和技术来检测数据集中的异常值,主要包括标准差法、IQR(四分位距)法、Z-score 法、箱线图等。业务规则基于行业知识、公司政策或数据收集过程中的特定要求制定,常使用业务规则来识别和处理错误值的方法,包括范围检查、格式检查、一致性检查、逻辑检查等。一旦识别出异常或错误值,可采取删除、修正、标记、插值或估算等措施进行处理。总之,通过统计方法或业务规则识别并处理数据中的异常或错误,有助于确保数据的准确性和可靠性,为后续数据分析和挖掘提供有力保障。

④ 去重。在数据清洗的过程中,消除数据集中的重复记录是一个至关重要的步骤,对确保数据的质量和准确性具有决定性的影响。重复记录的存在可能在分析时引入偏差,因为相同数据点会被多次计算,导致结果不准确。此外,重复记录还会浪费存储空间和计算资源,降低数据处理和分析效率。因此,在数据分析前,必须仔细检查数据集,识别并消除其中的重复记录。可通过使用专门的数据清洗工具或编写自定义脚本来实现,确保数据集的完整性和一致性,为后续分析提供可靠的数据支持。

(2) 数据转换的目的如下。

① 归一化。将数据按比例缩放至特定小范围,如 0 到 1,以消除不同量纲对数据分析的影响。归一化不仅有助于优化模型性能,还有助于提高数据可视化的效果。当所有特征都缩放到相同的尺度时,更便于在图表中比较不同特征的变化趋势和分布情况。

② 数据聚合。通过整合多个具有相似意义或互补性的数据项,创建一个新的、更综合的数据特征。新的数据特征不仅包含了原始数据项的信息,还更易于理解和分析。

(3) 数据降维。利用主成分分析(PCA)等方法可减少数据维度,同时保留主要特征,便于后续分析和可视化。降维后的数据计算效率更高,更易于可视化和解释,还能提高模型的训练速度和预测性能。

(4) 数据整合。通过合并来自不同源的数据,可获得一个更全面、丰富的数据集,包含更多维度的信息和更广泛的覆盖范围。这个统一的数据集为综合分析提供了强大的基础,有助于更深入地了解数据的内在规律和关系,发现隐藏模式或趋势,为决策提供有力支持。

2. 特征提取技术

(1) 选择相关特征。在特征提取技术中,特征选择至关重要,它直接影响模型性能和预测准确性。特征选择的目标是从原始数据中挑选出与特定任务(如分类、预测)最相关的特征子集,以简化模型结构、降低过拟合风险,并提高模型的解释性。特征选择可通过多种方法实现,包括统计测试、领域知识和机器学习算法。统计测试,如卡方检验、t 检验和 F 检验,可帮助评估每个特征与目标变量之间的统计相关性。这些测试能提供定量的评估指标,从而指导我们选择与目标变量关系最强的特征。

(2) 特征转换。通过数学变换(如对数变换、多项式变换)来创建新特征,这些新特征可能更有助于揭示数据的内在规律。对数变换常用于处理具有偏态分布的数据,对原始数据取对数,可将数据转换为更接近正态分布的形态,从而简化后续的分析和建模过程。多项式变换通过引入非线性项来创建新的特征,这些新特征可能更有助于捕捉数据中的非线性关系。

(3)特征组合。特征组合是有效的数据预处理和特征工程方法,能帮助捕捉原始特征之间可能存在的更复杂的模式或关系,提升模型的预测能力。通过特征组合,权衡模型的复杂度和预测性能之间的关系,选择合适的特征组合方式和参数设置,可将不同维度或层面的信息融合到一个新特征中,这个新特征可能包含原始特征无法直接表达的深层次信息。

5.4.2　智能决策技术在工业领域的应用

智能决策技术在工业领域的应用,能够显著提升生产效率、优化资源配置、降低运营成本,助力实现生产过程的智能化与精细化管理。

1. 生产计划与调度优化

智能决策技术在工业领域的深入应用,尤其是在生产计划与调度优化方面的深入应用,正逐步成为提升生产效率、降低成本的关键驱动力。通过集成先进算法(如机器学习、优化算法、预测分析等)和大数据分析技术,智能决策系统能够自动分析市场需求、原材料供应、设备状态、人力资源等多维度信息,进而精准生成生产计划,并实时优化生产调度。在此过程中,系统能够预测潜在生产瓶颈,提前调整资源配置,确保生产流程的顺畅运行。同时,智能决策技术还能根据实时生产数据动态调整生产计划,灵活应对订单变更、设备故障等突发状况,有效减少生产延误和浪费。最终,这些优化措施不仅显著提高生产效率,缩短产品上市时间,还通过减少库存积压、优化能源使用等方式,大幅降低生产成本,增强企业的市场竞争力。

2. 设备故障预测与健康管理

智能决策技术在工业领域的另一重要应用,是通过深度分析工业大数据,实现对设备故障的精准预测和提前维护。这一过程充分运用大数据处理、机器学习算法和预测分析技术,对设备运行过程中的海量数据进行深度挖掘和模式识别。具体来说,智能决策系统会持续监测设备的运行状态、工作负荷、环境参数及历史维修记录等多维度数据,构建设备健康的数字孪生模型。通过对这些数据的实时分析和历史趋势预测,系统能够识别设备性能下降的早期迹象,预测潜在的故障点和故障时间,从而在故障实际发生前,为设备维护团队提供预警和维修建议。

这种基于大数据的预测性维护策略,不仅能有效延长设备的使用寿命,减少因突发故障导致的生产中断和损失,还可显著提高设备的可靠性和稳定性。通过提前进行维护和保养,企业能够确保设备始终处于最佳工作状态,进一步提高生产效率和产品质量。同时,预测性维护还有助于优化库存管理和备件采购策略,降低维护成本和库存积压风险。

3. 供应链管理与优化

智能决策技术在工业领域的广泛应用,还体现在对供应链管理流程的显著优化上,这一过程对降低库存成本、提高物流效率具有深远影响。通过集成先进的智能决策系统,企业能够实现对供应链各环节的实时监控和动态调整。系统借助大数据分析技术,深入挖掘供应链中的交易数据、库存数据、物流数据以及市场需求信息等,为管理者提供全面的供应链视图。基于这些数据,智能决策系统能够自动分析供应链的瓶颈和冗余环节,识别出潜在的改进机会。

在库存管理方面,智能决策技术能够精准预测市场需求变化,结合库存水平和补货周期,自动生成最优库存策略。这不仅可有效避免库存积压和缺货风险,还能显著降低库存成本,提高资金周转率。同时,系统还能根据库存状态实时调整生产计划,确保生产与销售的无缝衔接。在物流效率提升方面,智能决策技术通过优化物流路径、调度运输资源、协调仓储作业等,实现物流流程的智能化和自动化。系统能够实时跟踪货物的位置和状态,预测物流过程中的延误风险,并提前制定应对措施。此外,智能决策技术还可与物联网、区块链等先进技术相结合,提高物流信息的透明度和可追溯性,进一步降低物流成本,提升客户满意度。

综上所述,智能决策技术在供应链管理流程中的应用,不仅有助于降低库存成本、提高物流效率,还能增强供应链的灵活性和韧性,为企业创造更大的竞争优势。

4. 产品质量控制与改进

智能决策技术在工业领域的深入应用,还涵盖对生产过程中质量数据的深度分析,这一过程对于识别影响产品质量的关键因素、优化生产工艺、提高产品质量和客户满意度至关重要。

通过集成智能传感器、数据采集系统和高级分析软件,智能决策系统能够实时收集生产过程中的各项质量数据,包括产品尺寸、材料性能、工艺参数等。这些数据经过清洗、整合和预处理后,被输入智能分析模型,进行多维度的关联分析和趋势预测。利用机器学习算法和统计建模技术,系统能够自动识别生产过程中影响产品质量的关键因素。这些因素可能涉及原材料质量、设备状态、工艺控制参数等多个方面。通过深入分析这些因素之间的相互作用和影响机制,系统能够为管理者提供有针对性的改进建议。

基于这些分析结果,企业可以优化生产工艺,调整生产参数,改进设备维护策略,以消除或减轻不利因素对产品质量的影响。例如,通过调整生产线的速度、温度、压力等工艺参数,可确保产品的一致性和稳定性;通过加强原材料的检验和筛选,可避免低质量原料导致的质量问题;通过改进设备维护计划和流程,可降低因设备故障导致的质量波动。最终,这些优化措施将有助于提高产品质量,减少次品率和退货率,提升客户满意度和市场竞争力。同时,智能决策技术的应用还赋予企业持续改进的能力,通过不断学习和优化,企业能够不断提升自身的产品质量和生产效率,实现可持续发展。

5.4.3　技术挑战与解决方案

1. 工业大数据处理的挑战

工业大数据处理面临着多重挑战,其中数据质量、数据规模及数据安全性问题尤为突出。数据质量是工业大数据分析的基础,但其问题往往复杂且难以完全规避。除了已知的噪声、缺失值和异常值外,还可能存在数据不一致性、重复记录、时间戳错误等情况。为提高数据质量,企业需要实施严格的数据治理策略,包括数据清洗、数据验证、数据标准化等环节。此外,引入机器学习算法进行自动数据质量检测和修正,也是提升数据处理效率和准确性的重要途径。

随着物联网、智能制造等技术的广泛应用,工业大数据的规模呈爆炸式增长。如此大规模的数据,不仅要求企业具备强大的存储能力,还需要高效的计算和分析能力以支撑实时数据处理和决策支持。为应对这一挑战,企业可采用分布式存储和计算框架,如 Hadoop、Spark 等,实现数据的高效管理和处理。同时,借助云计算和边缘计算技术,能够进一步优化数据处理流程,降低延迟并提高响应速度。

工业数据的安全性直接关乎企业的核心利益和竞争优势。由于工业数据涉及生产流程、设备状态、客户信息等多个敏感领域,一旦发生数据泄露或非法访问,将给企业造成严重的经济损失和声誉损害。为保障数据安全,企业需要建立完善的数据安全管理体系,包括数据加密、访问控制、审计追踪等措施。同时,加强对员工的数据安全意识培训,提高整个组织对数据安全的认识和重视程度。此外,与第三方服务提供商合作时,需严格审查其数据安全能力和合规性,确保数据在传输和共享过程中的安全性。

综上所述,工业大数据处理面临的挑战需要企业从多方面着手,通过优化数据质量、提升数据处理能力、强化数据安全防护等举措,构建高效、安全、可靠的工业大数据处理体系。这将助力企业更好地利用大数据资源,推动工业数字化转型,提升市场竞争力和创新能力。

2. 智能决策技术的挑战

(1) 算法选择。智能决策技术涉及多种算法,包括但不限于机器学习、深度学习、强化学习等。每种算法都有其特定的适用场景和优缺点,如何选择合适的算法成为一大难题。但高性能的算法往往需要更多计算资源和时间成本,资源有限的企业可能需在算法性能和资源消耗间权衡。

在实施智能决策技术的过程中,首先,要深入理解并剖析具体决策问题的性质、数据特征及企业的目标需求。考察问题的复杂性、实时性要求、不确定性因素等核心要素,同时分析数据的规模、维度、分布状态及潜在的数据质量问题。其次,从众多算法中挑选出与问题特性高度契合、能充分发挥数据价值的候选算法。最后,为验证这些候选算法的实际效果,通常会设计一系列小规模实验或仿真测试。这些测试模拟真实决策场景,让算法在限定条件下运行,通过实际表现展现其性能特点。在这一阶段,特别关注算法在处理特定问题时的表现,包括但不限于准确性、效率、稳定性及资源消耗等方面。同时,也会根据企业的目标需求,设定相应的评价指标,以便更直观地对比不同算法之间的优劣。通过这一系列严谨的实验与测试,最终能够筛选出那个在特定问题上表现最佳的算法,作为最优解。该算法不仅能够在保证决策质量的同时,还能有效控制资源消耗,满足企业的实际需求。至此,智能决策技术的实施便迈出坚实的一步,为后续的决策优化与持续改进奠定良好的基础。

(2) 模型训练。高质量、大规模的数据是模型训练的基础。然而,现实中的数据往往存在噪声、缺失值等问题,且获取大量标注数据成本高昂。在模型训练过程中,过拟合和欠拟合是常见问题,且复杂的模型训练还需要强大的计算资源支持,如高性能计算集群、GPU 等硬件资源。

为提升决策模型的准确性和可靠性,需采取一系列数据预处理措施,包括数据清洗、标准化和增强等关键技术手段。数据清洗旨在识别并纠正数据中的错误、不一致性和异常值,通过剔除或修正这些"噪声",减少其对模型训练的干扰。标准化则是将数据按比例缩放,使之落入一个小的特定区间,如[0,1]或[-1,1],从而消除不同特征之间的量纲影响,促进模型学习的效率和稳定性。数据增强则通过增加数据样本的多样性来增强模型的泛化能力,例如通过旋转、缩放、裁剪等操作来扩充图像数据集。

在模型训练阶段,为防止模型在训练数据上表现过于优异(即过拟合),可引入正则化技术。正则化通过在损失函数中添加惩罚项来约束模型的复杂度,引导模型在训练过程中找到既能很好拟合训练数据,又能对新数据保持一定泛化能力的平衡点。同时,采用交叉验证等科学方法,将数据集划分为多个子集,轮流用作训练集和验证集,以全面评估模型在不同数据上的表现,并据此选择最优的模型参数。为进一步加速模型训练过程,利用分布式计算框架,将庞大的模型训练任务分解为多个子任务,分配到多个计算节点上并行处理。这种分布式计算的方式能充分利用集群的计算资源,显著提高训练效率,缩短模型开发周期。通过这些技术手段的综合运用,不仅能提升数据质量,优化模型性能,还能在保证决策质量的同时,实现高效、可扩展的智能决策系统建设。

(3)模型验证。智能决策模型的验证标准尚未统一,不同领域、不同问题的验证方法各异。模型在训练集上表现优异并不意味着在实际应用中也能取得良好效果,泛化能力的评估是一大难点。在某些领域(如医疗、金融等),决策模型需要具备良好的解释性,以便决策者理解其决策依据。针对这些问题,需根据具体领域的特点和需求,建立相应的模型验证标准和流程。在多种不同的测试环境下对模型进行验证,评估其泛化能力和稳定性。采用可解释性强的建模方法,如线性回归、决策树等,或结合后处理技术(如 SHAP 值、LIME 等)提高模型的解释性。

综上所述,智能决策技术在算法选择、模型训练、模型验证等方面均面临诸多挑战。为克服这些挑战,需综合运用多种技术手段和策略,持续优化算法、提高数据质量、加强模型验证,以推动智能决策技术的发展和应用。

3. 解决方案和策略

在数据处理与分析领域,实施有效的解决方案和策略至关重要。数据清洗作为首要环节,通过识别并纠正或删除不完整、不准确、不一致或重复的数据,确保数据质量,为后续分析奠定坚实基础。数据压缩技术的应用则能在不损失关键信息的前提下,大幅减少存储空间和传输时间,提升数据处理的效率与成本效益。同时,鉴于数据安全的重要性,加密技术成为不可或缺的防护手段,它运用复杂的算法对敏感数据进行加密处理,确保数据在传输和存储过程中不被未授权访问或篡改,保护用户隐私和企业数据安全。

在算法层面,优化是提升数据处理性能与精度的关键。通过对现有算法进行微调或引入新的算法模型,如机器学习、深度学习等,可显著提升数据处理的效率与准确性,解决复杂的数据分析问题。此外,针对特定应用场景,定制化算法设计也是一种高效策略,能够更精准地满足业务需求,提高数据处理的针对性与实用性。综上所述,通过综合运用数据清洗、数据压缩、加密技术及算法优化等多元化解决方案与策略,可全面提升数据处理流程的效率、安全性与精准度,为数据驱动决策提供有力支持。

思 考 题

1. 如何有效清洗和整合来自不同设备、不同传感器的异构数据?

2. 在 CPS 框架下,探讨如何设计并实现一个高效的工业大数据集成技术框架,以支持实时数据采集、处理、分析及决策优化?

3. 基于云平台的工业大数据集成框架,如何支持高效的数据收集、存储、处理、分析及可视化,并探讨如何确保数据的安全性、隐私性和可扩展性。

4. 如何高效地从生产线上的各种传感器、设备和系统中收集实时数据和历史数据,并进行数据清洗、转换和标准化,以支持后续的分析和建模?

5. 如何评估智能生产调度优化系统的性能,包括生产效率提升、成本控制效果、资源利用率等? 如何根据评估结果对系统进行优化和改进?

第 6 章　先进制造技术

先进制造技术的发展,不仅推动了传统制造业的升级,还开拓了新兴研究领域。其在关键领域的研究和应用,促使制造业朝着高精度、高效率和高功能化方向迈进,为各行业带来技术突破,为经济发展注入新动力。金属和非金属增材制造技术广泛应用于航空航天、医疗器械、汽车制造、电子和能源等领域;生物增材制造通过构建功能性组织和器官,有望缓解器官移植中供体短缺的难题;激光焊接和切割技术提高了汽车制造中的安全性和效率;激光打孔和打标技术在微电子制造和产品追溯中发挥着关键作用;激光热处理技术则改善了材料的表面性能和使用寿命;电子束和离子束加工在微细加工和半导体制造领域表现突出,推动电子产品的小型化和高性能化;等离子体加工通过高温高能量改善材料性能,展现出巨大的应用前景;电化学制造技术包括精密电解和精密电铸,应用于航空航天、电子和医疗器械等领域;精密电解加工以其高精度和无机械应力的特性,广泛应用于制造高精度发动机零部件,提升飞机性能;精密电铸通过电沉积原理制造高性能金属零件,为制造业提供重要支撑。

6.1　增材制造技术

增材制造技术是基于三维数字模型,通过逐层叠加材料直接制造零件的先进技术。该技术自 20 世纪 80 年代后期起迅速发展,被视为制造技术领域的重要突破。增材制造以数字化、网络化、个性化和定制化等特点著称,被认为将推动工业的第三次革命。

该技术最早可追溯到 1892 年,当时美国注册了一项使用层叠方法制造三维地图模型的专利。随着数字化技术的进步,特别是光固化设备的商业化推广,以及后来的熔融沉积、叠层实体制造和选区激光烧结等非金属增材制造技术的出现,增材制造逐渐走向工业应用。20 世纪 90 年代,非金属增材制造开始在多个领域得到应用。随后,金属增材制造和生物制造技术相继发展,包括电弧/激光/电子定向能量沉积、激光/电子粉末床融合,以及可降解支架和细胞 3D 打印等新技术。进入 21 世纪后,增材制造技术继续快速发展,并广泛应用于航空航天、个性化医疗、产品开发、教育科研和文化创意等多个领域。这些进展表明,增材制造技术在不断拓展应用领域的同时,也在技术创新和工业应用方面持续演进。

6.1.1　金属增材制造

直接制造金属零件及部件,甚至是组装好的功能性金属零件,无疑是制造业对增材制造技术提出的终极目标。早在 20 世纪 90 年代,增材制造技术发展初期,研究人员便尝试基于各种快速原型制造方法制备原型,通过后续工艺实现了金属零件的制备。随着技术的不断进步,特别是金属增材制造领域的快速发展,如电弧/激光/电子定向能量沉积、激光/电子粉末床融合等方法的成熟,使直接制造高质量金属零件成为可能。随着技术的不断进步和应用场景的拓展,金属增材制造技术在未来将继续推动制造业向更高效、更灵活的方向发展。金属增材制造发展路线如图 6.1 所示。

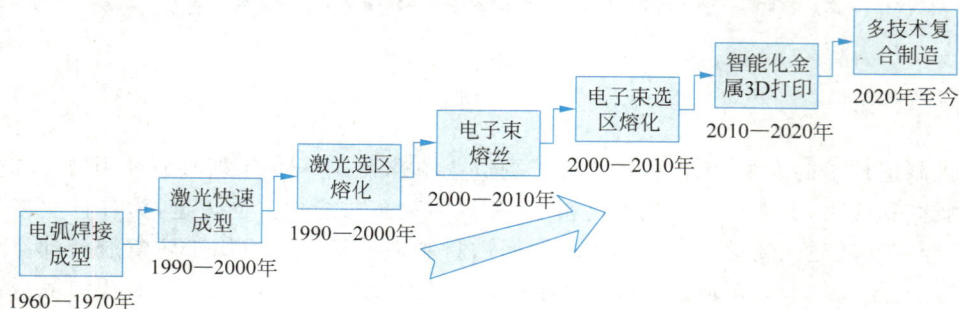

图 6.1　金属增材制造发展路线

1. 激光选区熔化

激光选区熔化技术(SLM)是一种融合了计算机辅助设计(CAD)、数控技术和增材制造的先进制造工艺。SLM 技术能够直接制造高精度且结构复杂的金属零件,是增材制造领域的关键发展方向之一。该技术使用直径为 $30\sim50\mu m$ 的聚焦激光束,逐层选择性熔化金属或合金粉末,形成冶金结合紧密的致密结构实体。通过 SLM 技术,可以实现精密零件及个性化、定制化产品的制造。

与传统金属加工方法相比,SLM 技术不需要制作木模、塑料模或陶瓷模等中间模具,可直接生成复杂形状的金属部件,从而大幅缩短产品开发周期,降低开发成本。SLM 技术的进步为制造业带来了新的活力,尤其是在快速加工、模具制造、个性化医疗产品、航空航天部件和汽车零配件等领域,提供了新的机遇和动力。凭借其高效性、精确性和灵活性,SLM 技术大幅提升了制造业的创新能力和市场响应速度,为未来的智能制造和数字化生产奠定了坚实的基础。

(1)工艺原理。首先,将三维 CAD 模型进行切片离散,生成用于控制激光束扫描的路径信息。其次,计算机逐层读取这些路径信息,通过扫描振镜精确控制激光束选择性地熔化金属粉末,而未受激光照射的粉末则保持松散状态。每完成一层加工后,粉缸上升,成形缸相应降低层厚,铺粉装置将粉末均匀铺展至成形平台,随后激光束熔化新铺的粉末,与上一层熔合。最后,直至成形过程结束,最终得到与三维实体模型一致的金属零件。SLM 工艺的关键步骤包括激光光路的优化,以及对成形零件的致密度、表面质量、尺寸精度、残余应力、强度和硬度的严格控制。高效的制造方法和精确的控制系统共同保障了最终产品的高质量和稳定性。典型的双缸 SLM 工艺过程如图 6.2 所示。

(2)材料与精度。激光选区熔化技术(SLM)能够将三维实体模型直接转换为最终的金属零件,特别适用于复杂金属零件的制造,不需要制作模具。当前使用的主要材料包括钴合金、镍合金、钢、铝合金和生物医用合金,使用的粉末主要是气雾化球形粉末,粒径在 $10\sim50\mu m$ 范围内。SLM 工艺的加工层厚通常为 $20\sim50\mu m$,形成的微熔池特征尺寸约 $100\mu m$,所加工零件的尺寸精度通常为 $0.05\sim0.1mm$,表面粗糙度为 $10\sim20\mu m$。这种工艺能够满足大多数不用进一步装配的金属零件的快速制造需求,是目前精度极高的金属增材制造工艺之一。

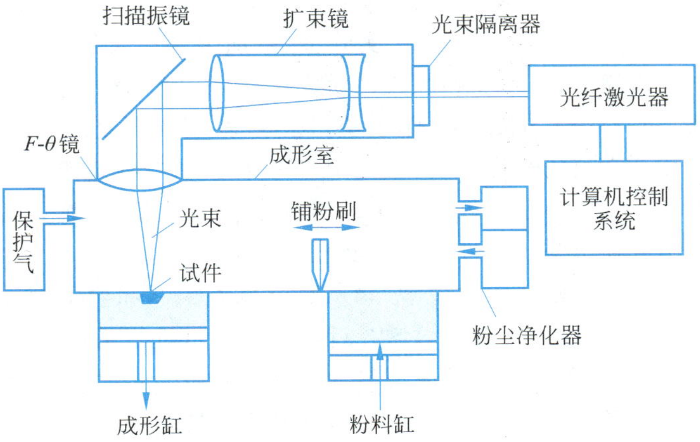

图 6.2　典型的双缸 SLM 工艺过程

（3）应用领域。激光选区熔化（SLM）技术在加工形态复杂的零件上展现出卓越的应用潜力，尤其适合涉及复杂内腔结构和定制化需求的零部件，极为适宜应用于单件或小批量的生产模式。在国际市场上，如 Concept Laser 公司、EOS 公司、SLM Solutions 公司、MCP 公司等均已将 SLM 技术广泛应用于模具开发、汽车制造、家电、航空航天、珠宝首饰、工业设计及医学生物等领域。国内也不例外，华中科技大学和华南理工大学等高校已在生物医学、工业模具设计及个性化零部件生产等方面开展了深入的应用研究。该项前沿技术显著促进了相关行业在复杂零部件制造领域的技术创新与效率提升。

2. 激光近净成形

激光近净成形技术（laser engineering net shaping，LENS）是一种融合了信息化增材成形原理与激光熔覆技术的高效制造方法。此技术借助利用激光的熔化作用和材料的快速凝固特性，通过层层堆积材料，实现零件的逐层"生长"。该过程能够直接依据零件的 CAD 模型，一步完成全致密、高性能的整体金属结构件的近净成形。

（1）工艺原理。首先，利用计算机生成零件的三维 CAD 实体模型，并按照预设的层厚对该模型进行分层，将复杂的三维形状转化为一系列便于处理的二维轮廓信息。其次，在数控系统的精确控制下，运用同步送粉激光熔覆技术，把金属粉末精准地沿预定轮廓路径逐点熔化于底材上。最后，通过不断重复这一熔接和堆积过程，层层构建，最终累积形成精细的三维金属零件。理论上，为拓展工艺的多样性和应用范围，也可选用同步送丝激光熔覆技术进行零件的成型。

（2）材料及精度。激光近净成形技术（LENS）是一种先进的制造方法，旨在制造可直接投入使用的金属零件，同时确保这些零件能承受较大的机械载荷。该技术不仅注重零件的三维成形能力，还特别强调成品的力学特性。它能处理的材料种类丰富，包括钛合金、高温合金、钢和难熔合金等。理论上，任何可吸收激光能量且呈粉末状的材料均适用于这一工艺。此外，LENS 技术的特点之一是采用同步送粉和送丝方式进料，这使其能够生产具有结构梯度和功能梯度的复合材料。目前，这项技术通常还需进行少量的后续机械加工才能最终完成零件的制造，其精度较 SLM 工艺低。

（3）应用领域。由于激光近净成形零件的性能可达到锻件水平，且能够直接成形制造具有复杂结构的零件,因此,国外众多研究机构和研究者对该技术进行了广泛应用和推广。这些机构和研究者包括美国桑迪亚(Sandia)国家实验室、洛斯·阿拉莫斯(Los Alamos)国家实验室、美国密歇根大学马宗德(Mazumder)教授的研究组、英国利物浦大学斯蒂恩(Steen)教授的研究组、瑞士洛桑联邦理工学院(EPFL)库尔茨(Kurz)教授的研究组、加拿大国家研究委员会、英国伯明翰大学交叉学科研究中心、美国南卫理工大学先进制造研究中心、美国 AeroMet公司和 Optomec 公司等。它们已将激光近净成形技术应用于航空、航天、医学植入体、船舶、机械、能源和动力等领域复杂整体构件的高性能直接成形和快速修复。

几乎与国外同步,国内的西北工业大学、北京航空航天大学和西安交通大学等高校,也在航空、航天、能源、动力、生物医疗等领域对激光近净成形技术进行了大量成功的应用及示范推广。不过,总体来说,激光近净成形技术应用最为广泛的领域仍是航空航天领域。需要指出的是,从具体零件制造角度来看,激光近净成形的增材制造原理特别适用于几何形状复杂且需去除大量材料的零件制造。

3. 电子束熔丝沉积

电子束熔丝沉积技术(EBF)也称电子束直接制造技术(EBDM),是一种前沿的增材制造技术,采用金属丝作为原材料,直接构建大型和复杂的金属结构。该技术具有多方面的优势,如出色的保护效果(由于在真空中操作)、高速成形能力(最高速度可达 20kg/h)、无须使用传统模具等。这些特性使 EBF 技术在航空航天和国防工业等高端领域中展现出巨大的应用潜力。

该技术最初由美国航空航天局(NASA)兰利研究中心开发,而与之密切合作的 Sciaky 公司是该领域的先行者之一。Sciaky 公司不仅积累了深厚的技术知识,还在市场推广方面取得了突出成就。值得注意的是,Sciaky 公司参与了由美国国防高级研究计划局(DARPA)领导的创新金属加工-直接数字化沉积(CIMP-3D)中心的研究,进一步推动了电子束熔丝沉积技术的发展。此外,由于 EBF 技术在真空环境下进行,其显著优势在于能够有效防止材料氧化,从而提升材料性能,确保加工过程中的材料纯度和零件质量。

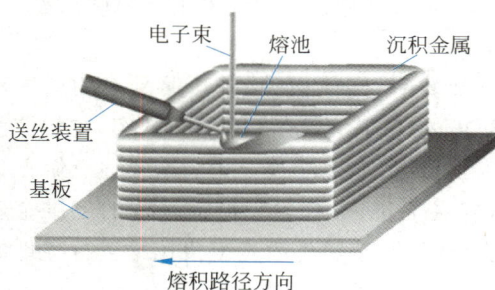

图 6.3 电子束熔丝沉积技术的工作原理

(1)工艺原理。电子束熔丝沉积技术的工作原理如图 6.3 所示。在真空环境中,利用高能量密度电子束熔化送进的金属丝材,按照计算机预先规划的路径层层堆积,形成致密的冶金结合,进而制造出近净成形的零件与毛坯。该技术的成形速度非常快,但也正因如此,成形后的零件尺寸精度和表面质量可能不高,所以需要进行少量的数控加工,以达到最终的精度要求。

(2)材料与精度。电子束熔丝沉积技术可适用于多种金属材料,其范围涵盖钛合金、铝合金、镍基合金和高强钢等。美国航空航天局兰利研究中心利用该技术加工 AA2219 型和AA2319 型铝合金,并辅以精确的热处理,证明这些铝合金可达到锻制标准。Sciaky 公司与Boeing 和 Lockheed Martin 等公司合作,进一步完善了 Ti6Al4V 钛合金的测试与评价体系,并在 AMS4999 标准中明确了 EBF 技术处理 Ti6Al4V 合金的具体技术规范。

在国内,北京航空制造工程研究所在 EBF 技术加工 TC4 合金方面已取得显著进展,成功开发出 900MPa 级和 930MPa 级的 TC4 合金,以及 TA15、TC11、TC17、TC18、TC21 和 A100

钢等多种专用材料。性能测试表明,EBF 技术制造的 TC4 合金综合性能可与自由锻件与模锻件的性能相媲美,但为实现材料的最优性能,必须对成形与热处理工艺进行精细调整与优化。目前,一些采用 EBF 技术制造的 TC4 合金部件已在实际应用中表现出良好性能,验证了这一技术的高效性和广泛应用潜力。

在成形精度方面,由于电子束熔池较深,该技术能够有效消除层间未熔合现象,使制品的内部质量达到 AA 级。然而,因其精度略低,与 LENS 工艺类似,成形后的零件需要进行后续的机加工,以提高最终的加工精度。电子束熔丝沉积技术不仅在材料选择上具有广泛适应性,还在实际应用中展现出优异的性能和可靠性。

（3）应用领域。电子束熔丝沉积技术能够实现高效、精确的金属沉积,满足各种复杂金属结构件的制造需求,尤其适用于大型结构件的制造,可替代传统的锻造技术,大幅降低成本和缩短交付周期。该技术主要应用于航空航天领域,为在月球、火星、国际空间站加工新型工具和备用结构件等提供了一种便捷途径。

4. 电子束选区熔化

电子束选区熔化成形技术(electron beam selective melting,EBSM)以电子束作为能量源,在真空环境下对预置的金属粉末进行高速扫描加热,通过分层熔融的方式,逐步堆叠构建,直接制造出具有多孔结构、致密型或是多孔与致密复合的三维产品。凭借对电子束的精确控制,该技术实现了复杂结构的高精度快速制造。

（1）工艺原理。电子束选区熔化成形技术的工作原理如图 6.4 所示。首先,操作人员在工作平台上均匀铺展一层金属粉末。电子束由计算机控制,根据 CAD 模型数据有选择性地照射并熔化粉末层。未被熔化的粉末仍保持松散状态,为下层构件提供支撑。完成一层的熔化后,工作台下降相当于一层厚的距离,新粉末继续熔化,确保新熔化的层与先前的层完整结合。这一过程不断重复,直至整个构件逐层建成。工艺结

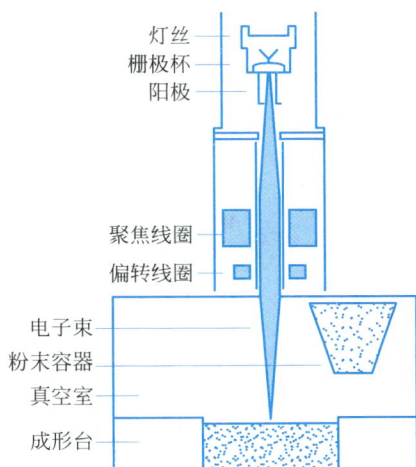

图 6.4　电子束选区熔化成形技术的工作原理

束后,将构件从真空环境中取出,并用高压空气吹出松散粉末,从而得到最终的三维零件。

（2）材料与精度。电子束选区熔化成形技术在金属材料加工方面展现出卓越的适应性,尤其在加工难加工金属和脆性材料方面表现突出。由于其在真空环境中能高效利用电子束能量,并且能显著降低成形过程中的残余应力,该技术已成为材料加工领域的关注焦点。目前,该技术广泛应用于 TC4、TA7 钛合金、316L 不锈钢、Inc718 和 Inc625 高温合金及 TiAl、Ti2AlNb 等金属间化合物的加工。在成形精度方面,瑞典 Arcam 公司的设备能够达到 ±0.3mm 的成形精度。

（3）应用领域。电子束选区熔化技术能够成形几乎所有金属材料及金属间化合物等脆性材料,可精确制造多孔、致密或多孔-致密复合结构,在航空航天、医疗、石油化工及汽车等领域存在巨大需求。这种技术的广泛适用性和高精度成形能力,使其在上述领域中得到广泛的认可与应用,极大地提升了产品的性能和可靠性,满足了高端制造业日益增长的需求。

6.1.2 非金属增材制造

非金属增材制造技术包括熔融沉积、光固化成形、喷墨 3D 打印和选区激光烧结等,其发展路线如图 6.5 所示。熔融沉积借助热源将材料熔化后沉积成形;光固化成形利用紫外光固化光敏树脂来实现制造;喷墨 3D 打印通过喷射精细液滴构建物体;选区激光烧结则运用激光束作为局部热源烧结粉末材料。这些技术广泛应用于航空航天、医疗、汽车等领域,有力地推动了工业制造的发展。

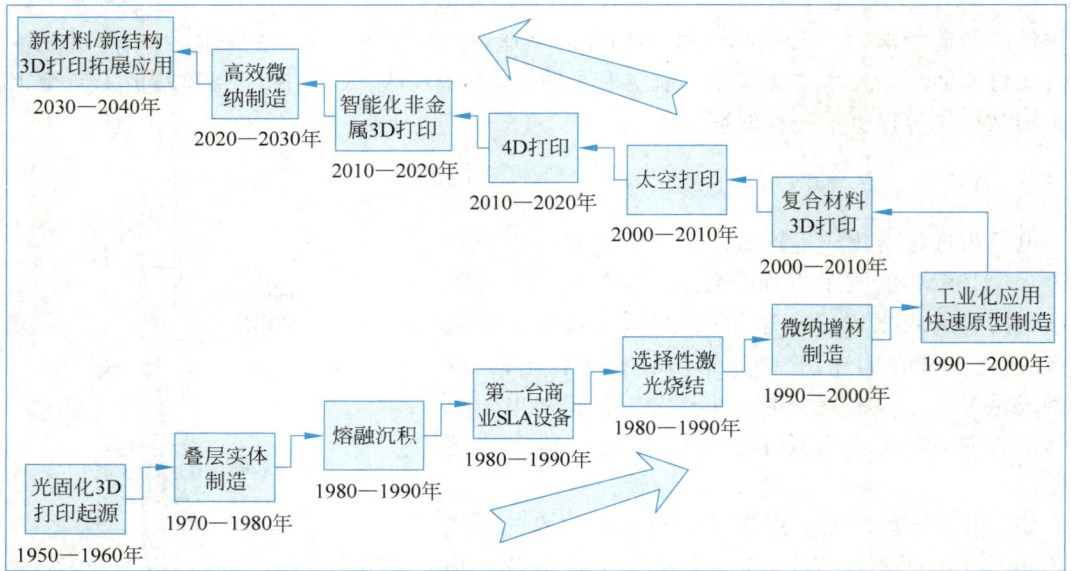

图 6.5　非金属增材制造发展路线

凭借这些多样化的非金属增材制造方法,各行业能够生产出复杂结构和高精度部件,满足不同领域对材料性能和制造精度的需求,进而促进技术创新和产业升级。

1. 熔融沉积

在增材制造的众多工艺中,熔融沉积技术(fused deposition modeling,FDM)是一种应用广泛的非金属材料制造技术。

(1) 工艺原理。FDM 技术是一种基于挤出成形的增材制造技术,它将热塑性材料加热至熔化状态,随后通过喷嘴分层沉积到工作平台上。具体过程如下:首先,将固态材料(如 ABS、PLA 等)装入打印机中;喷头通过加热元件将材料加热至熔点以上;熔融材料被挤出并沉积在工作平台上;喷头在 X、Y 轴方向移动,以打印出所需形状;重复上述步骤,直至打印出完整的零件。FDM 技术的关键在于精准控制喷头温度、喷嘴直径和层厚度等参数,以确保打印出的零件具备精确的几何形状和结构。通过 CAD 软件设计的模型被分层切片,每层的轮廓信息转化为机器代码,用以指导喷头的运动和材料的沉积,从而实现三维实体的制造。

(2) 材料与精度。FDM 技术使用的材料主要为热塑性塑料,这类材料在加热后变软,具有挤出性和流动性,适用于挤出成型。常见的材料包括丙烯腈-丁二烯-苯乙烯共聚物、聚乳酸、聚对苯二甲酸乙二醇酯等。这些材料的力学性能、耐热性和耐化学腐蚀性各不相同,因此在选择材料时需要根据具体应用场景进行考虑。

材料的选择直接影响打印零件的精度和性能。一般来说,FDM 技术的精度受多种因素影响,包括喷嘴直径、层厚度、打印速度、打印温度和材料特性等。通常情况下,FDM 技术可实现较高的表面精度和尺寸精度,但对于一些有特殊要求的高精度应用,可能需要进一步优化参数,或采用更高精度的机器和材料。

（3）应用领域。FDM 技术作为一种成本效益高、操作简便的增材制造技术,在众多领域得到广泛应用。它能够快速制造复杂的原型模型,用于产品设计验证和展示,从而加快产品开发周期。同时,FDM 技术可根据客户需求定制生产个性化产品,如定制眼镜架、手机壳和玩具等。在医疗领域,FDM 技术用于生产医疗模型、义肢和口腔修复体等医疗器械,提供定制化解决方案。在航空航天领域,FDM 技术用于制造轻量化部件、模型和功能性构件,以提升飞机结构的强度并实现轻量化设计。此外,FDM 技术还可用于制造汽车零部件模型和样机,为汽车设计和制造提供快速解决方案。通过在这些领域的广泛应用,FDM 技术显著提高了设计和制造的效率,降低了成本,促进了技术创新和产业升级。

2. 光固化成形

（1）工艺原理。光固化成形技术利用特定波长的紫外光照射光敏树脂,通过引发光化学反应使其固化成所需形状。这项技术原理虽简单,但实现过程需要精密设备和控制系统。在光照射下,光敏树脂中的光引发剂发生光聚合或光交联反应,将液态树脂转变为固态。这一固化过程逐层进行,通过逐层堆积形成所需的三维结构。紫外光通常作为光源,因为它能提供足够的能量启动光化学反应,同时能够较好地穿透光固化材料,实现有效固化。光固化成形技术的工艺原理使其具备高效、精密的特点,适用于制造复杂形状的零部件和模具。

（2）材料与精度。在光固化成形技术中,材料的选择对成品的性能和精度至关重要。常用的光敏树脂包括丙烯酸树脂和环氧树脂,不同类型的光敏树脂具有各自的物理化学性质,可根据具体应用需求选择合适的材料。光固化成形技术能够实现较高精度,通常可达到微米级别。这种能力使其在制造精密零部件和模具等领域具有广阔的应用前景。光固化成形技术的高精度和多样化材料选择,为其在医疗和航空航天等领域的应用奠定了坚实基础。

（3）应用领域。光固化成形技术在工业制造领域具有广泛的应用前景,已广泛应用于医疗器械、汽车零部件和航空航天等领域。在医疗器械领域,光固化成形技术可用于制造各种医用器械和人体组织模型,如义齿和矫形器。在汽车零部件制造方面,光固化成形技术能够制造复杂形状的零部件,从而提升汽车的性能和安全性。在航空航天领域,该技术可制造轻质、高强度的航空零部件,减轻航空器的重量并提高其性能。光固化成形技术在这些领域的应用不仅提高了制造效率,还推动了产品的创新与发展。

3. 喷墨 3D 打印

（1）工艺原理。非金属材料喷墨 3D 打印技术是一种通过喷墨头喷射精细液滴材料,逐层堆积构建三维实体的制造方法。其工艺原理如下:首先,根据设计需求进行三维建模。其次,将三维模型进行切片,将其分解为多个薄层,并生成每一层的二维切片数据。再次,将材料转化为精细液滴,通过喷墨头控制喷射方向和位置,将液滴准确地喷射到构建平台上。喷墨头根据切片数据控制喷射,逐层堆积液滴,形成实体结构。每一层的液滴经过固化或烘干后,与下一层紧密结合,从而构建出完整的三维实体。最后,可能需要进行一些后处理工艺,如去除支撑结构和表面处理等,以满足最终的要求。

(2)材料与精度。喷墨 3D 打印技术广泛适用于各种液态材料,如塑料、树脂和陶瓷。由于不同材料的物理化学性质和机械性能各异,需根据实际需求合理选择材料。喷墨 3D 打印技术的加工精度可在 $10\sim100\mu\text{m}$ 级别。精密的喷墨头和先进的控制系统能够确保每一层液滴的喷射精度,从而保证最终产品的准确性和质量。

(3)应用领域。非金属材料喷墨 3D 打印技术已在许多领域得到了广泛应用。例如,在医疗行业,它可用于制造医疗器械和人体组织模型,如仿生植入物和医疗器械外壳。此外,这项技术还可用于制造零部件和模具,实现快速定制和小批量生产,从而提高生产效率和灵活性。它还用于制作教学模型和实验样品,促进了科学研究和教学实践的发展。

4. 选区激光烧结

(1)工艺原理。非金属材料选区激光烧结技术是一种通过激光束局部烧结粉末材料的增材制造方法。其工艺原理如下:首先,根据设计需求,利用计算机辅助设计(CAD)软件进行三维模型的设计与建模。其次,将三维模型进行切片,生成每一层的二维切片数据。在制造设备中,通过辊筒或刮板等装置将一层材料粉末均匀铺展在构建平台上。利用高能激光束对铺展的粉末进行扫描,将粉末局部加热至熔点以上,使其烧结成形。激光束的扫描路径由切片数据控制,根据每一层的形状进行精确烧结。每一层烧结完成后,构建平台下降一层,再铺展一层新的粉末材料,重复上述烧结过程,逐层叠加形成完整的三维实体。最后,构建平台降至室温,零件经过冷却固化,增强其结构稳定性。

(2)材料与精度。非金属材料选区激光烧结技术适用于多种粉末材料,包括尼龙、聚酰胺、聚丙烯等塑料材料,以及尼龙玻璃球和金属填充尼龙等复合材料。材料选择的关键在于其粒径、熔点及其与激光的相互作用性。选区激光烧结技术可实现较高的精度,通常达到数十至数百微米级别。影响最终成品精度的因素包括激光束的直径和扫描速度、粉末的颗粒大小和分布等。此外,良好的工艺控制和设备调试也是保证精度的重要因素。

(3)应用领域。非金属材料选区激光烧结技术已在多个领域广泛应用。在汽车产业,它用于制造汽车零部件,如仪表盘、座椅结构和空调出风口,能够实现复杂结构的制造,同时实现轻量化和个性化定制。在航空航天领域,它用于生产舱内构件和飞机餐具,能够快速响应设计变更和小批量生产需求,为行业提供灵活性和高效性。在医疗领域,它用于制造医疗器械和仿生植入物,如义肢和植入式支架,可根据患者个体特征定制,提高适配性和舒适性。在产品设计阶段,它用于制造设计模型和原型,帮助设计师验证设计概念和功能,能够快速制作出复杂结构的模型,从而缩短产品开发周期。

6.1.3 生物增材制造

生物增材制造发展路线如图 6.6 所示。该领域正积极探索植入物 3D 打印、可降解生物材料 3D 打印和活体器官 3D 打印等技术,为个性化医疗提供了新的解决方案。植入物 3D 打印技术凭借数字化设计和精密制造,能够定制植入物,从而改善手术效果;可降解生物材料 3D 打印技术以其优异的生物相容性和可降解性,在骨科植入物等领域得以应用;活体器官 3D 打印技术则致力于制造具有生物功能的人工器官,为器官移植提供新的解决方案。这些技术的发展将推动医疗健康产业朝着个性化和精准化方向发展,为患者提供更优质的治疗和康复方案。

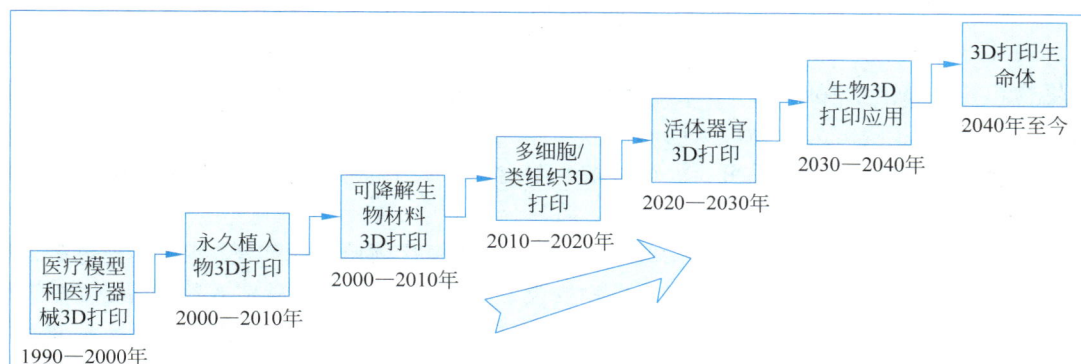

图 6.6　生物增材制造发展路线

1. 植入物 3D 打印

(1) 工艺原理。植入物 3D 打印技术是一种借助 3D 打印设备将生物相容性材料逐层堆积成形的先进制造方法。其工艺流程如下:首先,医生根据患者的具体情况和需求进行数字化扫描或医学影像检查,以获取患者的相关解剖结构数据。其次,设计师基于这些数据,运用计算机辅助设计(CAD)软件进行模型设计与优化,确定植入物的形状、尺寸和结构。再次,将设计好的模型数据输入 3D 打印设备中。设备根据设计数据,逐层堆积生物相容性材料,如生物陶瓷和生物降解聚合物,构建出植入物的三维结构。最后,植入物可能需要进行一些后处理工艺,如去除支撑结构和进行表面处理,以提高其表面光滑度和生物相容性。通过这些步骤,3D 打印技术能够精准、高效地制造符合患者需求的植入物,显著增强医疗器械的个性化和适配性。

(2) 材料与精度。植入物 3D 打印技术所采用的材料需要具备良好的生物相容性和生物可降解性,以及足够的力学性能,并与生物组织的相似性。常见的材料包括生物陶瓷、生物降解聚合物和生物金属,具体材料的选用取决于植入物的用途和患者的生理特征。3D 打印技术能够实现较高的精度,通常可达到数十至数百微米级别。精密的打印设备和先进的控制系统,能够确保每一层材料的堆积精度,进而保证植入物的准确性和质量。

(3) 应用领域。植入物 3D 打印技术在医疗领域得到了广泛应用,主要包括骨科植入物、牙科植入物、软组织植入物和器官移植辅助材料。骨科植入物如骨修复植入物、关节置换植入物和骨折固定板等,通过 3D 打印技术,可根据患者的个体化解剖结构和需求定制,提高手术成功率和患者的生活质量。牙科植入物如种植牙和义齿等,利用 3D 打印技术,能依据患者的牙槽骨结构和牙齿形状定制,显著提升咀嚼功能和美观效果。器官移植辅助材料如人工血管和人工心脏瓣膜等,3D 打印技术能够制出与患者生理特征匹配的材料,降低移植排斥反应的风险,提高移植手术的成功率。

2. 可降解生物材料 3D 打印

(1) 工艺原理。可降解生物材料 3D 打印技术是利用 3D 打印设备,将生物降解性材料逐层堆积成形的制造方法。其工艺原理如下:首先,医生通过医学影像检查获取患者相关解剖结构数据；其次，工程师运用 CAD 软件进行模型设计与优化；再次，将设计好的模型数据输入 3D 打印设备中，设备根据设计数据，逐层堆积聚乳酸、聚羟基乙酸等生物降解性材料，形成植入物的三维结构；最后，对制造完成的植入物进行表面处理，以增强其生物相容性。

（2）材料与精度。可降解生物材料 3D 打印技术所使用的材料，需要具备良好的力学性能、生物相容性和生物降解性。常见的材料包括聚乳酸、聚羟基乙酸和聚己内酯等，这些材料在人体内能够逐步降解为生物可吸收的小分子，不会对人体产生负面影响。植入物的精度对手术的成功和患者的康复至关重要。可降解生物材料 3D 打印技术能够确保每一层材料的堆积精度，整体加工精度可达微米量级。

（3）应用领域。可降解生物材料 3D 打印技术已在医疗领域得到广泛应用，主要包括骨科植入物、软组织植入物、药物输送系统及生物支架和细胞载体。在骨科植入物方面，如骨修复植入物和关节置换植入物，由于这些植入物需长期留存于人体内，选用可降解生物材料可避免二次手术取出植入物，从而减轻患者的痛苦和风险。在药物输送系统方面，3D 打印技术可制造出具有微孔结构的可降解植入物，用于药物的缓释和控释，提高药物的治疗效果和患者的依从性。此外，该技术还能制造出具有复杂结构的生物支架和细胞载体，用于组织工程和再生医学研究，促进组织修复和再生。

3. 活体器官 3D 打印

（1）工艺原理。活体器官 3D 打印技术是一种借助 3D 打印设备，将生物材料或细胞逐层堆积成形的制造方法，旨在制造出具有生物功能和组织结构的人工器官。其工艺原理主要包括以下几个步骤：首先，通过医学影像技术如 CT 和 MRI 对患者的相应器官进行扫描，获取其三维形态和结构数据。其次，利用计算机辅助设计软件对这些数据进行处理和优化，生成数字化的器官模型。根据器官的特性和功能需求，选择适合的细胞和生物材料，这些材料可以是生物可降解聚合物、生物陶瓷、生物金属等，也可以是活体细胞和生长因子。再次，将设计好的器官模型输入 3D 打印设备中，根据设计数据逐层堆积生物材料或细胞，形成器官的三维结构。在打印过程中，可能需要添加生长因子或细胞培养液，以促进细胞生长和组织再生。最后，可能需要进行生物活性调控，如体外培养和生长因子刺激等，以使器官具备生物功能和生物相容性。

（2）材料与精度。常见的材料包括生物可降解聚合物、生物陶瓷和生物金属等，以及活体细胞和生长因子等。活体器官的精度对其功能和生物相容性至关重要。现有的打印设备能够调控每层细胞的堆积精度，从而保证器官整体的加工质量。

（3）应用领域。活体器官 3D 打印技术已在医疗领域得到广泛应用，主要涉及人工器官、组织工程、药物筛选和毒性测试及个性化医疗。该技术能够制造出具有复杂结构和生物功能的人工心脏、人工肾脏和人工肝脏，用于治疗器官功能失常或损伤，从而缓解器官移植短缺问题。在组织工程方面，能够生产具有生物活性和生物相容性的软组织和硬组织产品，用于软骨修复和皮肤再生等组织修复和再生应用。此外，通过模拟活体器官的功能，还可进行药物筛选和毒性测试，提高药物研发的效率和准确性，并减少动物实验的使用。在个性化医疗方面，活体器官 3D 打印技术能够根据患者的个体特征和需求定制器官，从而实现个性化医疗，提高治疗效果和患者的生活质量。

6.2　激光加工技术

激光加工技术是指通过聚焦激光束与材料的精确交互作用,实现对金属及非金属材料进行切割、焊接、表面处理、打孔和微加工等多种操作的技术统称。在加工过程中,精准定向的激光束通过熔化材料形成微小孔洞或切口。从物理机制上讲,这一过程涉及激光与非透明物质的相互作用,微观上是量子力学的表现,而宏观上则通过材料的反射、吸收、加热、熔化至气化等多种变化表现出来。在不同激光功率密度的作用下,材料表面的温度会上升,进而引发熔化、气化、小孔形成,甚至可能产生光致等离子体,这些变化会根据激光参数的调整而有所不同。激光功率密度与其基本特性和主要应用之间的关系如图 6.7 所示。

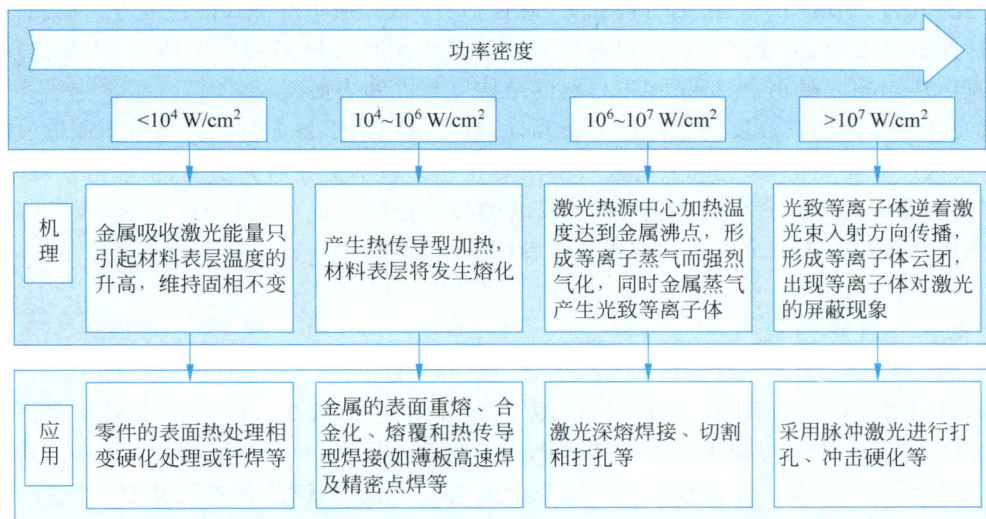

	功率密度			
	$<10^4$ W/cm²	$10^4{\sim}10^6$ W/cm²	$10^6{\sim}10^7$ W/cm²	$>10^7$ W/cm²
机理	金属吸收激光能量只引起材料表层温度的升高,维持固相不变	产生热传导型加热,材料表层将发生熔化	激光热源中心加热温度达到金属沸点,形成等离子蒸气而强烈气化,同时金属蒸气产生光致等离子体	光致等离子体逆着激光束入射方向传播,形成等离子体云团,出现等离子体对激光的屏蔽现象
应用	零件的表面热处理相变硬化处理或钎焊等	金属的表面重熔、合金化、熔覆和热传导型焊接(如薄板高速焊及精密点焊等)	激光深熔焊接、切割和打孔等	采用脉冲激光进行打孔、冲击硬化等

图 6.7　激光功率密度与其基本特性和主要应用之间的关系

6.2.1　激光焊接

激光焊接是激光加工技术的重要应用之一。通过激光辐射产生的热能直接作用于工件表面,借助热传导机制使材料内部达到熔融状态,从而精确形成所需的焊接熔池。在此过程中,通过精细调节激光脉冲的宽度、能量、功率密度及重复频率,能够实现对焊接过程的精确控制。随着高功率 YAG 激光器的应用,激光焊接技术的应用范围得以拓展,尤其是基于小孔效应的深熔焊,在汽车制造、机械工程与钢铁产业中获得了广泛应用。此外,激光焊接技术的时空灵活性突出,能够在远距离和非接触条件下实现精确焊接,特别适合加工难以触及的部位,还可实现多光束的同时加工,极大地推动了精密焊接技术的发展。在制造汽车零部件、心脏起搏器、锂电池、密封继电器等领域,激光焊接凭借无变形和无污染的优势,保障了加工质量。

激光焊接适用于焊接具有高熔点、高反射率和高热导性的材料,也能够高效连接异质金属,例如铜和钽的结合,展现出其广泛的材料适应性和连接的高可靠性。激光焊接技术具有焊接速度快、熔深大且变形小的显著优势,可在常温或其他特定条件下进行操作,即使在特定的气体环境中也能保证焊接质量。通过集中光束产生的高功率密度,焊接的深宽比可以达到10∶1,提高了焊接过程的精确性和效率。尤其在微型焊接领域,此技术能够精确聚焦至极小的焊点,通过最小化热影响区并消除焊点污染,显著提升了生产效率和焊接质量,非常适用于集成电路引线、钟表游丝等精密器件的组装。

6.2.2 激光切割

激光切割主要依靠产生高功率密度的聚焦激光束。在计算机的精细控制下,激光器通过放电过程发射高频脉冲,这些脉冲具有特定的频率和脉宽。经由精心设计的光路系统,激光束被反射并通过聚焦透镜组精细聚焦于材料上,形成能量密度极高的光斑。这个能量高度集中的点瞬间将材料熔化或气化,从而实现切割过程。

激光切割技术适用于广泛的材料加工,既包括各类金属(如铜、钢、铝合金等),也涵盖非金属材料,如石英玻璃、硅橡胶和氧化铝陶瓷等。激光切割具有极高的加工精度,能够实现极细微的切口,热影响区极小,保证了加工材料的结构完整性和表面质量。

激光切割技术因其高度的灵活性和精确性,被广泛应用于各个行业。从汽车制造、航空航天到精密医疗设备制造,激光切割都发挥着关键作用。特别是在需要快速、精准剪裁复杂或精细图案的场景中,激光切割几乎成为不可或缺的技术选择。此外,随着技术的不断进步和创新,激光切割正逐步拓展至电子和微机械等新兴领域,不断提升加工效率和产品质量。

6.2.3 激光打孔

激光打孔技术,凭借其极高精度、广泛适用性、高效率、低成本,以及显著的技术经济优势,已成为现代制造业中不可缺少的关键技术之一。在激光技术发展之前,在硬度极高的材料上打孔要面临巨大的挑战。激光技术的出现极大地改变了这一状况,使在硬质材料上打孔加工变得迅速且安全。激光打孔形成的是圆锥形孔洞,这与传统机械钻孔形成的圆柱形孔洞有所不同。

激光打孔技术能够适用于多种材料,包括金属、复合材料以及各类硬质石材。随着技术的发展,YAG激光器的功率从最初的400W提升为800~1000W,打孔峰值功率为30~50kW,脉冲宽度越来越窄,重复频率不断提高。这些技术进步不仅显著提升了打孔的质量和速度,还提高了加工的精度和效率。

激光打孔技术广泛应用于航空航天、汽车制造、电子仪器、化工等多个行业。在国内,该技术已成熟并广泛应用于人造和天然金刚石的拉丝模生产、钟表行业中的宝石轴承制造、飞机叶片加工,以及印刷电路板的生产等领域。这些应用充分证明了激光打孔技术在现代制造业中发挥着至关重要的作用,已成为一种高效、多功能的加工解决方案。

6.2.4 激光打标

激光打标技术通过聚焦高能量密度的激光束局部照射工件,使表层材料气化或引发颜色变更的化学反应,从而在物体上留下永久性的标记。激光打标技术的核心优势在于其非接触式加工方式,这种方式不会对物体施加任何物理压力或应力,避免了对物品表面造成损伤。此外,由于激光束可聚焦至极细的点,受热区域极小,因而加工过程的精度极高,能够实现传统方法难以达到的加工效果。

激光打标技术使用的激光"刀具"为高度聚焦的光束,不需要额外的设备或材料投入,且在激光器正常运行的情况下,可长时间持续稳定加工。这种技术加工速度快、成本低廉,全过程由计算机控制,无须人工干预。特别是准分子激光打标,作为一种新兴技术,尤其适用于金属性材料的打标,能实现亚微米级的高精度标记,已在微电子产业和生物工程领域得到广泛应用。

激光能标记的信息完全取决于计算机设计的内容,一旦图稿符合打标系统的识别标准,机器就能高精度地将设计精确复制到合适的介质上。激光打标技术的多样性和精确性使其成为现代制造与生产领域中的关键技术,不仅提高了产品的质量和安全性,还极大地提升了制造过程的自动化程度和效率。

6.2.5　激光热处理

激光热处理技术是利用高功率密度的激光束对金属工件表面进行局部加热,使金属表面区域迅速升温并快速冷却,引发材料的微观结构变化,如相变硬化(也称作表面淬火、非晶化或重熔淬火),从而改善工件表面的组成和机械性能(主要包括硬度提高、耐磨性增强和抗腐蚀性提升等)的热处理方法。

激光热处理技术对各种金属材料均具有良好的适应性,无论是铸铁、中碳钢还是高碳钢,处理后的表面硬度均可显著提升,例如铸铁可达 60HRC,中碳及高碳钢可达 70HRC。由于激光技术的高精准度,这种处理方法适用于多种形状和大小的零件,包括复杂的几何结构,能够在不影响工件整体结构的前提下,有效地提升局部区域的物理性能。

激光热处理技术在汽车工业中得到广泛应用,常用于缸套、曲轴、活塞环、换向器和齿轮等关键零部件的表面处理。该技术在航空航天、机床及机械行业同样应用广泛。这些领域的大量应用表明,激光热处理技术在提升工件的使用寿命和可靠性方面具有极高价值。

6.3　载能粒子束制造技术

载能粒子束制造技术是利用电子束、离子束等载能粒子与物质相互作用,实现材料成形与改性的技术。该技术具有宽范围的能量密度、高能量转换效率(超过 95%)、能量在时空上精确可控、束斑灵活可调以及能够直接传递动量等特点,可同时满足宏观和微观制造的需求。

载能粒子束制造技术的研究始于 20 世纪初,随着气体放电型离子源、电子束加工设备和高效等离子弧加工技术的相继问世,相关研究逐步展开。中国的载能束流制造技术研究始于 20 世纪 60 年代初,目前已成功应用于航空航天、核工业、船舶和高铁等军事和工业领域。尤其在电子信息产业中的表面材料制造方面,2018 年销售收入达到 2500 亿元的规模,其中 40%以上依赖载能粒子束制造技术。然而,该技术的发展仍面临一些问题:首先,高端载能束源的关键技术尚未掌握;其次,在高功率脉冲和超低压放电等极端条件下,载能束与材料相互作用规律尚未被充分认识;再次,在苛刻服役环境下,载能束表面制造的调控规律仍有待深入探索;最后,载能束复合制造技术还有待突破。

6.3.1　电子束加工

电子束加工技术是一种涉及多个领域的高级加工技术,涵盖光刻、固化、焊接、熔覆、熔炼、沉积、制孔与切割、强流脉冲、改性及增材制造等。这些技术借助电子束的高能量和精密控制能力,对材料进行精细加工和处理。电子束加工技术发展路线如图 6.8 所示。

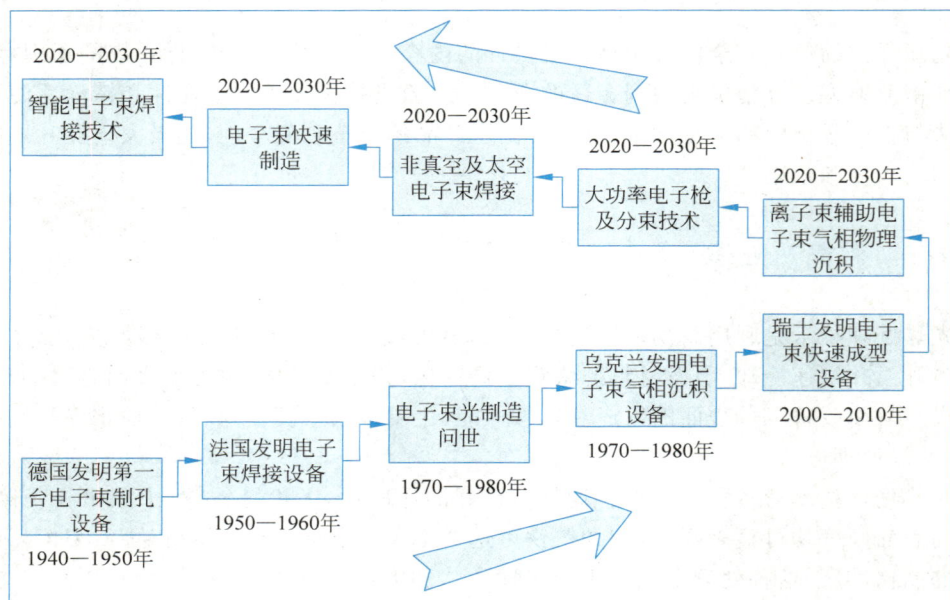

图 6.8　电子束加工技术发展路线

光刻技术利用电子束对光敏材料进行局部曝光,形成微细图案,广泛应用于半导体制造领域。电子束固化是在光刻之后对材料进行固化处理,以增强其机械强度和耐磨性。电子束焊接和熔覆技术在制造业中也应用广泛,其中焊接技术利用电子束的高能量瞬间将材料加热至熔化状态,实现材料的连接;熔覆技术则通过局部加热材料表面,涂覆另一种材料,提高材料的耐磨性和耐腐蚀性。

电子束熔炼技术通过局部加热材料,实现组织改变和合金化,进而提升材料性能。强流脉冲利用电子束的高能量瞬间加热材料,对材料表面进行改性,提高表面硬度和耐磨性。电子束沉积和制孔切割技术在快速成型和微细加工领域表现出色,沉积技术利用电子束将材料粉末沉积在基底上,形成复杂结构的零部件;制孔和切割技术则借助电子束的高能量和精密控制能力,实现精确加工和切割。电子束增材制造技术是一项新兴的制造技术,通过电子束将材料逐层堆积,制造出复杂的三维结构,广泛应用于航空航天和医疗器械等领域。

1. 电子束光刻

(1)工艺原理。电子束光刻技术是利用电子束在光刻胶上进行精确曝光的制造方法。其工艺流程主要包括以下步骤:首先,在硅片或其他基板表面涂覆一层光刻胶,形成光刻胶层;其次,将设计好的芯片图形数据输入电子束光刻机中,电子束在光刻胶表面进行精确曝光,根据设计图形形成微米级的图案;再次,对曝光后的光刻胶进行显影处理,去除未曝光部分的光刻胶,露出基板表面,同时根据显影后的图案,在基板表面进行蚀刻,形成芯片的结构;最后,对芯片进行清洗处理,去除残留的光刻胶和蚀刻产物,得到最终的芯片产品。通过以上步骤,电子束光刻技术实现了在基板上精确形成微米级甚至纳米级的图案,是半导体制造中的关键工艺之一。

(2)材料与精度。电子束光刻技术所使用的光刻胶需要具备良好的分辨率、对比度和化学稳定性。常用的光刻胶材料包括光敏聚合物和光致变色材料,具体选择取决于实际应用需求和制造工艺。电子束光刻技术能够实现极高的精度和分辨率,通常可达到亚微米甚至纳米级别。这得益于电子束的微小尺寸和高能量,以及先进的电子束光刻机设备和控制系统,从而能够对光刻胶进行精确控制和曝光。

(3)应用领域。电子束光刻技术已在微电子制造领域得到广泛应用,主要包括以下方面:可用于制造集成电路芯片的图形和结构,还可用于制造微米级的微机电系统器件。此外,电子束光刻技术能用于制造具有微米级或亚微米级结构的光学元件,如光栅和衍射光学元件等。

2. 电子束熔炼

(1)工艺原理。电子束熔炼技术是利用高能电子束对金属或合金进行局部加热,使其部分或全部熔化,然后快速凝固成形的加工方法。其工艺原理主要步骤如下:首先,通过控制电子束的能量和聚焦,将高能电子束聚焦于工件表面的局部区域,使金属或合金材料受热并达到熔点,当材料受热至足够温度时,部分或全部熔化形成熔池。其次,通过调节电子束的功率和移动路径,控制熔池的大小、形状和温度分布。在电子束作用下,熔池快速凝固成形,形成所需的金属或合金部件。凝固过程中,可通过控制电子束的功率和速度来调节成形品质和微观组织。通过优化和控制电子束能量、扫描速度、层厚和预热温度等参数,能够实现对成形零件的精确控制,提高加工质量。

(2)材料与精度。电子束熔炼技术适用于多种金属和合金材料,包括但不限于钛合金、不锈钢和镍基合金等。该技术具有较高的成形精度和表面质量,通常精度可达数十至数百微米级别。这主要得益于电子束的高能量密度和局部加热效应,使熔池的控制和成形过程更加精细和可控。

(3)应用领域。电子束熔炼技术已在多个领域得到广泛应用,主要包括航空航天、医疗器械、汽车制造和模具制造等。该技术可用于制造形状复杂的航空航天零部件,如航空发动机叶片和涡轮叶片,具备优异的性能和高温耐受性;在医疗器械领域,用于制造人工关节和牙科种植体,具有良好的生物相容性和机械性能;在汽车制造领域,电子束熔炼技术可用于制造发动机零部件和车身结构,提高零件的强度和耐磨性,减轻整车重量,提升燃油效率;此外,在模具制造领域,该技术能够快速定制形状复杂的金属零件,如模具和工装夹具,提高制造效率和产品质量。

3. 电子束改性

(1)工艺原理。电子束改性技术的工艺原理是利用高能电子束对材料表面进行局部加热和处理,通过改变材料的结构和性能实现对材料的改性。其主要步骤如下:首先,将高能电子束聚焦在材料表面的局部区域,使该区域受到高能量的电子轰击;其次,高能电子束在材料表面与原子或分子相互作用,导致原子或分子的电离、碎裂和重新排列,从而产生局部加热效应;再次,在这种局部加热作用下,材料表面的晶体结构、组织结构或化学结构发生变化,可能引发晶体相变、相界移动和溶解析出等现象;最后,在电子束处理结束后,材料表面迅速冷却固化,保持改性后的结构和性能。

(2)材料与精度。电子束改性技术适用于多种材料,包括金属、陶瓷、聚合物和复合材料。可进行微细尺寸特征的纳米级加工,这得益于电子束的高能量密度和局部加热效应,使得改性过程更加精细可控。

(3)应用领域。电子束改性技术已在多个领域得到广泛应用,主要包括以下方面:首先,可用于改善材料表面的性能,如提高金属表面的耐腐蚀性和耐磨性,增强陶瓷表面的硬度和耐磨性,改善聚合物表面的润湿性和附着性;其次,可在材料表面沉积功能性薄膜,如防腐蚀膜、抗划伤膜和生物相容性膜,用于涂层加工、表面改性和功能化处理;最后,电子束改性技术也可用于制备电子器件的功能性结构和界面,如调控半导体器件的表面形貌、界面态和电子结构,从而提高器件的性能和稳定性。

6.3.2　离子束加工

离子束加工技术包括离子束刻蚀、离子辐射改性、离子注入和离子束沉积等多个领域。借助离子束的高能量和精确控制能力,这些技术能够对材料进行精细加工和改性处理,广泛应用于半导体制造、微纳米加工和材料改性等领域。离子束加工发展路线如图 6.9 所示。

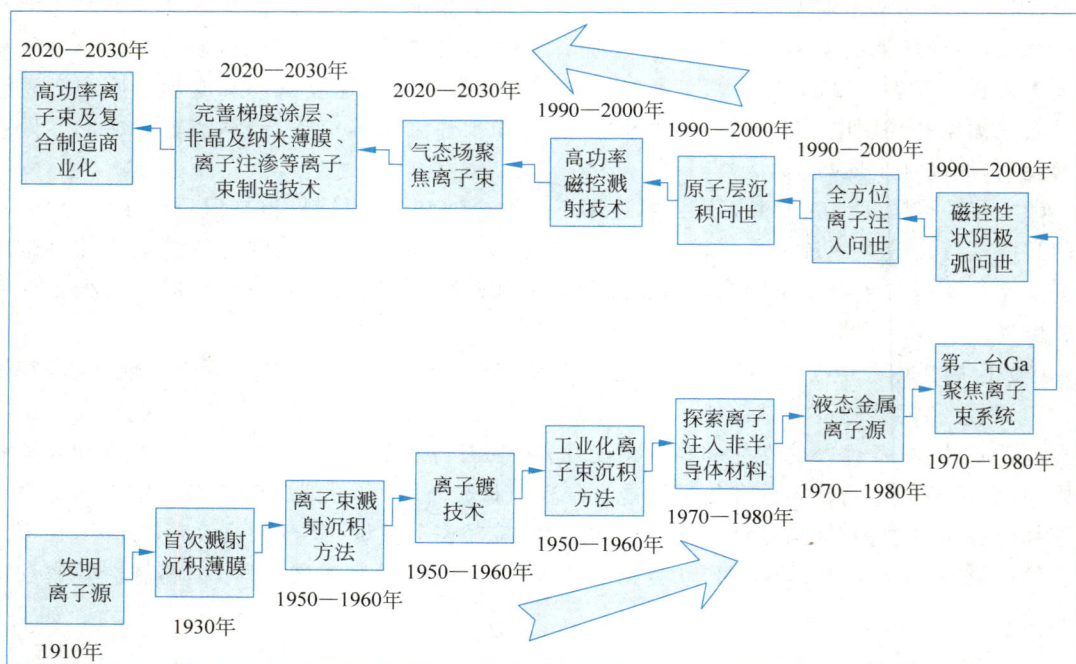

图 6.9　离子束加工发展路线

1. 离子束刻蚀

(1)工艺原理。离子束刻蚀技术是利用离子束对材料表面进行物理或化学作用,以实现对材料刻蚀或改性的加工方法。其工艺过程如下:首先,通过离子源产生所需的离子束;产生的离子束经加速装置加速,获取所需的能量和速度;加速后的离子束对材料表面进行轰击,离子与材料表面原子或分子发生碰撞,产生物理或化学效应。离子与材料表面相互作用,可引起材料的物理性质改变(如形成坑洞、溶解析出等)或化学性质改变(如表面化学反应、溅射等),进而实现刻蚀或改性的目的。通过控制离子束的能量、流量、轰击角度等参数,能够实现对加工过程的精确控制。同时,通过监测加工过程中的表面形貌、表面组成等参数,可评估加工效果和成形质量。

(2)材料与精度。离子束刻蚀技术适用于多种材料,包括金属、半导体、陶瓷和聚合物等。该技术能够实现对材料表面的精确控制和微观结构的改变,刻蚀精度通常可达亚微米级别甚至纳米级别。

(3)应用领域。离子束刻蚀技术已在多个领域得到了广泛应用,主要包括以下方面:在半导体器件制造中,该技术是关键工艺之一,用于制备微米级或纳米级的器件结构,如晶体管和光刻掩模;在纳米加工领域,可用于制备纳米结构和纳米器件,如纳米线和纳米点阵等;在表面改性和功能化处理方面,可用于改善材料的表面性能,如提高表面硬度、耐磨性和耐腐蚀性。

2. 离子辐射改性与离子注入

(1)工艺原理。离子辐射改性与离子注入技术是利用离子束对材料表面进行辐射改性和离子注入的先进加工方法。其工艺原理主要包括以下步骤:首先,通过加速器等设备产生所需的离子束,并将其辐射到材料表面。在与材料表面相互作用时,这些离子束会发生能量转移和原子碰撞,从而引发表面原子结构的改变。在辐射过程中,部分离子被材料表面吸收或散射,形成一定深度的注入层。这些注入的离子能够改变材料的晶体结构、化学成分和物理性质,实现对材料性能的调控和改良。其次,通过精确控制离子束的能量、流量和注入时间等参数,可实现对辐照剂量的精确控制。不同的辐照剂量会导致不同深度和程度的离子注入,进而影响改性层的形成和性能。最后,在离子注入完成后,通常需进行热处理或其他后续处理工艺,以进一步稳定和改善改性层的性能。热处理能够消除注入过程中产生的缺陷和应力,提高改性层的稳定性和性能。

(2)材料与精度。离子辐射改性与离子注入技术适用于多种材料,包括金属、半导体、陶瓷和聚合物等。不同材料对辐射的响应和离子注入的效果各异,因此需根据具体应用选择合适的材料。该技术能够实现对材料表面和内部的精确控制,精度通常可以达到亚微米级别。

(3)应用领域。离子辐射改性与离子注入技术已在多个领域得到广泛应用,包括工程材料、半导体器件、光学薄膜、生物医学和纳米材料。在工程材料方面,通过离子辐射改性可增强材料的硬度、强度和耐磨性,提高其抗拉伸和耐腐蚀性能,从而制备高强度、高性能的工程材料;在半导体器件方面,该技术用于改善杂质扩散、控制电子迁移率和调节器件结构,应用于微电子器件和集成电路的制造;在光学薄膜方面,离子辐射改性可提高抗反射性能,增强耐磨性和耐腐蚀性,用于光学元件和光学器件的制造;在纳米材料领域,离子辐射改性用于制备纳米结构、纳米复合材料和纳米多孔材料,广泛应用于纳米电子器件、纳米传感器和纳米催化剂等。

3. 离子束沉积

(1)工艺原理。离子束沉积技术的工艺原理是利用离子束在材料表面形成一层致密、均匀的薄膜或涂层。其工作原理如下：首先，利用离子源产生离子束。其次，通过加速装置将离子束加速至所需的能量和速度。加速后的离子束在材料表面进行沉积，形成薄膜或涂层。再次，通过精确控制离子束的能量、流量和沉积时间等参数，可调节沉积层的厚度、成分和结构，从而实现对沉积层性能的调控。最后，通常还需进行后续处理工艺，如退火和表面修饰，以进一步改善沉积层的性能和稳定性。

（2）材料与精度。离子束沉积技术适用于包括金属、半导体、陶瓷和聚合物等在内的多种材料。该技术能够实现对沉积层的精确控制，沉积精度通常可达亚微米级别。这是由于离子束具有高能量密度和局部作用效应，使得沉积过程更加精细和可控。

（3）应用领域。离子束沉积技术已在多个领域得到广泛应用，主要包括以下方面：首先，可通过离子束沉积技术制备具有特定功能的薄膜，如防腐蚀膜、抗划伤膜和光学薄膜等，用于涂层加工、表面改性和功能化处理；其次，该技术可用于光学元件的涂层和薄膜制备，如光学镀膜、抗反射膜和光学滤波器等；最后，在电子器件领域，可利用离子束沉积制备功能性薄膜和界面，如半导体器件的表面修饰和介电层的涂覆。

6.3.3　等离子体加工

等离子体加工技术涵盖切割、焊接、掩模刻蚀、喷涂、清洗、改性及成形等多个领域。这些技术借助等离子体的高能量和局部作用效应，对材料精准加工和处理，广泛应用于工业生产和科学研究。从切割、焊接到掩模刻蚀、喷涂，再到清洗、改性及成形，等离子体加工技术为材料加工提供了高效、精确的解决方案，推动着工业技术持续进步，其发展路线如图 6.10 所示。

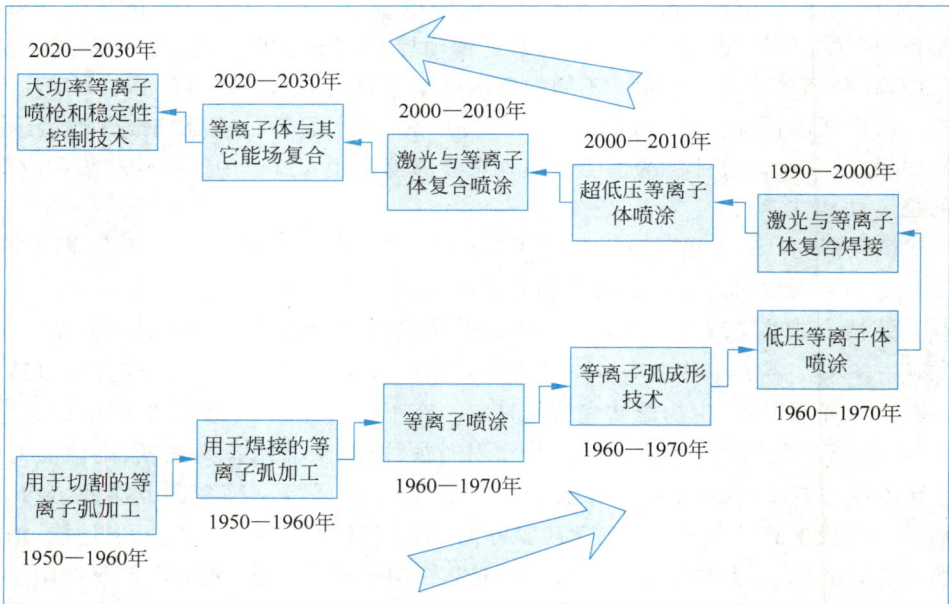

图 6.10　等离子体加工发展路线

1. 等离子体掩模刻蚀

（1）工艺原理。等离子体掩模刻蚀技术利用等离子体在高能量和高温条件下对材料表面进行刻蚀。其主要步骤如下：首先，通过射频辉光放电或微波放电等设备产生所需的等离子体；其次，调控气体流量和加工条件，使等离子体在材料表面形成光环，其中的离子和激发态原子对材料表面进行刻蚀和改性；再次，借助掩模技术在材料表面形成所需的图案，等离子体对暴露在光环外的部分材料进行刻蚀，形成所需的结构和图案；最后，通过精确控制等离子体的能量、流量和加工时间等参数，实现对刻蚀过程的精准把控，进而控制刻蚀速率、刻蚀深度和表面形貌，实现对加工结果的精确控制。

（2）材料与精度。等离子体掩模刻蚀技术适用于多种材料，包括但不限于硅、玻璃、金属和聚合物。该技术能够对材料表面进行高精度加工，刻蚀精度通常可达纳米级别。

（3）应用领域。等离子体掩模刻蚀技术是一种多功能技术，广泛应用于微纳米加工、集成电路制造、光学器件制备、生物医学工程及纳米结构和器件的制备。在微纳米加工领域，可精确制造光子晶体、纳米线阵列和传感器；在集成电路制造业中，有助于形成金属导线和晶体管结构；在光学领域，可用于制造光栅和衍射光学元件；在生物医学领域，能够制造生物材料表面的微纳米结构，服务于组织工程、医疗器械和医用材料的开发；在纳米技术领域，能够制备纳米点阵和纳米线阵列等精细结构。

2. 等离子体喷涂

（1）工艺原理。等离子体喷涂技术的工艺原理如下。首先，利用相关设备产生等离子体。其次，等离子体通过电场或磁场加速，形成高速运动的粒子流。再次，高速粒子流对目标表面进行冲击喷涂，粒子在表面沉积形成涂层。通过控制等离子体的产生和粒子流的加速，调节喷涂参数，如喷涂速度和温度，可实现对涂层厚度、成分和结构的精确控制。最后，在喷涂完成后，通常需进行退火和表面修饰等后续处理工艺，以进一步提升涂层的性能和稳定性。

（2）材料与精度。等离子体喷涂技术适用于多种材料，包括金属、陶瓷和复合材料，并且能够实现对涂层的高精度控制，喷涂精度通常可达亚微米级别。

（3）应用领域。等离子体喷涂技术已在多个领域得到广泛应用，主要包括以下方面：首先，可制备高温耐磨、耐腐蚀、耐氧化的涂层，用于工业设备和航空航天器件等领域的表面保护；其次，能够制备具有特定功能的涂层，如导热涂层、绝缘涂层和光学涂层，以改善材料的特定性能；再次，还可用于表面修复和修饰，如修复金属零件表面和改良复合材料表面；在航空航天领域，被广泛用于结构件和涡轮机械零件的涂层加工，提高零件的使用寿命和性能；最后，在能源领域，用于电池材料和储能设备的表面涂层改性，以提高材料的能量密度和稳定性。

3. 等离子体清洗及改性

（1）工艺原理。等离子体清洗及改性技术的工艺原理如下。首先，利用电弧放电产生等离子体。其次，等离子体凭借高能量和高温条件对材料表面进行清洗，等离子体中的离子和活性物种与表面上的污染物质发生反应，将其去除或分解。再次，清洗完成后，可利用等离子体对材料表面进行改性处理，通过控制等离子体的能量和成分，实现对表面化学成分和结构的调控。最后，通过调节等离子体的参数，如能量、流量和处理时间，实现对清洗及改性效果的精确控制，以根据不同的应用需求调节表面的性能和特性。

（2）材料与精度。等离子体清洗及改性技术适用于多种材料，包括金属、陶瓷、玻璃和塑料，能够实现对表面的高精度处理，处理精度通常可达纳米级别。

（3）应用领域。等离子体清洗及改性技术已在多个领域得到广泛应用，主要包括以下方面：首先，用于清洗各类材料表面的有机污染物、氧化物、油脂等，提高表面的洁净度和黏附性；其次，改善材料表面的润湿性、黏附性、耐磨性和耐腐蚀性等性能，从而提升材料的使用寿命和稳定性；再次，在涂层制备之前，对基材表面进行清洗和改性处理，提高涂层与基材的附着力和耐久性；最后，在生物医学领域，对生物材料表面进行改性，提高材料的生物相容性和生物活性，适用于医疗器械和医用材料的制备。

6.4　电化学制造技术

　　电化学制造是利用金属的电化学反应原理实现零部件成形的一种特种能场制造方法，包括基于阳极溶解原理的电解加工和基于阴极沉积原理的电铸制造。该制造技术具有诸多优势：首先，能够在不产生机械应力的情况下精确加工复杂形状和细小结构，有效提高零件的精度和表面质量；其次，不会产生热变形或表面硬化现象，适用于加工硬质材料和难加工材料；再次，由于基于电化学反应，磨损和工具损耗极小，这不仅延长了工具的使用寿命，还降低了生产成本；最后，工艺可控性强，通过调节电参数可实现高精度加工和高效率生产，适合大规模工业应用。

6.4.1　精密电解加工

　　在航空制造领域，精密电解加工技术被广泛应用于解决航空发动机整体叶盘、叶片和机匣等复杂结构件的加工难题。西方国家如美国、德国等在这方面尤为领先，美国通用电气公司、普拉特·惠特尼公司、英国罗尔斯·罗伊斯公司和德国埃马克机床公司等都采用电解加工技术制造航空发动机零部件。在我国，南京航空航天大学和中国航空制造技术研究院针对航空重大装备关键部件的电解加工技术和装备进行了深入研究。同时，广东工业大学和华南理工大学等在大功率高频脉冲电源的研制方面也取得了显著进展。

1. 脉冲电解加工

　　脉冲电解加工（PEM）是一种高精度、高效率的精密加工技术，广泛应用于各个制造业领域，包括航空航天、汽车制造、医疗器械和微电子器件等。

　　（1）工艺原理。脉冲电解加工是一种通过在工作电极和工具电极之间施加电压脉冲，借助电解液中的离子传递来实现金属材料去除加工的方法。其基本原理是利用电解质溶液中的离子传递，去除工作电极表面的金属材料，进而实现材料加工和成形。在脉冲电解加工过程中，施加的脉冲电压促使电解液中的离子在工作电极和工具电极之间移动，在工作电极表面产生高密度的离子流，以此去除金属材料。通过控制脉冲电压的幅值、频率和宽度，能够精确调控加工过程中的材料去除速率和加工形状。

　　（2）材料与精度。脉冲电解加工适用于硬质合金、钛合金、不锈钢、高温合金零件的高性能制造。通过调节电流脉冲的频率、占空比和幅度，以及电解液的流动和分布、加工间隙等因素，可以控制材料去除速率和加工精度，实现复杂形状的高精度加工。

　　（3）应用领域。脉冲电解加工广泛应用于制造业的各个领域。在航空航天领域，它可用于制造航空发动机零部件、涡轮叶片、航天器构件等高精度零件，以满足对材料性能和加工精度的严苛要求；在汽车制造中，用于生产汽车发动机缸体、气门座圈、传动系统零部件等高精度零件，提高汽车的性能和可靠性；在微电子领域，适用于制造微型加工模具、半导体器件和微机械系统等高精度零件，推动微电子器件的微型化和集成化。

2. 振动电解加工

振动电解加工（VEM）是一种高效、高精度的精密加工技术，通过在电解液中施加交变电场的方式，利用电化学腐蚀原理对金属材料进行加工。

（1）工艺原理。振动电解加工基于电化学腐蚀和机械振动原理。在此过程中，工件和刀具分别作为阳极和阴极，浸泡在电解液中。当施加外加电压时，电解液中的离子在阳极表面发生氧化还原反应，使阳极表面的金属材料溶解，从而实现材料加工。同时，在振动电场的作用下，电解液中的离子在交变电场影响下运动，加速加工过程中形成的气泡的扩散和移除，进而保证加工过程的稳定性和精度。

（2）材料与精度。振动电解加工适用于各种金属材料，如钢铁、铝合金、镍基合金和钛合金等。由于振动电解加工属于非接触加工方式，因此可以对硬度较高、脆性较大的材料进行加工，且不会导致材料的变形或损伤，加工精度通常能够实现亚微米级别。

（3）应用领域。振动电解加工广泛应用于制造业的各个领域，主要包括以下几个方面。首先，可实现对微细零件的高精度加工，如微型齿轮、微型喷嘴和微型模具，广泛应用于微机械系统和微流体器件等领域；其次，可用于制造复杂形状的模具，如微型注射模具和微型压铸模具，以满足模具制造对加工精度和表面质量的要求；最后，可用于制造半导体器件、微型传感器和微型加工模具等高精度零件，促进微电子器件的微型化和集成化。

3. 掩模电解加工

（1）工艺原理。掩模电解加工的工艺原理基于电化学腐蚀和掩模技术的协同作用。电化学腐蚀是掩模电解加工的核心原理之一。在电解加工过程中，通过电解液中的离子传递和金属表面的氧化还原反应，实现对工件表面的溶解和去除。典型的电解液由电解质（如硫酸、氯化钠等）和溶剂（如水）组成。在施加电压的作用下，工件表面的阳极区域发生氧化反应，金属离子溶解进入电解液中；而阴极区域则发生还原反应，离子从电解液中析出并在工件表面沉积。通过控制电解液成分和电流密度，并借助精心设计的掩模，实现对工件表面的精确加工。

掩模技术在掩模电解加工中起着至关重要的作用。掩模是一种由绝缘材料或电导率较低材料制成的模具，能精确覆盖或部分覆盖工件表面，以控制电流的传递和腐蚀区域的形成。通过使用掩模，可以有效屏蔽不需要加工的区域，仅在预定区域内实现腐蚀，从而实现高精度和复杂形状的加工。掩模的设计需考虑材料选择、几何形状、表面处理及与工件的匹配性等因素，以确保加工精度和表面质量。

（2）材料与精度。掩模电解加工在材料适用性和加工精度方面具有显著优势，适用于多种金属和部分非金属材料。具体而言，它适用于钢铁、铝合金、镍基合金和钛合金等金属材料，这些材料通常具有高硬度、高强度或特殊化学性质，适用于对高精度加工有需求的场合；此外，还适用于陶瓷和石英玻璃等非金属材料，这些材料在特定应用中需要精密加工，且掩模电解加工能够提供非接触、无损伤的加工方法。掩模电解加工以其出色的加工精度和表面质量著称，加工精度通常能达到亚微米级别。其主要优点和特征包括：通过控制电解液流动、电流密度和掩模设计，可实现极为精确的加工，适用于微小复杂结构和高精度要求的零部件制造。

（3）应用领域。掩模电解加工在多个制造业领域中有着广泛应用，其高精度和非接触加工特性使其成为许多关键行业的首选加工方法：在航空航天和国防领域，掩模电解加工用于制造高精度、复杂形状的发动机零件、航天器构件、导弹部件等。这些部件对材料性能和精密加工要求极高，掩模电解加工能够满足其制造需求，提高部件的性能和可靠性；在汽车制造中，广泛使用掩模电解加工来制造发动机零件，如缸体、气门座圈、传动系统零件等。这些零件需要高精度和复杂几何形状，以满足现代汽车的高性能和长期可靠性要求；在医疗器械制造领域，掩模电解加工用于制造人工关节、牙科种植体、手术器械等高精度零件。在微电子器件制造中，掩模电解加工用于制造半导体器件、微型传感器、微型加工模具等，这些零件的制造需要极高的加工精度和表面平整度，以确保微电子器件的性能和可靠性。

4. 旋印电解加工

（1）工艺原理。旋印电解加工的工艺原理是在电解液中利用电解质的离子传递和金属表面的氧化还原反应，通过旋转工件实现对其表面的加工。电化学腐蚀是旋印电解加工的基本原理之一。在电解液中，施加电压后，工件表面发生氧化还原反应，金属离子溶解到电解液中，从而实现对工件表面的加工。通过在电解液中控制离子传递和电流密度，并采用旋转工件的方式，可以实现对工件表面的高效加工，包括腐蚀和抛光等操作。

旋转掩模技术是旋印电解加工的关键。与传统的电解加工不同，旋印电解加工采用了旋转掩模的设计。这种特殊的模具通过旋转运动和精确设计的几何形状，实现对工件表面的局部加工。在加工过程中，旋转掩模通过控制电流的传递和工件的旋转速度，可以实现对工件表面的精密加工，包括微小结构和复杂形状的加工。旋印电解加工的加工参数包括电解液成分、电流密度和工件旋转速度等。这些参数的控制对加工效果和加工质量至关重要。

（2）材料与精度。旋印电解加工适用于多种金属和非金属材料，以及复杂形状的零件加工。例如，难加工金属材料、金属间化合物等。这些材料通常具有高硬度、高强度或特殊化学性质，非常适合需要高精度加工的应用场合。对于复杂结构和微小尺寸的零件，旋印电解加工能够提供高效、高精度的加工解决方案。

旋印电解加工具有极高的加工精度和表面质量，通常能达到亚微米级别的加工精度。由于采用非接触加工方式，旋印电解加工避免了热应力和材料变形，保证了加工零件的尺寸稳定性和形状精度。通过精密的旋转掩模设计和加工参数控制，可实现对微小结构和复杂形状的加工，以满足高精度零件的制造要求。

（3）应用领域。旋印电解加工适用于制造微型结构和微型零件，如微型传感器、微型阀门和微型泵等，这些零件通常具有复杂的几何形状和微小的尺寸要求，旋印电解加工能够提供高精度、高质量的解决方案。此外，旋印电解加工在光学元件制造中也占据重要地位，如透镜、反射镜和光栅等，这些元件对表面平整度和精度要求极高，旋印电解加工能够实现对光学表面的高精度加工，保证元件的光学性能和质量。在医疗器械制造中，旋印电解加工同样表现出色，适用于人工关节、牙科种植体和手术器械等零件的制造。旋印电解加工还应用于微电子器件的制造，如半导体器件、微型传感器和微型加工模具等，这些器件通常具有微小的尺寸和复杂的结构，旋印电解加工能够实现高精度加工，促进微电子器件的微型化和集成化。

6.4.2　精密电铸加工

进入 21 世纪,电铸技术取得了显著进展,主要体现在电铸材料性能的持续提升和新型材料的不断涌现、电铸技术方法的创新及专用电铸设备的研发。新材料的开发不仅丰富了电铸材料的种类,还大大增强了其强度、耐高温性、耐腐蚀性和磁性等性能。例如,摩擦辅助电铸技术在改善电铸层外表面质量的同时,还提高了电铸材料的性能和电铸速度。专用电铸设备的研制突破了传统槽式电铸的局限,有力地保障了电铸产品的高效率、高质量生产。电铸加工适用于多种金属和合金材料,以及复杂形状的零件加工,包括镍基合金、钛合金和铝合金等。此外,脉冲电铸加工还可应用于部分非金属材料的加工,如陶瓷和石英玻璃等。

电铸加工的主要优点包括:借助精密的电流控制技术,能够实现对复杂形状和微小结构的高精度加工,满足高精度零件的制造需求;适用于加工复杂形状的零件,如微型模具、微型结构等,具有较高的加工自由度和灵活性。

脉冲电铸加工可用于制造航空航天器构件、导弹部件等高精度零件;可用于制造对材料生物相容性和加工精度要求严苛的医疗器械部件,如人工关节、种植体等;能够实现对光学和电子领域中微型结构和高精度元件等的高精度加工。

1. 脉冲电铸

脉冲电铸加工的工艺原理基于电化学沉积和脉冲电流控制技术。电化学沉积是脉冲电铸加工的核心,通过在电解质中施加外加电压,控制阳极和阴极之间的电流密度,从而促使金属离子在阴极表面沉积。与传统的直流电化学沉积不同,脉冲电铸加工采用间歇性的脉冲电流,使金属离子在阴极表面逐层沉积形成金属层。通过调节脉冲电流的参数,如脉冲幅值、宽度和频率,能够精确控制沉积速率和均匀性。

脉冲幅值的调控可改变沉积层的厚度和密度,进而影响最终零件的形态和性能;脉冲宽度决定了每个脉冲周期内金属离子的沉积时间,直接关系到沉积速率和表面平整度;脉冲频率,即每秒内脉冲的次数,影响沉积层的致密性和均匀性,以及表面质量和形貌。借助精密的脉冲电流控制技术,能够实现对沉积过程的精准控制,从而获得高精度、高质量的加工成果。

2. 摩擦辅助电铸技术

摩擦辅助电铸技术(friction assisted electroforming,FAEF)是一种融合了摩擦加热和电化学沉积的先进加工方法,用于制造高精度、复杂形状的零部件。其工艺原理基于电化学沉积和摩擦加热的协同作用。在电解液中施加外加电压,金属离子在阴极表面发生还原反应,沉积形成金属层。与传统的电化学沉积不同,摩擦辅助电铸技术通过在工件表面施加摩擦力,在电流作用下实现局部加热,促进金属离子的沉积和金属层的形成。摩擦力在工件表面产生的局部加热效应加速了离子传输和反应速率,从而实现高效加工。该技术的工艺参数包括电流密度、摩擦力和摩擦速度等,对这些参数的精确控制对加工效果和质量起着关键作用。

在摩擦辅助电铸技术的发展历程中,约翰·多伊(John Doe)在理论研究和实践应用方面取得了重要成果,为该技术的发展奠定了基础。简·史密斯(Jane Smith)在摩擦加热原理和工艺参数控制方面进行了深入探究,提出了一系列重要理论和方法,推动了技术的进步和应用。摩擦辅助电铸技术在不断发展过程中取得了一些重要技术突破,包括摩擦加热控制技术,通过对摩擦加热过程的精密调控,实现对工件表面温度的精确控制,提高了加工效率和质量;工艺参数优化,通过优化设计实现了更精准的加工控制;新型电解质的研究和应用,使该技术能够适用于更广泛的材料和工件类型,拓展了其应用领域。

3. 喷射电沉积技术

喷射电沉积技术的工艺原理基于电化学沉积和喷射技术的结合。在高压电场的作用下,电沉积液被高压喷嘴雾化成微小液滴,这些液滴以高速喷射到基底表面。在基底表面,电沉积液中的金属离子在电场作用下发生还原反应,形成金属层。喷射技术的关键在于高压电场对电沉积液的雾化作用,高压电场迫使电沉积液通过喷嘴高速喷射,并在喷射过程中形成微小液滴。这些液滴具有较大的比表面积,能够更高效地与基底表面接触,从而提高沉积效率和质量。

喷射电沉积技术的工艺参数包括电压、电流、喷射距离和喷射角度等,对这些参数的精确控制对加工效果和质量至关重要。重要技术突破包括:雾化技术的改进,通过优化喷嘴设计和电场参数,实现更均匀、更细小的液滴雾化,提高了沉积质量和效率;过程控制技术的突破,通过实时监测和反馈控制技术,实现对沉积过程的精确控制,保障了沉积质量和稳定性;材料选择和配方优化,通过选择合适的前驱体和优化电沉积液的组成,能够实现对沉积材料性能的优化,提高沉积层的结晶度、致密性和耐腐蚀性,拓展其应用范围和性能。

思 考 题

1. 如何利用金属和非金属增材制造技术解决航空航天和医疗器械领域中的具体问题?请结合具体应用场景进行分析。

2. 激光焊接和切割技术在汽车制造应用中如何提高安全性和生产效率?请详细阐述这些技术在实际制造过程中的具体优势和挑战。

3. 生物增材制造在解决器官移植供体短缺问题上有何潜力?请讨论其技术原理、当前发展状态及未来面临的主要挑战。

4. 精密电解和精密电铸技术在航空航天和电子制造领域中的应用如何推动高精度制造的发展?请结合具体案例说明这些技术在提升产品性能方面的贡献。

第7章 智能装备与系统

智能装备与系统通过集成先进的信息技术、控制技术和制造技术,使传统制造过程变得更高效、灵活且智能。它们能够实时感知生产环境状态,自主进行决策和执行,并通过与其他智能系统的协同工作,实现生产过程的优化和资源的合理配置。智能装备与系统的广泛应用,不仅提升了制造业的生产效率和产品质量,还为制造业的可持续发展注入了新动力。本章将介绍智能数控系统及数控机床的工作原理、分类、关键技术及发展趋势;然后深入探讨工业机器人的技术特点、应用领域和未来发展方向;分析智能物流装备在智能制造中的作用和关键技术;对智能装备与系统在智能制造领域中的整体发展趋势进行展望。希望通过本章的介绍,读者能对智能装备与系统有一个全面且深入的了解。

7.1 智能数控系统

7.1.1 数控系统概述

数控系统(numerical control system)是利用数字化信息对机床或其他加工设备进行控制的技术系统。它采用计算机或其他数字控制装置,通过预先编程的方式,实现对机床加工过程中各种参数和运动轨迹的精确控制。数控系统能大幅提高加工精度、生产效率和加工柔性,是现代制造业中不可或缺的关键技术。

数控系统的发展历史可追溯到 20 世纪 50 年代。早期的数控系统主要基于硬件逻辑电路实现,功能简单、可靠性差、灵活性低。随着计算机技术的快速发展,数控系统逐渐采用计算机软件进行控制,功能日益完善,性能不断提升。进入 21 世纪后,随着微电子技术、计算机技术和控制技术的不断进步,数控系统已迈入了一个全新的发展阶段。现代数控系统不仅具备更高的加工精度和更快的运算速度,还拥有更强的网络通信能力、更丰富的编程功能及更完善的安全防护机制。

从机床控制系统的平台架构及智能化发展角度来看,其演进过程可归纳为四个阶段,即机械控制架构、嵌入式架构、扩展式架构、云架构。首先,机械控制架构是机床控制系统的起点,依赖于传统的机械传动和简单的电气控制;其次,随着微处理器和嵌入式技术的发展,嵌入式架构应运而生,实现了数控系统的集成化和智能化;再次,为应对日益复杂多变的加工需求和系统扩展性要求,扩展式架构成为主流,通过模块化设计提高了系统的灵活性和可配置性;最后,随着云计算、大数据等技术的兴起,云架构的机床控制系统正逐步成为现实,它能够实现远程监控、预测性维护、优化调度等高级功能,推动机床行业向更智能化、网络化的方向发展。

7.1.2　数控系统组成

数控系统通常由数控装置、输入/输出设备、伺服系统、测量反馈装置、机床本体等部分组成,如图 7.1 所示。数控装置是数控系统的核心,它接收输入的信息,按照事先编制好的加工程序,自动对被加工零件进行加工。数控装置通常由计算机、专用微处理器、可编程逻辑控制器(PLC)等构成。输入设备用于将加工程序、控制参数等信息输入数控装置中,常见的输入设备有键盘、鼠标、扫描仪等。输出设备则用于显示加工过程中的各种信息,如加工轨迹、加工进度等,常见的输出设备有显示器、打印机等。伺服系统根据数控装置发出的指令,驱动执行机构进行运动,从而实现对机床各坐标轴的运动控制。伺服系统通常由伺服电机、伺服放大器、位置检测装置等构成。测量反馈装置用于实时检测机床各坐标轴的实际位置,并将检测到的信息反馈给数控装置,以便进行误差补偿和位置修正。常见的测量反馈装置有光栅尺、编码器、激光干涉仪等。机床本体是数控系统的执行机构,它根据数控装置发出的指令,完成零件的加工任务。机床本体的性能直接影响加工精度和生产效率。

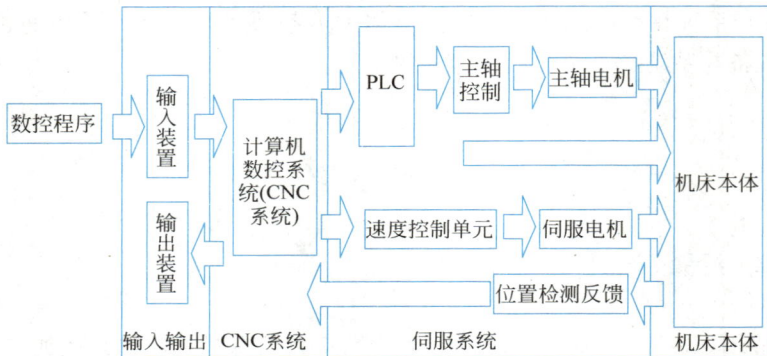

图 7.1　数控系统的组成

机床智能数控系统是在传统数控系统的基础上,融合了人工智能、机器学习、大数据、云计算等先进技术,使其具备更高程度的智能化和自主化能力。智能数控系统不仅能根据预设的加工程序进行精确控制,还能通过传感器、机器视觉等技术实时感知加工环境和工件状态,自主调整加工参数和策略,实现更高效、灵活且智能的加工过程。随着制造业的飞速发展,机床数控系统的智能化已成为行业的重要需求。这主要体现在高精度控制、自适应调整、智能监控和智能优化等方面。高精度控制确保加工精度和表面质量,自适应调整使系统能灵活应对加工环境和工件状态的变化,智能监控则实时监控机床运行状态,及时发现并处理异常,保障加工过程的安全稳定。同时,智能优化利用大数据和机器学习技术,对加工过程进行优化,提升生产效率和产品质量。

展望未来,机床智能数控系统的发展方向将更侧重于高度的智能化、网络通信能力、可靠性和安全性,以及环保节能。更高程度的智能化将通过引入更多的人工智能和机器学习技术,赋予系统更强的自主学习和决策能力,实现更高效、灵活和智能的加工过程。同时,加强网络通信能力,实现与车间、工厂乃至整个供应链的信息共享和协同工作,将极大地提升整个制造系统的效率和响应速度。此外,通过优化系统设计和采用先进的防护机制,确保机床智能数控系统的可靠性和安全性,将是发展的重要保障。在满足加工需求的同时,机床智能数控系统也将更加注重环保和节能,降低能耗和废弃物排放,推动制造业向绿色制造转型。

7.1.3　智能数控系统的体系架构

智能数控系统的体系架构是一个多层次、模块化的结构,旨在实现机床加工过程的高效、智能化控制与管理。其中,物理平台框架是智能数控系统的基础,包括智能感知元件、本地智能控制平台及工业云平台。这些组成部分共同搭建起智能数控系统的硬件和软件基础设施,为上层应用提供稳定、可靠的数据支撑。

智能感知元件负责实时采集机床加工过程中的各类信息,如温度、位置、压力等。这些感知元件借助高精度传感器和先进的信号处理技术,确保数据的准确性和实时性。本地智能控制平台是智能数控系统的核心,它接收来自智能感知元件的数据,并通过内置的智能算法对数据进行处理和分析。该平台具备强大的计算能力和数据处理能力,能够实现对机床加工过程的实时控制、优化和预测。工业云平台是智能数控系统的远程管理和服务平台,它通过互联网连接机床设备、本地智能控制平台以及用户终端。工业云平台提供数据远程传输、存储和分析的功能,支持机床状态的实时监控、故障诊断和远程维护等操作。

控制体系架构是智能数控系统的核心逻辑结构,负责将物理平台框架收集的数据转化为具体的控制指令,并驱动机床设备执行相应操作。CNC 系统中的微处理器结构主要实现数控任务的集中控制与分时处理。其核心是微处理器 CPU,负责读取数控程序、译码及数据处理,并通过实时插补和机床位置伺服控制实现精确操作。CNC 装置还包括存储器、位置控制装置、PLC、I/O 接口及总线等组件,共同协作完成数控任务。微处理器通过总线与这些组件相连,实现数据、指令的传输与控制。其结构紧凑、功能强大,是实现数控机床自动化、高精度加工的关键,具体如图 7.2 所示。

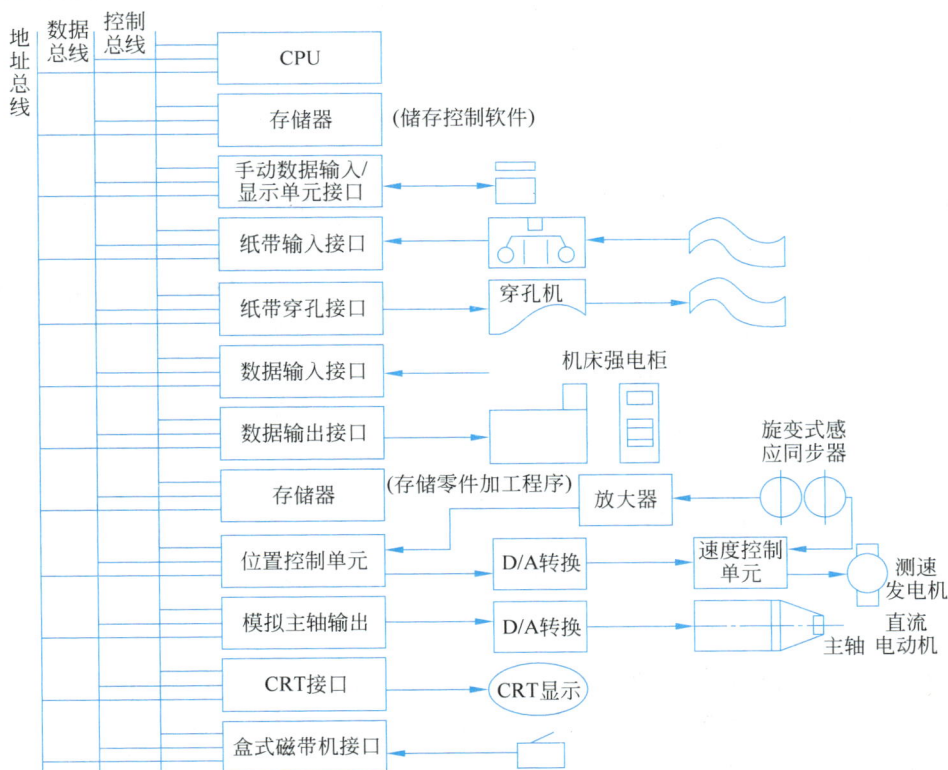

图 7.2　CNC 系统中的微处理器结构

数控机床中的 PLC 作为关键的控制组件,在自动化控制与逻辑处理方面发挥着重要作用。根据其在机床中的集成方式,PLC 可分为内装型和独立型两大类。内装型 PLC 直接内置于数控机床的控制系统中,作为机床控制系统的一个集成部分。它利用机床自身的硬件资源,如 CPU、内存及输入输出接口等,通过特定的软件编程实现机床的自动化控制,如图 7.3 所示。内装型 PLC 的优势在于其高度的集成性和紧凑性,能够减少外部连接和布线,降低系统复杂性和故障率,同时便于机床制造商进行整体设计和优化。此外,由于 PLC 与机床控制系统紧密集成,在调试和维护时也能提供更高的便利性和效率。相比之下,独立型 PLC 则作为一个独立的控制单元,通过外部接口与数控机床的控制系统相连。它拥有自己独立的处理器、存储器和输入输出模块,能够独立完成复杂的控制任务,如图 7.4 所示。独立型 PLC 的灵活性更高,可以根据不同的机床型号和加工需求进行选择和配置,同时也便于进行升级和扩展。此外,独立型 PLC 还具备较高的可靠性和稳定性,即使机床控制系统出现故障,独立型 PLC 也能继续运行,保证机床的基本控制功能不受影响。

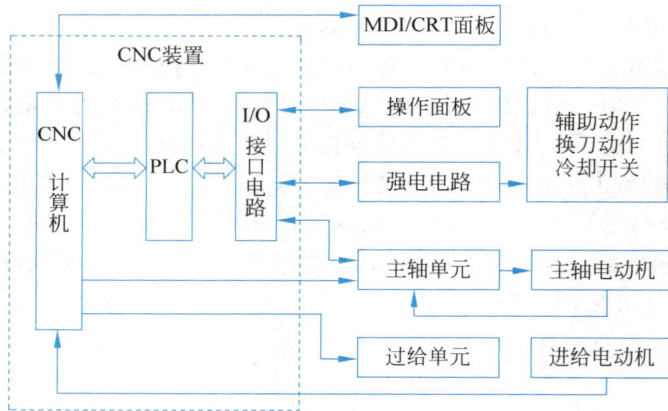

图 7.3　数控机床内装型 PLC 控制系统结构

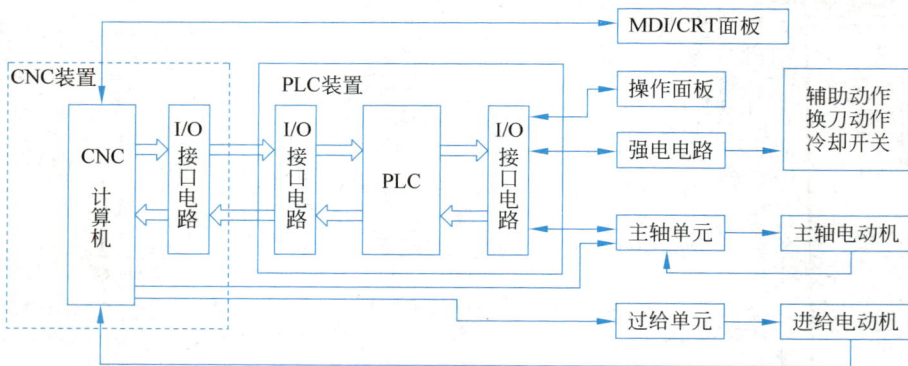

图 7.4　数控机床独立型 PLC 控制系统结构

控制体系架构包括以下几个模块。

(1) 加工工艺的智能设计模块。该模块依据加工需求和工件特性,利用智能算法和数据库中的知识,自动生成优化的加工工艺方案。它能够综合考虑材料性能、机床性能、加工时间等因素,以实现高效、高质量的加工。

（2）加工状态的智能感知与自主建模分析模块。该模块利用智能感知元件获取的数据，通过自主建模和数据分析技术，对加工状态进行实时评估和预测。它能够识别加工过程中的异常情况，并提前采取相应措施，以确保加工过程的稳定性和安全性。

（3）加工过程的智能决策与控制模块。该模块根据加工工艺方案、加工状态评估及实时监控数据，对机床加工过程进行智能决策和控制。它能够实时调整加工参数、优化加工路径，并实现加工质量的在线检测。通过智能决策和控制，该模块能够显著提升加工精度和效率。

（4）加工知识的自学习与智能优化模块。该模块通过不断学习和积累加工过程中的知识和经验，对智能数控系统进行智能优化和改进。它能够识别加工过程中的问题和不足，并提出相应的改进方案和建议。通过自学习和智能优化，该模块能够持续提升机床的加工能力和性能。

整个智能数控系统体系架构通过物理平台框架和控制体系架构的紧密协作，实现了机床加工过程的高效、智能化控制与管理。该体系架构不仅提高了加工精度和效率，还降低了生产成本和故障率，为现代制造业的发展提供了有力支撑。

7.1.4　数控系统智能化关键技术

1. 数控系统机电匹配与参数优化技术

当前，提升数控机床性能的一个重要方面在于提高机床数控系统伺服控制的控制精度和响应速度，以此提升数控机床的动态特性和加工精度。数控系统与数控机床的机电匹配与参数优化技术，通过对伺服控制的动态特性分析及参数调节整定，使机床数控系统的伺服参数与机械特性达到最佳匹配状态，也就是提高数控系统伺服控制的响应速度和跟随精度。采用数控系统集成在线伺服调试、伺服软件自整定算法，并开发伺服驱动器调试软件，能够使机床数控系统的伺服参数与机械特性实现最佳匹配，提高数控系统伺服控制的响应速度和跟随精度，达成机床数控系统环路的三个最终控制目标：稳（稳定性）、准（精确性）、快（快速性），实现国产数控系统与数控机床的机电匹配与参数优化。

高性能数控机床的位置伺服系统一般由位置环、速度环和电流环组成。为提升伺服系统性能，各环均可调节，但各环调节器参数的调节一直困扰着工程技术人员，在许多场合，采用简化模型加经验调整的方法进行参数调节，使得参数调节比较烦琐。如今较为先进的伺服参数优化技术，是利用伺服调试软件，监控进给系统伺服电机扭矩波形，通过滤波器消除振动，合理提高速度、位置环增益，确认各进给系统 TCMD 波形，确保运动过程中伺服电机的平稳性，进而使整个进给系统平稳运行。伺服参数优化的本质，是对位置环（NC 参数）、速度环（驱动参数），甚至在特殊情况下对电流环驱动参数进行修改，使其在匹配机械特性的基础上，最大限度地发挥机床的优良特性。

机电匹配是指数控系统伺服控制与机床机械结构之间的协调配合。通过精确的伺服控制，能够实现对机床运动的精准驱动，进而提高加工精度和效率。机电匹配的关键在于使伺服参数与机械特性达到最佳匹配，这通常涉及伺服系统的动态特性分析和参数调节整定。在参数优化方面，高性能数控机床的位置伺服系统控制环的参数调节，一直是工程技术人员面临的挑战。传统的调节方法依赖简化模型和经验调整，这种方法不仅烦琐，而且难以达到最优效果。此外，数控机床的动态误差补偿也是提升性能的重要技术。动态误差主要源于进给系统的动态特性，如齿轮齿条啮合误差等。通过建立基于矢量控制的机电耦合动力学模型，分析动态误差的影响因素,并结合实验进行验证,能够显著提高进给系统的动态精度。研究表明,齿轮齿条啮合误差是进给系统动态误差的主要来源,对系统的动态误差起着决定性作用。

在实施策略上,首先需要对数控机床的伺服系统进行精确的动态特性测试,获取系统的各项参数。然后,利用专业的伺服调试软件,对伺服系统的参数进行在线调整和优化。在调整过程中,需密切关注系统的稳定性、精确性和快速性,确保达到数控系统的最终控制目标。同时,对于大型数控机床,如镜像铣床等,其进给系统往往采用斜齿轮齿条结构。这类结构虽承载能力强、运行平稳,但也存在啮合刚度时变和啮合误差等问题。因此,在机电匹配与参数优化时,需特别关注这些问题,并采取相应措施进行补偿和控制。最后,数控机床的维护和故障诊断也是确保机床性能的重要环节。通过有效的维护策略和故障诊断工具,能够及时发现并解决机床运行中的问题,减少机床的停机时间,提高机床的可靠性和利用率。

伺服运动控制模式如图 7.5 所示。

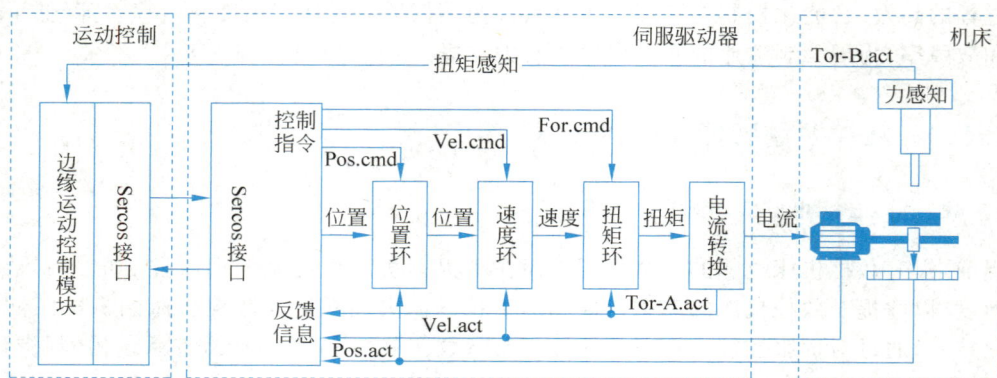

图 7.5　伺服运动控制模式

综上,数控机床的机电匹配与参数优化是一个系统工程,需要综合考虑伺服控制、动态误差补偿、机械结构设计等多个方面。通过精确的测试、专业的软件工具和科学的实施策略,能够显著提升数控机床的性能,满足现代制造业对高效、高精度加工的需求。

2. 数控机床智能化编程技术

数控机床智能化编程技术是当前制造业发展的重要趋势。尽管数控机床的硬件与软件技术取得了显著进步,但编程环节仍主要依赖 ISO 6983 标准的 G、M 代码,这种传统方式缺乏智能性,导致生产效率低下、人力成本高昂,限制了数控技术的进一步发展。智能化编程技术的引入,旨在通过高效、高质量的编程方案,搭配人性化的操作界面,为数控设备带来革命性的变化。

智能化编程系统不仅能复用企业制造经验,实现工艺与编程的标准化、智能化,还能显著提升制造质量和竞争力,为人性化自动化系统奠定基础。各大数控系统厂商纷纷推出定制化智能编程软件,如广州数控的编程向导与图形编程、武汉华中数控的会话式编程模块、沈阳高精数控的 CAD 实体模型专家系统编程等,均体现了行业对智能化的积极探索。

随着制造业对加工精度和生产效率要求的不断提高,传统编程方法已难以满足需求。智能化编程成为行业发展的关键方向,它通过集成专家知识,实现编程自动化与智能化,大幅降低对专业人员的依赖,缩短编程周期,提高编程精度与效率。同时,其人性化界面简化了操作流程,使非专业人员也能轻松上手。

　　智能化编程系统的核心在于知识工程,涵盖知识获取、表示与推理,模拟专家决策,提供自动化编程方案。数学模型的发展,从线框到实体,极大地丰富了系统的描述能力,为智能化编程拓展了广阔空间。此外,CAM 系统的二次开发工具,如结合 UG 平台与数据库、API 的开发,使个性化智能编程系统成为可能,满足多样化需求。

　　当前,机械数控加工编程技术正朝着集成化、自动化、智能化方向发展,CAXA 制造工程师、宏编程及智能化编程等技术广泛应用,极大地提升了生产效率和产品质量,推动了产业的可持续发展。

　　数控编程智能化标志着制造业技术的重大进步,随着信息技术与人工智能的深度融合,未来数控编程将更加智能、自动化。技术人员需不断提升技能水平,掌握新技术,以应对制造业的新挑战。企业应加大研发投入,推动智能化编程技术的应用,增强竞争力,实现可持续发展。我们有理由相信,智能化编程技术将引领数控系统进入全新阶段,为制造业的繁荣注入强大动力。

3. 数控机床远程故障诊断技术

　　随着智能制造的快速发展,数控机床作为制造系统的核心设备,其稳定性和可靠性对于保障生产效率和产品质量至关重要。远程诊断技术作为智能数控系统的关键组成部分,通过实时监测和分析机床的运行状态,及时发现并处理潜在故障,从而减少停机时间,提高生产效率。数控机床故障大致可分为四类:CNC 系统故障、伺服系统故障、机械结构故障(涵盖主轴故障)、PLC 故障。每类故障又可细分为具体部件或模块的故障,如 CNC 系统中的软件模块故障、伺服系统中的伺服电机故障、机械结构中的主轴轴承故障等,如图 7.6 所示。

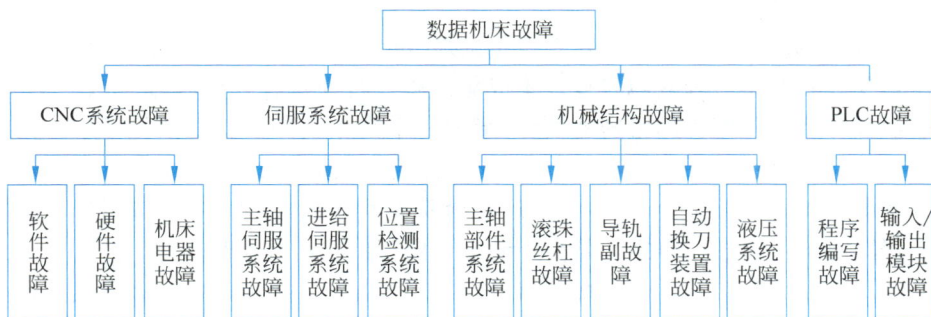

图 7.6　数控机床故障分类

　　远程诊断技术主要依托物联网(IoT)、大数据和云计算等先进技术,实现对数控机床的实时监控和故障分析。其基本原理包括数据采集、数据传输、数据处理和故障诊断四个主要环节。数据采集是通过在数控机床上安装各类传感器,实时收集机床的运行数据,如温度、振动、噪声、电流、程序段坐标和进给方向等。采集到的数据通过无线或有线网络传输至远程服务器。例如,利用 NB-IoT、Wi-Fi、2G/3G/4G 等通信技术实现数据的远程传输。数据处理可在云平台上进行,利用大数据分析技术和智能算法,对收集到的数据进行存储、处理和分析。在故障诊断方面,通过智能诊断模型,如核极限学习机(KELM)、鲸鱼优化算法(WOA)等,对机床的健康状况进行评估,快速准确地诊断出故障原因。图 7.7 展示了基于 NB-IoT 无线通信平台的智能诊断算法流程。

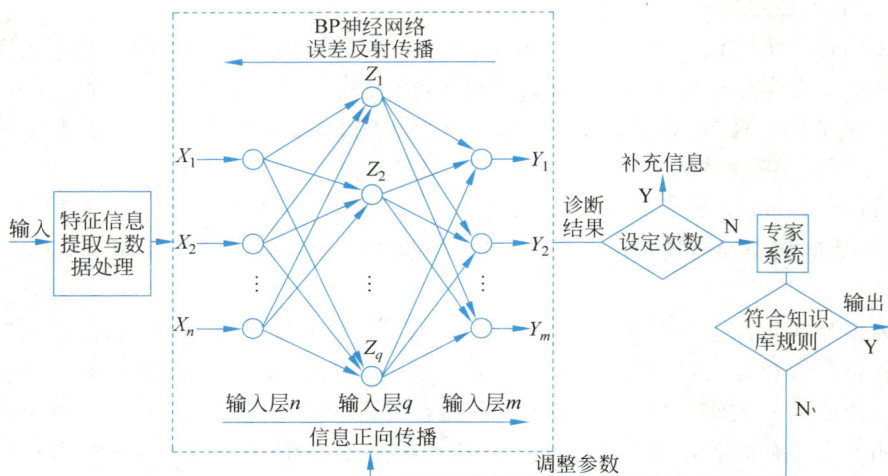

图 7.7 其于 NB-IoT 无线通信平台的智能诊断算法流程

数控系统远程诊断技术的应用,代表了智能制造在故障管理方面的重要进展。通过集成先进的传感器、通信技术和智能算法,远程诊断系统能够实时监控机床的运行状态,提前发现并预警潜在故障,从而实现预防性维护。这种系统允许技术人员在不同地理位置对机床进行远程监控,及时响应故障情况,甚至在某些情况下,通过远程操控解决问题,减少了现场服务的需求。此外,远程诊断技术通过收集和分析机床运行数据,有助于优化机床性能,提升加工效率和精度。长期的数据积累还可能帮助制造商发现产品改良方向,提升新机型的设计质量。数据共享功能则加强了机床用户、制造商和维修服务提供商之间的协作,实现了资源的最大化利用,提高了整个服务流程的效率。

随着技术的发展,未来的远程诊断系统将更加智能化,能够利用机器学习和深度学习等人工智能技术,实现自我学习和故障自愈。集成化的趋势将使远程诊断技术与数控系统的其他功能如编程、操作和维护等更加紧密地结合,形成一个高效统一的智能数控系统。同时,远程诊断技术的标准化将促进不同品牌和型号机床的兼容性,而云服务的引入将为用户带来更加灵活、高效和经济的解决方案。总体而言,远程诊断技术在数控系统中的应用,不仅提升了机床的使用可靠性和生产效率,也推动了整个制造业向智能化和数字化转型。

远程故障诊断流程如图 7.8 所示。远程诊断技术是智能数控系统的重要组成部分,它通过实时监测机床的运行状态,及时发现和处理故障,显著提高了机床的使用效率和生产质量。随着物联网、大数据和人工智能等技术的发展,远程诊断技术将更加智能化、集成化和标准化,为智能制造领域带来深远影响。

7.1.5 智能数控系统实例

1. 华中数控 9 型智能数控系统与 INC-Cloud 平台

华中数控 9 型智能数控系统(见图 7.9)是全球首台具备自主学习、自主优化补偿能力的 iNC 智能数控系统。该系统集成了 AI 芯片,并融合了 AI 算法,实现了人工智能、物联网等新一代智能技术与先进制造技术的深度融合。该系统遵循"自主感知-自主学习-自主决策-自主执行"的新模式,拥有认知和学习的能力。其独创的指令域大数据分析方法,能够采集、汇聚数

图 7.8　远程故障诊断流程

控系统内部电控大数据和外部传感器数据,实现大数据与加工工况的关联映射。同时,该系统还能对机床动态行为进行自学习和认知理解,预测加工效果,并自动进行多轮优化迭代,实现自主决策。INC-Cloud是华中数控推出的智能数控系统云平台,基于云计算技术,实现了数控设备的智能化、网络化和数字化管理。该平台通过实时采集、处理和分析数控设备的运行数据,为用户提供远程监控、故障诊断、设备维护等云服务功能。

图 7.9　华中数控 9 型智能数控系统

该系统支持多源异构工业设备互联互通,兼容多种联网模式,并融合 5G 通信技术,实现毫秒级指令域大数据采集与传输。打造"端-边-云"协同数据融合体系,提供边缘计算操作系统和开放式App 开发平台,实现企业内部数据纵向集成。面向机床行业提供机器、产品、资源的标识注册解析服务,建立统一的机床行业标准规范体系和数据对接体系。

该平台主要应用于数控机床用户、数控机床/系统厂商,为他们提供以数控系统为中心的智能化、网络化数字服务。通过大数据的可视化、大数据分析,实现数控机床的状态监控、生产管理、设备维修的智能化。

案例:华中数控 INC-Cloud 助力汽车零部件制造商智能化升级。

某汽车零部件制造商面临设备监控不力、生产效率低、故障响应慢等难题,选择引入华中数控 INC-Cloud 智能云平台进行变革。INC-Cloud 通过先进联网技术,实现生产线数控设备全面互联,实时采集设备运行状态、生产进度与故障信息。平台运用大数据与 AI 技术,深度分析数据,精准识别生产瓶颈,提出优化策略。其远程监控与智能诊断功能,使工程师能够及时掌握设备状况,提前预警并快速解决故障,提升设备稳定性。

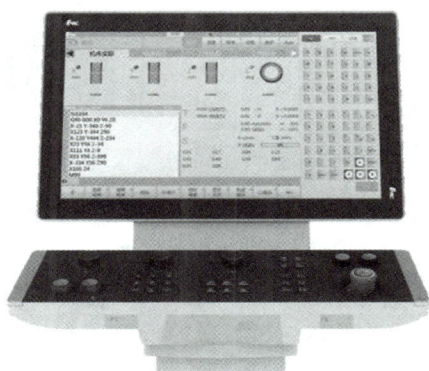

此外,INC-Cloud 还整合生产计划、物料管理、质量管理等功能,促进生产流程高效协同。实施后,该制造商生产效率大幅提升 20%,故障率锐减 30%,维护成本降低 15%。数据驱动的决策支持,更助力其挖掘并解决潜在问题,实现生产流程的持续优化。此次智能化转型,不仅提升了产能与效率,更奠定了该企业在未来竞争中的坚实基础。

2. 沈阳机床 i5 智能数控系统与 iSESOL 平台

沈阳机床 i5 智能数控系统(见图 7.10)由沈阳机床的 i5 数控系统研发团队历时 5 年研发而成,耗资 11.5 亿元,成功攻克了 CNC 运动控制技术、数字伺服驱动技术、实时数字总线技术等运动控制领域的核心底层技术。该系统是全球首台具有网络智能功能的 i5 数控系统,i5 代表 Indus-try(工业化)、Information(信息化)、Internet(网络化)、Integrate(集成化)、Intelligent(智能化)的有效集成。该系统误差补偿技术领先,控制精度达到纳米级,产品精度在未使用光栅尺测量的情况下达到 3μm。其最大特点在于能够即时响应互联网,打破了传统数控系统不能互通互联的局限,为智能化工厂奠定了技术基础。

图 7.10　沈阳机床 i5 智能数控系统

iSESOL 是智能云科信息科技有限公司(由沈阳机床集团联合其他公司投资设立)推出的云制造服务平台。该平台以"中国制造 2025"战略与"互联网+"理念为指导,基于"工业互联+云服务+智能终端"创新模式,为用户提供全方位的云服务。iSESOL 平台通过布局智能终端设备,连接利益相关者的增值网络,借助云计算等技术手段释放大数据价值,为用户提供高效、便捷的云制造服务。

案例:沈阳机床 iSESOL 云服务平台助力某模具制造企业实现数字化转型。

某模具制造企业面临订单多样、交期紧迫及高质量要求等难题,采用了沈阳机床的 iSESOL 云服务平台进行数字化转型。该平台集成了智能排产、订单管理、设备监控、故障预警及数据可视化分析等功能。

通过智能排产算法,iSESOL 自动优化生产计划,确保资源高效利用;订单管理系统全程追踪订单状态,提升管理效率。设备监控与预警功能实时监控设备状态,预防故障发生,减少停机时间。而数据可视化工具则为企业提供生产指标与趋势的直观展示,助力精准决策。

此外,iSESOL 构建了智能制造生态系统,促进供应链上下游协同,增强企业竞争力。实施后,企业交货期缩短 30%,产品合格率提升 10%,客户满意度大幅提升。同时,基于数据分析,企业识别并实施了多项生产流程优化措施,进一步提升了运营效率与盈利能力。iSESOL 平台成为该企业实现数字化转型、提升核心竞争力的关键助力。

以上案例展示了智能数控系统及其云平台在制造业中的实际应用和显著效果。随着技术的不断进步和应用的不断深入,智能数控系统将继续为制造业带来更多的创新和变革。

7.2　数控机床智能化设计

7.2.1　数控机床智能化设计概述

我国数控机床的发展历程可追溯至 20 世纪 50 年代,历经引进、消化、吸收、创新等多个阶段。

起步阶段(20 世纪 50 年代至 70 年代):在这一阶段,我国主要通过引进国外先进的数控机床技术和设备,开启了数控机床的研制工作。北京机床厂作为国内数控机床研制的重点企业,率先开展数控机床的试制。同时,我国自主研发也取得成果,成功研制出第一台五轴数控加工中心机床。

快速发展阶段(20 世纪 80 年代至 21 世纪初):进入 80 年代,我国大力推进数控机床的研发和生产,不断引进国外先进技术,并结合国内实际情况进行改进和创新。这一阶段,我国成功研制出伺服智能式数控系统机床和高速镗刨插铣复合加工中心等高端产品,标志着我国数控机床技术取得了重大突破。

自主创新阶段(21 世纪初至今):进入 21 世纪,我国数控机床产业步入自主创新阶段。在这一阶段,我国数控机床产业迅猛发展,成为全球最大的数控机床生产国。同时,在数控机床智能化设计方面也取得了重要进展,通过引入人工智能技术、物联网技术等先进技术,实现了数控机床的自主决策、优化控制和故障诊断等功能。

数控机床的工作过程如图 7.11 所示。

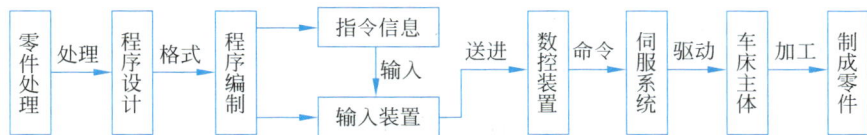

图 7.11　数控机床的工作过程

随着我国制造业的快速发展和市场竞争的加剧,对数控机床的性能和智能化水平提出了更高的要求。开展数控机床智能化设计的需求主要体现在以下四个方面。

1. 提高加工精度和加工效率

随着制造业对产品质量和加工效率的要求不断攀升,数控机床需具备更高的加工精度和加工效率。借助智能化设计,能够实现机床的自主优化和智能控制,进而提高加工精度和加工效率。

2. 降低制造成本

制造业成本的不断上升给企业经营带来了压力。通过智能化设计,可实现机床的节能减排和高效利用,降低制造成本。

3. 满足不同客户的个性化需求

随着市场需求的日益多样化,客户对数控机床的个性化需求不断增加。运用智能化设计,能够实现机床的模块化设计和快速定制,满足不同客户的个性化需求。

4. 提高机床的可靠性和稳定性

机床的可靠性和稳定性是客户关注的重点。通过智能化设计,可实现机床的远程监控、故障诊断和维护管理等功能,提高机床的可靠性和稳定性。

总之,开展数控机床智能化设计是我国制造业发展的必然趋势。数控机床智能化设计体系架构如图 7.12 所示。通过智能化设计,能够提升数控机床的性能和智能化水平,满足市场需求,推动我国制造业的转型升级。

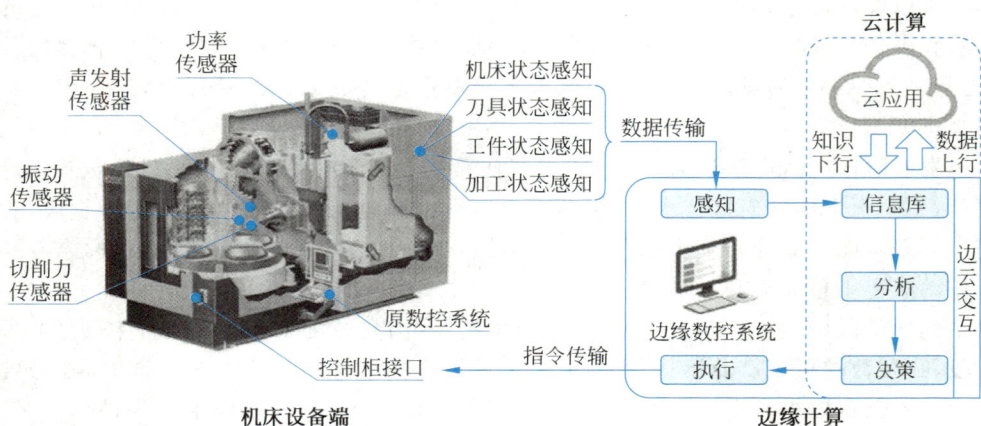

图 7.12　数控机床智能化设计体系架构

7.2.2　数控机床分类及其工作原理

数控机床根据其加工方式的不同,大致可分为车床、铣床、钻床、磨床等几大类。这些机床在机械制造业中发挥着关键作用,为各种复杂零部件的加工提供了高精度、高效率的解决方案。

1. 车床工作原理与应用范围

数控车床是现代机械加工的关键设备,其工作原理是通过电动机驱动主轴高速旋转,同时工件在精密的进给系统控制下,与刀具进行精确的相对运动,从而完成复杂多样的切削加工任务。车床专门用于加工轴类、盘类、套类等回转体零件,在制造业中应用广泛。其结构紧凑,包括操作面板便于指令输入,主轴箱提供动力,卡盘稳固夹持工件,转塔刀架实现刀具快速更换,刀架滑板沿导轨精准移动确保切削路径。防护罩保障操作者与设备安全,床身作为坚实基础支撑所有部件,共同构成了一个高效、精确的加工平台,如图 7.13 所示。数控车床的智能化与自动化特性,不仅提升了加工效率与精度,还推动了制造业向更高水平发展。

2. 铣床的工作原理与应用范围

铣床是机械加工中的重要设备,其工作原理主要依靠刀具的旋转与工件的移动或旋转相结合。在加工过程中,铣刀在主轴的强劲驱动下实现高速旋转,而工件则被牢牢固定在工作台

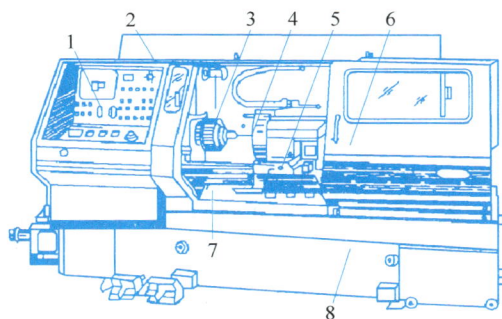

图 7.13　数控车床的外形与组成部件

1—操作面板；2—主轴箱；3—卡盘；4—转塔刀架；5—刀架滑板；6—防护罩；7—导轨；8—床身

上，并可通过工作台在水平方向(X 轴、Y 轴)或垂直方向(Z 轴)上进行精确移动。这种相对运动模式使刀具能够按照预设的路径对工件进行切削，从而实现平面、沟槽乃至各种复杂曲面、齿轮等零件的加工。铣床凭借其灵活性和高精度，在模具制造、航空航天、汽车制造等领域发挥着不可替代的作用。

3. 钻床的工作原理与应用范围

钻床的工作原理简单且高效，其核心是通过旋转钻头来实现对工件的孔径加工。在加工过程中，工件被精准夹持在工作台上，确保加工过程的稳定性。随后，主轴启动并带动钻头高速旋转，同时进给系统精确控制工件沿指定路径(通常是轴向)移动，使钻头与工件之间产生持续的相对运动，从而完成钻孔过程。钻床广泛应用于各种金属材料的加工，无论是薄板钻孔、深孔加工还是微小孔径的精确控制，钻床都能凭借其高效、精准的性能满足生产需求。

4. 磨床的工作原理与加工精度

磨床是高精度加工领域的代表，其工作原理主要基于砂轮的高速旋转与工件的进给运动相结合。在加工过程中，砂轮通过电机驱动实现高速旋转，产生强大的磨削力。同时，工件被夹持在工作台上，工作台则通过精密的导轨和传动系统在水平或垂直方向上平稳移动。这种相对运动模式使砂轮能够均匀接触并磨削工件表面，去除多余材料，从而达到提高工件尺寸精度和表面质量的目的。磨床特别适用于对加工精度和表面质量要求极高的零件加工，如精密轴承、刀具、模具等。

7.2.3　数控机床智能化设计关键技术

1. 数控机床高效加工智能化设计

自 20 世纪中叶起，国外高效加工机床结构的设计便踏上了飞速发展的道路。早期，机床制造商主要致力于提升机床的刚性和稳定性，以契合高精度加工的需求。进入 20 世纪 80 年代后，随着计算机技术和控制技术的发展，数控机床技术得以广泛应用，极大地提升了机床的自动化、智能化水平。到了 21 世纪，高效加工机床结构的发展更侧重于模块化、轻量化、绿色化和智能化，以应对全球制造业的激烈竞争和绿色环保的要求。高速切削、五轴联动等先进技术的应用，进一步提升了机床的加工效率和加工精度，为制造业的发展注入了强劲动力。

　　我国高效加工机床结构的发展起步相对较晚,但近年来取得了显著进步。改革开放初期,国内机床制造业以仿制国外机床为主,技术水平和工业基础较为薄弱。然而,随着国家对制造业重视程度的提高及投入的增加,加之技术引进和消化吸收工作的深入开展,国内机床制造业逐步发展壮大。近年来,我国机床制造企业加大了研发投入,强化自主创新和技术创新,成功研制出一批具有自主知识产权的高效加工机床。这些机床在高速切削、五轴联动等方面达到了国际先进水平,并在国际市场上逐步树立起品牌形象。未来,我国机床制造业将继续加强与国际同行的合作与交流,推动高效加工机床结构的发展,为制造业的转型升级贡献力量。

　　床身作为机床的基础结构,其优化设计对机床的整体性能起着关键作用。在床身设计中,有限元方法(FEM)得到广泛应用,该方法通过将床身结构划分为多个小单元,分析每个单元在受力情况下的应力和变形,进而优化床身的截面形状、尺寸和布局。借助有限元分析,能够确定床身的最佳刚度分布,降低振动和噪声,提高加工精度和稳定性。

　　高速主轴单元是高效加工机床的核心部件之一,其优化设计直接关系到机床的加工效率和精度。高速主轴数字化设计系统如图 7.14 所示。在高速主轴单元的设计中,电主轴系统是关键所在。电主轴系统通过将电机和主轴直接集成在一起,消除了传动链中的间隙和摩擦,提高了主轴的刚性和精度。同时,通过优化设计电机转子的质量和平衡,减小了转子不平衡力对主轴的影响。此外,采用高刚度、高精度的轴承和有效的润滑、冷却系统,能够进一步提高主轴的运转效率和使用寿命。

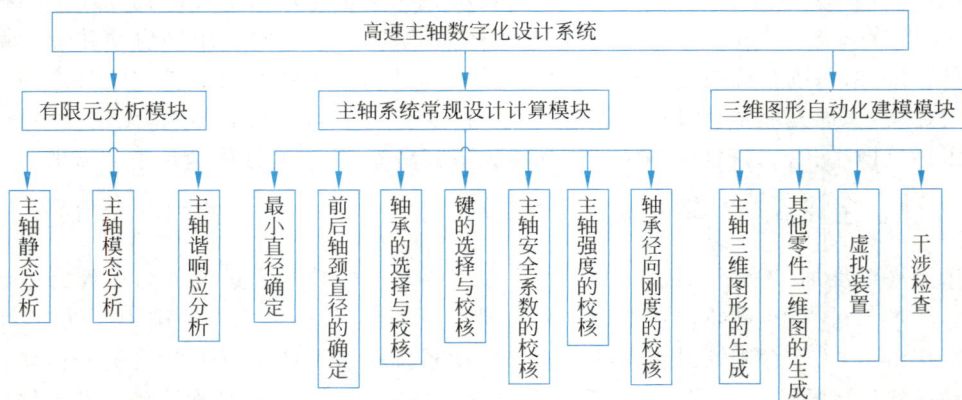

图 7.14　高速主轴数字化设计系统

　　进给系统承担着机床的定位和切削运动任务,其优化设计对于提高加工效率和精度意义重大。在进给系统设计中,采用高性能的伺服电机和伺服控制器,能够实现更精准的运动控制,提高机床的定位精度。同时,通过优化进给速度和倍率,可平衡加工效率和加工质量。此外,确保进给系统的精度和刚度也极为重要,这就要求定期检测进给系统的精确性,并及时对进给伺服系统进行调整和维护。

　　有限元方法(FEM)在高效加工机床的优化设计中发挥着重要作用。它不仅可用于床身、主轴单元和进给系统的结构分析,还能应用于材料选择、疲劳分析和优化设计等方面。通过有限元分析,能够预测机床在各种工况下的性能表现,为优化设计提供科学依据。在优化设计过程中,可根据有限元分析的结果,调整结构参数、材料选择和制造工艺等,以实现提高机床性能、降低成本和提升环保性能的目标。通过应用有限元方法、优化设计技术和电主轴系统等先进技术,能够显著提升机床的加工效率、精度和稳定性,为制造业的发展提供有力支撑。

2. 数控机床精密加工智能化设计

精密加工数控机床的智能化设计与制造，是现代制造业的重要支撑。其设计与制造过程深度融合了数字技术，实现了从产品设计到生产制造的全方位数字化。工程师借助 CAD(计算机辅助设计)和 CAE(计算机辅助工程)等先进软件，开展精密加工数控机床的三维建模、仿真分析和优化设计。这些软件不仅提升了设计效率，还保障了设计的精确性和可靠性。

在数字化制造阶段，CAM(计算机辅助制造)技术发挥关键作用。通过 CAM 软件，工程师能够将 CAD 模型转化为数控机床可识别的加工程序，实现精密零部件的高效加工。此外，数控机床的控制系统也采用先进数字控制技术，如 CNC(计算机数控)技术，能够对加工过程的精确控制，保证加工精度和加工效率。智能化设计与制造技术的应用，不但提高了精密加工数控机床的性能和质量，还缩短了产品开发周期，降低了生产成本。同时，数字化设计与制造还具备高度的灵活性和可扩展性，能够满足不同行业、不同客户对精密加工数控机床的个性化需求。

(1) 床身材料。在机床的精密加工设计中，床身材料的选择对机床的性能、精度和稳定性具有至关重要的影响。铸铁材料和人造花岗岩材料作为两种常见选择，各自具有独特的特性和优缺点。铸铁材料是传统机床床身常用材料之一。它具有良好的阻尼性和减震性能，能够有效降低机床在加工过程中产生的振动和噪声，保障加工精度。此外，铸铁材料加工性能良好，便于进行切削、铣削等加工操作，且成本相对较低，因此在一些对精度要求不高的领域得到了广泛应用。然而，铸铁材料也存在一些不足。首先，其刚性较差，加工过程中容易变形，这对于需要高精度加工的机床来说是个不利因素。其次，铸铁材料抗腐蚀性能较差，容易生锈，需要定期进行防锈处理。相比之下，人造花岗岩材料是一种新兴的机床床身材料。它由天然花岗岩碎粒通过树脂等黏合剂黏结而成的一种复合材料。人造花岗岩材料具备优异的尺寸稳定性、热稳定性和刚性，能够长期保持精度和稳定性。此外，其抗腐蚀性能也较好，不易受到化学腐蚀的影响。然而，人造花岗岩材料的成本相对较高，且制造过程较为复杂，需要使用高精度的模具和工装进行生产。同时，由于其硬度和脆性较大，加工时需要采用特殊加工方法和工具，增加了加工难度和成本。

综上，铸铁材料和人造花岗岩材料在机床的精密加工设计中各有优劣。铸铁材料具有良好的阻尼性和减震性能，成本较低，但在刚性和抗腐蚀性方面存在不足。而人造花岗岩材料则具有优异的尺寸稳定性、热稳定性和刚性，但成本较高且加工难度较大。因此，在选择机床床身材料时，需要根据具体的应用需求和加工要求进行权衡选择。

(2) 宏/微混合驱动技术。宏/微混合驱动技术是机床精密加工过程中的一项关键技术，其控制方式主要基于特殊的系统架构，该系统通常由宏动系统和微动系统两部分组成。宏动系统负责提供大范围、高速度的运动，微动系统则承担小范围、高精度的调节任务。其控制方式可分为以下两种。

① 点位控制：在点位控制模式下，宏动系统和微动系统的运动是分离的，具有明确的先后顺序。首先，宏动系统执行快速粗定位，当宏动系统接近目标位置时，微动系统开始工作，根据宏动系统的定位误差进行补偿，以实现高精度定位。

② 连续控制：在连续控制模式下，宏动系统和微动系统的运动是同时进行的。宏动系统在整个运动过程中实时提供基本运动轨迹，而微动系统则根据宏动系统的实时反馈进行高精度调整，确保整个运动过程的精度和稳定性。

宏/微混合驱动技术的控制原理主要基于反馈控制和补偿控制。在宏动系统执行粗定位时，通过高精度传感器实时检测宏动系统的位置和速度信息，并将这些信息反馈给控制系统。控制系统根据反馈信息计算出宏动系统的定位误差，并将误差信号传输给微动系统。微动系统根据误差信号产生相应的补偿运动，以减小宏动系统的定位误差。此外，为进一步提升系统性能，还可采用先进的控制算法，如模糊控制、神经网络控制等。这些算法能够根据系统的实时状态自适应调整控制参数，以实现更好的控制效果。

宏/微混合驱动技术凭借其卓越的技术效果在多个领域展现出显著优势。该技术通过宏动系统和微动系统的协同运作，实现了高精度定位与重复定位，满足了精密加工和测量的严苛要求。同时，宏动系统提供的大范围快速运动赋予了整个系统高响应速度和加工效率。不仅如此，其大行程的特性满足了广泛的空间运动需求。此外，通过反馈控制和补偿控制，该技术能够实时调整系统运动状态，保障了系统的稳定性和可靠性。值得一提的是，宏/微混合驱动技术展现出极强的适应性，可根据不同的加工和测量需求，通过调整控制参数和算法，实现多样化的运动模式和精度要求。综上所述，宏/微混合驱动技术以其高精度、高速度、大行程和稳定性好等显著特点，在精密加工、测量和自动化控制等领域展现出广阔的应用前景。

（3）精密动静压主轴应用技术。精密动静压主轴应用技术是精密加工领域一项具有重要应用价值的技术。随着加工工艺不断提高，对静压主轴在高速度下的稳定性和精度要求也越来越高。因此，未来发展趋势是提高静压主轴的最高转速，并维持较高的精度和重复性。静压主轴在精密加工领域应用广泛，对其精度要求也越来越高。未来发展趋势是提高静压主轴的刚度和控制精度，以契合更高精度加工的需求。未来的静压主轴将更加智能化，在控制系统中加入更多传感器和反馈装置，以实现对主轴运行状态的实时监测和调整。

精密动静压主轴与电主轴的配套应用，能够实现高速、高精度加工。电主轴作为动力源，提供稳定、高效的动力输出；而精密动静压主轴则凭借其独特的结构设计和工作原理，实现高精度的定位和加工。二者相互配合，可大幅提高加工效率和加工精度。精密动静压主轴的结构设计需要考虑其稳定性、刚度和精度等因素。通过优化结构设计，能够提高主轴的性能和使用寿命。控制系统是精密动静压主轴的重要组成部分，需要设计合理的控制算法和电路，以实现对主轴的精确控制。润滑系统对于精密动静压主轴的性能至关重要，需要设计合理的润滑方式和润滑介质，以确保主轴的稳定运行。

精密动静压主轴具有极高的定位精度和重复定位精度，能够满足精密加工对精度的高要求。精密动静压主轴采用先进的润滑系统和控制系统，可减少故障率和维修次数，降低维护成本。精密动静压主轴适用于各种精密加工领域，如模具制造、航空航天、汽车制造等，具有广泛的应用前景。

总之，精密动静压主轴应用技术是一种具有广阔发展前景的技术，其发展趋势是向更高速度、更高精度和智能化方向迈进。与电主轴的配套应用能够实现高速、高精度加工，提高加工效率和加工精度。主要设计内容包括结构设计、控制系统设计和润滑系统设计等方面。应用效果包括提高加工精度、提升加工效率、降低维护成本和扩大应用范围等方面。

3. 数控转向刀架智能化设计

制造一致性是指在整个生产过程中，通过对材料、工艺、设备等因素的严格把控，确保产品在性能、质量及规格等方面保持统一性和稳定性。对于数控机床刀架而言，制造一致性尤为重要，因为它直接关系到刀架的加工精度、使用寿命以及整体性能。在一致性控制技术方面，需要采取一系列措施来确保刀架制造的一致性。例如,在材料选择上,应选用质量稳定、性能可靠的原材料,并对供应商进行严格的筛选和评估,以降低材料差异对刀架性能的影响。在工艺控制方面,应制定详细的工艺流程和操作规范,确保每个环节都得到合理管控,避免因工艺差异导致的产品性能差异。同时,还应加强对设备的维护和管理,确保设备在良好的状态下运行,为制造一致性提供有力保障。

(1) 外购元器件检验过程的可靠性控制。外购元器件作为数控机床刀架的重要组成部分,其性能的稳定性和可靠性直接关乎整机的性能和寿命。因此,外购元器件的检验过程对于保证数控机床刀架制造一致性具有至关重要的作用。首先,在外购元器件入厂检验过程中,需要进行全面的质量控制。这包括准备所需的检查设备和工具,确保其准确性和有效性。其次,对外购件进行外观检查、尺寸测量和功能测试,以评估其质量和性能。这些检验步骤旨在确保外购元器件符合预定的规格和要求,并剔除可能存在潜在问题的元器件。在检验过程中,高/低温循环变化是一个重要的环节。这种变化能够使元器件暴露出临界状态下的隐患,同时对其施加疲劳应力以暴露潜在缺陷。通过这种严格的检验流程,可确保进入装配阶段的外购元器件具备高度的可靠性和稳定性。此外,对于不合格的外购元器件,需要及时通知供应商并采取相应的措施,如退货、换货或要求供应商整改等。通过与供应商的紧密协作,能够确保外购元器件的质量和性能得到持续改进,进而提高数控机床刀架的制造一致性。

(2) 刀架装配过程可靠性。刀架装配是将各个零部件组装成一个整体,以实现其功能的过程。这个过程对于保证数控机床刀架的性能和制造一致性至关重要。在刀架装配过程中,需采用正确的装配工艺方案,合理设置关键装配可靠性控制点,并仔细检验每道装配工序的装配质量。数控转塔刀架机械结构复杂,其中的齿盘类零件、主轴等对装配精度要求极高。同时,刀架的转动、定位、夹紧等动作由众多的传感器来控制,传感器的安装位置精度及紧固程度对刀架功能的正常实现有很大的影响。为确保装配过程的可靠性,需要采取一系列措施。首先,准备安装所需的工具,如扳手、螺丝刀等,并确保这些工具的质量和精度符合要求。其次,检查安装位置是否符合要求,如是否有足够的空间、是否能够承重等。再次,在装配过程中,需要仔细对齐零部件,并使用适当的紧固件将其固定在一起。最后,需要使用水平仪等工具检查刀架是否水平,并进行必要的调整。此外,在装配过程中还需要注意安全问题。例如,在安装刀具时要注意避免刀具和工具伤人。同时,需要定期检查装配设备和工具的状态,以确保其正常运行和准确性。

在数控机床中,刀架与主机的适应性技术是保障机床高效、稳定、安全运行的关键。从刀架与数控系统控制匹配、刀架转向控制方案,以及刀架与主机管路连接可靠性三个角度来详细论述刀架与主机的适应性技术,具有重要的工程意义。

(3) 刀架与数控系统控制匹配。数控系统作为数控机床的"大脑",对刀架的控制起到了至关重要的作用。为实现刀架与数控系统的完美匹配,首先需要对数控系统进行深入的理解和研究,包括其编程逻辑、指令集、控制精度等关键要素。同时,刀架的设计也需要充分考虑数控系统的特点,如刀架的结构、尺寸、运动方式等,以确保其与数控系统的指令能够精确对应。

在控制匹配方面,需要关注以下三个方面。

① 通信协议的一致性。数控系统与刀架之间的通信协议必须一致,以确保指令的准确传输和执行。这要求数控系统能够正确识别刀架发送的状态信号,并根据信号发送相应的控制指令。

② 控制精度的匹配。刀架的运动精度需与数控系统的控制精度相契合。这意味着刀架

的设计要满足数控系统对运动精度的要求,同时数控系统也要具备足够的控制精度来驱动刀架进行精确运动。

③ 编程逻辑的适应性。数控系统的编程逻辑需要与刀架的运动逻辑相适应。这要求编程人员能够充分理解刀架的运动规律,并将其转化为相应的数控程序,以实现对刀架的精准控制。

(4) 刀架转向控制方案。刀架转向控制方案是实现刀架与主机适应性技术的关键环节之一。一个合理的转向控制方案能够确保刀架在加工过程中准确、快速地完成转向动作,从而提高加工效率和加工精度。在刀架转向控制方案中,转向精度是衡量刀架转向性能的重要指标。为提高转向精度,可采用高精度的传感器和控制器,以及优化的控制算法来实现对刀架转向的精准控制。转向速度也是影响加工效率的重要因素。为提高转向速度,可采用快速响应的电机和驱动器,以及优化的运动控制算法来实现对刀架转向的快速响应。转向稳定性是保障加工质量的关键因素。为提高转向稳定性,可采用先进的控制技术和算法来抑制刀架在转向过程中的振动和冲击。

(5) 刀架与主机管路连接。刀架与主机管路连接的可靠性是保证机床稳定运行的重要保障。可靠的管路连接能够确保冷却液、润滑油等介质顺畅流通,从而保障刀架的正常运转并延长其使用寿命。

在提高管路连接可靠性方面,需要关注管路材料的选择,选择耐腐蚀、耐高温、耐高压的优质管路材料,以确保管路在恶劣环境下的稳定性和可靠性;采用可靠的密封结构和密封材料,确保管路连接处无泄漏现象发生;定期检查管路连接的紧固情况,及时发现并处理潜在的泄漏问题;合理规划管路布局,减少管路中的阻力损失和振动干扰,提高管路的流通效率和稳定性。因此,在管路布局设计时需充分考虑机床的结构和运动特点以及管路的流体力学特性等因素。

7.2.4　数控机床的发展趋势

随着科技的飞速发展,数控机床作为现代制造业的核心设备,正朝着智能化、高精度化、模块化设计制造及网络化数控设备连接等方向发展。

1. 智能化发展趋势

(1) 自主识别与调节:未来的数控机床将具备更高的智能化水平,通过集成先进的传感器和人工智能技术,实现自主识别加工零件和自主调节加工参数的功能。这将使数控机床在加工过程中能够自动适应各种复杂多变的工况,进而提高加工精度和效率。

(2) 智能化决策系统:随着大数据和云计算技术的应用,数控机床将能够集成更多的生产数据和工艺信息,形成智能化决策系统。该系统能够根据实时生产数据和工艺需求,自动优化加工参数和工艺流程,实现智能化生产。

2. 高精度化发展趋势

随着制造业对产品质量要求的不断提高,高精度加工已成为数控机床的重要发展方向。未来的数控机床将采用更先进的加工技术和材料,如超精密加工、纳米加工等,实现更高水平的精密加工。同时,还将加大对高精度加工技术的研究和改进力度,以满足市场对高精度零件的需求。

3. 模块化设计制造发展趋势

模块化设计制造是数控机床智能化的重要体现之一。通过模块化设计,数控机床可方便地进行功能扩展和升级,满足不同用户的定制化需求。未来的数控机床将更注重模块化设计制造的应用,以提高设备的灵活性和适应性。

4. 网络化数控设备连接发展趋势

随着物联网技术的发展,数控机床将实现网络化数控设备连接。借助网络连接,用户能够随时随地对设备进行远程监控和维护,及时发现并解决问题。同时,网络化连接还可实现设备之间的数据共享和协同工作,提升整体加工效率和产品质量。

7.3　工业机器人

智能制造是指运用先进的信息技术和制造技术,实现生产过程的自动化、数字化、网络化和智能化。这种生产模式能够大幅提高生产效率,降低生产成本,并且提升产品质量。而工业机器人是智能制造中的关键组成部分,它通过模拟人类手臂、手腕等动作,实现自动化操作,进而在多个生产环节中发挥重要作用。随着科技的迅猛发展,工业领域正经历着前所未有的变革。在这场变革中,工业机器人与智能制造技术无疑是最为引人注目的两大趋势,它们共同推动制造业朝着更高效、更精准、更智能的方向迈进。

7.3.1　工业机器人概述

工业机器人作为现代工业自动化的重要代表,是一种能够自动执行工作任务的多关节机械手或多自由度机器装置。它依靠自身的动力和控制能力,能够在无人参与的情况下,精确完成一系列复杂或单调的工业操作。工业机器人的设计初衷是替代人类从事繁重、危险或高精度的作业,以提高生产效率、降低人工成本,并确保产品质量的一致性和稳定性。与传统的机械设备相比,工业机器人具有更高的灵活性和适应性,能够应对更为复杂多变的工业环境。我国工业机器人的产量在 2018 年 9 月开始受下游汽车和 3C 行业不景气的影响,出现了一定程度的下滑,但 2019 年 10 月开始逐渐走出低迷状态,其间虽然受到一些影响,但总体呈复苏趋势。截至 2021 年 3 月,我国工业机器人产量达到 3.3 万台,同比增长 80.8%,具体如图 7.15 所示。

1. 工业机器人的核心要素

在定义方面,工业机器人通常包含以下几个核心要素。

(1)自动化。工业机器人能够按照预定的程序或指令,自主完成一系列工作任务,无须人工直接干预。这种自动化特性使工业机器人能够持续稳定地工作,减少人为因素导致的误差和不确定性。

(2)多关节或多自由度。工业机器人通常拥有多个关节和自由度,能够模拟人类手臂的

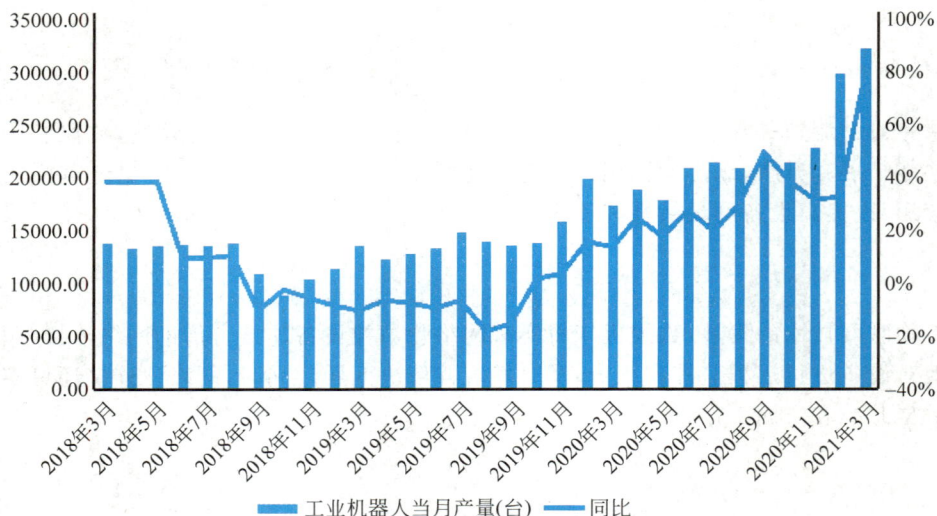

图 7.15　我国工业机器人产量

各种动作,实现复杂的空间运动。这种多关节或多自由度的设计,让工业机器人能够适应各种复杂的工业操作需求。

(3)高精度。工业机器人具备高精度的定位和运动控制能力,能够确保在操作过程中达到极高的精度和稳定性。这对于一些对精度要求极高的工业领域,如汽车制造、电子制造等,尤为关键。

(4)可编程性。工业机器人通常具备可编程性,能够根据生产需求进行灵活配置和调整。用户可以通过编程来定义工业机器人的工作任务、运动轨迹等参数,以满足不同的生产需求。

此外,随着人工智能技术的不断发展,现代工业机器人还具备了一定的智能化特性。它们能够通过感知、学习和决策等智能技术,实现更加复杂和高效的工作任务。例如,一些先进的工业机器人能够根据生产线的实时数据进行自主调整和优化,以提高生产效率和降低成本。

2. 工业机器人的组成

工业机器人作为一个复杂的机械系统,主要由以下几个核心部分组成,这些部分协同工作,实现了其高效、精确的工业操作。

(1)机械结构系统。机械结构系统是工业机器人的基础,决定了机器人的形态、尺寸和自

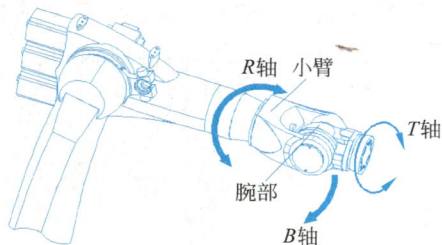

图 7.16　工业机器人自由度

由度。一般来说,机械结构系统包括基座、手臂、手腕和末端执行器等部分。基座用于固定机器人,确保其稳定性;手臂连接基座和手腕,实现空间运动;手腕连接手臂和末端执行器,用于调整末端执行器的姿态;而末端执行器则直接参与工业操作,如夹持、焊接、喷涂等。机器人的腕部结构一般由旋转 R 轴、摆动 B 轴及回转 T 轴组成,是三自由度腕部,如图 7.16所示。

(2)驱动系统。驱动系统是工业机器人的动力来源,负责为机器人的运动提供动力。根据动力源的不同,驱动系统可以分为电动、气动、液压等多种类型。电动驱动系统具有响应速

度快、控制精度高等优点,因此在现代工业机器人中得到了广泛应用。气动和液压驱动系统则具有输出力大、结构简单等特点,在某些特定场合下具有优势。

(3) 感知系统。感知系统使工业机器人具备感知外部环境的能力。它通过各种传感器(如视觉传感器、触觉传感器、力觉传感器等)收集外部环境信息,并将这些信息传递给控制系统进行处理。感知系统对于工业机器人的智能化和自主化具有重要意义,它使机器人能够感知到物体的位置、形状、颜色等信息,从而进行更加精确的操作。

(4) 控制系统。控制系统是工业机器人的"大脑",负责接收来自感知系统的信息,并根据预设的程序或指令对驱动系统和机械结构系统发出控制信号。控制系统通常由计算机、控制器、驱动器、传感器等组成,它们协同工作,实现了对工业机器人的精确控制。控制系统的性能直接决定了工业机器人的运动精度、稳定性和工作效率。机器人视觉伺服控制是将机器人的旋转矩阵和平移向量解耦,两部分的自由度控制分别由图像信息误差和空间坐标误差作为输入,如图 7.17 所示。

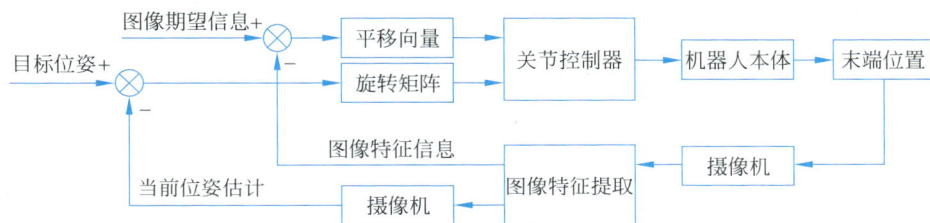

图 7.17　工业机器人视觉伺服控制

(5) 人机交互系统。人机交互系统是工业机器人与用户之间的接口,使用户能够方便地操作和控制机器人。人机交互系统通常包括示教器、触摸屏、按钮等设备,用户可以通过这些设备对机器人进行编程、设置参数、监控状态等操作。同时,人机交互系统还可以将机器人的运行状态和错误信息反馈给用户,帮助用户更好地理解和使用机器人。

7.3.2　工业机器人的分类

工业机器人作为现代制造业的重要支柱,其分类方式多样,涵盖了功能、结构、控制方式及应用领域等多个维度。这些分类方式不仅揭示了工业机器人的多样性和复杂性,更为我们深入理解和运用它们提供了重要依据。

1. 按功能分类

工业机器人根据其功能大致可分为焊接机器人、搬运机器人、装配机器人、喷涂机器人和检测机器人几大类。焊接机器人擅长自动化焊接作业,能够高效完成点焊、弧焊等任务,广泛应用于汽车、船舶、航空航天等领域。搬运机器人主要负责物料的搬运与传输,可替代人工执行繁重或危险的搬运任务,有效提升物流效率。装配机器人擅长精密装配作业,如插入、拧紧、黏合等操作,在汽车、电子、家电等行业发挥着重要作用。喷涂机器人用于产品表面的喷涂处理,能够确保喷涂质量和效率。检测机器人则借助传感器和测量设备对产品进行精确测量和评估,以保障产品质量。

2. 按结构分类

从结构维度来看,工业机器人主要分为直角坐标型、圆柱坐标型、球坐标型和多关节型四种。直角坐标型机器人由三个相互垂直的直线移动轴组成,其结构简单、控制便捷,但工作空间相对有限。圆柱坐标型机器人包含一个旋转轴和两个直线移动轴,适用于平面内的旋转和升降作业。球坐标型机器人具备两个旋转轴和一个直线移动轴,能够实现空间内的全方位定位和姿态调整。而多关节型机器人通过多个旋转关节和连杆的组合,可实现复杂的空间定位与姿态调整,虽然其结构复杂,但运动灵活性极强,能够完成各种高难度的作业任务。

3. 按控制方式分类

工业机器人的控制方式也是其分类的一个重要维度。根据控制方式的不同,工业机器人可分为点位控制机器人、连续轨迹控制机器人和智能控制机器人。点位控制机器人仅关注末端执行器在特定点的位置和姿态控制,运动轨迹不连续,适用于简单的定位和抓取任务。连续轨迹控制机器人能够按照预定轨迹进行连续运动控制,适用于需要精确控制运动轨迹的作业场景,如焊接、喷涂等。智能控制机器人融合了人工智能技术,能够依据环境变化和任务需求进行自主决策和行动,具备高度的自主性和适应性,可应对复杂多变的工作环境。

4. 按应用领域分类

工业机器人的应用领域广泛,根据应用领域的差异,工业机器人可分为汽车制造机器人、电子制造机器人、物流仓储机器人和医疗康复机器人等。在汽车制造领域,焊接、装配、喷涂等作业广泛采用工业机器人,极大提高了汽车生产的自动化水平和产品质量。电子制造行业则广泛使用工业机器人进行装配、检测和包装等作业,确保了电子产品的生产效率和品质稳定性。物流仓储领域同样离不开工业机器人的支持,它们负责搬运、分拣和堆垛等作业,提高了物流效率,降低了人力成本。此外,随着医疗技术的发展,医疗康复机器人也逐渐进入人们的视野,它们能够辅助医生进行手术操作、康复训练等任务,提高了医疗服务的效率和质量。

工业机器人的分类体现了其多样性和复杂性。每种分类方式都从不同角度揭示了工业机器人的技术特点和应用价值。例如,从功能分类来看,我们能够清晰地了解到不同机器人在特定作业场景中的优势和适用性;从结构分类来看,我们能够理解不同机器人在空间定位和运动灵活性方面的差异;从控制方式分类来看,我们能够认识到不同机器人在智能化和自主性方面的发展进程;从应用领域分类来看,我们能够看到工业机器人在各个行业中的广泛应用和重要作用。

随着技术的不断进步和应用场景的不断拓展,工业机器人的分类也将更加细化和完善。未来,我们有望看到更多新型工业机器人的出现,它们将具备更加先进的功能、更加灵活的结构、更加智能的控制方式和更加广泛的应用领域。这些新型工业机器人的出现,将进一步推动现代制造业的发展,提高生产效率,降低生产成本,为人类创造更加美好的生活。

因此,了解和掌握不同类型的工业机器人及其特点对我们来说至关重要。这不仅有助于我们更好地运用它们推动制造业的发展,还有助于我们不断创新和进步,为工业机器人的未来发展贡献自己的力量。

7.3.3　工业机器人的关键技术

随着科技的迅猛发展,工业机器人在现代制造业中扮演着越来越重要的角色。它们的高效、精确和稳定性,为工业生产带来了革命性的变革。而这一切的背后,离不开一系列关键技术的有力支撑,具体包括机器人手眼标定技术、运动控制技术、感知技术、决策技术、人机交互技术、安全保障技术,以及伺服电机和减速器技术等。

1. 手眼标定技术

工业机器人手眼标定(见图 7.18)是机器人视觉系统中的重要环节,旨在求解机器人末端坐标系与相机坐标系之间的坐标变换关系。这一过程通常分为两类:眼在手上(相机固定在机器人末端)和眼在手外(相机固定于机器人外部)。手眼标定的作用是使机器人能够准确识别相机拍摄到的目标位置,并精确执行抓取、放置等操作。在手眼标定过程中,需要采集多组机器人末端和相机坐标系下的对应点数据,通过数学方法求解出两个坐标系之间的转换矩阵。这一矩阵能够实现图像坐标到机器人物理坐标的转换,从而引导机器人进行精准操作。

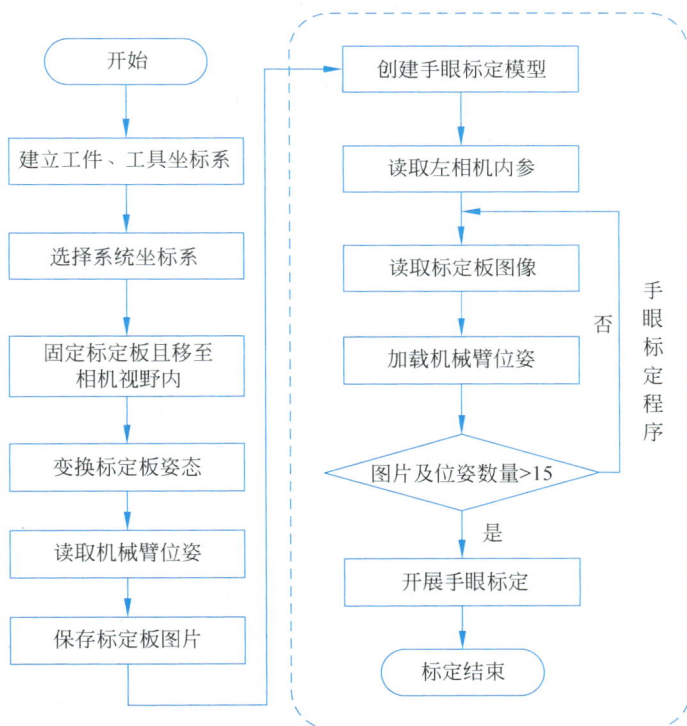

图 7.18　工业机器人手眼标定

2. 运动控制技术

运动控制技术是工业机器人的核心技术之一,它直接关乎机器人的运动精度和动态性能。现代工业机器人的运动控制技术通常采用伺服控制系统,通过运动控制器和伺服驱动器,实现对机器人各关节的精确控制。运动控制器负责接收指令,并根据预设程序或实时计算结果,向伺服驱动器发送控制信号。伺服驱动器则根据控制信号,驱动伺服电机转动,进而带动机器人关节的运动。这种闭环控制系统能够实现对机器人运动的精确控制,确保机器人在高速运动中的稳定性和准确性。

3. 感知技术

感知技术是工业机器人实现智能化的基础。通过感知技术,机器人能够获取周围环境的信息,并依据这些信息做出相应的决策。感知技术主要包括视觉感知、激光雷达感知和微力触觉感知等。视觉感知技术通过摄像头和图像处理算法,实现对目标物体的识别、定位和跟踪;激光雷达感知技术则通过激光扫描,获取周围环境的三维信息,实现高精度的定位和避障;微力触觉感知技术则通过力传感器,感知机器人与物体之间的接触力,从而实现对机器人抓取和操作过程的精确控制。

4. 决策技术

决策技术是工业机器人在复杂环境中做出正确决策的关键。基于人工智能的决策技术,机器人能够根据当前的环境信息和任务需求,进行灵活的决策和行动。这包括路径规划、任务分配、目标识别等。路径规划技术能够根据机器人的任务需求和环境约束,计算出最优的运动路径;任务分配技术能够根据任务的特点和机器人的能力,合理分配任务给不同的机器人;目标识别技术能够通过对感知信息的处理和分析,识别出目标物体,并确定其位置和姿态。

5. 人机交互技术

人机交互技术是实现人与机器人之间有效沟通和协作的关键。随着技术的发展,人机交互技术也在不断演进。触摸屏技术、语音识别技术和手势识别技术等,为人机交互提供了更加直观、便捷的方式。在工业机器人领域,人机交互技术主要应用于机器人的编程、调试和监控等方面。通过触摸屏界面,操作人员能够方便地设置机器人的运动参数、选择工作模式和监控机器人的运行状态;语音识别技术允许操作人员通过语音指令控制机器人的运动和操作;手势识别技术能够实现非接触式的人机交互,提高工作效率和操作的便利性。

6. 安全保障技术

安全保障技术是确保工业机器人安全运行的关键。在工业机器人生产线上,必须采取一系列措施来保障人员和设备的安全。首先,对从事工业机器人操作的人员进行安全培训至关重要,这包括如何正确地操作和维护机器人、如何识别并处理危险情况等;其次,制定详细的安全操作规程和程序,确保人员按照规定进行操作;再次,在机器人生产线上设置安全防护设备,如防护围栏、安全光幕等,以防止人员误入危险区域;此外,通过合理的机器人编程和设置,确保机器人在操作过程中不会发生意外的动作或运动范围超出允许的范围;最后,定期对工业机器人进行安全检查和维护,及时发现和处理可能存在的故障或安全隐患。

7. 伺服电机和减速器技术

伺服电机和减速器是工业机器人动力系统的核心部件。伺服电机负责将电能转化为机械能,并驱动机器人各关节的运动;减速器则连接在伺服电机和机器人关节之间,其主要作用是降低电机输出的高速旋转,增大扭矩,满足机器人关节大扭矩、低转速的要求。伺服电机通常采用永磁同步电机或交流伺服电机,具有宽调速范围、高效率、低惯量等特点;减速器通常采用谐波减速器和 RV 减速器等类型,具有高精度、大传动比等特点。伺服电机和减速器的协同创新,为工业机器人提供了高效、稳定的动力支持。

7.3.4 工业机器人的发展趋势

随着科技的不断进步和制造业的转型升级,工业机器人正呈现出前所未有的发展趋势。这些趋势不仅体现在技术的创新上,还体现在应用领域的拓展和人机协作的深度融合上。

1. 智能化与协作化

智能化是工业机器人发展的核心驱动力。借助人工智能和机器学习技术,工业机器人将拥有更高的自主决策能力和环境适应能力。它们能够实时剖析生产数据,预测设备故障,优化工作流程,并且通过学习算法持续提升自身性能表现。这种智能化的升级,能让工业机器人更加高效、精准地满足生产需求,同时降低维护成本,减少停机时间。

协作化是工业机器人发展的另一重要方向。随着协作机器人的不断成熟和广泛应用,工业机器人将越来越注重与人类的和谐共处和紧密协作。未来的工业机器人将具备更高的安全性和可靠性,能够与人类工人更紧密地协同作业,共同完成复杂的生产任务。这种人机协作模式将极大地增强生产线的灵活性和适应性,使制造企业能够更迅速地响应市场变化,提高生产效率和产品质量。

2. 柔性化与网络化

柔性化是工业机器人发展的必然趋势。未来的工业机器人将不再局限于单一的功能和任务,而是能够根据生产需求进行快速调整和配置。这种柔性化不仅体现在机器人的结构设计方面,还体现在其控制系统和软件平台上。通过模块化设计和可重构技术,工业机器人能够快速适应不同的生产环境和工艺流程,实现生产线的快速转换和升级。这种柔性化将大幅提升生产线的灵活性和适应性,助力制造企业能够更好地应对市场变化。

网络化是工业机器人发展的重要趋势。随着物联网和云计算技术的普及,工业机器人将实现与工厂其他设备和系统的无缝对接。通过远程监控和管理,企业能够实时掌握生产线的运行状态和性能指标,及时发现并解决问题。同时,网络化还能让工业机器人获取来自全球各地的创新资源和支持,推动其技术的不断发展和进步。

3. 复合式机器人

复合式机器人集成了多种功能和技术,能够同时执行多种任务,如搬运、装配、检测等。这种多功能的特性使复合式机器人在复杂多变的生产环境中更具优势,能够满足不同工艺流程的需求。随着技术的不断进步和应用场景的不断拓展,复合式机器人将在制造业中发挥越来越重要的作用,成为提升生产效率和质量的关键力量。

工业机器人的应用领域正在不断拓展延伸。除了传统的汽车制造、电子制造等行业,它们已逐渐渗透到更多领域,如航空航天、生物医药、新能源等。这些新兴领域对工业机器人的需求持续增长,为工业机器人市场带来了更为广阔的发展空间。

综上所述,工业机器人的发展趋势表现为智能化升级、协作化深化、柔性化提升、网络化连接、复合式机器人的兴起及应用市场的拓展延伸。这些趋势将共同推动工业机器人技术的持续进步和应用领域的不断扩大,为制造业的发展注入全新的活力和动力。随着技术的不断创新和应用场景的持续拓展,工业机器人在未来将发挥更加重要的作用,成为推动产业升级和转型的关键力量。

7.4 智能物流装备

智能物流装备作为现代物流体系的核心组成部分,对提升物流效率、降低物流成本及优化供应链管理有着极为关键的作用。随着科技的迅猛发展,智能物流装备凭借集成自动化、信息化、智能化技术,大幅提升了物流作业的效率、准确性与安全性,在物流行业的地位愈发重要。

7.4.1 智能物流装备概述

智能物流装备是指具备信息感知、智能决策、自动控制、精确执行等功能的现代化物流设备与系统。其借助物联网、大数据、人工智能等前沿技术,实现物流信息的实时采集、处理、分析与优化,显著提升物流作业的自动化与智能化水平。典型物流装备机组控制软件架构如图 7.19 所示。

物流装备监控系统运用 GPS、RFID 等先进技术,对物流设备进行实时监控,确保货物的位置与状态处于可知可控范围。该系统提升了物流效率,降低了运营成本,保障了货物安全,是现代物流管理中不可或缺的重要工具。通过实时监控与数据分析,该系统助力企业优化运输路线,快速响应异常,推动物流行业朝着智能化、高效化方向发展,如图 7.20 所示。

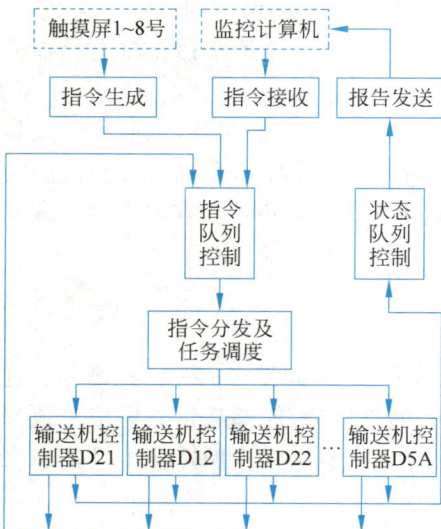

图 7.19 典型物流装备机组控制软件架构

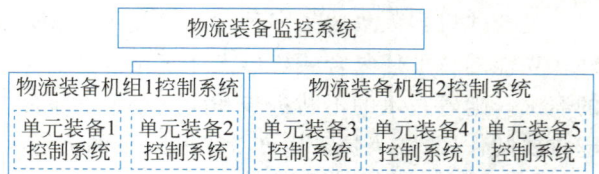

图 7.20 物流装备监控系统工作原理

智能物流装备种类繁多,根据其功能和应用场景的不同,大致可分为以下五类。

1. 仓储设备

仓储设备是智能物流系统的重要组成部分,通过自动化和智能化手段,实现对货物的存储、搬运和管理。智能货架采用先进的传感器和控制系统,能够实时监测货物的存储状态,并实现货物的自动定位和取放。自动化立体仓库借助堆垛机(见图 7.21)、穿梭车等自动化设备,实现了货物的自动化存储和搬运,大幅提高了仓储效率和准确性。智能搬运机器人则能够根据预设的指令,自主完成货物的搬运任务,减少了人力投入,提升了作业效率。

图 7.21　堆垛机现场运行图

2. 输送设备

输送设备是智能物流系统的关键组成部分,负责将货物从起点输送至终点。智能输送带由电机驱动,能够按照预设的路线和速度,自动完成货物的输送任务。智能搬运小车能够按照预设的指令,自主完成货物的搬运和输送。AGV(自动导引车)通过内置的导航系统,能够按照预设的路线和指令,自动完成货物的搬运和输送任务,无须人工干预,提高了物流作业的自动化水平。

3. 分拣设备

分拣设备是智能物流系统的重要环节,负责将货物按照不同要求进行分类和分拣。智能分拣机器人通过集成先进的视觉识别技术和控制系统,能够实现对货物的快速、准确分拣。自动分拣系统则通过预设的分拣规则和算法,实现对货物的自动化分拣和分类,提高了分拣效率和准确性。这些设备的应用,使物流分拣环节更加高效、准确,减少了人工错误和成本。

4. 包装设备

包装设备是智能物流系统的必要环节,负责对货物进行包装和标识。智能包装机集成先进的自动化和控制系统,能够自动完成包装材料的切割、折叠、封口等作业,提高了包装效率和质量。自动贴标机能够自动完成标签的打印、粘贴等作业,使货物的标识更加准确、规范。这些设备的应用,让物流包装环节更加自动化、智能化,提高了物流作业的整体效率。

5. 配送设备

配送设备是智能物流系统的最后一环,负责将货物送达目的地。无人机配送和无人配送车等配送设备,集成先进的导航、定位和通信技术,能够实现对货物的快速、准确配送。这些设备的应用,不仅提高了配送效率,还降低了配送成本,提升了客户满意度。

智能物流装备的应用,极大地推动了物流行业的智能化、自动化发展。各类智能物流装备在仓储、输送、分拣、包装和配送等环节中的应用,使物流作业更加高效、准确和安全。未来,随着技术的不断进步和应用场景的持续拓展,智能物流装备将在物流行业中发挥更为重要的作用。

智能物流装备在智能制造中发挥着至关重要的作用,智能物流装备能够实现对生产过程中的物料、半成品和成品的高效、准确搬运和输送,减少等待时间和无效搬运,提高生产效率。通过自动化、智能化技术的应用,智能物流装备能够降低人力成本、减少能源消耗和物料浪费,进而降低生产成本。智能物流装备能够实时采集、处理和分析物流信息,为供应链管理提供准确、及时的数据支持,助力企业实现供应链的优化和协同。智能物流装备能够实现对货物的快速、准确配送,提高客户满意度和忠诚度,为企业赢得更多市场份额。智能物流装备的发展和应用将推动物流行业的产业升级和转型,促进制造业向智能化、绿色化、服务化方向发展。

7.4.2 智能物流装备的关键技术

智能物流装备是现代物流体系中的关键组成部分,其技术水平直接影响物流行业的效率和效益。物流装备设计过程涵盖机械设计、电气设计与程序设计。机械设计确保设备结构稳固高效;电气设计优化动力与控制系统;程序设计实现智能调度与监控。这三者协同工作,共同确保物流装备能够精准、高效、安全地运行,提升整体物流效率与管理水平。随着物联网、大数据、人工智能等技术的迅猛发展,智能物流装备技术也在不断更新和升级,其设计过程如图 7.22 所示。

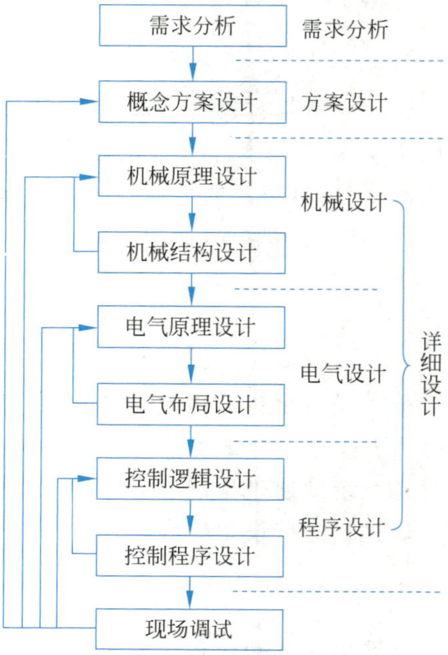

1. 物流自动化装备技术

物流自动化装备技术是实现物流作业自动化的重要手段,主要包括自动化搬运设备、自动化分拣设备和自动化包装设备等。这些设备通过集成先进的传感器、执行机构和控制算法,实现了对物流作业的精准把控和高效执行。

(1)自动化搬运设备。自动化搬运设备主要包括 AGV、自动搬运机器人等。这些设备能够自主导航、

图 7.22 物流装备设计过程

定位,并按照预设的路线和指令进行货物的搬运和输送。借助集成激光导航、视觉识别等技术,自动化搬运设备能够在复杂环境中稳定运行,提高搬运效率和准确性。

(2)自动化分拣设备。自动化分拣设备运用先进的图像识别、条码识别等技术,实现对货物的快速、准确分拣。这些设备能够根据货物的形状、大小、重量等特征进行智能识别,并按照预设的规则进行分拣。自动化分拣设备大幅提高了分拣效率和准确性,降低了人力成本。

(3)自动化包装设备。自动化包装设备能够自动完成包装、贴标等作业,提升包装效率和质量。这些设备通过集成传感器、执行机构和控制算法,实现对包装材料的自动抓取、定位、封装等操作。同时,自动化包装设备还能根据包装需求进行自适应调整,以满足不同产品的包装要求。

2. 物流信息技术

物流信息技术是实现物流信息化、智能化的关键技术,包括物联网技术、大数据技术和云计算技术等。这些技术通过实时采集、处理和分析物流信息,为物流管理和决策提供数据支持。

(1)物联网技术。物联网技术通过集成传感器、RFID 等技术,实现对物流信息的实时采集和传输。这些技术能够将物流设备、货物、人员等要素互联互通,构建起一个庞大的信息网络,如图 7.23 所示。物联网技术的应用使物流信息的获取更为便捷、准确,为物流管理和决策提供了有力支持。

(2)大数据技术。大数据技术通过对海量物流数据进行挖掘和分析,揭示数据背后的规律和趋势,为物流管理和决策提供科学依据。大数据技术可应用于货物追踪、运输优化、库存预警等方面,助力物流企业实现精准管理、优化决策。

(3)云计算技术。云计算技术为物流企业提供了强大的计算能力和数据存储能力。通过云计算平台,物流企业能够实现对物流信息的集中存储、处理和共享。同时,云计算技术还能为物流企业提供灵活、可扩展的服务支持,以满足企业不断变化的业务需求。

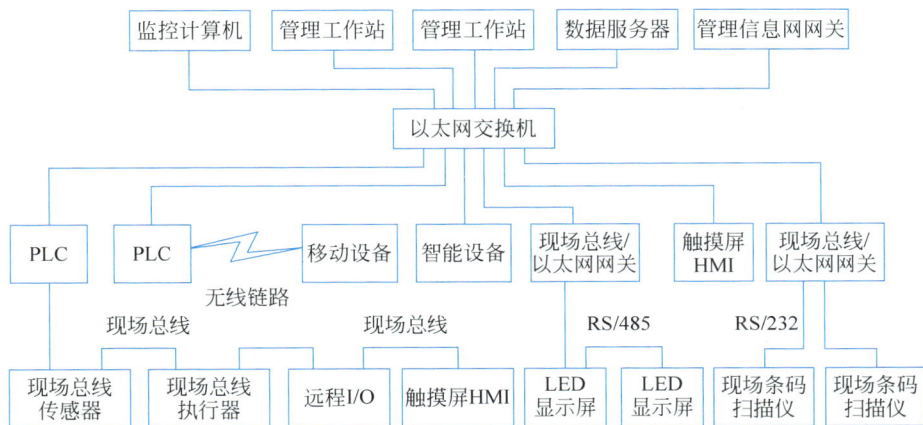

图 7.23　基于物联网技术的自动化仓库管控系统

3. 物流仓储技术

物流仓储技术是实现物流仓储自动化的重要手段,包括自动化立体仓库、智能货架和智能仓储管理系统等。这些技术通过集成先进的自动化设备和信息系统,实现了对仓库的智能化管理和控制。

(1)自动化立体仓库。自动化立体仓库通过集成堆高机、穿梭车等自动化设备,实现了对货物的自动存储、检索和搬运。这些设备能够在短时间内完成大量货物的存取作业,提高仓库的存储密度和作业效率。

(2)智能货架。智能货架通过集成传感器、RFID 等技术,实现了对货物的实时感知和定位。这些技术能够实时掌握货物的存储位置和数量信息,为货物的检索和搬运提供有力支持。

(3)智能仓储管理系统。智能仓储管理系统利用集成先进的信息技术和数据分析技术,实现了对仓库的智能化管理和控制。该系统能实时采集和处理仓库信息,为仓库的库存预警、货物调配等提供科学依据。同时,智能仓储管理系统还能与其他物流信息系统进行无缝对接,实现物流信息的共享和协同。

4.物流机器人技术

物流机器人技术是智能物流装备领域的重要发展方向,包括搬运机器人、分拣机器人和配送机器人等。这些机器人通过集成先进的传感器、执行机构和控制算法,实现了对物流作业的自主执行和智能决策。

(1)搬运机器人。搬运机器人能够自主导航、定位,并按照预设的路线和指令进行货物的搬运和输送。这些机器人能够代替人力完成繁重、危险的搬运作业,提高搬运效率和安全性。

(2)分拣机器人。分拣机器人利用先进的图像识别、条码识别等技术,实现对货物的快速、准确分拣。这些机器人能够根据不同货物的特征进行智能识别,并按照预设的规则进行分拣。分拣机器人的应用极大地提高了分拣效率和准确性,降低了人力成本。

(3)配送机器人。配送机器人能够自主完成货物的配送任务,包括从仓库到客户点的配送。这些机器人通过集成导航、定位、避障等技术,能够在复杂环境中稳定运行,实现货物的快速、准确配送。配送机器人的应用为物流企业提供了更加灵活、高效的配送方式,提高了客户满意度和忠诚度。

智能物流装备技术的发展为物流行业的转型升级提供了有力支持。通过集成先进的物流自动化装备技术、物流信息技术、物流仓储技术、物流机器人技术,大幅精简了物流流程,显著降低了人力成本与运营损耗,让物流运作更加经济高效,为构建智慧化、可持续的现代物流生态提供源源不断的驱动力。

7.4.3 智能物流装备的发展趋势

随着科技的不断进步和全球经济的日益发展,智能物流装备正以前所未有的速度进行革新。从信息化与网络化到自动化与智能化,再到绿色化与低碳化,以及柔性化与个性化,这些趋势共同勾勒出智能物流装备未来的发展蓝图。

1.信息化与网络化

智能物流装备的首要发展趋势是信息化。通过集成先进的信息技术,如大数据、云计算等,智能物流装备能够实时收集、分析和处理海量物流数据,进而为企业提供更为精准的决策支持。这种信息化的趋势不仅提高了物流效率,还使物流服务更加透明和可追溯。网络化是智能物流装备发展的另一重要趋势。借助互联网技术，智能物流装备能够实现全球范围内的实时数据共享和协同作业。这种网络化趋势打破了地域限制，使物流服务更加便捷、高效，有助于优化全球供应链管理。

2. 自动化与智能化

自动化是智能物流装备发展的核心方向之一。通过引入自动化设备和系统，如自动分拣系统、无人搬运车等，智能物流装备能够大幅减少人工干预，提高作业效率和准确性。这种自动化趋势不仅降低了物流成本，还提升了物流服务的可靠性和稳定性。智能化是智能物流装备发展的高级阶段。借助人工智能、机器学习等先进技术，智能物流装备能够具备自主学习和优化的能力，从而更加智能地应对复杂的物流场景和需求。这种智能化趋势将使物流服务更加智能、便捷和个性化。

3. 绿色化与低碳化

随着全球环保意识的增强，绿色化成为智能物流装备发展的重要方向。通过采用环保材料、节能技术等手段，智能物流装备能够降低能耗和减少排放，从而实现绿色、可持续的物流服务。这种绿色化趋势不仅有助于保护环境，还能提升企业的社会责任感和品牌形象。低碳化是智能物流装备发展的又一重要趋势。为了应对全球气候变化和能源紧缺的挑战，智能物流装备需要不断降低碳排放量。通过优化运输路线、提高能源利用效率等措施，智能物流装备能够实现低碳、环保的物流服务，从而推动整个物流行业的可持续发展。

4. 柔性化与个性化

柔性化是智能物流装备适应多变市场需求的关键能力。借助模块化的设计和可重构的技术，智能物流装备能够快速调整自身的结构和功能，以适应不同的物流场景和需求。这种柔性化趋势将使智能物流装备更加灵活、多变，从而更好地满足客户的个性化需求。随着消费者需求的日益多样化，个性化成为智能物流装备发展的新趋势。通过定制化的服务和产品，智能物流装备能够满足不同客户的独特需求，提供更加贴心、个性化的物流服务。这种个性化趋势将有助于提升客户满意度和忠诚度，从而推动智能物流装备市场的持续发展。

思 考 题

1. 智能数控系统如何利用先进算法优化加工精度与效率？
2. 五轴数控机床相比三轴数控机床的优势与挑战是什么？
3. 工业机器人与哪些技术融合实现了更高的自动化与智能化？
4. 智能物流系统如何利用现代技术提升物流效率与准确性？

第8章　智能制造系统运维

智能制造的推进需要智能运维的支持,智能运维包括"运行"和"维修"两个层面,它是对设备进行运行监测和维修优化的统称。本章围绕数据驱动的智能运维决策优化技术和方法,主要内容包含设备状态数据预处理、设备状态的异常检测与故障诊断、设备状态趋势预测、系统性能优化与资源管理等。设备状态数据预处理是对原始测试数据进行降噪和清洗,保持原始测试数据的完整性,以提高测试数据的质量及后续数据分析和建模的准确性;设备状态的异常检测与故障诊断是指利用现代信号处理技术,识别并提取状态数据中的有用特征信息,建立设备异常与故障征兆之间的关系;设备状态趋势预测就是评价设备的健康状态,并根据设备状态数据的变化规律预测设备状态的变化趋势,据此计算设备的剩余使用寿命,为预测性维修时机确定提供支持;系统性能优化与资源管理是指在智能运维基础平台上封装相关的运维决策共性业务构件,基于智能运维决策系统平台,快速制定特定设备的智能运维决策。

8.1　设备状态数据预处理

8.1.1　状态数据预处理概述

状态数据作为表征设备实际运行情况的重要信息,是评价设备健康状态、开展预测及制定维护维修活动决策的数据基础。在现代化工业生产中,设备状态数据的准确性和可靠性对于保障生产安全、提高生产效率及降低维护成本都具有至关重要的作用。然而,受多种因素影响,状态数据在获取、传输和存储过程中往往会受到噪声的干扰,导致数据质量下降。因此,为提高后续数据分析和建模的质量,必须对状态数据进行预处理。预处理的首要任务是去除数据中的无用信息和噪声,同时尽可能保持原始数据的完整性,以重构能反映设备原始数据本来面目的状态信息。这一过程对于提高状态监测的准确性、预测设备故障及制定有效的维护策略都至关重要。

在状态数据预处理中,粗大误差与状态数据不正常的大波动是两个需特别关注的问题。粗大误差,通常是指那些显著偏离正常数据范围的异常值,其存在会严重干扰状态监测分析的结果,导致对设备实际运行状态的误判。这些粗大误差可能源于测量设备故障、数据传输错误或外部环境的突发干扰等。因此,在预处理阶段,必须采取有效的方法将这些粗大误差从原始数据中剔除,以还原状态数据的真实面貌。与粗大误差相比,状态数据不正常的大波动虽然可能不如粗大误差那样极端,但它们同样会对设备状态趋势的分析结果产生负面影响。这些大波动可能是由于设备运行过程中的短暂不稳定、外部环境的微小变化或测量噪声的累积效应等原因造成的。为提高状态参数变化趋势分析的准确性,通常需要对剔除粗大误差后的状态数据进行平滑处理。对于不正常的大波动,可以考虑运用移动平均平滑法、指数平滑法等数据平滑技术来减弱其影响。在实际应用中,还需根据状态监测数据的特点和具体需求灵活选择和调整。

小波变换非常适用于处理非平稳信号,这主要得益于其独特的多尺度时-频分析能力。在处理非平稳信号时,传统的信号分析方法往往难以同时捕捉信号的时域和频域特征,而小波变换能够在不同尺度上对信号进行细致分析,从而有效揭示信号的时-频特征。具体来说,小波变换通过构造一系列具有不同尺度和位置的小波基函数,与待分析的信号进行内积运算,从而得到信号在不同尺度和位置上的小波系数。这些系数反映了信号在对应尺度和位置上的时频特征,通过对其进行分析和处理,可提取信号中的有用信息,并抑制噪声干扰。对于非平稳信号而言,其频率和幅度往往随时间发生变化,这使传统的基于平稳假设的信号分析方法难以适用。而小波变换能够自适应地调整分析尺度,以匹配信号的局部特征,从而实现对非平稳信号的准确分析。无论是在信号的突变点检测、趋势分析还是噪声抑制方面,小波变换都展现出显著的优势。此外,小波变换还具有计算效率高的特点,使其在处理大规模数据时仍能够保持较快的处理速度。同时,小波变换具有良好的时频局部化特性,能够在保持信号整体特征的同时,对信号的局部细节进行精细的分析和处理。

设备状态信号是由趋势项与噪声共同叠加构成的复杂信号。在处理这类信号时,奇异值分解(SVD)方法展现出其独特优势,作为一种高效的非线性降噪手段,它能够在降低噪声的同时,保持信号的相移较小,且不会产生时间延迟,因此在振动、电磁等领域的信号降噪中得到广泛应用。然而,SVD 降噪的核心挑战在于,如何准确估计信号中的噪声水平,以便选择恰当的奇异值个数进行信号重构。在实际应用中,对含噪信号的信噪比进行准确估计往往是一项艰巨任务。为更有效地处理这一问题,可以将经验模态分解(EMD)与 SVD 方法相结合,利用 EMD 对状态信号进行处理,并选择合适的时间尺度提取出信号的趋势分量;接着对原始信号的剩余部分应用 SVD 进行降噪,同时利用奇异值差分谱方法自适应地选择奇异值进行信号重构;再将降噪后的信号与趋势分量进行叠加,从而得到最终的降噪信号。这一方法不仅能有效抑制随机噪声,还能准确识别原始信号的突变,实现原始信号的有效重构。

8.1.2　状态数据的粗大误差去除

1. 粗大误差去除原理及方法分析

粗大误差简称“粗差”,指的是那些明显超出规定条件预期的误差值。为了能够有效识别和剔除粗大误差,数学家和统计学家发展出了多种数学方法,这些方法可根据其原理和应用场景的不同,大致可分为基于统计的方法、基于距离的方法、基于密度的方法和基于聚类的方法等几大类。基于统计的方法主要是将不属于假定分布的数据看作异常值,即粗大误差。这种方法依赖数据的均值、标准差等统计量,适用于大数据集且误差分布较为均匀的场合,能够有效剔除显著偏离整体趋势的粗大误差。基于距离的方法则是将远离大部分其他数据的对象看作异常值。这种方法通过计算数据点之间的距离或相似度来识别异常。这类方法对于识别空间分布中的孤立点尤为有效,能够捕捉到那些在多维空间中远离其他数据点的异常值。基于密度的方法是根据样本点邻域内的密度状况来判断是否属于异常点。这种方法通过比较各数据点与其邻近区域的密度差异,识别出那些位于低密度区域的异常点,即便这些点的绝对值并不极端。基于聚类的方法则是将不属于任何簇的数据看作异常值。这种方法在处理具有明显簇结构的数据集时非常有效，但属于或不属于某个簇的界限往往比较模糊，对结果会产生一定的影响。

判别粗大误差的数学方法多种多样，每种方法都有其独特的优点和适用场景。常用的粗大误差判别方法，如拉依达准则、格拉布斯准则、罗曼诺夫斯基准则及狄克松准则等，在应用中均基于一个核心前提，即状态数据需满足独立同分布的条件。然而，在实际工程领域，尤其是涉及设备监控与数据分析时，设备的状态数据往往呈现为时间序列数据的形式。这意味着数据不仅随时间连续变化，而且前后数据间存在一定的相关性，并不完全满足独立同分布的假设。针对设备时间序列数据的这一特性，在应用上述粗大误差判别方法时，需要特别注意其适用性和调整策略。常用的粗大误差判别方法测量次数范围如表 8.1 所示。

表 8.1　常用的粗大误差判别方法测量次数范围

测量次数范围	建 议 准 则
$3 \leqslant n \leqslant 25$	狄克松准则，格拉布斯准则（$a=0.01$）
$25 < n \leqslant 185$	格拉布斯准则（$a=0.05$），肖维勒准则
$n > 185$	拉依达准则

2. 粗大误差判别准则及其选择

（1）格拉布斯准则基本原理。格拉布斯准则在测量次数有限（$n<100$）时尤为适用，通常取置信概率为 95%，针对样本中仅存在一个异常值的情况，展现出极高的判别效率。判别时，首先计算样本均值与标准差，然后利用格拉布斯检验统计量，与给定置信水平下的临界值比较。若统计量超出临界值，则判定对应数据点为异常值，予以剔除。其判别方法如下。

对于某个时间序列 $\{x_i\}_{i=1}^n$，当其服从正态分布时，可得平均值为

$$\bar{x} = \frac{1}{n}\sum_{i=1}^n x_i \tag{8.1}$$

残余误差为

$$v_i = x_i - \bar{x} \tag{8.2}$$

标准差为

$$\sigma = \sqrt{\frac{\sum v^2}{n-1}} \tag{8.3}$$

为了检验 $x_i(i=1,2,\cdots,n)$ 中是否存在粗大误差，将 x_i 按从小到大的顺序排列成顺序统计量 $x_{(i)}$，即

$$x_{(1)} \leqslant x_{(2)} \leqslant \cdots \leqslant x_{(n)} \tag{8.4}$$

格拉布斯导出了 $g_{(n)} = \frac{x_{(n)} - \bar{x}}{\sigma}$ 及 $g_{(1)} = \frac{\bar{x} - x_{(1)}}{\sigma}$ 的分布，取定显著度 α（一般为 0.05 或 0.01），查询相应的表格可得临界值 $g_0(n,\alpha)$，而

$$P\left(\frac{x_{(n)} - \bar{x}}{\sigma} \geqslant g_0(n,\alpha)\right) = \alpha$$

$$P\left(\frac{\bar{x} - x_{(1)}}{\sigma} \geqslant g_0(n,\alpha)\right) = \alpha \tag{8.5}$$

若认为 $x_{(1)}$ 可疑，则有

$$g_{(1)} = \frac{\bar{x} - x_{(1)}}{\sigma} \tag{8.6}$$

若认为 $x_{(n)}$ 可疑,则有

$$g_{(n)} = \frac{x_{(n)} - \bar{x}}{\sigma} \tag{8.7}$$

当

$$g_{(i)} \geqslant g_0(n, \alpha) \tag{8.8}$$

时,即判别该测量值为粗大误差,应予剔除。

（2）狄克松准则基本原理。不少准则均需先求出标准差 σ,在实际工作中比较麻烦,而狄克松准则避免了复杂的标准差计算过程,转而采用极差比的方法,这种方法不仅简化了计算步骤,还确保了结果的严密性。狄克松研究了 $x_1, x_2, \cdots, x_n$ 的顺序统计量 x_i 的分布,当 x_i 服从正态分布时,得到 x_n 的统计量如式（8.9）所示。

$$\begin{cases} r_{10} = \dfrac{x_n - x_{n-1}}{x_n - x_1} \\[2mm] r_{11} = \dfrac{x_n - x_{n-1}}{x_n - x_2} \\[2mm] r_{21} = \dfrac{x_n - x_{n-2}}{x_n - x_2} \\[2mm] r_{22} = \dfrac{x_n - x_{n-2}}{x_n - x_3} \end{cases} \tag{8.9}$$

在实际应用中,根据选定的显著度 α,查阅狄克松准则的相关表格,快速获取到对应统计量的临界值 $r_0(n, \alpha)$。随后,将根据实际数据计算得到的统计值 r_{ij}（代表某种形式的极差比,具体公式依据狄克松的研究而定）与临界值进行比较。若统计值 r_{ij} 大于临界值 $r_0(n, \alpha)$,则根据狄克松准则,可以判断 x_n 为粗大误差,即该数据点显著偏离了数据集的整体趋势,应当被剔除,以避免对后续分析的干扰。

在运用狄克松准则时,应注意:当 $n \leqslant 7$ 时,使用 r_{10} 效果好;当 $8 \leqslant n \leqslant 10$ 时,使用 r_{11} 效果好;当 $11 \leqslant n \leqslant 13$ 时,使用 r_{21} 效果好;当 $n \geqslant 14$ 时,使用 r_{22} 效果好。

（3）拉依达准则基本原理。拉依达准则是最常用也是最简单的粗大误差判别准则,它以数据足够多为前提。对于某一时间序列 $\{x_i\}_{i=1}^n$,若各数据只含有随机误差,则根据数据服从正态分布这一规律,其残余误差落在 $\pm 3\sigma$ 以外的概率约为 0.3%,如果在时间序列中发现残差大于 3σ 的数据,则可以认为它是粗大误差,应予剔除。假设有某个服从正态分布的时间序列 $\{x_i\}_{i=1}^n$,用拉依达准则判断粗大误差的方法可以用式（8.10）表示。

$$\begin{cases} \bar{x} = \dfrac{1}{n} \sum_{i=1}^n x_i \\[2mm] v_i = |x_i - \bar{x}| \\[2mm] \sigma = \sqrt{\dfrac{\sum v^2}{n-1}} \end{cases} \tag{8.10}$$

式中,$\bar{x}$ 为时间序列 $\{x_i\}_{i=1}^n$ 的平均值,v_i 为残余误差的绝对值,σ 为标准差。如果 $v_i > 3\sigma$,则认为第 i 点为粗大误差,否则认为是正常值。拉依达准则是建立在 $n \to +\infty$ 条件下的,当 n

较小时，3σ 判据并不可靠。因此 3σ 准则适用于对数据量比较大的时间序列进行粗大误差判别。

8.1.3　状态数据的平滑处理

去除粗大误差后的状态数据，尽管已经排除了明显的异常值，但内部仍然可能隐藏着由多种微小因素引发的波动。这些波动会干扰对设备状态参数真实变化趋势的准确判断。因此，进行平滑处理成为数据预处理中至关重要环节。指数平滑法和移动平均平滑法是工程实践中广泛应用的两种平滑技术。指数平滑法通过赋予新数据更高的权重，同时逐渐降低旧数据的权重，实现了对历史数据与当前趋势的平衡，特别适用于预测和趋势分析。移动平均平滑法则是在固定窗口内计算数据的平均值，以达到平滑效果，其简单易行，但可能无法迅速响应数据中的突变。

1. 指数平滑法

指数平滑法是生产预测及中短期经济发展趋势预测的有效方法，该方法的核心思想由布朗(Robert G. Brown)提出，他坚信时间序列数据中蕴含着某种稳定性或规则性，这种特性可基于过去的数据来合理推测未来的趋势。布朗还指出，最近的过去往往与最近的未来紧密相关，因此在预测时给予最近的数据更大的权重是合理且必要的。指数平滑法正是基于这种理念，从移动平均法演化而来的更为精细的时间序列分析方法。它巧妙融合了加权平均的思想，通过赋予不同时间点的数据以不同的权重，使预测结果既能反映历史趋势，又能及时捕捉最新变化。具体而言，指数平滑法的每一期预测值都是当前实际观测值与前一期预测值的加权平均，权重分配则依赖于一个平滑常数(或称衰减因子)，该常数决定了历史数据对当前预测值的影响程度。指数平滑算法的核心公式主要有两个：一个是单次指数平滑公式，主要用于处理没有明显趋势和季节性的时间序列数据；另一个是双重或三次指数平滑公式，适用于存在明显趋势或季节性特征的数据。这些公式通过迭代计算，逐步调整预测值，使其更贴近实际数据的变化趋势，从而提高了预测的准确性和可靠性。指数平滑算法的公式有两个：

$$\text{smoothed}_{\text{new}} = \text{smoothed}_{\text{old}} + \alpha(\text{raw}_{\text{new}} - \text{smoothed}_{\text{old}}) \tag{8.11}$$

$$\text{smoothed}_{\text{new}} = \alpha\,\text{raw}_{\text{new}} + (1-\alpha)\text{smoothed}_{\text{old}} \tag{8.12}$$

式中，α 为平滑系数，$\text{smoothed}_{\text{old}}$ 为上一点平滑值，raw_{new} 为当前点原始值，$\text{smoothed}_{\text{new}}$ 为当前点平滑值。

上述两个公式完全等价，二者之间可以相互转换。当平滑系数 α 减小时，平滑数据对原始数据变化的敏感性变小；当平滑系数 α 增大时，平滑数据对原始数据变化的敏感性变大。标准的设置是采用短期趋势平滑，主要用于检测数据中的突变。长期趋势平滑主要用来辨识参数的渐变。二者的主要差别在于平滑系数值不一样。短期趋势平滑时平滑系数 $\alpha=0.2$，长期趋势平滑因为基本不使用，平滑系数值 α 在相关文件中并没有给出。

异常值保护技术需要设置异常值保护极限值，其具体步骤如下。

(1) 根据实际工程经验设定异常值保护极限值。

(2) 计算新的原始值和上一个平滑值的差值。

(3) 如果差值首次超出了异常值保护极限值，新的原始值被认为是潜在的"粗大误差"，当前的平滑值等于上一个平滑值。

（4）如果下一点原始值与上一点平滑值的差值没有超出异常值保护极限值，则继续重复步骤（2）。如果该差值也超出了异常值保护极限值，则认为数据中的趋势发生了变化，此时应该用指数平滑公式对这两个点重新进行平滑计算，得出新的平滑值。完成后转至步骤（2）。

2. 移动平均平滑法

移动平均平滑法作为一种有效的数据平滑技术，广泛应用于时间序列分析中，旨在通过连续计算特定数量数据点的平均值来平滑数据波动，从而揭示出隐藏在复杂数据背后的潜在趋势。该方法不仅限于简单的一次移动平均法，还包括了加权移动平均法和二次移动平均法，以适应不同复杂度的数据特征。在一次移动平均法中，每个新的平均值都是基于固定数量的最新观测值计算得出，有效削弱了短期内的随机波动。而加权移动平均法则通过给予近期数据更高的权重，进一步增强了预测当前及未来趋势的能力。至于二次移动平均法，则通过先对原始数据进行一次移动平均，再对第一次的平均结果进行第二次移动平均，以更精确地识别趋势的转折点，适用于分析具有复杂波动模式的时间序列。面对受周期性和随机性影响显著、波动剧烈的时间序列数据，移动平均法能够有效剔除这些噪声因素，使数据的长期趋势线得以清晰展现。异常值识别移动平均法的计算步骤如下。

（1）在对某一参数进行平滑之前，将其前面 n 个点构成一个数据序列，假设这 n 个点服从正态分布。

（2）计算第（1）步中数据序列的均值和标准差。均值为

$$\mu = \frac{x_1 + x_2 + \cdots + x_n}{n} \tag{8.13}$$

标准差为

$$\sigma = \sqrt{\frac{\sum_{i=1}^{n}(x_i - \mu)^2}{n-1}} \tag{8.14}$$

式中，x_i 为原始数据中某一个数据点，n 为移动平均计算点数（$3 < n < 10$），μ 为均值，σ 为标准差。

（3）根据第（2）步计算得到的平均值和标准差计算当前数据点 95％置信水平区间，置信区间为 $[\mu - 2\sigma, \mu + 2\sigma]$。

（4）将当前点的原始值与第（3）步求得的置信区间进行比较。如果当前点在该区间范围内，则采用移动平均法计算当前点与其前 $n-1$ 个点的算术平均值作为平滑值，如式（8.15）所示：

$$x_{i(\text{smooth})} = \frac{x_i + x_{i-1} + \cdots + x_{i-n+1}}{n}, \quad i > n \tag{8.15}$$

式中，$x_{i(\text{smooth})}$ 为当前点平滑值，x_i 为当前点原始值，i 为当前数据点的序号，n 为移动平均计算点数。

（5）如果当前点的原始值位于 95％置信水平区间范围之外，则认为该点是异常值，不参加平滑计算，并在图中该点处加上异常值标记以示区别。

8.1.4　基于趋势项提取的状态数据处理方法

奇异值分解（SVD）是一种高效的非线性降噪技术，在信号处理领域展现出了其独特的优

势。SVD 降噪处理的信号,不仅相移较小,而且避免了时间延迟的问题,使它在振动、电磁等多种信号的降噪处理中得到广泛应用。然而,SVD 降噪的核心在于如何恰当地选择奇异值的数量以进行信号重构,但对于含有较强趋势分量的信号,有时难以准确选定合适的奇异值。针对这一问题,黄锷等学者提出一种基于经验模态分解(EMD)和 SVD 的状态信号降噪方法,在处理含有趋势分量的状态信号时,这一方法利用 EMD 对信号进行分解,并根据时间尺度的选择,有效地提取出信号中的趋势分量;对原信号中去除趋势分量后的剩余部分,应用 SVD 技术进行降噪处理,通过奇异值差分谱方法,能够自适应地选择出用于信号重构的奇异值,从而提高了降噪的准确性和效果;将经过 SVD 降噪处理后的信号与之前提取的趋势分量进行叠加,即可得到最终的降噪信号。这一方法不仅有效地解决了含有趋势分量的状态信号在降噪过程中的奇异值选择难题,还进一步提升了降噪信号的质量,为信号处理领域提供了一种新的、更为有效的降噪策略。

1. 基于 EMD 的信号趋势分量提取方法

EMD(经验模态分解)是由黄锷等学者提出的一种针对非线性、非平稳信号的处理方法。该方法基于一个核心假设:任何复杂的信号都可以被看作由有限个内禀模态函数(IMF)及一个残差项线性组合而成。这些 IMF 代表了信号内在的振荡模式,并且满足两个特定的条件:一是其极值点的数量与过零点的数量之差不超过 1;二是在信号的任意一点,由局部极大值和极小值所形成的包络线的均值必须为 0。在实际应用中,给定一个信号 $x(t)$,EMD 能够通过一个迭代的过程,自适应地将该信号分解为一系列 IMF 函数及一个残差项之和,从而实现对信号的深入分析,其具体步骤如下。

(1)找出 $x(t)$ 的所有极大值和极小值。

(2)用样条插值的方法对步骤 1 得到的极大值和极小值进行包络,得到极大值包络线 $en_{\max}(t)$ 和极小值包络线 $en_{\min}(t)$。

(3)按照 $m(t) = [en_{\max}(t) + en_{\min}(t)]/2$ 逐点计算步骤(2)得到的极大值包络线和极小值包络线的平均值。

(4)抽取信号细节分量:$d(t) = x(t) - m(t)$。

(5)检验 $d(t)$ 是否满足 IMF 函数的定义,如果 $d(t)$ 满足定义,即为 IMF 函数,则令 $x(t) = m(t)$;否则,令 $x(t) = d(t)$。

(6)继续上述迭代过程,直到满足停止条件。

EMD 的核心在于,它假设任何复杂信号都可由一系列 IMF 及一个残差项组合而成。这一假设的提出,极大地拓宽了信号处理领域的视野,使非线性和非平稳信号的分析变得更为直接和有效。通过 EMD 的分解过程,原信号中隐藏的不同时间尺度特征得以清晰展现。从高频到低频的 IMF 序列,不仅揭示了信号内部的动态变化过程,还使研究人员能够针对每个 IMF 进行更深入的分析和处理,从而更准确地把握信号的本质特征。此外,EMD 作为一种数据驱动的方法,无须预设任何基函数,完全根据信号本身的特性进行分解,这使它在处理非线性和非平稳信号时展现出极大的灵活性和有效性。给定信号 $x(t)$,假设通过 EMD 方法可以将其分解为如下的形式:

$$x(t) = \sum_{i=1}^{k} \text{IMF}_i + \text{RES} \tag{8.16}$$

式中,IMF_i 为第 i 个 IMF 分量;RES 为 EMD 分解得到的残差分量。从而,信号的趋势分量可以表示如下：

$$tr = \sum_{i=1}^{D} \mathrm{IMF}_i + \mathrm{RES} \tag{8.17}$$

式中，tr 为信号趋势分量；D 为从后至前的 IMF 分量的索引。

2. EMD 和 SVD 相结合的状态数据处理方法

对于含有趋势分量的噪声信号 $x(t)$，若采用 EMD 对其进行分解，并根据实际需要选择合适的时间尺度提取出趋势分量，则信号可以表示为趋势分量与剩余部分之和。因此，$x(t)$ 可以表示如下：

$$x(t) = a(t) + tr(t) \tag{8.18}$$

式中，$tr(t)$ 为信号的趋势分量；$a(t)$ 为信号去除趋势分量后的剩余部分。

由于趋势分量通常为信号的低频分量，因此可以认为其不含噪声，只需采用 SVD 方法对 $a(t)$ 进行降噪。由于此时已经排除了趋势分量的影响，因此可以按照奇异值差分谱最大峰值对应位置的索引选取奇异值个数进行信号重构和降噪。将降噪后的信号与趋势分量叠加，得到最终的降噪信号，即为

$$\tilde{x}(t) = \tilde{a}(t) + tr(t) \tag{8.19}$$

式中，$\tilde{x}(t)$ 表示降噪后的信号；$\tilde{a}(t)$ 表示分离趋势分量后的剩余信号部分的 SVD 降噪结果。记上述方法为 SVD-EMD 降噪方法。采用 SVD-EMD 方法降噪的具体实施步骤如下。

(1) 采用经验模态分解（EMD）方法对原始信号进行分解。EMD 会将信号自适应地分解为一系列内禀模态函数（IMF）和一个残差项。这些 IMF 代表了信号中不同频率的振荡模式，从高频到低频逐步分解；使用镜像延拓法或其他端点处理技巧，对信号序列进行处理，以避免信号端点不是极值点时对分解精度的影响。

(2) 确定时间尺度，根据分析需求，提取出信号趋势分量 $tr(t)$，趋势分量通常代表了信号的低频部分或长期变化趋势，将信号分解为 $a(t)$ 和 $tr(t)$ 两个部分。

(3) 采用奇异值分解（SVD）方法对剩余部分 $a(t)$ 降噪，得到其奇异值分解形式。SVD 会将 $a(t)$ 表示为一系列奇异值和奇异向量的组合。

(4) 采用奇异值差分谱或其他自适应方法，确定用于重构信号的奇异值个数。这通常是通过观察奇异值的变化趋势，选取变化显著的奇异值进行保留。根据选定的奇异值个数，对 SVD 分解后的信号进行重构，得到降噪后的剩余部分 $\tilde{a}(t)$。

(5) 将步骤(4)中降噪后得到的信号 $\tilde{a}(t)$ 与趋势分量 $tr(t)$ 叠加，得到最终的降噪信号 $\tilde{x}(t)$。

(6) 评估降噪效果是否满足要求，如果不满足，可以调整时间尺度或 SVD 降噪参数，并重复步骤(2)至步骤(5)，直到获得满意的降噪效果。如果目标是对信号的长期变化趋势进行深入分析，那么通常选择较大的时间尺度来分离趋势项，并进行相应的降噪处理。相反，如果需要对信号进行短期趋势分析，那么可以采用较小的时间尺度来分离趋势项，并进行降噪，以便更准确地捕捉短时间内的信号振荡细节。

本小节主要介绍了粗大误差的常用判别准则及其选择方法，并在此基础上，对指数平滑法和移动平均法进行了改进，提出了一种更符合工程实际需求的数据平滑方法。此外，本节还详细介绍了一种基于 EMD（经验模态分解）和 SVD（奇异值分解）的状态信号降噪方法。该方法首先利用 EMD 对原始信号进行分解，通过选择恰当的时间尺度，从原始信号中有效分离出趋势分量。随后，对信号的剩余部分应用 SVD 方法进行降噪处理。由于消除了趋势分量对奇异

值差分谱的干扰,因此可依据奇异值差分谱自适应地选择奇异值个数进行信号重构,这一改进有助于提高重构信号的准确性,使降噪效果更加显著,更好地满足实际应用需求。

8.2 设备状态的异常检测与故障诊断

8.2.1 异常检测与故障诊断概述

异常检测是保障设备安全运行的关键技术,也是基于状态的维修决策和精准服务的重要依据。及时、准确地进行异常检测,能帮助企业科学分配额外的监控资源,提前安排预防性维修措施,减少非计划维修事件的发生,从而降低维修成本,提高设备运行的安全性。状态数据是数据驱动的异常检测的基础。当设备出现状态异常和数据存在粗大误差时,其状态数据都会发生突变。因此,异常检测的任务是判断状态数据是否发生突变,以及分析发生突变的具体原因,为设备的状态监测、故障诊断和维修决策提供支持。设备的异常主要表现为点形式异常、上下文异常和聚合异常,不同的异常形式需要采用不同的方法来识别。此外,是否拥有足够的历史异常样本数据,对设备异常原因分析也会产生重要影响。

8.2.2 典型的异常检测方法

根据霍金斯(Hawkins)对异常的定义,异常值是指在数据集中显著偏离其他数据点,让人怀疑它们并非由随机偏差产生,而是可能源于不同的机制或过程的数据。

在数据科学领域,异常值通常可以分为三种主要类型。第一种类型的异常值是点/全局异常值,这种类型的异常值在数值上远超出整个数据集及其所在区间的其他数据点,表现出与其他数据点的显著差异。它们可能是由于测量错误、数据输入错误或真正的罕见事件导致的。第二种类型的异常值是条件异常值,也被称为上下文异常值。这类异常值在全局范围内可能处于正常取值范围内,但与特定的上下文或条件相比却存在明显偏离。这意味着在某些特定情境或条件下,这些值会显得异常,可能与该情境下的预期行为模式不符。第三种类型的异常值是集合异常值,这通常指的是数据集中存在的一组数据点,即子集整体呈现出偏离整个数据集范围的情况。这种情况可能表明了一个隐藏的模式或子集特有的特性,使这组数据与整个数据集的其他部分明显不同。

异常检测是在数据集中发现与预期行为模式不符数据的过程。数据驱动的异常检测方法可根据训练样本是否带有标签进行分类。具体来说,这些方法可分为三大类:监督型异常检测、半监督型异常检测和无监督型异常检测。监督型异常检测在训练过程中使用带有标签的数据,以识别正常和异常的数据点。半监督型异常检测则只使用部分带有标签的数据进行训练,而无监督型异常检测则完全不需要标签信息,仅依靠数据本身的分布特性来识别异常值。

监督型异常检测是一种基于已知标签数据(包括正常类和异常类)进行模型训练的方法。在这种模式下,模型通过学习输入特征与对应标签之间的映射关系,识别数据中的异常模式。训练时,模型会不断优化自身参数,提高对正常与异常数据的分类准确性。测试时,将未标记的数据输入模型,并根据学习到的模式判断其是否异常。监督型异常检测是机器学习领域中的一种重要技术,它通过利用已知标签的数据集来训练模型,进而识别并分类出数据中的异常点。在众多监督型异常检测方法中，BP(back propagation)神经网络、决策树(decision tree)及 K 最近邻(k-nearest neighbor,KNN)是三种尤为常见的算法。

BP 神经网络通过反向传播算法不断调整网络权重，以最小化预测误差。其结构灵活，能处理复杂的非线性关系，因此在异常检测中表现出色。然而，其训练过程可能耗时较长，且需要精心调整参数。决策树算法以树状结构表示决策过程，通过递归方式构建模型，具有直观易懂、计算复杂度低等优点。在异常检测中，决策树能有效捕捉数据中的特征关系，但需注意避免过拟合问题。KNN 算法基于距离度量，通过查找与测试样本最邻近的 k 个训练样本来预测其类别。该方法实现简单，无须训练过程，但检测效果受样本数量和质量影响较大。在异常检测中，KNN 适用于样本分布较为均匀的场景。

半监督型异常检测是指在训练过程中，模型主要基于大量未标记的正常数据(无标签数据)进行学习，同时可能利用少量已标记的异常数据(标签数据)辅助训练，以提高模型对异常数据的识别能力。半监督学习的核心是利用未标记数据来改进模型的性能。在异常检测中，由于异常样本通常远少于正常样本，且获取异常样本的代价较高，因此半监督学习方法尤为适用。模型通过学习未标记的正常数据，掌握数据的正常分布模式，从而识别出与正常模式显著不同的异常数据。

无监督型异常检测是一种在训练过程不依赖任何标签数据的方法。在这种模式下，模型仅利用未标记的数据集进行训练，通过探索数据的内在结构和模式来识别异常点。由于训练样本无标签，无监督型异常检测通常依赖数据的统计特性或分布规律来定义"正常"与"异常"。常见的无监督型异常检测方法包括基于密度的方法、基于聚类的方法及基于重构误差的方法等。无监督型异常检测的优势在于其不依赖标签数据，因此可以应用于那些难以获取或标记数据的场景。然而，其准确性可能受到数据集质量和算法选择的影响。在实际应用中，需要根据具体场景和数据特性选择合适的无监督型异常检测方法。

下面对典型的设备异常检测方法进行介绍。

(1) 基于复制神经网络的异常检测。基于复制神经网络的异常检测针对的是单类异常检测问题，即所有的训练样本只有一种类别标签的异常检测问题，该类别标签一般是正常。复制神经网络的基本思想是构造一个输入节点数量、输出节点数量均与输入维度相等的多层前馈神经网络，隐藏层的节点数量一般少于输入维度，损失函数为训练样本的重构误差最小，训练完成后，将测试样本输入复制神经网络，并计算各个测试样本的重构误差，该重构误差被称为异常分，通过比较异常分的高低判断各个测试样本是否为异常。

(2) 基于孤立森林的异常检测。孤立森林是一种无监督型异常检测方法。孤立森林的设计利用了异常样本的两个特点：①异常样本在孤立森林中被定义为"容易被孤立的离群点"；②异常样本少，异常样本特征和正常样本差别较大。

在孤立森林中，数据集被递归地随机分割，直到孤立树(iTree)将每个样本点都和其他样本点分离出来。异常点更接近于 iTree 的根节点，而正常样本点离 iTree 的根节点较远，这样用少量特征就可以检测出异常。

(3) 基于最近邻的异常检测。基于最近邻的异常检测是一种无监督型异常检测方法。它基于"正常样本附近的样本多，而异常样本一般远离其最近样本"的假设。基于最近邻的异常检测一般需要对两个样本之间的距离或相似性进行量度，如采用欧氏距离。常见的两种基于最近邻的异常检测方法如下。

方法一：将样本与其第 k 个最近邻的距离作为该样本的异常分，根据该异常分判断该样本是否为异常。异常分越大,该样本为异常的可能性越大。

方法二:将样本的相对密度作为该样本的异常分,根据该异常分判断该样本是否为异常。例如,可将样本与其第 k 个最近邻的距离的倒数作为相对密度。异常分越小,该样本为异常的可能性越大。

当问题不满足基于最近邻的异常检测的假设,或者样本数量太少时,基于最近邻的异常检测就不适用了。

(4) 基于孤立森林的异常检测。基于聚类的异常检测也是一种无监督型异常检测方法。常见的 3 种基于聚类的异常检测方法如下。

方法一:假设正常样本属于某一类,而异常样本不属于任何类。适合于这个假设的聚类方法有 DBSCAN、ROCK 及 SNN 等。

方法二:假设正常样本与其最近的类中心的距离很小,而异常样本与其最近的类中心的距离很大。适合于这个假设的聚类方法有 SOM、K 均值聚类等。

方法三:假设正常样本属于大或密的类,而异常样本属于小或疏的类。适合于这个假设的聚类方法有 SOM、K 均值聚类等。

(5) 基于统计的异常检测。基于统计的异常检测也是一种无监督型异常检测方法。它基于"正常样本位于某一随机模型的高概率区域,而异常样本处于该随机模型的低概率区域"的假设。基于统计的异常检测的一般步骤为:首先采用训练样本估计样本的概率密度函数,然后根据样本的概率密度高低判断其是否为异常。概率密度函数的估计包括参数估计方法和非参数估计方法。参数估计方法主要有最大似然估计和贝叶斯估计。非参数估计方法主要有直方图法、K 最近邻估计法、Parzen 窗法等。

8.2.3 指印图与自组织特征映射网络相结合的故障诊断

故障诊断的主要任务是确定故障的部位、评估故障严重程度和预测故障的发生和发展趋势,这能够为维修期限预测、维修工作范围决策、维修成本预测等提供有力支撑。针对故障诊断中存在的参数不足、相似故障难辨及建模困难等问题,提出了一种融合故障指印图与自组织特征映射神经网络的创新方法。该方法首先运用故障指印图技术实现故障代码的初步分类,随后引入自组织特征映射神经网络,综合多个监测参数信息,深入判别故障类别。此方案有效克服了单一参数的局限性,提升了对相似故障的区分能力,并构建了适应性强的故障诊断模型,为复杂系统的故障诊断提供了精准、高效的解决方案。

自组织特征映射网络(self-organizing feature map,SOFM)是一种无监督神经网络,其全连接的神经元阵列能自主学习并映射数据的内在特征,从而实现精准分类。该网络通过挖掘数据规律,无须标签即可进行模式识别与分类,极大地拓展了神经网络在数据处理领域的应用范围,为复杂数据的智能分析与解读提供了有力工具。

1. SOFM 神经网络模型

SOFM 神经网络模型在故障诊断中显著优于其他结构,尤其是在处理因误差导致的故障模式归类难题时表现突出。其独特的学习模式能自动捕捉数据特征,准确区分相似故障,有效解决归类困难的问题,进而提升诊断的准确性。

在故障诊断过程中,测量偏差与典型故障相似易致误判,因故障模式多样且参数有限,加之误差干扰,常出现一对多难题。此时,需深厚专业知识及经验来区分相似故障,新故障样本的学习亦耗时。自组织特征映射网络,以无监督学习破解此困局,通过迭代细化分类,即便参数有误,也能精准归类故障并量化可能性。面对新故障时,仅需更新数据,网络就能自适应重组分类,极大地提升了判别效率与精度。此技术不仅简化流程,更赋予了系统快速学习与适应新情况的能力,是故障识别领域的一大创新。

SOFM 在结构设计上展现出高度的灵活性,其神经元的排列形式多样,主要可划分为一维线阵型、二维平面阵型及三维栅格阵型三大类。一维线阵型 SOFM 网络结构简洁,适用于处理一维数据序列;二维平面阵型则更为常见,通过模拟大脑皮层中神经元的二维分布,有效捕捉数据的空间特征,广泛应用于图像处理与模式识别;而三维栅格阵型则进一步扩展了神经元的布局维度,为处理三维空间数据或复杂多维特征提供了有力工具,增强了网络对复杂数据的表征能力。考虑故障模式较多,同时为了简化计算,提高计算效率,建立 m 个输入层神经元,$n=a \times b$ 个竞争层神经元的二维阵列 SOFM 神经网络模型,如图 8.1 所示,输入层与竞争层各神经元实现全连接。

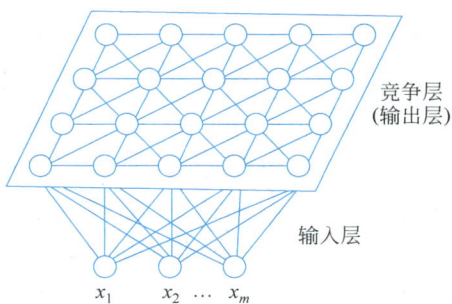

图 8.1　二维阵列 SOFM 神经网络模型

该网络结构主要包括 4 个部分:处理单元阵列、比较选择机制、局部互联作用和自适应过程。输入层接收外界的输入信息,并将该信息传递给竞争层,竞争层对该输入模式进行比较分析,找出规律后,进行正确分类。

2. SOFM 网络的学习算法

SOFM 网络的学习算法,即 Kohonen 算法,是一种基于竞争学习的无监督学习算法。其核心在于通过神经元之间的竞争与合作,实现输入向量的特征映射和分类。在学习过程中,每个输入向量都会与输出层的神经元进行比较,距离最近的神经元(获胜神经元)及其邻域内的神经元会共同调整其权值,以便更好地表示该输入向量。随着学习的不断推进,相似输入模式的神经元在输出层会逐渐聚集,形成有序的特征图,从而实现对输入向量的有效分类和映射。这种学习算法不仅保留了输入数据的拓扑结构,还提高了网络对复杂数据的处理能力。根据 SOFM 上述的运行原理,该网络采用如下的学习算法。

步骤 1:网络初始化。
步骤 2:构造模型的输入。
步骤 3:映射层权值向量和输入向量的相似性判断。
步骤 4:定义优胜邻域 $N_{j^*}(t)$。
步骤 5:权值的学习调整。
步骤 6:计算输出 OK。
步骤 7:网络训练结束判断。

8.2.4　小样本条件下基于迁移学习的故障诊断

在真实故障小样本条件下,为了更精确地提取 OEM 数据(即由原始设备制造商在生产、

227

供应链、销售、售后服务等各个环节中生成和使用的数据)中的特征信息,针对多数基于数据驱动的故障诊断算法在处理 OEM 数据时丢失不同参数之间相关关系的问题,提出了采用 CNN 处理二维时间序列的方法。该方法能够直接将 OEM 数据中的各变量值及其关系作为输入,有效保留了数据间的相关性。同时,鉴于发动机个体差异大、故障样本少等挑战,采用迁移学习策略,构建状态特征映射模型。该模型能够将原始故障数据映射到新的特征空间中,进而利用 SVM 实现小样本条件下的分类。此方法不仅充分挖掘了 OEM 数据中的丰富信息,还有效攻克了小样本故障诊断的难题,为提升故障诊断的准确性和效率提供了全新思路。

1. 参数偏差值数据分析及样本设置

OEM 厂家主要依靠四个关键性能参数来监控发动机的气路状态,这些参数分别为发动机排气温度偏差值原始值(DEGT)、排气温度裕度(EGTM)、核心机转速偏差值以及燃油流量偏差值(DFF)。为直观展现发动机在出现故障时气路性能参数的变化情况,图 8.2 提供了相应的变化图。在此图中,T_1 标记了发动机开始出现异常的循环点,T_2 则代表了 OEM 厂家诊断为故障的循环点。A 点和 B 点分别为发动机被诊断为故障时和开始出现异常时各性能参数的具体数值,而 Δt 则表示了 T_2 时刻到 T_1 时刻之间间隔的循环数。通过对图 8.2(a)~(d)的分析,从 T_1 时刻到 T_2 时刻,当发动机发生故障时,其气路性能参数的变化趋势均发生了显著变化:DEGT 持续减小,EGTM 持续增大,DFF 也呈现持续减小的趋势,同时 DN2 则持续增大。值得注意的是,对于同一台发动机而言,Δt 的值是保持不变的。基于这一分析思路,对其他典型的气路故障类型进行了相同的分析,并总结了气路故障类型与气路监控性能参数变化趋势之间的关系,具体如表 8.2 所示。

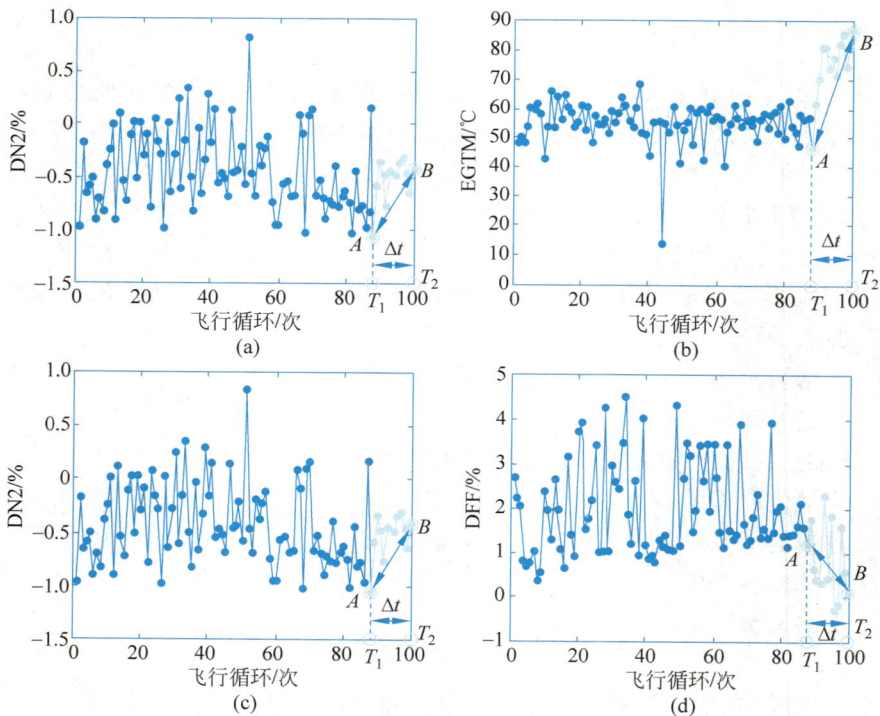

图 8.2　发动机故障气路参数变化示例

表 8.2　民航发动机气路故障类型与性能参数变化趋势的关系

故障类型	气路性能参数变化趋势			
EGT 指示故障	DEGT 增加	EGTM 减小	—	—
TAT 指示故障	DEGT 减小	EGTM 增大	DN2 减小	DFF 增大
HPT 叶片故障	DEGT 减小	EGTM 增大	DN2 增大	DFF 减小

经分析可知,利用 OEM 数据对发动机进行气路故障诊断时,需综合分析各监控参数的变化趋势,同时还需消除随机噪声、弱化个体差异对故障诊断造成的影响,才能实现更为精确的故障诊断。为满足这些要求,本小节通过迁移学习思想建立基于 CNN 的发动机状态特征映射模型,将复杂的 OEM 数据映射到新的特征空间中,消除噪声和弱化个体差异性的同时,提高数据的辨识度。

2. 基于 CNN 与 SVM 的气路故障诊断方法

基于 CNN 与 SVM(支持向量机)的民航发动机气路故障诊断模型原理图如图 8.3 所示,首先,运用 CNN 迁移学习技术来实现发动机状态的特征映射,在这一步骤中,获取了大量发动机正常数据样本,并将这些样本作为 CNN 模型的输入,以预设的正常样本标签作为预期输出,对 CNN 模型进行训练。训练完成后,将 CNN 模型中的内层迁移到故障样本分类任务中,并保持其不变,从而建立起发动机状态特征映射模型。其次,当需要求解发动机故障征候样本的映射特征时,将故障征候样本组作为发动机状态映射模型的输入。通过该模型,可得到故障征候样本的映射特征。最后,利用 SVM 对这些映射特征进行分类,从而实现对发动机故障的准确诊断。这一过程充分发挥了 CNN 的迁移学习能力和 SVM 的分类优势,有效提高了故障诊断的准确性和效率。

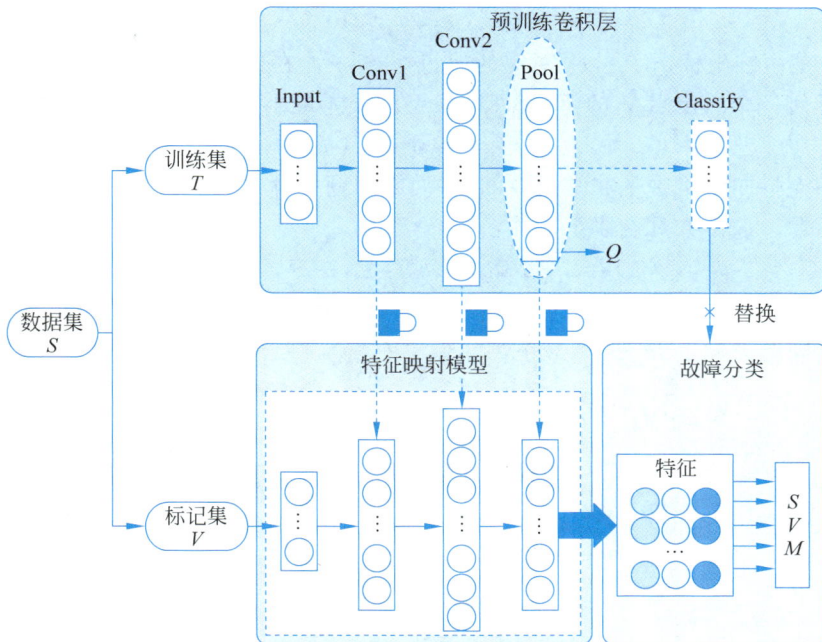

图 8.3　基于 CNN 与 SVM 的民航发动机气路故障诊断模型原理图

8.3 设备状态趋势预测

8.3.1 状态趋势预测概述

预测是依据过去推测未来的过程,该过程利用一定的方法有根据地推断设备状态的变化与发展,从而为后续的诊断决策提供科学依据。按预测时间范围的长短可将预测分为长期预测和短期预测。短期预测对设备未来短时间内若干个时间点的状态预测具有更高的精度,结果可靠性高。应用短期状态预测技术不仅能够对系统或系统所处工作环境进行有效监视,以避免恶性事故的发生或发展,同时也可为短期维护决策及维修计划提供支持。而长期状态趋势预测面向中长期维修计划的需求,并不注重对未来某个时刻状态的精确预测,而是注重对未来较长时间内设备状态发展趋势的准确把握。

8.3.2 基于改进支持向量回归的短期状态趋势预测

为了避免状态趋势预测时由于数据量较大导致预测模型可能出现的"维数灾难"问题,将支持向量机回归分析引入设备状态趋势预测这类特殊预测建模分析中,建立预测模型,对设备的运行状态进行分析和判断,从而为非线性状态预测提供一种有效的解决方案。

1. 支持向量回归模型

支持向量机最初用来解决分类问题,后来扩展到回归领域。给定一个训练集:

$$D = \{(x_1,y_1),(x_2,y_2),\cdots,(x_m,y_m)\} \tag{8.20}$$

式中,x_i 是 n 维坐标,y_i 是 x_i 对应的值,$1 \leqslant i \leqslant m$。在回归问题中,需要做的是找到一个函数来预测任何一个给定点 x 的值,使回归模型的误差最小,定义线性回归函数为

$$f(x) = \omega \cdot x + b \tag{8.21}$$

核技术在支持向量机中是非常重要的,在回归问题中,同样需要使用核技术将非线性问题转化为线性问题。该函数具有以下形式:

$$f(x) = \omega \cdot \Phi(x) + b\Phi\colon \mathbb{R}^n \to F, \quad \omega \in G \tag{8.22}$$

式中,ω 为高维特征空间 G 下的广义参数,$\cdot$ 为内积,b 是常数项。

函数逼近问题需满足 $R_{reg}[f]$ 最小:

$$R_{reg}[f] = R_{emp}[f] + \lambda \|\omega\|^2 = \sum_{i=1}^{s} l[y_i\|\omega\|^2 - f(x_i)] + \frac{1}{2}\|\omega\|^2 \tag{8.23}$$

式中,R_{emp} 为经验风险,$l(\cdot)$ 为损失函数。用 ε—不敏感损失函数表征回归模型的误差,ε 为事先给定的小正数。

$$|y - f(x)|_\varepsilon = \max\{0, |y - f(x)| - \varepsilon\} \tag{8.24}$$

则经验风险为

$$R_{emp}^\varepsilon[f] = \frac{1}{s}\sum_{i=1}^{s} |y_i - f(x_i)|_\varepsilon \tag{8.25}$$

式中,ε 是一个事先定义好的正参数,当预测值和观察值之间的差小于 ε 时,可认为不产

生损失。这样可以增加模型的鲁棒性。与分类问题的思路相似,式(8.23)最小化,则训练误差和模型复杂度都需要控制,将这个问题转化为一个最优化问题:

$$\min J = \frac{1}{2} \| \omega \|^2 + C \sum_{i=1}^{s} (\xi_i + \xi_i^*) \quad \text{s.t.} \begin{cases} y_i - \omega \cdot \Phi(\boldsymbol{x}_i) - b \leqslant \varepsilon + \xi_i^* \\ \omega \cdot \Phi(\boldsymbol{x}_i) + b - y_i \leqslant \varepsilon + \xi_i \\ \xi_i^*, \xi_i \geqslant 0 \end{cases} \quad (8.26)$$

式中,ξ_i^* 是当预测值和观察值的差大于 ε 时的松弛变量,允许有部分点落在距离预测函数比较远的地方;C 是当预测值和观察值的差大于 ε 时施加的惩罚。与分类问题相似,构建拉格朗日函数,计算极值点,获得对偶问题并最终计算权重向量和偏移。

利用核函数 $K(x_i, x_j) = \Phi(x_i) \cdot \Phi(x_j)$,将式(8.26)转化为

$$\max J = -\frac{1}{2} \sum_{i,j=1}^{s} (\alpha_i^* - \alpha_i)(\alpha_j^* - \alpha_j) K(x_i, x_j) + \sum_{i=1}^{s} \alpha_i^* (y_i - \varepsilon) - \sum_{i=1}^{s} \alpha_i^* (y_i + \varepsilon)$$

$$\text{s.t.} \begin{cases} \sum_{i=1}^{s} \alpha_i = \sum_{i=1}^{s} \alpha_i^* \\ 0 \leqslant \alpha_i \leqslant C, \quad 0 \leqslant \alpha_i^* \leqslant C \end{cases}$$

$$(8.27)$$

求解上述凸二次规划得到的非线性映射可表示为

$$f(x) = \sum_{i=1}^{s} (\alpha_i - \alpha_i^*) K(x_i, x) + b \quad (8.28)$$

如何选择参数 C 和 ε 对模型的精度至关重要。C 和 ε 的选择非常复杂,如何选取两个参数达到较好的回归效果是一个未解决的问题。

2. 改进的支持向量回归模型

由于二次规划问题计算复杂度相对较高,还需要存储变量,导致支持向量回归方法运算速度较慢,不适合用于解决大数据量的问题。为了提高支持向量回归算法的运算速度,降低支持向量机的训练复杂度,需要对支持向量回归学习的算法进行相应的改进,关键是解决二次规划的约束问题。

光滑化方法能将约束问题转换为无约束,这样求解限制少、二次规划运算速度慢的问题可以得到较好处理。具体做法是将损失函数变为二次 ε 不敏感函数,则支持向量机回归可表示为

$$\min J = \frac{1}{2} \| \omega \|^2 + C \sum_{i=1}^{s} \xi_i^2 + C \sum_{i=1}^{s} (\xi_i^*)^2$$

$$\text{s.t.} \begin{cases} y_i - \omega \cdot \Phi(\boldsymbol{x}_i) - b \leqslant \varepsilon + \xi_i^* \\ \omega \cdot \Phi(\boldsymbol{x}_i) + b - y_i \leqslant \varepsilon + \xi_i \\ \xi_i^*, \xi_i \geqslant 0 \end{cases} \quad (8.29)$$

为比较人工神经网络与改进支持向量回归有效性,用 MatlabR2009a 编程进行对比,给定一连续函数模型:

$$y = \cos(e^x) + \sin(x), \quad x \in [2, 4] \quad (8.30)$$

采样间隔为 0.1,产生 21 个样本数据,RBF 网络训练 1000 次,训练最小误差设置为 0.002,在支持向量回归模型中,采用 RBF 核函数,核参数 $\sigma = 0.07$,模型参数 $C = 600$,$\sigma = 0.02$,对该

连续函数模型的回归结果如图 8.4 所示。

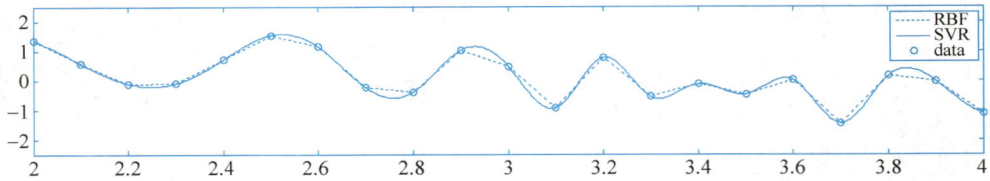

图 8.4　SVR 对连续函数模型的回归结果

从图 8.4 中可以看出,两种模型预测曲线与实际预测点非常吻合,预测误差小,回归精度高,都能够反映出时间序列样本数据变化的规律。

3. 基于改进支持向量机回归的发动机振动趋势预测

本部分介绍的内容源于某型号民航发动机运行状态监控系统研制的需求:实现故障预警功能,以防止重大事故的发生。通常将一段时间的发动机振动烈度汇总构成振动特性曲线,它是进行预测的依据。使用振动特性曲线的时机如下。

(1) 每次飞行后,应把记录的飞行中的振动值与标准振动特性曲线进行对比分析,并确保不超过容差边界;

(2) 发动机使用的时间一般根据发动机的技术状况确定,如 1000 小时,此时应将发动机的振动值与振动特性曲线进行对比分析,并确保不超过容差边界。

每次飞行,测得 8 个振动数据,共获得 155 天的数据,构成 8×155 个时间序列。

将所有数据按时序表示出来,如图 8.5 所示。

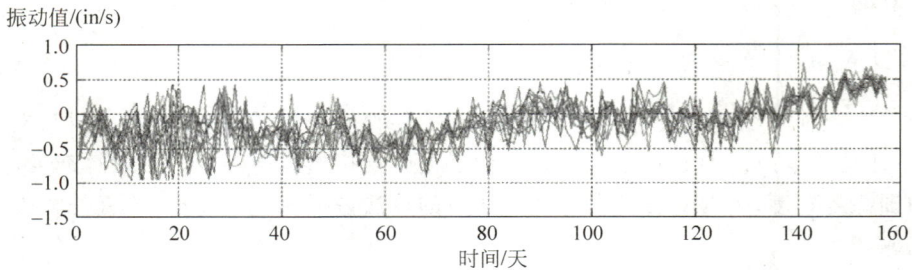

图 8.5　所有振动数据趋势图

为对数据进一步分析,对振动数据先进行消噪处理,每天提取一个振动烈度的最大值构成单变量时间序列。

人工神经网络比较常用的是 BP 算法,设置 BP 神经网络所预测的目标误差为 0.001,网络训练 2000 次。BP 网络在 2000 次训练后没有达到事先所设定的目标值,将训练次数调整为5000 次,训练误差调整为 0.05,重新训练,经过 3573 次的训练,当最终训练误差为 0.049 时,网络停止了训练。神经网络预测趋势图与误差分析如图 8.6 所示,显然,BP 算法的预测曲线也较好地反映了振动的真实变化趋势,但存在训练次数较多、训练误差大、运算时间长等问题。

SVR 预测采用径向基核函数,参数设置为 $C=1200, \sigma=1.5, \varepsilon=0.005$,用 130 个数据进行训练,用 25 个数据进行检验。数据预测趋势图与误差分析。图 8.7 的 SVR 预测结果的平均相对误差为 1.327%,表明 SVR 具有较强的非线性时间序列预测能力和对民航发动机状态预测的有效性。

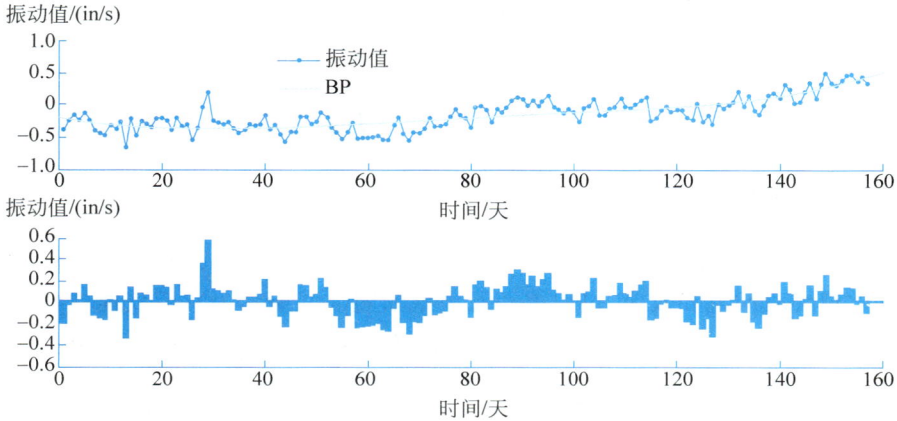

图 8.6 神经网络预测趋势图与误差分析

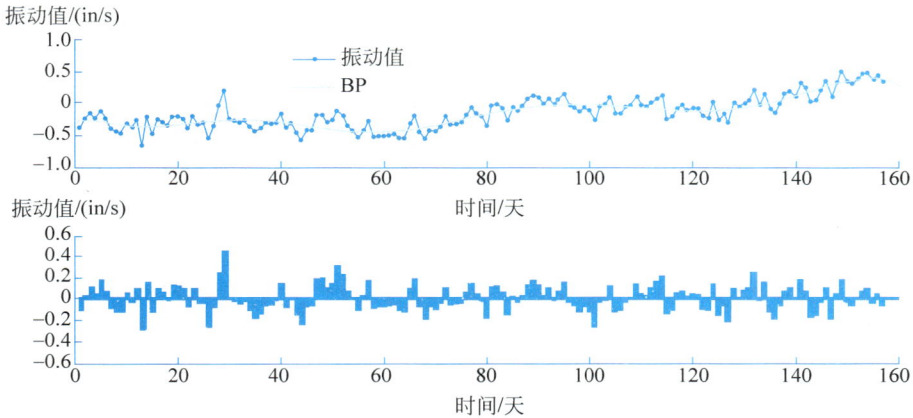

图 8.7 支持向量机回归模型预测趋势图与误差分析

图 8.8 所示为神经网络与支持向量机回归模型预测误差的对比,可以看出,SVR 预测的误差小,预测的平均相对误差减小了 3.573%。

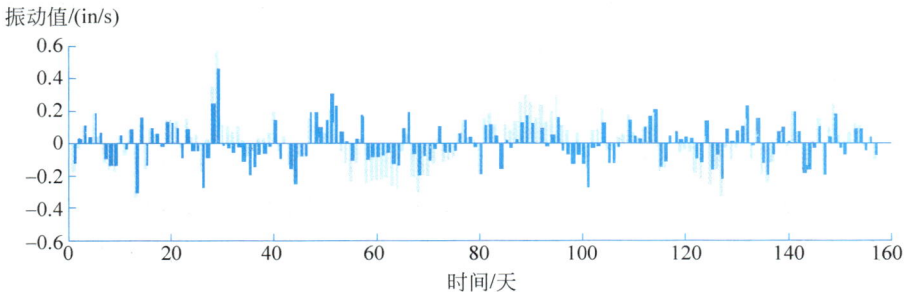

图 8.8 神经网络与支持向量机回归模型预测误差的对比

SVR 的预测模型与神经网络相比不但误差小,而且推广能力很强:神经网络片面地追求误差最小化,在处理带有噪声的实际问题数据时,容易出现过拟合(或过学习)现象,导致预测性能下降,在很大程度上丧失了推广能力,因而所建立的模型在进行预测时存在很大的误差。

SVR 预测曲线与实际振动值的时间序列变化规律一致,在时间序列分析方面有更好的应用价值。

8.3.3　基于连续过程神经网络的短期状态趋势预测

1. 过程神经网络与时间序列预测

何新贵院士于 2000 年首次提出了过程神经元和过程神经网络的概念。过程神经元模拟了空间总和效应与时间总和效应,过程神经元模型如图 8.9 所示。它不仅能够有效整合来自多方面的信号信息,还具备对时变信号引发的持续激励做出响应的能力,使其在处理复杂多变的信号环境中表现出色。

同传统人工神经网络一样,按照神经元之间的连接方式及信息传递有无反馈,可将过程神经网络分为前馈型和反馈型两种类型。目前,比较常用的是多层前馈过程神经网络模型。图 8.10 是一种多输入单输出的仅含 1 个隐藏层的前馈过程神经网络模型,其拓扑结构为 $n-m-1$,表示有 n 个输入、m 个隐藏层和 1 个输出。

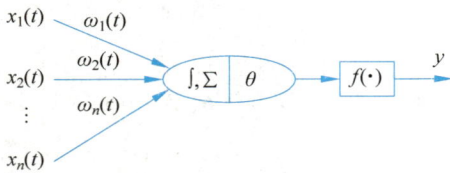

图 8.9　过程神经元模型　　　　图 8.10　过程神经网络模型

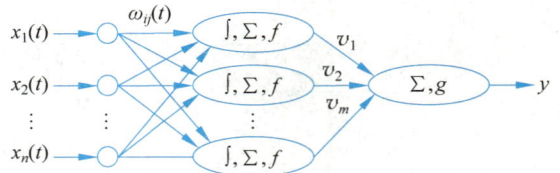

2. 混合递归过程神经网络的拓扑结构

混合递归过程神经网络(hybrid recurrent process neural network,HRPNN)的拓扑结构,是融合了 Jordan 网和 Elman 网这两种经典局部递归神经网络模型的结构特点而提出的。该模型旨在同时反映系统的输出及状态特性,兼具递归神经网络与过程神经网络的双重优势,可视为一种反馈型的过程神经网络。其独特之处在于,假定过程神经元的时间累积算子专门处理时变信息,而通过上下文层反馈的信息则是非时变的。因此,在模型激活前,每个过程神经元被创造性地划分为两部分,以进行描述。这一设计使 HRPNN 能够更好地捕捉和处理时序数据中的动态变化,同时保留并处理系统的静态状态信息,其拓扑结构如图 8.11 所示。

HRPNN 通过精心设计的两个上下文层,实现了从输出层到隐藏层以及隐藏层之间的延时反馈机制。这一独特的设计,充分借鉴了 Jordan 网的优点,通过引入自反馈连接,显著增强了网络在模拟动态系统时的适应性和鲁棒性。同时,得益于隐藏层采用的过程神经元,该网络能够直接处理时变信息,无须额外的转换或预处理步骤。

在预测性能方面,HRPNN 展现出了明显的优势。尽管其预测精度相较于 EPNN 的提升并不十分显著,但在预测 DEGT 变化趋势方面,HRPNN 的表现却更为出色。这一点在发动机性能监视领域尤为重要,因为工程师往往更加关注发动机性能的变化趋势,而非单一预测精度。因此,从实际应用的角度来看,混合递归过程神经网络无疑是一种有效的发动机性能监视工具。

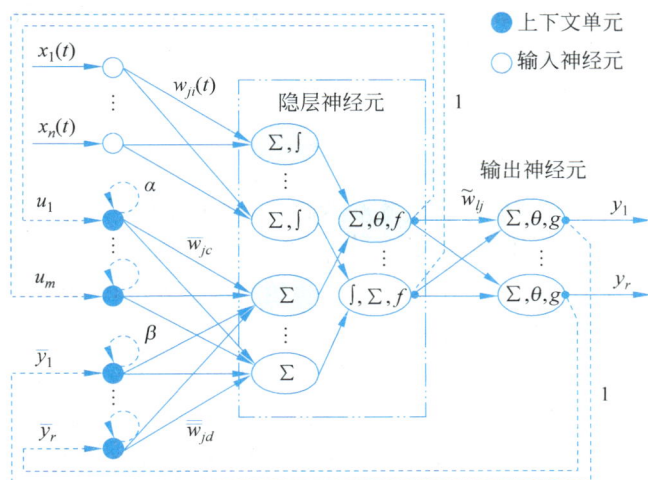

图 8.11　HRPNN 的拓扑结构

8.3.4　基于性能衰退模式挖掘的长期状态趋势预测

长期维修计划是一种指导性或预测性的维修计划,它对企业的战略规划具有重要的支持作用。长期趋势预测就是面向中长期维修计划的需求,与短期状态预测不同,长期趋势预测并不注重对未来某个时刻状态的精确预测,而是注重对未来较长时间内设备状态发展趋势的精确把握。由于时间跨度较长,干扰因素较多,设备性能衰退复杂,设备性能衰退模式挖掘和状态趋势长期预测往往很困难。

1. 性能衰退模式分析

设备性能衰退往往遵循特定的规律。对于单一设备而言,其性能衰退体现于多阶段的演变中。对于任何一台新购置或大修完成的设备而言,其性能并非一开始就能达到最佳状态,而是需要经过一个短暂的磨合衰退期。在此期间,设备性能可能会迅速下滑,但这是其内部组件相互适应、磨合的必然过程,为设备后续的稳定运行奠定基础。一旦磨合期结束,设备便逐渐步入正常的性能衰退轨道。此时,其衰退速度明显放缓,性能参数虽随时间推移而缓慢递减,但变化率却保持在一个相对恒定的水平。这种可预测的衰退模式,为设备管理者提供了宝贵的预警信息,使他们能够提前规划并实施预防性维护措施,从而有效减缓设备性能的进一步衰退,延长设备的使用寿命,降低整体的运营成本。因此,深入理解和精准识别设备性能衰退的阶段性模式,对于制定科学合理的维护策略具有至关重要的意义。

2. 快速衰退阶段模式挖掘

在设备生命周期中,快速衰退阶段往往伴随着性能指标的急剧下降,这可能导致设备故障频发,影响生产效率和安全性。快速衰退阶段的性能衰退模式挖掘是确保设备稳定运行和高效维护的重要环节,其基本思路是对多台同一型号设备的性能时序数据进行聚类处理。通过 K 最近邻的快速密度峰值搜索和高效分配样本的聚类算法(KNN-FSFDP),识别性能衰退轨迹相似的设备群,归并为一类,进而提炼出共性衰退模式。此方法利用 K 最近邻与快速密度峰值搜索,高效分配样本,精准聚类分析,为设备性能衰退预测与维护策略制定提供科学依据。该算法能够对设备性能时序数据进行深度聚类分析,有助于更准确地识别和理解设备在快速衰退阶段所呈现出的性能衰退模式。

3. 正常衰退阶段模式挖掘

在正常衰退阶段,设备的性能参数虽逐渐下降,但衰退速度相对缓慢,呈现出一种可预测且稳定的趋势。为有效挖掘正常衰退阶段的性能衰退模式,首先,需要构建全面的设备性能监测体系,持续收集关键性能参数的时序数据。这些数据应覆盖设备的整个运行周期,以确保分析的全面性和准确性。其次,运用数据分析技术,如趋势分析、回归分析等,对收集到的性能数据进行深入剖析。通过识别性能参数随时间变化的规律,可以构建出设备的性能衰退模型。这一模型能够量化描述设备在正常衰退阶段的性能变化特征,为后续的预测和决策提供支持。最后,还可以采用机器学习等先进算法,对性能数据进行更高级别的挖掘。通过训练模型,自动识别出正常衰退阶段中的关键特征点,如性能拐点、衰退速率变化等,从而更准确地把握设备的衰退趋势。

4. 基于模式匹配的长期状态趋势预测

在分别挖掘出设备快速衰退阶段和正常衰退阶段的性能衰退模式后,将这两个阶段的性能衰退模式结合在一起,即可获得完整的设备性能衰退模型:

$$p = f_p(t) \tag{8.31}$$

式中,p 表示性能参数值,t 表示飞行循环。在对某设备进行长期的性能状态趋势预测时,可以根据该设备已有的性能时序数据匹配挖掘到的性能衰退模型,在匹配成功后,可以认为该设备未来的性能状态趋势应按照匹配到的性能衰退模型发展,这样就实现了设备的长期性能状态趋势预测。

8.4 系统性能优化与资源管理

8.4.1 设备智能运维决策系统平台需求概述

不同企业在产品类型、产品规模、组织模式、业务流程、信息基础等方面存在差异,相应的智能运维决策应用系统需求也各不相同。根据不同行业设备智能运维的共性特点,开发易扩展、可重构、支持多客户端、支持跨企业应用的设备智能运维决策系统平台,对于快速定制面向不同设备或行业的智能运维决策应用系统具有重要的现实意义。设备智能运维决策系统平台是在智能运维基础平台上封装相关的运维决策共性业务构件形成的,它是面向复杂装备运维决策支持的共性平台。基于该智能运维决策系统平台,能够快速定制出特定设备的智能运维决策应用系统。

8.4.2 面向服务的智能运维模式分析

设备智能运维决策系统平台的设计需满足运维模式的需求。制造服务模式的创新直接影响到健康管理与维护维修等相关业务的实施以及企业在产品运维阶段竞争力的提升。借鉴国外发动机制造厂家在发动机维护、发动机租赁、发动机数据管理与分析应用等服务领域所广泛采用的"产品＋服务"的经营模式,对发动机运维服务模式展开研究。首先,将设备运维阶段"产品制造方"与"客户方"的二元关系拓展为"产品制造方""服务支持方"及"客户方"三方相互影响、相互制约的多元关系。其次,基于多元关系的业务实施及实施过程中的信息交互,可形成面向 XaaS 的设备智能化制造服务模式。

(1) 设备运维服务是数据和知识支持的服务。"产品制造方""服务支持方"及"客户方"基于数据即服务(data as a service,DaaS)、知识即服务(knowledge as a service,KaaS)的理念,开展设备运维阶段的各项业务。产品制造方拥有产品丰富的设计、制造数据,这些数据为服务支持方提高健康管理及运维决策的效率及质量提供了保障;客户方在产品运维阶段积累的大量的产品使用维护数据,为知识挖掘奠定了基础;同时,服务支持方通过对设计、制造及运维数据进行挖掘,发现运维大数据中蕴含的关联关系、频繁模式及规则等知识,从而为基于知识的智能化管理与决策奠定基础。

(2) 产品制造方通过服务支持方建立与客户的间接服务关系,从原有的仅提供产品拓展为现在的提供产品及服务的制造模式。针对设备运维阶段的典型业务,服务支持方基于数据和知识对关键技术及管理中存在的问题进行技术攻关,同时对解决方案进行软件实现,最终建立面向产品制造方及客户方的运维服务支持系统。在此过程中,为满足不同客户及产品制造方的个性化、动态需求,将软件功能进行构件化、模块化,通过构件的组合配置实现系统的部署应用。因此,制造服务是以平台即服务(platform as a service,PaaS)为基础、软件即服务(software as a service,SaaS)为表现形式的服务模式。

8.4.3　运维决策数据的集成管理

为满足数据模型动态变化的需求,增强数据类型的扩展性和适应性,基于适应性对象建模技术,构建运维数据信息模型的分层架构,如图 8.12 所示。数据模型分为元模型层 M-DATA、领域模型层 DM-DATA、数据层 DATA 三个层次。

抽象层

元模型　　　　具体化　　　　领域模型　　　　实例化　　　　实例数据
M-DATA=<P, E, Re, S>　　→　　DM-DATA=<pt, et, rt,st>　　→　　DATA=<p, e, re, s>

数据层

图 8.12　运维数据分层模型

元模型是模型架构的基石,定义了领域模型中对象的抽象概念与规范。领域模型基于元模型,针对设备运维服务领域特性进行实例化与扩展,融入领域专家的智慧,这种定制增强了系统的灵活性与稳健性。二者共同构成数据模型的抽象层次,有效管理数据的分类、关联与架构。领域模型以动态数据形式存储于模型库,并非静态绑定,便于调整。系统运行时,集成元模型与领域模型,构建完整模型框架,并与产品数据对接,生成实际业务对象,从而高效支撑业务运作。

运维数据信息模型由属性、实体、关系、服务等概念元素组成。属性 P 是用于说明产品数据不同方面特征的可定制的描述。实体 E 指设备零部件或图文档等具体的数据对象。实体可分为结构实体和文档实体。其中,结构实体之间通过相互关联构成了运维数据中的各种BOM,而文档实体通过与结构实体相关联来描述结构实体不同侧面的信息。关系 Re 描述了不同数据对象或类型对象在组织过程中存在的相互联系,如不同零部件在设备构型中的隶属关系等。服务 S 是针对数据对象进行的操作。下面给出模型描述中涉及的各概念及相关概念的定义。

(1) 属性是用于说明产品数据不同方面特征的可定制的描述,如产品零部件的性能参数、特征描述,图文档的几何属性、文件属性等。属性对象记为 $p=\langle pid, pt, pv, pv_1, pv_2, \cdots, pv_i \rangle$。

(2) 实体指零部件或图文档等具体的数据对象,如发电机转子 A、结构模块布置图 001 等。实体对象可记为 $e=\langle eid, oid, et, ev_1, ev_2, \cdots, ev_j, P(e), S(e), Re(e) \rangle$。

(3) 关系指不同数据对象或类型对象在组织过程中存在的相互联系,记为 re。关系主要包括零部件在产品结构中的父子关系 tre,文档与零部件的描述关系 dre、引用关系 rfe 和其他关系等。关系对象可定义为 $re=\langle reid, rt, SE(re), TE(re), P(re), rv\_1, rv\_2, \cdots, rv_k \rangle$。

(4) 服务是针对数据对象进行的某种操作,可定义为 $s=\langle sid, sname, IP(s), OP(s), IE(s), OE(s) \rangle$。

(5) 规则描述了数据对象,类型对象等在不同情况下存在的约束。规则可描述为 $ru=\langle uid, uname, content \rangle$。

模型以全局结构树组织产品数据形成 BOM。结构实体为结构树的直接节点。文档实体与所描述的结构实体相连,从而间接地关联到结构树中。当忽略文档实体时,全局结构树为产品结构树。模型中的关系 re 从正确性、完整性等角度组织整个产品数据。结构实体类型中定义有"是否为根实体"的属性,用于标识该类结构实体对象是否可以作为全局结构树的根节点。结构实体间存在组织关系的约束 hrt(对应关联关系对象 hre),SET(hrt) 为单个实体类型,TET(hrt) 为 SET(hrt) 在全局结构树中子对象所有可能的实体类型集合。为保证全局结构的完整性,hrt 中定义有"是否为必须项"的约束参数,组织关系的约束减少了零部件挂接的随意性。结构实体对象间的父子关系 tre 在满足组织关系约束的前提下创建。SE(re)、TE(re) 为单个实体,分别为父结构实体和子结构实体。

BOM、实体与物理文件等业务对象之间的关联关系如图 8.13 所示。关系指不同数据对象或类型对象在组织过程中存在的相互联系,主要包括零部件在不同 BOM 结构中的父子关系,零部件状态随时间变化的先后关系,文档与零部件的描述关系、引用关系等。

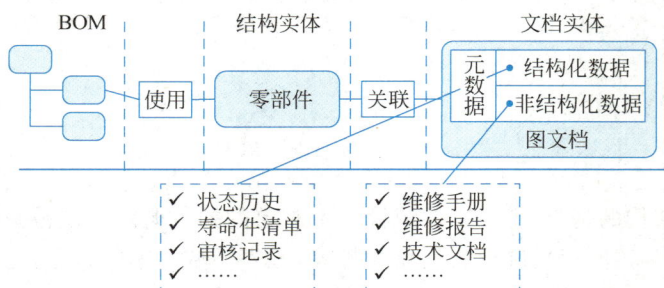

图 8.13　业务对象之间的关联关系

业务对象之间的关联关系可以看出,以 BOM 为主线可以组织设备运维服务中涉及的众多数据。在设备运维阶段涉及的 BOM 信息有多种类型,主要包括设计 BOM、制造 BOM、位置 BOM、物理 BOM。设备不同 BOM 数据之间存在复杂的关联关系。为确保相关数据组织的准确性、合理性及一致性,项目通过建立中性 BOM 实现设计 BOM、制造 BOM、制造 BOM、位置 BOM 及物理 BOM 数据的集成。通过建立设计 BOM 与中性 BOM、位置 BOM 和物理 BOM 中 BOM 结构之间的映射关联,可有效地组织和管理设备使用及维护、维修过程中的信息,为设备健康管理及维修业务提供单一数据源。基于 BOM 的集成数据包含产品运维阶段的全部数据,为面向不同用户的不同业务场景实现数据展示,需要建立特定业务场景的数据视图。通过定制规则实现视图的动态配置。设备多 BOM 集成模型如图 8.14 所示。

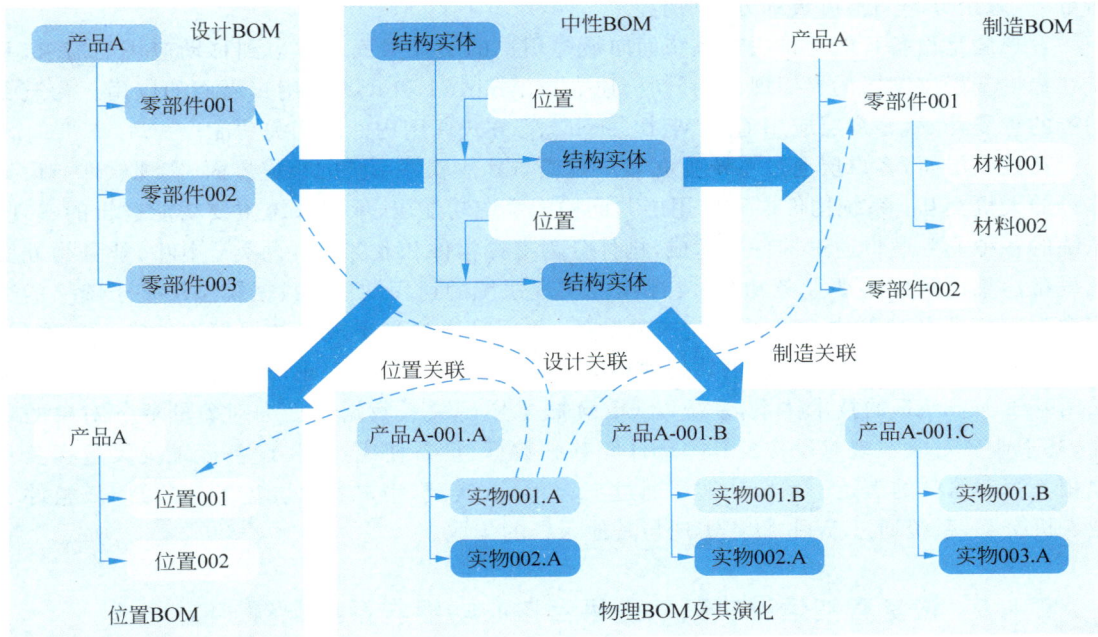

图 8.14　设备多 BOM 集成模型

8.4.4　设备智能运维决策系统平台体系架构

设备智能运维决策系统平台体系架构包括以下几个主要组成部分:系统支撑环境、数据模型、构件层、应用层和客户层。

基于智能运维决策系统平台构建特定设备运维决策应用系统,采用"基础平台＋业务构件"的模式实现。其中,基础平台由通用数据模型、系统支撑构件、通用算法构件及客户层通用组件组成,业务构件特指面向特定设备的运维决策业务构件。"基础平台＋业务构件"模式是指在智能运维决策系统平台的基础上,面向特定设备开发相关的运维决策业务构件,并通过配置的方式,快速构建面向特定设备的智能运维决策应用系统。下面仅讨论设备智能运维决策系统平台的体系架构。支撑环境层为设备智能运维决策系统提供了必要的软硬件基础。为提高软件的可迁移性,设备智能运维决策系统选用 Java 语言进行开发,建立在不同操作系统之上的 Java 运行环境为系统提供了统一的基础架构。此外,根据不同类型产品运维决策的需求,系统可能需要多种类型硬件的支撑。

数据模型层是设备运维决策系统进行数据组织管理的重要依据。多 BOM 集成模型将作为运维数据管理的基础。设备运维决策系统在对数据进行有效组织的同时,运用关系型数据库、非关系型数据库、文件系统、在线内容仓库等多种方式对数据进行存储数据。同时,系统提供模型元数据管理、数据模型扩展以及数据集成等一系列接口供业务功能及外部系统调用。

在功能层面,设备智能运维决策系统的主要功能以构件的形式呈现,构件是可定制软件系统的基本元素,构件之间能够通过组合形成更高层次的构件,构件功能划分的合理性直接影响软件系统配置的合理性。多粒度的构件将系统总功能分解为一系列的子功能,子功能继续进行分解,直至分解到不可再细分的功能。

客户层是设备智能运维决策系统面向最终用户的交互界面。考虑到移动应用的需求,系统在提供基于浏览器的界面展示的同时,还支持 Android 和 iOS 端用户界面的应用。为避免功能的重复开发,客户层应用通过 Web service 等方式调用构件的相关功能。

在技术层面,客户层通过系统独立客户端或与其他软件系统的集成界面,实现软件与设计人员的人机交互;系统构件层和应用层共同构成系统功能层,承担系统主要功能逻辑的实现。系统的各种业务逻辑通过构件来达成,构件分为支撑构件和业务构件两类。其中,业务构件实现设备运维决策的主要业务功能,支撑构件实现系统的通用功能;数据模型层基于统一的数据模型管理业务功能中涉及的各类产品数据,并通过模型层实现对数据模型的定义与管理;支撑环境层为软件系统运行提供软硬件环境支持。在技术实现方面,设备智能运维决策系统采用基于 Java EE 的技术体系,系统以 ORM 技术实现关系数据到面向对象的业务对象的映射,基于业务对象实现对设备及其零部件等基础数据、设备使用过程、设备运维决策过程及其他相关管理信息的表达。系统功能层通过 Java Bean 实现,用户界面层基于 JSF 的 UI 组件实现人机交互,系统通过 Web 服务实现与其他系统的集成。

8.4.5　设备智能运维决策系统平台核心功能与系统配置

1. 多源运维决策数据的接入

运维决策数据来源广泛、种类繁多、格式多样,这些数据需要从外部系统导入运维决策系统平台。运维决策数据的来源包括研发设计端、制造修理端、使用维护端及相关管理端。数据接入需面向各种主流数据源,通过基于不同的数据源开发对应的数据接入适配器,能够实现数据接入功能的灵活扩展。

1) 主流数据源

数据接入涉及的主流数据源如下。

(1) 通用型数据库。如 Oracle、Microsoft SQL Server、MySQL 等关系型数据库;HBase、MongDB 及 Neo4j 等主流的非关系型 NoSQL 数据库。

(2) 应用程序的消息。应用程序通过对外开放程序接口所传递的消息,如 Web Services 传递的 XML、JASON 等格式的消息。

(3) 结构化文件。XML、Excel、CSV 等通用的结构化文件,或者监控记录、报文等可解析的特定格式的结构化文件。

(4) 非结构化文件。图纸、报告、说明书等文档文件,或视频文件、音频文件、图像文件等多媒体文件等。

2）数据接入方式

针对以上类型的数据源,系统采用的数据接入方式主要包括以下几种。

（1）基于 Web Services 服务的方式。该方式用于系统各组成部分之间的实时数据交换。基于 Web Services 技术的应用集成通过主流的 Web Services 协议（如 SOAP、XMLRPC 等）进行无缝集成,支持这些应用系统的接口,提供基于 Web Services 的应用系统整合适配器,并提供快速整合 Web Services 应用的工具和接口 API。

（2）基于数据库接口的方式。该方式用于内部系统间实时或非实时交换。这包括:①数据表,从指定数据库的表中提取数据。②数据库视图,从指定数据库的视图中提取数据。③自定义 SQL,可以用自定义 SQL 从指定数据库中提取数据。交换的双方通过定义发送和接收任务来进行数据库接口的交换。

（3）基于文件交换的方式。该方式用于外部或内部系统间非实时批量数据交换。交换的双方通过定义发送和接收任务来进行数据文件的交换。

3）数据接入的流程

数据接入的流程如下。

（1）数据获取。数据获取主要实现从系统的外部数据中读取信息。对于数据量大的场景,系统考虑增量抽取。一般情况下,外部系统会记录业务发生的时间,可将时间作为增量的标志。每次获取数据之前首先判断当前数据记录的最大时间,然后根据这个时间获取大于该时间的所有记录。

（2）数据清洗。数据清洗是指发现并纠正数据文件中可识别的错误,包括数据格式的规范化、检查数据一致性、处理无效值和缺失值等。

（3）数据转换。数据转换的目的主要是进行不一致的数据转换、数据粒度的转换,以及按照特定的业务规则进行必要的计算。

（4）数据加载。数据加载最终实现将获取、清洗、转换后的数据加载至发动机大数据中心的数据库中,同时,建立新加载数据与数据库原有数据的关联关系。

2. 运维数据的存储及查询管理

设备全寿命过程会记录海量的数据。传统的关系型数据库难以适应数据模式多变的特点,难以满足高并发读写的需求,在海量状态数据的存储与查询方面均存在不适应性。NoSQL 数据库的出现弥补了关系型数据库的不足,可采用关系型数据库与 NoSQL 数据库相结合的方式,实现设备全寿命数据的混合存储。

HBase（Hadoop Database）是一个建立在 HDFS（Hadoop 实现的一个分布式文件系统）分布式文件系统之上,面向列的针对结构化数据的可伸缩、高可靠、高性能、分布式和面向列的动态模式数据库,可以将数据存储和并行计算完美地结合在一起。

除了关系型数据库与非关系型数据库,设备全寿命管理相关的非结构化数据通过文件系统进行存储。

对运维数据以混合存储的方式进行管理,在一定程度上实现了不同类型数据的合理存储,为数据的高效利用奠定了必要的基础。但在数据分析决策过程中,对于设备运维数据的查询仍有性能和功能两方面的需求。

数据查询的性能需满足实时或近实时数据检索的需求,支撑数据驱动的运维决策方法的高效应用。

运维数据关联比较复杂,尤其是全寿命数据涉及设备不同生命周期阶段的多种数据。数据查询的功能需求重点满足复杂关联下数据的自定义查询,支持对系统中的运维数据进行任意组合的查询。设备智能运维决策系统平台基于数据模型的元数据信息设计开发了可视化的综合查询模块。自定义查询块包括查询板的自定义和数据的查询两个子模块,如图 8.15 所示。

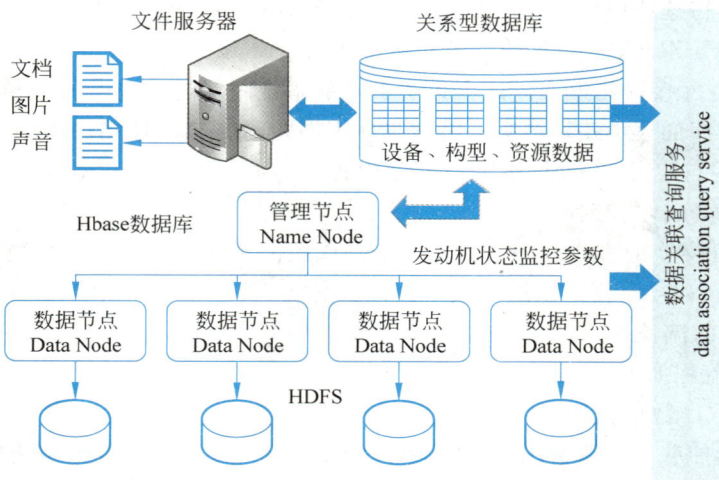

图 8.15　数据混合存储与查询

查询模板的自定义模块实现了数据查询的可视化灵活定制。

(1) 查询结果定义了数据查询最终展示的属性,可定义属性显示的顺序,并对属性进行必要的转换。

(2) 查询范围定义了查询所涉及的运维模型实体,这些实体对应数据存储中的表或视图。

(3) 数据查询的条件定义分为属性约束条件的定义和逻辑组合条件的定义。

(4) 查询参数的设置是对查询条件中需要用户输入的条件进行参数化定义,参数化定义是自定义查询可复用的基础。

(5) 查询模板的存储是在以上定义的基础上对自定义查询进行存储,以方便自定义查询的快速复用。

3. 基于流程引擎的业务过程管理

设备智能运维决策系统的主要业务功能围绕运维数据管理及分析决策的业务过程展开,系统需要实现与业务过程的紧密集成。过程建模一方面可面向不同设备运维决策的需求对数据管理及分析决策等业务过程进行构建,另一方面可实现业务过程与运维数据、决策工具及知识的有效集成。运维决策的过程通过数据管理及分析决策的任务及相互关联构建,任务实现任务与运维数据、运维决策方法及运维决策知识的关联。流程引擎提供了对业务过程进行建模及管理的工具支持,因此运维决策平台通过集成流程引擎实现对业务过程的支撑。基于流程引擎的业务过程自动化如图 8.16 所示。

流程定义部分实现了基于过程的数据及知识组织管理。流程定义的结果为流程模板,流程模板中不仅包含了设备运维的业务过程知识,而且通过流程中任务与数据、算法、规范等的绑定关系实现了其他运维数据的集中管理;流程引擎起到了过程驱动的作用。流程模板通过实例化可产生具体的流程实例。流程引擎在解析具体流程实例的基础上实现运维管理及决策

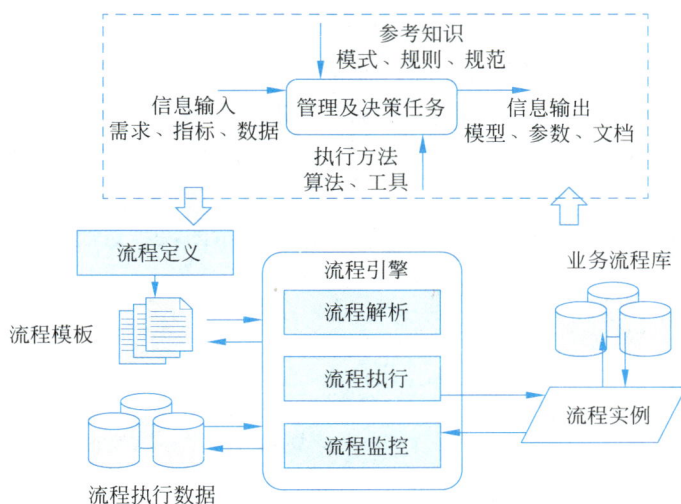

图 8.16　基于流程引擎的业务过程自动化

业务过程的逐步推进。同时,在设备运维管理及决策业务过程推进中实现数据及知识的按需推送。基于过程驱动的数据集成管理与推送,避免了由于信息泛滥带来的知识重用率低、重用效果差及业务过程执行效率低等问题。随着流程的执行,流程状态数据不断更新的同时相关的业务数据也不断产生。为了更好地监控业务过程并对业务过程进行总结分析和评价改进,可基于流程监控功能实现过程的实时管理,并可基于流程执行数据进行流程历史信息查询。

4. 复杂应用环境下的权限控制

设备智能运维决策的数据涉及设备多个生命周期阶段,不同部门会产生和使用这些数据,其使用者包括设计方、制造方、使用方、修理方及管理方等多个不同层面的用户。因此,必须依据管理规范,对不同用户所能访问和使用的数据及功能进行严格管控。

基于构件化的可定制系统采用应用域、组织域、数据域的多域管理方式,支持多企业应用模式,解决复杂应用系统面临的多租户问题,如图 8.17 所示。

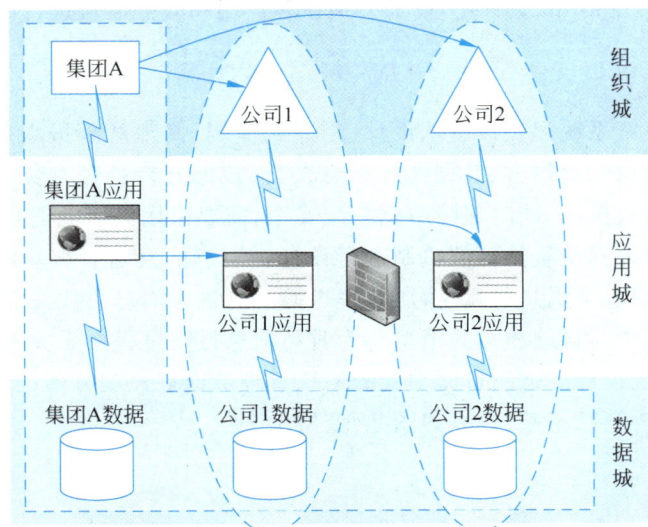

图 8.17　跨企业应用部署

基于同一平台,可构建同时面向多个企业用户的不同应用,不同应用绑定不同的数据。对于集团型企业,系统在实现应用隔离的同时,通过定义数据绑定规则实现跨组织结构的数据共享。同时,为满足跨企业应用的安全需求,系统在实现应用域划分、组织域划分及数据域划分的同时,参考 RBAC0、RBAC1、RBAC2、RBAC3 等基于角色的访问控制模式,对多域复杂环境下的权限进行控制。

系统在多租户数据管理的基础上,采用如图 8.18 所示的模型进行权限的控制。

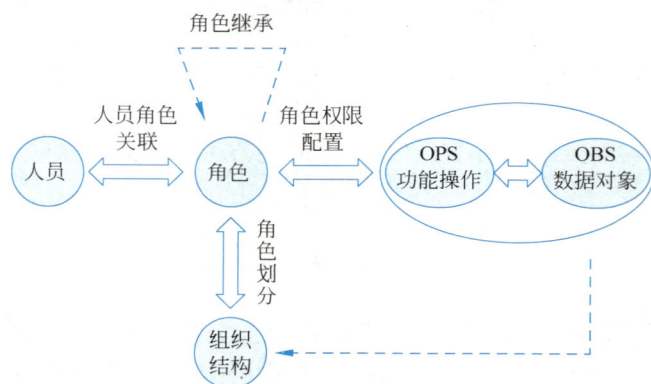

图 8.18　组织权限管理机制

在权限配置方面,系统支持从功能模块、页面、页面元素、业务功能、数据等多个层面及角度,对人员及角色的权限进行控制。

(1) 功能模块权限:限制用户是否能访问系统的某功能模块。

(2) 页面权限:限制用户是否能访问某功能模块中特定的页面。

(3) 页面元素权限:限制用户是否能够访问某页面中的特定元素。

(4) 业务功能权限:限制用户是否可以使用系统的某特定功能。

(5) 数据权限:限制用户是否可以操作特定类型的数据。

由于设备智能运维决策系统采用 B/S 架构进行设计,权限的检查通过面向切面编程(aspect oriented programming,AOP)技术分别在客户端和服务器端进行。

5. 基于订阅模式的消息管理

设备智能运维决策系统涵盖设备从设计、制造到使用、修理甚至报废处理的全寿命信息,其用户包括各阶段数据的提供方、数据统计汇总人员、数据分析处理人员、业务诊断决策人员等。为确保数据的高效传递,同时保障数据权限安全,需要采用灵活的消息管理机制。设备运维决策系统的消息管理模块基于订阅机制进行设计。消息的发送者(包括系统用户及系统后台自动运行的程序)仅负责消息的发送,所有发送的消息进入消息总线。消息的接收者通过订阅方式获取消息总线中与自己相关的消息。为避免消息订阅过程中无关消息的非法订阅和相关消息的漏订阅,系统设计了强制订阅功能。系统管理员通过强制订阅配置,确保敏感消息不被随意传递,同时重要消息不被遗漏,如图 8.19 所示。

6. 基于业务构件的应用系统配置

业务构件是可定制的智能运维系统的基本组成单元,构件之间能够通过组合,形成更高层

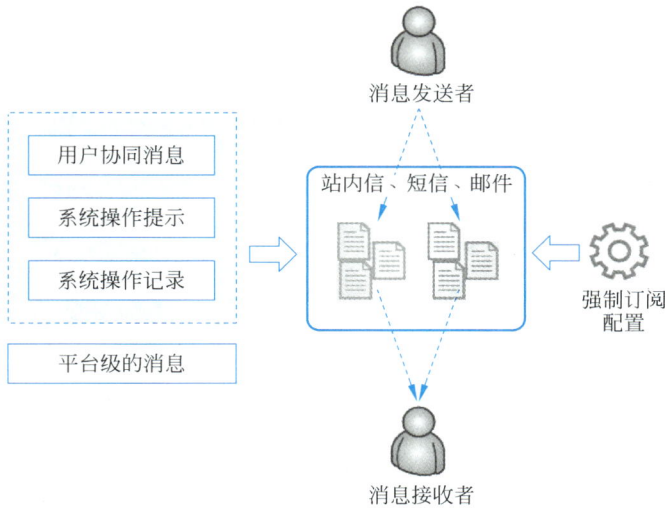

图 8.19　消息管理机制

次的构件。构件功能的合理划分,直接关系到软件系统配置的合理性。具体而言,将系统的总功能逐步分解为一系列子功能,子功能继续进行分解,直至分解为支持功能(又称功能元)。

支持功能属于底层功能,当对软件进行功能分析时,支持功能控制着功能分解是否结束。在完成所有功能分解后,将所有相关性因素进行聚类分析,进而形成功能模块,即构件。

对功能进行分类划分时,可以从子功能之间的功能相关、信息相关等角度着手,再将各子功能与构件之间传递的信息流相关联,并以用户需求为衡量尺度,充分考虑构件之间信息的交互和功能的衔接,实现对系统业务构件的合理规划和划分。具体步骤如下。

第一,收集不同用户需求信息。

第二,将用户需求转换成总功能要求。

第三,将总功能进行分解,形成系统功能树,得到可实现的功能单元,基于功能单元构建构件。

第四,对构建的构件划分结果进行评价。

构件划分及构件树形成过程如图 8.20 所示。

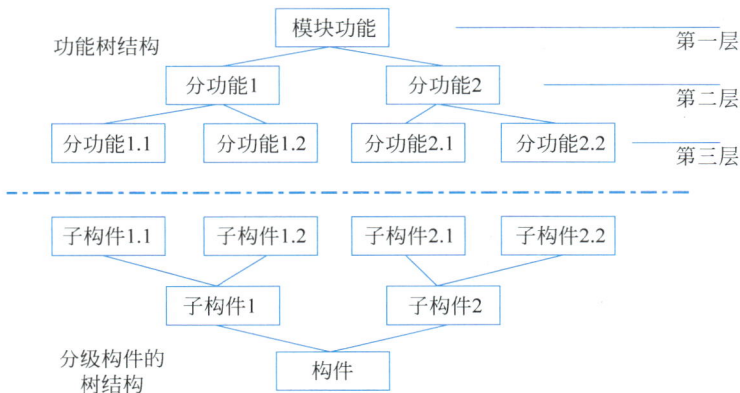

图 8.20　构件划分及构件树形成过程

基于业务构件集合,针对不同用户的具体需求,可通过配置的方式,检索并匹配满足用户需求的构件子集。在构件组合的基础上,最终能够实现设备维修服务支持系统的快速定制。

基于构件的系统配置过程如图 8.21 所示。

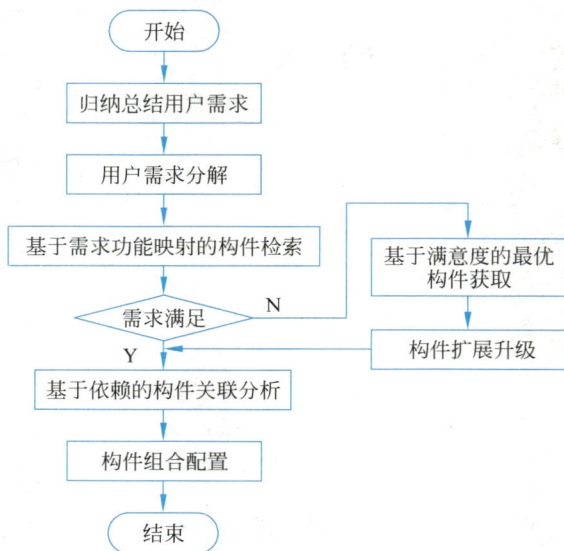

图 8.21　基于构件的系统配置过程

可定制的设备智能运维决策系统配置步骤可以描述如下。

（1）对客户需求（包括共性需求和个性需求）进行总结与分析，实现客户群的细分，由细分客户群的需求水平建立相应的产品，从而确定面向客户群的软件产品；

（2）对用户需求进行多级分解，将总需求逐级分解为单元需求；

（3）通过利用需求与功能之间存在的映射关系，实现面向用户需求的构件检索；

（4）当检索过程中存在尚未满足的需求时，根据未满足的需求选取满意度最高的构件，在此构件基础上，通过构件升级或构件功能扩展，实现用户需求的完全满足；

（5）基于检索匹配及升级扩展后的构件，进行基于依赖关系的关联分析，通过分析获得依赖构件集合；

（6）综合检索匹配构件集合、升级扩展构件集合以及依赖构件集合，通过系统配置组合构件功能，配置系统功能菜单及相关功能权限，实现面向具体用户的设备维修服务支持系统的构建。

思 考 题

1. 状态数据预处理中的粗大误差去除的常用方法？请比较并说明它们的优缺点。

2. 在状态数据的平滑处理中，如何选择合适的平滑方法以适应不同类型的数据特性？

3. 比较并讨论基于趋势项提取的状态数据处理方法与传统数据处理方法在异常检测中的效果差异。

4. 在故障诊断中，指印图与自组织特征映射网络（SOM）结合的方法是如何工作的？这种方法相比单一方法有哪些改进？

5. 基于迁移学习的故障诊断方法在小样本条件下如何工作？相比传统方法，其主要优势是什么？

第 9 章　智能车间和智能工厂

在人类历史进程中,制造业始终是推动社会进步的重要力量。车间与工厂作为制造业的生产单元,见证了生产方式的持续变革与技术的飞跃发展。随着科技的迅猛发展,智能车间与智能工厂借助集成化、数字化、网络化与智能化的手段,实现了生产全过程的优化与协同,极大地提升了生产效率与灵活性,已成为现代制造业的新标杆。智能制造产线作为智能制造的基础单元,直接面向生产任务和产品加工;智能车间由多条智能制造产线组成,通过数字化管理平台实现各产线间的协同作业和资源共享,是智能工厂的重要组成部分;而智能工厂则由多个智能车间组成,通过集成先进技术和自动化系统,实现全厂范围内的精益管理和全局优化,是智能制造体系中的最高层级。这三者层层递进、相辅相成。本章首先深入分析智能制造产线的开发流程、布局、组成单元和总体设计;其次深度探讨智能车间的规划设计、构建方式、工艺规划和智能调度;最后解读智能工厂的设计通则、总体架构和系统组成。

9.1　智能制造产线

智能制造产线是智能工厂的重要组成部分,智能工厂由多个智能产线组成,这些智能产线凭借信息技术和网络技术实现互联互通,共同构建起一个高度自动化的生产系统。智能制造产线深度融合先进的自动化技术、信息技术、人工智能和制造技术,旨在提高生产效率、降低成本、优化生产流程,为企业提供高度灵活、可定制化的生产解决方案。通过集成各类智能设备、传感器和执行器,实现生产过程的自动化、信息化和智能化。智能制造产线能够实时监控生产现场数据,对设备进行远程监控和调试,确保生产按照计划推进。同时,其具备高度的可配置性和扩展性,能够根据企业需求快速调整生产流程和产能。此外,通过精确的数据分析和优化,能够降低能源消耗和原材料浪费,减少对环境的影响。同时,智能制造产线有助于提高企业的创新能力,为企业创造更多的商业契机。智能制造产线代表着未来制造业的发展趋势,将为企业带来更高的生产效率、更低的成本和更好的产品质量。随着技术的持续进步和应用场景的不断拓展,它将在全球范围内得到更为广泛的应用和推广。

9.1.1　智能制造产线概述

生产线作为现代工业制造的核心组成部分,其发展历程与科技进步紧密相连。从最初的刚性自动化生产线,逐步演进至如今的智能制造系统,生产线的每一次革新都标志着制造业的重大进步。生产线的发展主要历经刚性自动化生产线阶段、数控加工阶段、柔性制造阶段、计算机集成制造系统阶段和智能制造系统阶段。刚性自动化生产线起源于 20 世纪初,以大规模生产为特点,适用于单一品种的生产。该阶段的技术在 20 世纪 40 年代已经相当成熟,主要优势在于生产效率高、成本低,但灵活性较差。数控加工技术兴起于 20 世纪 50 年代,并 20 世纪在七八十年代得以快速发展。此阶段的生产线具备较好的柔性,适用于多品种中小批量生产。数控技术和计算机编程技术的应用大幅提升了生产线的灵活性和加工精度。柔性制造阶段始于 20 世纪 60 年代末,以计算机直接控制(DNC)、柔性制造系统(FMS)和柔性制造单元(FMC)为典型代表。此阶段的生产线兼具高柔性和高效率,能够快速响应市场需求的变化,实现多品种中小批量生产。计算机集成制造系统阶段自 20 世纪 80 年代以来发展迅速,强调生产过程的系统性和集成性。通过深度融合现代信息技术、自动化技术、制造技术、管理技术等,实现了生产过程的优化和资源的合理配置。智能制造系统阶段是当前生产线发展的最新阶段,以计算机直接控制(DNC)、FMS 和 FMC 为基础。此阶段的生产线具有高度智能化、自适应性和协同性,能够根据市场需求和生产环境进行实时调整和优化。如图 9.1 所示为 FMS 激光切割柔性生产线,具备全自动化生产、智能化生产管理、无人值守功能;可优化生产工序流程,提升企业管理自动化水平及企业利润;降低工人劳动强度与人力成本;拥有自动上下料系统,操作便捷。

图 9.1　FMS 激光切割柔性生产线

　　智能生产线依托工业互联网、物联网、人工智能等技术,具有网络化、数字化、信息化、智能化的特点。智能制造工业互联体系架构如图 9.2 所示。相较于自动化生产线,智能流水线以闭环管理模式、先进的信息化技术手段为依托,统筹规划仓储、物流、搬运、工艺、生产及成品转运等流程,实现自动化与信息化的深度融合。智能生产线的开发设计融合了多种高科技元素,借助 AI 人工智能、云数据处理平台、5G 技术、视觉技术、高度智能化的机器人及仿生手臂等,实现管理的高效率、生产的高协同性、未来的可扩展性。智能排产、支持智能化生产的决策规则定义,以及决策依据的准确实时采集,是智能化生产线正常运行的基础。基于生产线资源占用情况、生产计划执行反馈情况及生产计划调整而进行的动态化生产调度排产,是保证生产线正常运行的前提。智能生产线的运行具有柔性化、智能管控、产品信息可追溯性、实时数据采集分析等特点,打破了"信息孤岛",使信息的传递变得更加方便快捷。智能生产线支持多种相似产品的混线生产和装配,能够灵活调整工艺,适应小批量、多品种的生产模式。在生产和装配过程中,可通过传感器或 RFID 自动进行数据采集。生产单元通过总线各分控制系统,将信息上传至中央控制器。中央控制器与服务器之间的信息交换,实现了生产测试数据备份、生产数据邮件通知、生产装箱产品 ID 管理、ERP 系统数据对接、生产信息实时监控等功能,从而实现生产线物料、人员、设备、工具的集成运行与信息流、物流的融合,最终实现车间级信息系统、企业级信息系统的信息交互与集成。总控集成的方式有利于智能排产、物料工具的自动配送、制造指令的即时推送、制造过程数据的实时采集处理分析处理,电子看板不仅能展示实时的生产状态,还能对产品进行全生命周期的追溯。综上所述,智能生产线具有连续高效性、平衡性、单纯单向性、主导性、专业化程度高等特点。

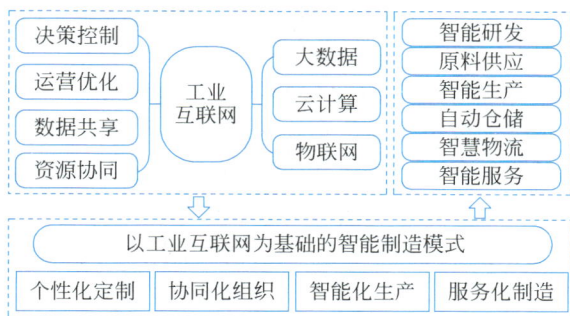

图 9.2 智能制造工业互联体系架构

9.1.2 智能制造产线的基本要求与发展趋势

1. 智能产线的基本要求

汽车、3C 电子、家电制造、食品包装、医疗、新能源、日化等行业的企业对智能生产线的需求极为旺盛。虽然各行业差异明显，但搭建智能产线的基本要求总体可归纳为以下几点。

（1）自动化技术要求。智能制造产线要满足高效的自动化作业，需依赖高度自动化的控制系统、精准的传感技术及工业机器人的协同运作。智能制造产线必须装备先进的自动化控制系统，对生产流程进行精确控制，减少人为干预，提高生产效率。此外，应配备高精度传感器，用于实时监测设备状态、产品质量、环境温湿度等关键参数，以此确保生产过程的稳定性和产品质量。此外，根据生产实际需求，智能制造产线应集成不同类型的工业机器人，如焊接机器人、装配机器人、搬运机器人等，用以执行复杂、重复或危险的任务。

（2）数据与信息技术要求。相较于传统产线，智能制造产线需具备高效的数据采集系统，能够实时采集生产现场的数据，并凭借强大的数据处理能力进行深度分析，为生产决策提供支持。产线上的设备需借助工业以太网、物联网等技术实现互联互通，确保数据的实时传输和共享。最终运用大数据技术挖掘生产数据的潜在价值，通过机器学习、深度学习等人工智能技术优化生产流程，提高生产效率和产品质量。

（3）高效能与可持续发展技术要求。智能制造产线应采用节能技术，降低能源消耗，提高能源利用效率，减少生产过程中的污染物排放，降低对环境的负面影响。同时，提升资源利用效率，减少资源浪费，推动资源的可持续利用和循环利用。

2. 智能制造产线发展趋势

智能制造产线借助物联及监控技术，能够实时监控柔性生产线的生产状态。根据产品或工艺的变化，将生产线所需的数据及时、准确地推送至对应的设备，对生产过程中所需的各类信息进行收集、处理、反馈，进而实现对设备的精准控制。生产线工作过程中产生的生产数据信息实时上传至信息系统，储存到信息系统的数据库内，为生产管理提供丰富的数据支持。随着科学技术的发展和社会需求的扩大，特别是高新技术的迅猛发展，智能生产线技术不断进步。其发展趋势主要体现在以下几个方面。

（1）智能化水平的持续提升。智能制造产线将更加注重自动化和智能化技术的深度应用。随着人工智能、机器学习等技术的不断发展，智能生产线将能够实现更高程度的自动化，减少人工干预,大幅提高生产效率。例如,通过广泛应用智能机器人和自动化设备,生产线能够实现自主操作、协同作业,从而大幅提升生产效率。

（2）数字化与信息化的深度融合。数字化和信息化是智能制造产线的重要特征。展望未来,智能制造产线将进一步推动数字化与信息化的深度融合,通过数据采集、分析和处理,为生产决策提供更为准确、实时的信息支持。此外,数字孪生技术的应用也将更加广泛,通过模拟和优化生产流程,助力企业实现更高效、更智能的生产。

（3）柔性与定制化生产能力的增强。随着消费者需求的日益多样化,智能生产线将更加注重柔性和定制化生产能力的提升。通过引入先进的控制技术、智能装备和柔性产线集成应用,智能生产线将能够满足高精度、多品种、短交期的生产需求。这种灵活性和定制化生产能力将有助于企业快速响应市场变化,提升市场竞争力。

（4）安全与可靠性的不断提升。智能生产线的安全和可靠性是企业关注的重点。未来,智能生产线将更加注重安全防护措施的建设,包括网络安全、数据安全等多个方面。同时,通过采用高可靠性的设备和组件,降低设备故障率,提高生产稳定性。这将有助于确保智能生产线的平稳运行,保障企业的生产安全。

9.1.3　智能制造产线的开发流程

智能制造产线的开发具有很强的系统性和严谨性,涉及面广泛,需进行针对性开发。开发过程中必须全面统筹融合各种先进技术和经验,对设备选型和重要技术参数的设定进行通盘考虑。各工作站的连接方式、网络通信模式的统一、物料传输方式及信息平台的建设,都需要事先明确规划。严格遵循开发流程是确保智能生产线具备实用性、先进性、智能性的前提。在确定设备用途、使用要求、环境条件、工作空间等基础信息后,基于以往经验并运用科学的算法对产线的设计目标进行分析评估。产线需求一般建立在市场需求、投资规模、设备能力和过程能力的基础上。产品的质量和寿命及产线的可靠性、耐久性、可维护性、开发计划、成本目标等都是需要考虑的问题。在此基础上,加深对质量管理体系的了解和认识,包括标识、可追溯性、开发目标、周期要求等。智能制造产线的开发的流程总体可分为产品结构工艺分析、生产工艺流程设计和智能制造产线布局三步。其中,智能制造产线的布局是产线开发的核心问题,也是本小节重点阐述的内容。

1. 产品结构工艺分析

在开发智能制造产线前,必须对产品结构工艺进行系统的分析。产品结构的复杂性和设计产品的结构特点决定了加工装配工艺流程的制定,其变更会直接影响工艺流程的设计,进而决定设备结构的难易程度,最终影响产线的开发成本。对产品的结构工艺分析研究,并提出改进产品结构的意见,有助于我们更好地理解产品生产装配过程,评估自动生产装配实现的难易程度,简化生产线的生产过程,反向推动产品的设计优化。结构工艺性是指产品和零件在保证使用性能的前提下,力求能够采用生产率高、劳动量小、材料消耗少且生产成本低的方法制造出来。结构精巧的产品零件,便于在生产装配过程中实现自动定向、自动供料,便于抓取,易于进行焊接、涂胶、贴膜等操作,能够极大地简化装配设备,降低生产成本。

产品结构工艺分析是一个复杂且需细致考虑的过程,涉及产品的设计、制造、装配等多个环节。产品结构工艺分析类别如图9.3所示,从专业角度进行详细分析,可从产品的结构和工艺两方面入手。

从产品结构分析:可分为零件层、组成部件层和装配层三个递进步骤。零件层分析需深入产品的各个具体零部件,对其形状、尺寸、材料等进行分析,这一步骤主要是为了深入了解产品的制造和装配工艺,为零件的选型、加工和装配提供依据。组成部件层分析则是针对产品内部的各个功能单元,如控制单元、传感器单元等进行分析,了解这些单元之间的关系和衔接方式,以及它们在产品中的功能和作用,这有助于后续的制造和维护工作。装配层分析,首先要分析产品的整体结构,包括外壳、面板等可见部分,这一步骤主要是为了了解产品的整体形象和风格,以及各部件之间的衔接方式。同时,还需考虑产品的外观设计是否符合工业设计的要求,是否便于用户操作和使用。

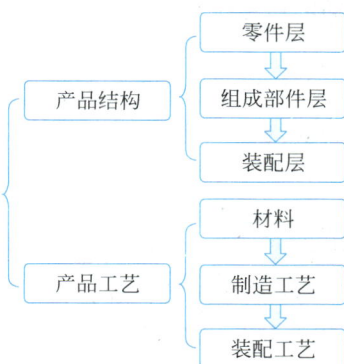

图 9.3　产品结构工艺分析类别

从产品工艺分析:需要考虑产品的材料、制造工艺、装配工艺等多方面的因素。材料选择需根据产品的设计要求和功能需求,选择合适的材料进行加工和制造。这需要综合考虑材料的物理性质、化学性质、成本及可获得性等因素。例如,对于需要承受重压的部件,应选择强度高、耐磨性好的材料;对于需要绝缘的部件,应选择具有良好绝缘性能的材料。制造工艺分析是对产品从材料加工到最终成品的整个制造过程进行规划,选择合适的加工方法和流程,以提高生产效率和产品质量。例如,在金属制造领域,常见的制造工艺包括铸造、锻造、冲压等;在塑料制品的生产中,注塑工艺是常用方法。需针对具体的产品类型和材料选择合适的工艺。装配工艺分析则是对产品从零部件到组装完成的过程进行分析,确定最佳的装配流程和方法,以提高产品的装配效率和质量。同时,需考虑装配过程中的防呆设计和装配止位的可视、可听、可感设计,以降低操作难度并减少装配错误。

2. 生产工艺流程设计

生产工艺流程设计是智能制造产线的开发基础。生产工艺设计从选择生产工艺流程开始,只有工艺流程确定后,才能提出生产过程中使用的主要设备,并进行设备的选型和计算,进而确定设备的规格和台数,才能提出与这一生产方法有关的设计参数和技术经济指标。选用先进合理的工艺流程并正确设计,对产品质量、生产成本、生产能力、操作条件会产生重要影响。结合生产线所能达到的功能,对工艺流程做反复论证、调整或修改,以期实现优化生产线布局的目标。智能制造中生产工艺流程设计需要涉及的面更广,在设计时需要考虑整体性、精益化、柔性化、智能化、安全性、可持续性等多个方面。

工艺流程设计应对产品生产的整体过程进行规划,包括从原材料投入到成品产出的所有环节。一方面,需要考虑整体生产线的协调与平衡,确保各个工序之间的顺畅衔接;另一方面,要追求生产过程的精益化,通过消除浪费、提升效率来优化生产流程,每一个工序都应该是增值的,不产生价值的工序应被剔除或改进。此外,生产工艺流程应具备一定的柔性,以适应市场需求的变化和产品种类的多样性,生产线应能够快速切换生产不同产品,实现混线生产。同时,要充分利用数字化和信息化技术,实现生产数据的实时采集、分析和处理,通过数据驱动的生产决策,优化生产流程,提升生产效率和产品质量;生产工艺流程设计应确保操作安全,防止事故发生,生产设备和系统的可靠性要高,以减少故障停机时间,保障生产的连续性。在设计生产工艺流程时,还应遵循环保和可持续性要求,选用环保的材料和工艺,降低生产过程中的能耗和排放。

生产工艺流程设计的步骤可清晰地归纳为以下几点。

（1）确定产品需求和目标。明确要生产的产品种类、数量和质量标准。分析产品的特点和要求，包括结构、功能、制造工艺等方面。

（2）收集产品信息。全面收集设计图纸、制造工艺要求、工艺参数等相关信息。

（3）选择生产方法和设备。根据产品品种和所使用原料情况，挑选合适的生产方法。综合考虑设备特点、生产规模和投资状况，选定生产设备。

（4）制定工艺流程方案。以流程方框图的形式初步拟订工艺流程方案。对方案进行评估和调整，确保其具备可行性、经济性和可靠性。

（5）绘制工艺流程图。根据最终确定的工艺流程方案，详细绘制工艺流程图，清晰展示各个生产环节及其相互关系。

（6）编制工艺文件。根据工艺流程图，编制详细的工艺文件，包括工序顺序、工艺参数、设备要求等内容。

（7）试制和优化。按照工艺文件要求进行试制，通过实践发现问题并加以优化。

3. 智能制造产线布局

智能制造产线布局即按照厂房的空间状况，对产线布局进行规划设置，将人员、工序与设备结合的过程，简单地说，就是在生产加工装配系统中，完成单元的选择及单元的排列组合。在完成设备选择后就要结合车间场地条件、空间结构特点及工艺约束，对设备进行合理布局。产线布局应该明确规划生产加工区、缓存区、物料堆放区等作业单元，解决设备与设备之间的相对位置、通道的横向面积，同时解决物料储运流程及运输方式等问题。科学合理的智能化生产线布局，不仅能够节省空间、避免资源浪费，还能减少人员的流动，提高生产效率。其布局形式要根据厂房实际信息，结合各种要素，模拟最优的组合方式后，再进行下一步的实施。前期进行细致的统筹谋划，从多方面、多层次反复推演，能够降低后期改造投入，达到事半功倍的效果。布局方案应保证布局合理，功能区域划分明确，物流路线通畅无阻，避免交叉运输，统筹整个车间的消防和安全要求。此外，布局方案需充分考虑后续技术发展趋势，为产线及设备的升级改造预留空间和接口。本节将从智能制造产线布局的影响因素、布局原则、布局方法及常用的布局类型等方面展开详细介绍。

1）智能制造产线布局的影响因素

智能制造线的布局是一个复杂且细致的过程，涉及多方面的考量与权衡。合理的产线布局，不仅能提高生产效率，还能有效降低生产成本，增强企业竞争力。智能制造产线的核心在于先进的技术和设备。技术的选择会直接影响产线布局。例如，采用高度自动化的生产线，可能需要更大的空间来容纳各种自动化设备；而采用柔性生产技术的产线，则可能需要在布局上考虑更多的灵活性。此外，设备的选型、性能和维护需求也会对产线布局产生影响。生产流程和工艺是智能制造线布局的重要考虑因素。不同的产品和生产工艺对应不同的生产流程，这直接决定了产线布局的基本架构。例如，某些工艺流程对环境温度、湿度或清洁度有特定要求，这就要求在产线布局时考虑到这些因素，确保生产环境的稳定性和可控性。虽然智能制造强调自动化和智能化，但人员的参与仍然不可或缺。产线布局需要考虑到人员的工作习惯、安全需求和操作便利性。例如，应避免将重型设备安置在过高的位置，以降低安全风险，同时应确保员工能在各个工位之间高效、安全地移动。智能制造线中的物料流动和仓储管理，对产线布局有着重要影响。合理的物料流动路径能减少运输时间和成本,提高生产效率。因此,在产线布局时,需要考虑到原材料的入库、半成品的流转及成品的出库等环节,确保物料流动的顺畅性。同时,仓储空间的大小和位置也需要根据物料的种类、数量和周转速度进行合理规划。智能制造产线的布局还需考虑环境和安全因素。一方面,要确保产线所处的环境符合生产工艺的要求,如温度、湿度、光照等;另一方面,要考虑到安全因素,如防火、防爆、防尘等。这些因素不仅关乎员工的生命安全和健康,还直接影响生产的稳定性和效率。随着市场需求的不断变化和技术的不断进步,智能制造产线需要具备可扩展性和灵活性。因此,在产线布局时,要预留一定的空间和接口,以便未来能够便捷地增添新设备或工艺。同时,产线的布局应具备一定的灵活性,能够快速调整生产计划和产品种类。智能制造的核心是信息化和数据管理。因此,在产线布局时,需要考虑信息系统的集成和数据采集点的设置。要确保各个生产环节的数据能够实时、准确地采集,并传输至信息系统进行分析和处理。这不仅有助于实现生产过程的可视化和管理的高效化,还能为企业的决策提供有力支撑。

智能制造产线布局的影响因素是多方面的且相互关联的。企业在进行产线布局时,需综合考虑自身的战略规划、市场需求、技术设备、生产流程、人员配置、物料流动、环境安全、可扩展性以及信息化等多个方面。只有这样才能确保智能制造产线的高效、稳定、安全运行,进而提升企业的竞争力和市场地位。

2) 智能制造产线布局的原则

传统的生产加工制造企业在开展大规模工业生产过程时,首先需要做的就是工厂车间布局规划。合理的工厂布局能够有效提升生产效率,改善车间生产状况。智能制造产线的布局原则如图 9.4 所示。

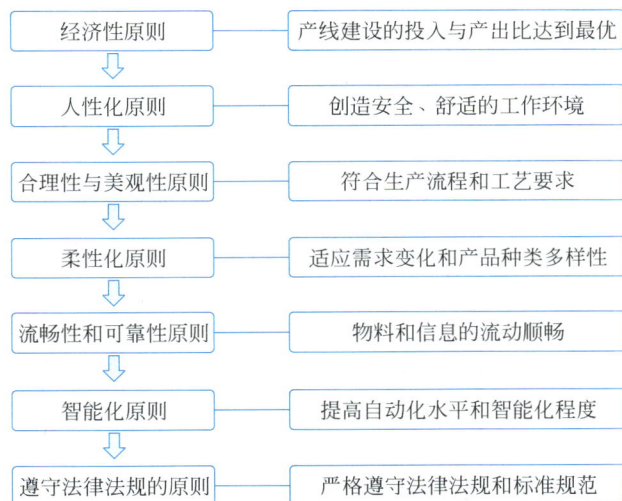

图 9.4　智能制造产线的布局原则

设备决定了企业的生产范畴,不同设备如何取长补短、合理搭配至关重要,可以说布局决定了生产效率、柔性化程度和未来升级改造的潜力。智能化生产线的布局要精细规划,充分展现现代化生产管理风格。先进的管理方法结合优良的生产线生产,能够更好地提升产能、控制产品质量;反之,即便产品设计出色、设备昂贵、销售良好,也可能因拙劣的生产线布局而功亏一篑。不仅如此,我们更要注重以人为本的重要理念。在传统的生产型企业中,主要是以人为主要劳动力在体力上进行价值的输出。当机器换人后,人转变为通过智慧输出价值,主导并管理机器生产。这种思维转变应融入产线布局规划中。总体来说,智能化产线布局应遵循以下原则。

(1)经济性原则。智能制造产线布局首先应遵循经济性原则。这意味着在布局过程中,要充分考虑成本效益,确保产线建设的投入产出比达到最优。具体来说,要合理规划设备、人力等资源,减少浪费,提高资源利用效率。同时,要注重设备选型与配置,选择性价比高、技术先进、易于维护的设备,以降低生产成本,并提高生产效率。经济性原则还体现在对生产过程的精细化管理上。通过对生产流程的优化,减少不必要的环节和浪费,提高生产效率和产品质量。此外,经济性原则还要求企业在进行产线布局时,充分考虑市场需求和产品特点,合理规划生产规模,以确保产线能够满足市场需求并实现盈利。

(2)人性化原则。在产线设计过程中,要充分考虑操作人员的生理和心理需求,为其营造安全、舒适的工作环境。具体来说,要合理规划操作空间,确保操作人员有足够的活动空间,避免长时间在狭小空间内工作导致疲劳和不适。同时,人性化原则要求产线布局要考虑到操作人员的操作习惯和技能水平。例如,可以将经常使用的工具和设备放置在更容易取用的位置,减少操作人员的移动距离和时间。此外,还可通过设置休息区、打造舒适的工作环境等措施,提高操作人员的工作满意度和效率。

(3)合理性与美观性原则。合理性原则要求产线布局要契合生产流程和工艺要求,确保各工序衔接顺畅,提高生产效率。美观性原则是在满足生产需求的基础上,追求产线布局的整体美观和协调性。具体来说,合理性原则要求企业在进行产线布局时,充分考虑生产流程和工序的特点,合理规划设备、物料和人员的流动路径,减少不必要的运输和等待时间。同时,要注重设备间的协调性和平衡性,确保各工序衔接紧密流畅。美观性原则要求产线布局要整洁、有序,避免混乱和拥挤。通过合理的色彩搭配和标识设置,提高产线的整体美观度。这不仅能提升企业形象,还能提高操作人员的工作积极性和效率。

(4)柔性化原则。产线应具备适应市场需求的变化和产品种类多样性的能力。具体来说,产线要具备较高的灵活性和可扩展性,以便根据市场变化及时调整生产计划和产品种类。为实现柔性化原则,企业可采用模块化设计的方法,将产线划分为若干具有相对独立功能和任务的模块。这样不仅便于模块的替换和升级,还能根据需求增加或减少模块数量,调整产线的生产能力。

(5)流畅性和可靠性原则。流畅性原则要求产线布局要确保物料和信息在生产过程中的流动顺畅无阻,避免出现拥堵和延误现象。可靠性原则要求产线布局保障设备和系统的稳定运行,减少故障和停机时间。为实现流畅性和可靠性原则,企业可采取一系列措施,如合理规划物料流动路径、设置缓冲区域以应对突发情况、定期对设备进行维护保养等。同时,还可引入先进的生产管理系统和技术手段,提高生产过程的可视化程度和控制能力。

(6)智能化原则。要充分运用信息技术和智能制造技术,提高产线的自动化水平和智能化程度。具体来说,可引入物联网、大数据、人工智能等先进技术,实现对生产过程的实时监控、数据分析与优化以及智能决策等功能。通过智能化原则的应用,企业能够提高生产效率和产品质量水平,降低生产成本和劳动强度。同时,智能化产线还能为企业提供更精准的市场预测和决策支持,助力企业更好地应对市场变化和竞争挑战。

(7)遵守法律法规的原则。智能制造产线的布局必须严格遵循国家及地方的法律法规和相关标准规范。这包括但不限于安全生产法规、环境保护法规以及职业健康法规等。企业在进行产线布局时,应确保所有设备和操作都符合法律法规的要求,以保障员工的安全和健康,同时避免因违法行为而带来的法律风险和经济损失。此外,企业还应密切关注行业发展趋势和新技术应用动态,及时调整产线布局策略以适应市场变化和法规要求的变化。通过加强与政府、行业协会等机构的沟通与协作,确保产线布局的合法性和合规性。

3)智能制造产线布局的方法

智能生产线布局设计方法确实可分为系统布置设计法和计算机辅助设施布置法。系统布置设计法更侧重于条理化的分析步骤和手工布局设计,而计算机辅助设施布置法则借助计算机技术进行数据分析和模型优化。两种方法各有优势,可根据具体情况选择适宜的方法进行智能生产线的布局设计。

(1)系统布置设计法。系统布置设计法是一种条理清晰的布局设计方法,通过一系列分析步骤优化生产设施的布局。其步骤如下。

① 原始资料收集与分析。分析产品、产量、生产流程、辅助服务部门、时间安排等信息,评估现有设施和空间使用情况。

② 确定作业单位。将生产过程划分为若干独立的作业单位,每个作业单位负责特定的生产活动。

③ 物流分析。分析各作业单位间的物流量,确定物流强度,绘制物流相关图,展示各作业单位间的物流关系。

④ 非物流分析。考虑人员流动、信息流、管理关系等非物流因素,结合物流分析,形成综合关系图。

⑤ 作业单位位置相关图。根据综合关系图中的关系密切程度,初步确定作业单位的相对位置。

⑥ 作业单位面积相关图。估算每个作业单位所需的面积,在位置相关图的基础上,考虑面积需求,形成面积相关图。

⑦ 调整和修正。根据实际情况,如场地限制、设备配置等,对布局进行必要的调整和修正。

⑧ 方案实施与评价。制订实施计划,包括搬迁、设备安装等,对新布局进行评价,确保达到设计目标。

(2)计算机辅助设施布置法。计算机辅助设施布置法利用计算机技术辅助生产设施的布局设计,特点是借助专门的软件工具来进行数据分析和布局优化。其步骤如下。

① 数据输入。将生产流程、设备信息、产品信息等输入计算机系统,这些数据可包括设备尺寸、生产能力、物流量等。

② 建立模型。运用计算机软件构建生产线布局的模型,模型可包括设备、物料流动路径、存储空间等要素。

③ 分析与优化。通过软件工具对模型进行物流分析、路径分析、空间利用率分析等,根据分析结果,对布局进行优化,如调整设备位置、改进物料流动路径等。

④ 布局方案生成。根据优化结果,生成多种可能的布局方案,利用可视化工具展示各方案的布局图和性能指标。

⑤ 方案评估与选择。对各方案进行评估,考虑生产效率、成本、灵活性等因素,选择最优方案实施。

⑥ 实施与验证。将选定的布局方案转化为实际的设施布置计划,在实施过程中进行必要

的调整和改进,验证实施效果,确保达到预期目标。

9.1.4 智能制造产线的组成单元

智能制造产线作为智能制造的核心组成部分,融合了各类前沿技术,为现代工业生产带来了革命性的变革。本节将深入探讨智能生产线的各个组成单元,分析它们的功能和作用,以及如何通过相互协作,共同推动工业制造朝着高效、智能化方向发展。智能制造产线的组成单元如图9.5所示。

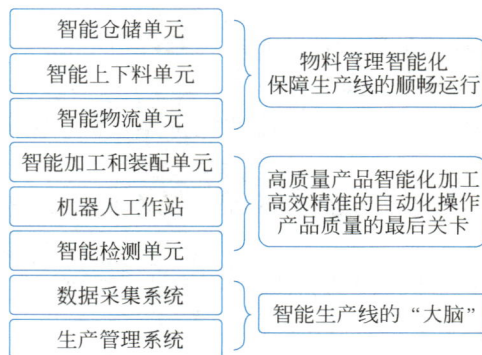

| 智能仓储单元 |
| 智能上下料单元 | 物料管理智能化 保障生产线的顺畅运行 |
| 智能物流单元 |

| 智能加工和装配单元 |
| 机器人工作站 | 高质量产品智能化加工 高效精准的自动化操作 产品质量的最后关卡 |
| 智能检测单元 |

| 数据采集系统 | 智能生产线的"大脑" |
| 生产管理系统 |

图 9.5 智能制造产线的组成单元

1. 智能仓储单元:物料管理的自动化与智能化

智能仓储单元是智能生产线的起始环节,承担着物料存储、管理和调度的重要职责。通过引入先进的仓储管理系统,智能仓储单元实现了物料的自动化存储、检索和跟踪,极大地提升了物料管理的效率和准确性。在智能仓储单元中,各类传感器和识别技术发挥着关键作用。例如,RFID(无线射频识别)技术能够精准追踪物料的位置和状态,确保物料信息的准确性和可追溯性。同时,通过与生产管理系统的无缝对接,智能仓储单元能够根据生产计划自动调整物料的存储和调度,以满足生产线的实时需求。

2. 智能上下料单元:高效精准的物料搬运

智能上下料单元负责从仓储单元取出物料,并将其准确地放置于生产线上的指定位置。这一环节对于保障生产线的连续性和效率至关重要。智能上下料单元通常采用高精度机械臂或机器人执行物料的搬运任务。这些机器人具备高度灵活性和精准度,能够准确识别并抓取物料,避免了人工搬运可能出现的错误和延误。此外,通过与生产管理系统协同工作,智能上下料单元能够根据生产需求自动调整搬运计划和路径,确保物料在正确的时间、正确的地点到位。

3. 智能物流单元:保障生产线的顺畅运行

智能物流单元是整个智能生产线的关键环节,负责在各个生产环节之间高效、准确地传输物料。通过引入先进的物流管理系统和技术手段,智能物流单元能够确保物料在生产线上顺畅流动,从而提高生产效率。在智能物流单元中,多种传输设备和技术得到广泛应用。例如,自动化输送系统可将物料准确地传输至各个生产环节；智能分拣系统能够根据物料的特性和需求进行自动分拣和归类。同时，通过与生产管理系统的协同工作，智能物流单元能够根据生产计划自动调整物流路径和传输速度，以契合生产线的实际需求。

4. 智能加工和装配单元：高质量产品的诞生地

智能加工和装配单元是生产线的核心环节之一，它负责将原材料经过精密的加工和装配后转化为高质量的产品。在这一环节中，各类先进的数控机床、机器人和传感器等设备发挥着关键作用。通过引入高精度的加工设备和装配工艺，智能加工和装配单元能够确保产品的加工精度和装配质量。并且，通过与生产管理系统协同工作，该单元能够根据生产计划自动调整加工和装配流程，以满足市场需求和客户要求。此外，该单元具备高度灵活性和可扩展性，能够灵活应对不同产品的加工和装配需求。

5. 机器人工作站：高效精准的自动化操作

机器人工作站是智能生产线中的重要组成部分之一，负责完成各类复杂、精细的操作任务。通过引入高性能的机器人和先进的控制算法，机器人工作站能够实现高效精准的自动化操作，显著提高生产效率和质量。在机器人工作站中，多种机器人技术得到广泛应用。例如：焊接机器人能够完成高质量的焊接任务；打磨机器人能够对产品表面进行精细处理；组装机器人能够完成复杂产品的自动化装配任务等。这些机器人的应用，不仅提高了生产效率和质量水平，还降低了人工操作的错误率和劳动强度。

6. 智能检测单元：确保产品质量的最后关卡

智能检测单元是确保产品质量的最后关卡。它负责使用高精度的检测设备和算法对产品进行全面的质量检测和分析工作，以确保每件产品都达到高质量的标准要求。在智能检测单元中，多种先进的检测技术和设备得以广泛应用。例如：光学检测系统能够实现对产品表面的高精度检测和分析；超声波检测系统则能够检测产品内部的缺陷和问题等。这些检测技术的应用，极大地提升了产品质量的稳定性和可靠性水平，并为后续的质量追溯和改进提供了有力支持。

7. 数据采集和生产管理系统：智能生产线的"大脑"

数据采集和生产管理系统是整个智能生产线的"大脑"所在。它负责全面监控生产现场的数据情况，并进行实时的分析和处理工作，以支持生产决策的制定和执行过程；同时，还负责对生产线进行全面的监控和调度工作，以确保生产计划能够按照既定的要求进行下去。数据采集和生产管理系统通过引入先进的数据采集技术、数据处理技术和生产管理技术等手段，实现了对生产现场数据的全面监控和分析工作。这些数据的分析和处理结果为生产决策提供了有力支撑，并助力企业实现更加精准的生产计划和调度工作。此外，该系统还具备高度的可扩展性和灵活性能够轻松应对不同规模和复杂程度的生产任务需求。

9.1.5　智能制造产线的总体设计

智能制造产线的总体设计，首要目标是提高生产效率、保证产品质量、降低生产成本，同时实现生产的灵活性和可持续性。为此,设计过程需遵循高效、灵活、智能、可持续和安全等原则。高效性原则确保生产线能够快速、精准地完成生产任务,减少不必要的停机时间和浪费。灵活性原则要求生产线应具备快速调整生产计划和产品配置的能力,以适应市场的多变需求。智能化原则通过引入先进的传感器、控制系统和信息化技术,实现生产过程的自动化、数据化和智能化。可持续性原则规定在设计过程中,应考虑环保、节能等因素,选用绿色、高效的设备和工艺。安全性原则保障生产线在运行过程中的安全稳定,降低事故发生的可能性。

1. 智能制造产线总体设计流程

智能制造产线的总体设计流程如图 9.6 所示。

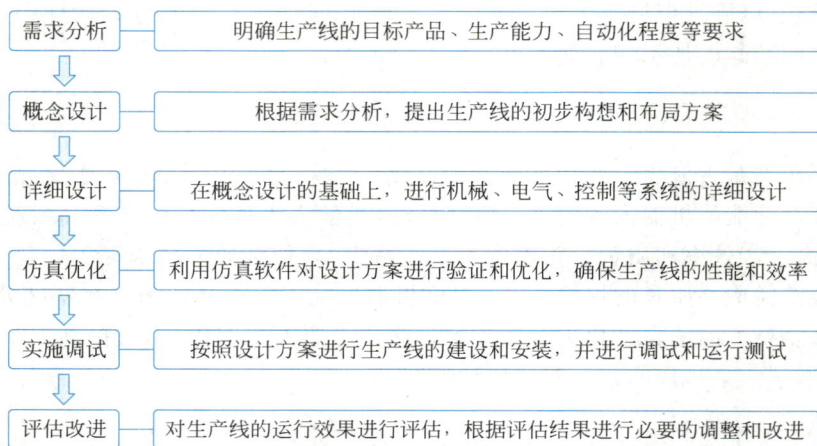

需求分析	明确生产线的目标产品、生产能力、自动化程度等要求
概念设计	根据需求分析,提出生产线的初步构想和布局方案
详细设计	在概念设计的基础上,进行机械、电气、控制等系统的详细设计
仿真优化	利用仿真软件对设计方案进行验证和优化,确保生产线的性能和效率
实施调试	按照设计方案进行生产线的建设和安装,并进行调试和运行测试
评估改进	对生产线的运行效果进行评估,根据评估结果进行必要的调整和改进

图 9.6 智能制造产线的总体设计流程

2. 智能制造产线总体设计

在总体设计阶段,需要综合考虑生产线的布局、工艺流程、设备选型、控制系统设计等因素。具体来说,根据厂房条件和生产要求,合理规划生产线的空间布局,确保物料流动顺畅,缩短运输距离和时间。明确生产过程中的各个工序和操作步骤,保障工艺流程的合理性和高效性。根据工艺流程和生产需求,选择适配的生产设备,确保设备的性能和可靠性。设计生产线的自动化控制系统,实现生产过程的自动化和智能化管理。

3. 智能制造产线总体机械设计和电气设计

机械设计是智能生产线设计的核心部分,涉及生产线的机械结构、传动系统、工装夹具等方面。在机械设计时,需确保机械结构的稳定性和合理性,降低振动和噪声。根据产品加工精度要求,合理设计机械部件的精度和配合间隙。考虑机械部件的易损性和维修便利性,降低维护成本。同时,在设计中融入安全防护措施,保障操作人员和设备的安全。电气设计是智能生产线实现自动化和智能化的关键。电气设计时,需构建稳定可靠的电气控制系统,实现生产线的自动化控制。根据生产需求选择合适的传感器和执行器,确保生产过程的精确控制。在电气系统中设置必要的安全防护措施,如过载保护、短路保护等。此外,还需兼顾节能和环保因素,选用高效、低能耗的电气设备和材料。

9.2　智能车间

在智能制造系统的发展进程中,通常先在智能装备层面实现单个技术点的智能化突破,然后出现面向智能装备的组线技术,并逐步形成高度自动化与柔性化的智能生产线。在此基础上,当面向多条生产线的车间中央管控、智能调度等技术成熟后,才能够构建起智能制造车间。智能车间是自动化与信息化深度融合的制造车间,它继承了自动化车间、数字化车间、数字孪生车间的基本特性,并且更加强调在车间活动的关键环节,具备自主感知、学习、分析、判断、通信与协调控制的能力,从而实现数据驱动的智能决策,且决策结果能够通过在线或离线控制方式优化车间活动的运行。

9.2.1　智能车间概述

智能制造数字化车间是企业传统生产车间在发展过程中,工业化与信息化相互融合的产物。它是实施智能制造项目的核心,也是构建智能制造环境下智能工厂的核心单元。随着国家市场监督管理总局和国家标准化管理委员会发布 2019 年第 6 号公告,《数字化车间—通用技术要求》(GB/T 37393—2019)和《数字化车间—术语和定义》(GB/T 37413—2019)这两项国家标准的正式出台,标志着我国首批智能制造数字化车间国家标准正式发布。标准文件中明确定义了智能制造车间,即智能制造数字化车间是指以生产对象所要求的工艺和设备为基础,以信息技术、自动化、测控技术等为手段,通过数据连接车间不同单元,对生产运行过程进行规划、管理、诊断和优化的实施单元。数字化车间仅包括生产规划、生产工艺、生产执行阶段,不包括产品设计、服务和支持等阶段。

智能车间是一个多层次、高度集成的系统,以数据为核心,借助各种先进技术实现生产流程的智能化。智能车间要求包含现场层、控制层、执行层、信息层、网络层、用户层。构建智能车间的关键在于现代制造技术与信息网络技术的融合,并且随着云计算、物联网、大数据、人工智能等信息技术创新体系的发展,会不断涌现出各种新模式和新业态。构建智能车间的核心技术包括智能感知技术、智能建模技术、数据驱动的系统协同技术、智能决策优化技术及网络安全技术。智能车间的构建是现代制造业发展的重要方向之一,其核心技术的不断创新和完善将有力推动智能制造的快速发展。随着技术的不断进步和应用领域的拓展,智能车间的核心技术将朝着更高的智能化程度、更强的数据驱动能力和更可靠的网络安全性能等方向发展趋势。

9.2.2　智能车间的规划设计

智能车间的构建是制造业转型升级的关键环节,它遵循一系列原则,并有着明确的目标。这些原则和目标共同指引着智能车间的规划与设计,确保其能够契合现代制造业的高标准和高要求。

1. 智能车间的层级

在构建智能车间时,可以将智能车间划分为智能设备层、数据采集与传输层、数据处理与分析层、生产管理层和信息安全层这五个基本构成部分。这些部分相互关联、相互影响,共同构成一个高效、智能的生产环境。

OPC UA 是一种通用的、平台无关的通信协议,尤其适用于工业自动化领域的信息交互。如图 9.7 所示为基于 OPC UA 构建的客户端。基于 OPC UA 的智能车间架构能够实现设备之间的互联互通和互操作性,提升车间的整体智能化水平。OPC UA 架构包含服务器和客户端两个部分。服务器负责提供数据访问接口,客户端则通过这些接口获取数据或发送控制指令。在智能车间中,各类设备和系统都可作为 OPC UA 的服务器或客户端,实现数据的共享和交互。

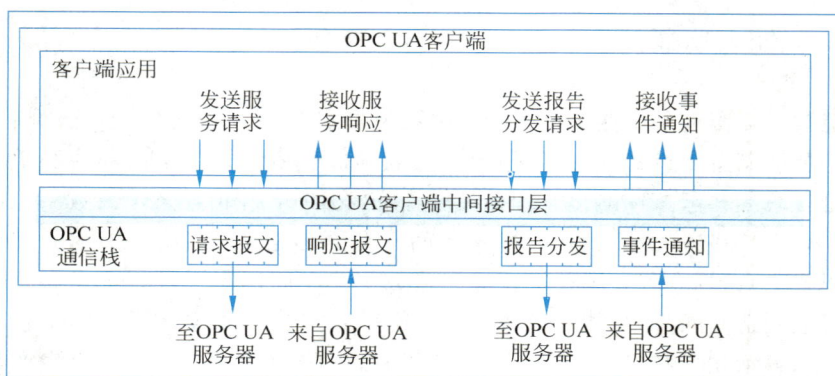

图 9.7　基于 OPC UA 构建的客户端

(1) OPC UA 架构的特性。OPC UA 架构具有以下特性。

① 平台无关性。OPC UA 采用统一的通信标准,使不同厂商、不同操作系统的设备和系统都能实现互联互通。

② 安全性。OPC UA 提供了丰富的安全机制,包括数据加密、用户身份验证和访问控制等,保障数据传输的安全性。

③ 可扩展性。OPC UA 架构支持灵活添加或删除节点,便于企业进行扩展和维护。

(2) OPC UA 架构的实现步骤。在智能车间中,基于 OPC UA 的架构能够实现设备层、控制层、车间层和企业层之间的无缝集成,具体实现步骤如下。

① 设备接入。将智能设备作为 OPC UA 的服务器接入网络,提供数据访问接口。这些设备可以包括数控机床、工业机器人、传感器等。

② 数据采集与传输。通过 OPC UA 客户端从设备服务器中获取实时数据,并将其传输至控制层或车间层进行进一步处理。

③ 控制与优化。在控制层或车间层,利用 OPC UA 架构对设备进行远程监控和控制。同时,通过数据分析和优化算法,提高生产效率和产品质量。

④ 企业集成。将车间层的数据与企业层的管理系统进行集成,实现生产计划的制订、生产资源的调度以及销售管理等功能的协同运作。

基于 OPC UA 的智能车间架构能够提高生产效率、降低成本、提升产品质量以及增强灵活性。通过实现设备之间的互联互通和互操作性，减少人工干预和等待时间，提高生产效率。通过优化生产流程，减少浪费和能耗，降低生产成本，同时，统一的通信标准也降低了维护和升级的成本。利用实时数据进行精准控制和优化，提高产品质量水平。基于 OPC UA 的架构支持灵活配置和扩展，便于企业根据市场需求进行调整和优化。

2. 顶层设计与实施步骤

在智能车间的规划设计中，顶层设计是至关重要的环节。它不仅关乎整体战略布局，还对后续建设与实施的顺利开展起着决定性作用。顶层设计是从全局和战略高度对智能车间进行规划的过程，它决定了车间未来的发展方向和运营模式。在进行顶层设计时，首先，需要明确智能车间的建设目标，如提高生产效率、降低成本、提高产品质量等。同时，要清晰界定车间的定位，是面向大规模生产还是定制化生产，这将影响后续的设备选型、布局设计等。其次，对车间现有的生产能力、设备状况、人员配置等进行全面评估。同时，深入调研市场需求、客户期望及行业发展趋势，确保顶层设计既贴合当前实际，又具有前瞻性。再次，根据目标和现状，制定智能车间的战略规划，包括技术路线、设备选型、人员培训、管理制度等方面的规划。这一步骤需要综合考虑技术可行性、经济合理性和社会效益。在战略规划的基础上，设计智能车间的组织架构和管理流程。这包括确定各部门职责、建立协同工作机制、制订应急预案等，以确保车间的高效运转。最后，在完成初步顶层设计后，需要对其进行全面评估。通过专家评审、模拟运行等方式，发现潜在问题并进行调整。这一步骤是确保顶层设计质量的关键。

在顶层设计完成后，进入建设与实施阶段。根据顶层设计中的技术路线和设备规划，进行设备选型与采购。在选型过程中，要综合考虑设备性能、价格、售后服务等因素，确保选购的设备能够满足生产需求。根据顶层设计中的车间布局设计，对现有车间进行改造或新建车间。这一步骤需要确保车间的空间布局合理、设备安装位置准确，以便后续生产的顺利进行。在设备安装完成后，进行系统集成与调试。这一步骤包括电气连接、软件配置、网络通信等方面的调试，以确保整个智能车间系统的稳定运行。对车间操作人员进行系统的培训，包括设备操作、安全防护、应急处理等方面的知识和技能。确保操作人员能够熟练掌握智能车间的各项操作，提高生产效率和质量。在智能车间投入运行后，需要持续关注其运行状态并进行优化与改进。这包括调整生产流程、优化设备参数、完善管理制度等方面的措施，以不断提升车间的整体性能。

3. 生产系统仿真和数字孪生技术

生产系统仿真技术通过构建虚拟的生产环境，模拟实际生产过程中的各种情况。在智能车间的规划设计中，仿真技术能够协助设计者评估不同方案的效果，发现潜在的问题并加以优化。在设备布局优化、生产调度策略验证、故障预测与应对等方面具有重要作用。数字孪生技术是通过数字化手段创建一个与实际生产系统相对应的虚拟模型。如图 9.8 所示为数字孪生增强的人机交互框架。

在智能车间的规划设计中，数字孪生技术能够帮助设计者更直观地了解车间的运行状态，预测未来的生产情况，并进行优化决策，具体体现在以下方面。

（1）实时监测与预测。通过与实际生产系统的数据交互，实时监测车间的运行状态，并预

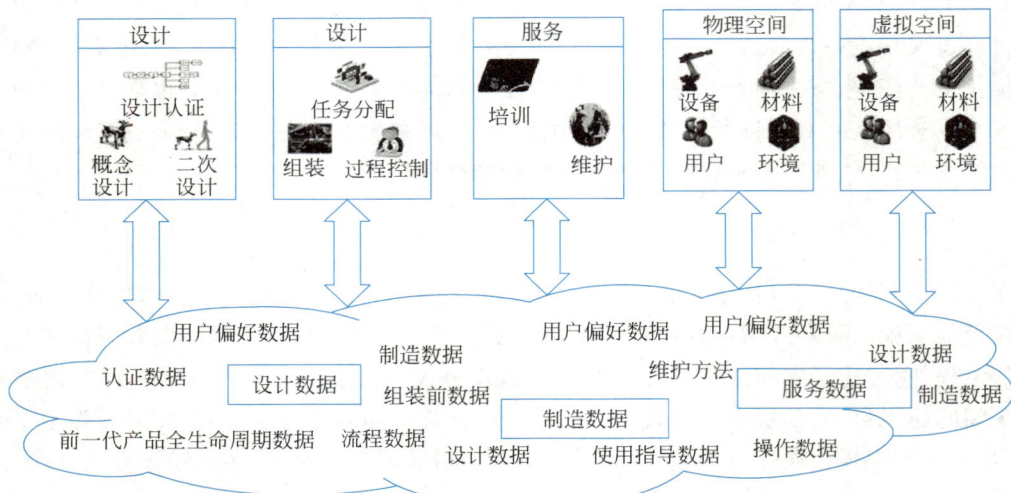

图 9.8　数字孪生增强的人机交互框架

测未来的生产趋势,为决策者提供有力支持。

(2) 优化决策支持。利用数字孪生模型对不同的优化方案进行模拟评估,选择最佳方案实施,提高车间的整体性能。

(3) 故障预警与诊断。通过数字孪生模型对设备故障进行预警和诊断,及时发现并处理故障问题,确保车间的稳定运行。

生产系统仿真和数字孪生技术在智能车间的规划设计中发挥着重要作用。它们不仅能够帮助设计者评估和优化设计方案,还能为车间的实时监测、预测和优化决策提供支持。在未来的智能车间建设中,这些技术将得到更为广泛的应用和推广。

9.2.3　智能车间的构建

智能车间的构建首先需要进行合理的布局规划,其组成架构如图 9.9 所示。布局规划涵盖多个关键方面,不仅涉及设备的合理摆放,还包括物料流动路径的设计、工作人员的活动区域划分及安全通道的预留等。在规划进程中,应充分考虑生产工艺的特点,确定各生产区域的相对位置,以此减少物料搬运距离,提高生产效率。同时,应借助专业的仿真软件对规划方案进行模拟,从而评估其在实际运行中的成效。这种仿真能够模拟生产过程中的各类情况,诸如设备故障、生产瓶颈等,进而提前发现并解决潜在问题。此外,车间布局规划还需着眼于未来的发展需求。鉴于技术的进步和市场需求的变化,车间日后可能需要引入新设备和新工艺。因此,在规划阶段就应为未来的扩展和改造预留空间。

智能车间的日常管理涉及多个方面,包括生产计划制订、任务分配、质量控制、设备维护及安全管理等。生产计划应根据订单情况和生产能力来制订,确保生产活动的有序开展。任务分配则需要根据员工的技能和设备的性能来合理安排,以达到最高的生产效率。质量控制在车间管理中占据至关重要的地位。通过定期的质量检查和严格的工艺控制,能够确保产品的一致性和可靠性。同时,设备维护也是不可忽视的部分,定期的检查和维修可延长设备的使用寿命,降低故障率。在安全管理方面,除了常规的安全培训和设备操作规范,还应构建应急响

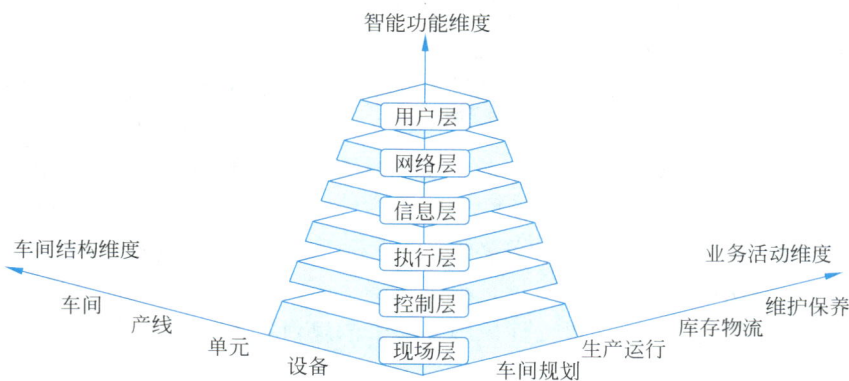

图 9.9　智能车间的组成架构

应机制,以应对可能发生的生产事故。在任务处理方面,智能车间应构建一套高效的任务管理系统。该系统能够实时监控生产进度,对任务进行动态分配和调整,确保生产按照计划推进。此外,该系统还应具备数据分析功能,为管理人员提供决策支持。

智能车间的核心特质在于其高度的信息化和智能化。通过部署各类传感器和网络设备,车间能够实现制造信息的实时感知和传输。这些信息包括设备状态、生产进度、物料库存等,对生产过程的优化和控制至关重要。信息的实时感知不仅提升了生产的透明度,还为生产协调和调度提供了数据支撑。例如,当某台设备出现故障时,系统能够迅速感知并重新分配任务,以缩短生产中断的时间。同样,当物料库存低于安全库存时,系统能够自动触发采购订单,确保生产的连续性。此外,信息的实时感知还为远程监控和调试创造了可能。专家可通过网络对车间进行远程诊断和优化,进一步提升生产效率和质量。

生产制造执行系统(MES)堪称智能车间的"大脑"。它负责收集车间的实时数据,对生产过程进行实时的监控和调度。MES不仅确保生产按照计划进行,还能根据实际情况进行动态调整。MES的核心功能包括生产计划管理、生产过程控制、质量管理、设备管理和物料管理等。通过与ERP(企业资源规划)系统的集成,MES能够实现从订单到生产的全流程管理。同时,通过与SCM(供应链管理)系统的集成,MES能够确保物料供应的及时性和稳定性。在智能车间中,MES还承担着数据分析与优化的职责。通过对生产过程中产生的大量数据进行分析,MES能够助力企业发现生产中的瓶颈和问题,提出优化建议,进而持续提升生产效率和质量。

智能车间的构建是一项系统工程,涉及车间布局规划、日常管理、信息感知与协调及生产制造执行系统等多个层面。这些层面相互关联、相互影响,共同构成了智能车间的整体架构。随着技术的不断进步和市场需求的变化,智能车间将朝着更加智能、高效和灵活的方向发展,为企业的持续发展提供有力支撑。

9.2.4　智能车间的工艺规划和智能调度

智能车间作为现代制造业的重要组成部分,通过集成信息技术和制造技术,实现生产过程的可视化、可控制和智能化。在智能车间中,工艺规划和智能调度是两大核心技术,它们对于提高生产效率、降低成本、保证产品质量具有至关重要的作用。本节围绕这两个主题展开深入探讨,以期为智能车间的高效运作提供科学的指导和支持。

工艺规划是产品从设计迈向生产的关键环节,它决定了产品的制造流程、加工方法、设备选择等重要因素。在智能车间中,工艺规划不仅需要考虑传统的加工流程,还需要结合现代信息技术,实现工艺的数字化、网络化和智能化。数字化工艺规划能够提高规划的准确性和效率,网络化工艺管理能够确保生产过程中的数据实时更新和共享,而智能化工艺优化则能够运用大数据分析和人工智能技术不断优化工艺流程。

在进行工艺规划时,应遵循合理性、经济性和灵活性等原则。合理性原则要求根据产品特性和生产要求,选择最合适的加工工艺和设备;经济性原则要求在满足产品质量和生产效率的前提下,尽可能降低生产成本;灵活性原则要求工艺规划具备一定的灵活性,以适应市场需求和生产条件的变化。

具体的工艺规划方法包括基于规则的规划、基于优化的规划和基于仿真的规划等。基于规则的规划方法根据预定义的规则制定工艺路线,适用于简单、重复性的生产过程;基于优化的规划方法则通过数学模型和优化算法来寻找最优的工艺路线,适用于复杂、多变的生产过程;基于仿真的规划方法则通过模拟实际生产过程评估和优化工艺路线,适用于需要预测生产过程性能的情形。

工艺管理在实现工艺规划有效执行的过程中面临诸多挑战,如设备故障、生产延误、质量波动等。为应对这些挑战,需要采取一系列策略,包括建立完善的工艺管理制度、强化工艺纪律的执行、实施严格的工艺质量控制等。此外,还需借助现代信息技术手段,如物联网技术、大数据分析等,对生产过程进行实时监控和预警,以便及时发现并解决问题。

智能调度是实现智能车间高效运作的关键技术之一。图 9.10 所示为凌鸟(苏州)智能叉车 AGV 小车调度系统,其涉及生产任务的分配、资源的合理配置和生产过程的优化等方面。在智能调度中,需要运用实时数据采集与分析技术来获取生产现场的数据,以便为调度决策提供支持;同时还需借助高级计划与排程系统(APS)来智能生成生产排程,以满足生产计划和实时生产数据的要求。此外,还需要借助机器学习与人工智能技术来优化调度策略,提高调度效率。

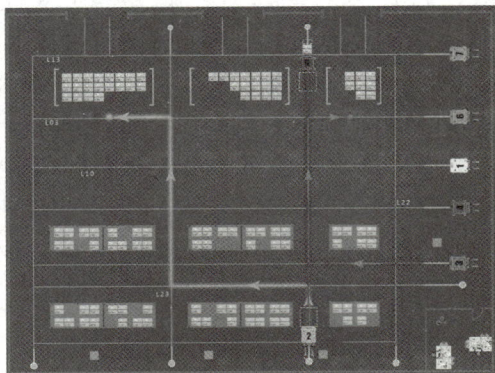

图 9.10　凌鸟(苏州)智能叉车 AGV 小车调度系统

实施智能调度需要遵循一定的步骤,包括数据收集与处理、建立调度模型、制定调度策略、执行调度计划以及评估与反馈等。数据收集与处理是智能调度的基础,需要收集生产现场的数据并进行预处理,以便为后续的调度决策提供支持;建立调度模型则需要根据生产任务和资源状况来构建数学模型,以描述生产过程的动态变化;制定调度策略则需要根据调度模型和实时数据来制订最优的调度方案;执行调度计划则需要将调度方案转化为具体的生产指令并下达给执行机构;评估与反馈则需要对调度结果进行评估和反馈,以便不断优化调度策略。

工艺规划与车间调度的智能集成是实现智能车间高效运作的重要环节。通过将工艺规划和车间调度紧密结合起来,能够形成一个高效、灵活的生产系统,提升生产效率、降低成本并保障产品质量。智能集成的意义在于实现信息共享、协同工作和优化决策等方面。实现工艺规划与车间调度的智能集成需要采取一系列方法,包括建立统一的信息平台、实现信息共享与协同工作、利用智能算法进行优化决策等。建立统一的信息平台是实现智能集成的基础,可确保工艺规划和车间调度之间能够实时获取最新的生产信息和资源状态;实现信息共享与协同工作则需要通过信息平台来实现工艺规划和车间调度之间的紧密配合和协同工作;利用智能算法进行优化决策则可以根据实际情况进行协同优化,提供最优的生产方案。

生产计划排程是车间作业调度的核心环节,它根据生产任务和生产计划合理安排车间作业的顺序和时间。合理的生产计划排程能够确保生产任务按时完成并提高生产效率。在智能车间中,生产计划排程需要结合实时生产数据和优化算法来实现生产效率的最大化。制订生产计划排程需要考虑多个因素,包括生产任务的紧急程度、设备状态、人员配置等。具体的制订方法包括基于规则的排程、基于优化的排程和基于仿真的排程等。基于规则的排程方法根据预定义的规则进行生产任务的排序和安排;基于优化的排程方法则通过数学模型和优化算法来寻找最优的生产计划方案;基于仿真的排程方法则通过模拟实际生产过程评估和优化生产计划方案。在实际生产过程中,可能会出现各种突发情况,如设备故障、生产延误等。因此,需要对生产计划排程进行实时调整与优化。具体的调整与优化方法包括实时监控生产进度并根据实际情况进行调整、利用预测模型对生产需求和资源状况进行预测以提前进行生产计划安排,以及运用智能算法对生产计划排程进行优化等。

随着物联网、大数据、云计算等新一代信息技术的迅猛发展,智能车间的工艺规划与智能调度将进一步与这些技术深度融合,实现更为智能化、精准化的生产管理。例如,通过物联网技术对生产设备进行实时监控和预警,提高设备利用率和维护效率;利用大数据技术对生产过程中产生的海量数据进行挖掘和分析,为工艺规划和调度决策提供更有力的数据支撑;借助云计算平台实现生产信息的共享和协同工作,提高生产效率和响应速度等。

9.3　智　能　工　厂

随着 5G、大数据、云计算、人工智能、工业互联网等新兴信息技术与制造业不断深度融合,智能工厂已成为制造业向现代化工业迈进的必然趋势。如何借助数字化、智能化转型构建智能工厂,增强企业的竞争力、创新力、控制力和抗风险能力,已成为企业在危机中育新机、于变局中开新局的战略性支点。

9.3.1　智能工厂概述

智能工厂通过集成信息技术、自动化技术和制造技术,实现了生产流程的高度自动化、信息化和智能化,代表着现代制造业的最高水平,是工业自动化和信息化的完美融合。它不仅能显著提高生产效率,还能优化资源配置、降低成本,为企业创造持续价值。然而,智能工厂的实施并非易事,它需要克服一系列技术和管理难题。

智能工厂是一种高度自动化的生产制造系统,借助综合运用物联网、大数据、云计算等现代信息技术,实现了工厂内部各环节的智能化管理和控制。其主要特征包括高度自动化生产、信息化集成、智能化决策及灵活生产能力。

智能工厂的优势突出表现为以下几点。

(1)显著提高生产效率。智能工厂引入自动化设备和智能制造技术,可大幅提高生产效率。自动化生产线减少人为干预,加快生产速度,节约时间和人力成本。此外,智能工厂还能根据实时数据动态调整生产计划,确保生产按照最优效率推进。

(2)精准把控质量。智能工厂运用先进的传感器和数据分析技术,对生产过程进行实时监控和预测。这有助于及时察觉并处理生产中的质量问题,提升产品质量,降低缺陷率。通过质量追溯系统,企业能迅速定位问题源头,采取有效措施进行改进,进一步提升产品质量。

(3)具备高度灵活的生产能力。智能工厂具备灵活调整生产线的能力,可根据市场需求和客户个性化需求进行快速调整。这种灵活性使企业能够迅速响应市场变化,把握市场机遇,增强市场竞争力。

(4)提供数据驱动的决策支持。智能工厂通过数据采集、分析和挖掘,为企业提供基于数据的决策支持。企业可根据实时数据优化生产计划和管理流程,提高运营效率。此外,数据还可以帮助企业发现生产过程中的瓶颈和问题,为持续改进提供有力支撑。

(5)实现节能减排与环保。智能工厂通过优化生产流程和资源配置,降低了能源消耗和原材料浪费,从而实现了节能减排。同时,智能工厂还可采用环保材料和工艺,减少生产过程中的环境污染,提升企业的环保形象和社会责任感。

(6)驱动创新发展。智能工厂为企业搭建创新平台,通过引入新技术、新工艺和新设备,推动企业不断创新发展。这种创新不仅体现在产品设计和制造方面,还体现在企业管理模式、市场营销策略等多个方面。智能工厂的实施将激发企业的创新活力,为企业可持续发展注入新的动力。

尽管智能工厂具有诸多优点,但在实际应用中也面临着一些难点。首先,技术复杂性是一个重要挑战,企业需要整合多种技术并确保其稳定运行。其次,数据安全与隐私保护也不容忽视,智能工厂需要处理大量敏感数据,因此必须采取有效的安全措施。再次,员工培训与技能提升也是一项长期任务,需要为员工提供系统的培训和教育,以适应新的工作环境和要求。最后,初始投资与成本问题也需要仔细权衡和规划。

智能工厂凭借其独特的优势,为现代制造业带来了革命性的变革。通过自动化、信息化和智能化的生产方式,智能工厂显著提高了生产效率、产品质量和灵活性,并提供了数据驱动的决策支持。

9.3.2　智能工厂的设计通则

作为工业4.0的核心组成部分,智能工厂通过深度融合信息技术、自动化技术与制造技术,推动了制造业的转型升级。然而,智能工厂的设计极具挑战性,它涉及众多复杂的技术和实践问题。本小节将从关键技术、总体设计流程和功能划分三个方面,对智能工厂的设计通则进行剖析,为智能工厂的设计提供一套系统、科学的方法论,推动智能工厂技术更广泛应用,促进制造业持续创新与发展。

1. 智能工厂设计的关键技术

智能工厂作为现代工业制造的重要发展方向,集成了诸多先进技术,以实现生产流程的智能化、高效化和柔性化。在构建智能工厂的过程中,一系列关键技术发挥着举足轻重的作用,这些技术不仅推动了工业生产的革新,也为制造业的未来发展奠定了坚实的基础。

(1) 工业物联网(IIoT)技术是智能工厂的核心技术之一。该技术通过连接生产设备、传感器和执行器等各个环节,实现了设备间的互联互通。这种连接性不仅便于实时收集生产现场的数据,还为设备的监控提供了极大的便利。借助 IIoT 技术,可实时监测设备的运行状态,及时发现并预防潜在问题,从而确保生产线的稳定运行。同时,通过深入分析设备产生的数据,能够洞察生产流程中的瓶颈,进而优化生产流程,提高生产效率和产品质量。

(2) 在智能工厂中,每天都会产生大量的数据,包括设备数据、生产数据和质量数据等。为有效处理这些数据并挖掘出有价值的信息,大数据分析技术应运而生。该技术能够高效处理海量数据,帮助挖掘出隐藏在数据中的生产瓶颈、设备故障预警及产品质量问题等关键信息。基于这些数据分析结果,企业可更科学地制订生产计划,准确预测维护需求,并针对产品设计进行改进,从而全面提升企业的生产效率和产品质量。

(3) 云计算技术则为智能工厂提供了强大的计算和存储资源支持。通过云计算平台,企业可实现数据的集中管理和远程访问,这不仅提高了数据的安全性和可用性,还为企业带来了前所未有的便捷性。更重要的是,云计算支持多工厂之间的数据共享和协同,这在全球化背景下显得尤为重要。借助云计算技术,企业能更高效地管理全球范围内的供应链,实现资源的优化配置和高效利用。

(4) 人工智能技术(AI)在智能工厂中发挥着越来越重要的作用。借助机器学习等算法,AI 能够优化生产调度、预测设备故障,为企业的决策提供有力支持。同时,AI 在质量检测环节也展现出了巨大的潜力。通过图像识别等技术,AI 可自动检测产品缺陷,极大地提高了产品质量控制水平。随着技术的不断发展,AI 将在智能工厂中实现更高级别的自动化和智能化,进一步减少人工干预,提升生产效率。然而,随着工厂智能化水平的提高,网络安全问题也日益凸显。

(5) 网络安全技术成为保障智能工厂信息安全的关键环节。通过加密、身份验证、访问控制等手段,网络安全技术能够确保数据的机密性、完整性和可用性,有效保护智能工厂的信息系统免受外部攻击和内部泄漏风险。

(6) 5G 通信技术的快速发展也为智能工厂带来了新的机遇。5G 通信技术以其高速度、低延迟和大连接的特性,为智能工厂提供了前所未有的数据传输能力。通过 5G 网络,可实现更多的设备连接,进行更精细化的生产控制和监测。同时,5G 技术还支持远程监控、实时数据分析和故障预警等功能,为智能工厂的高效运行提供了有力保障。

智能工厂的设计是一项复杂且系统的工程,它涉及众多关键技术的融合应用和创新发展。在未来制造业的发展中,智能工厂将发挥越来越重要的作用。通过不断探索和创新,构建更智能、高效和可持续的工业制造体系。但技术的快速发展和应用也带来了新的挑战和问题。例如,如何确保数据的安全性和隐私保护、如何避免技术垄断和不正当竞争等问题,都需要深入思考和解决。因此,在推动智能工厂发展的同时,也需要加强相关法规和政策的研究与制定,确保技术的健康、可持续发展。

2. 智能工厂设计的总体设计流程

智能工厂设计的总体设计流程是一项系统性的工程,需要综合考虑多方面因素。智能工厂设计的总体设计流程包括需求分析、概念设计、详细设计、实施调试及运营优化。如图 9.11 所示为智能工程的总体设计流程图。

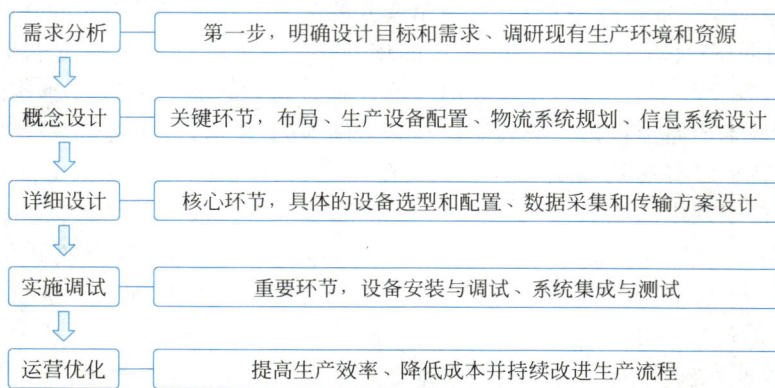

需求分析	第一步,明确设计目标和需求、调研现有生产环境和资源
概念设计	关键环节,布局、生产设备配置、物流系统规划、信息系统设计
详细设计	核心环节,具体的设备选型和配置、数据采集和传输方案设计
实施调试	重要环节,设备安装与调试、系统集成与测试
运营优化	提高生产效率、降低成本并持续改进生产流程

图 9.11 智能工程的总体设计流程图

(1)需求分析是智能工厂设计的第一步,也是至关重要的一步。通过深入了解企业的实际需求,可为后续的设计工作奠定坚实的基础。在智能工厂设计的初期,需要明确设计的目标和需求。这包括了解企业的生产规模、产品类型、生产流程、自动化程度等方面的信息,以及企业对智能工厂建设的期望和目标。通过与企业管理层、生产人员、技术人员等深入交流,可获得更为准确和全面的需求信息。在明确设计目标和需求后,需要对现有的生产环境和资源进行深入调研。这包括了解企业的生产设备、工艺流程、人员配置、物流系统等方面的情况。通过调研,可以发现现有生产环境中存在的问题和瓶颈,为后续的智能工厂设计提供有力的依据。

(2)概念设计阶段是智能工厂设计的关键环节,它决定着整个设计的方向和框架。通过合理的概念设计,可以确保智能工厂的高效运行和可持续发展。在概念设计阶段,需要根据需求分析的结果,制定智能工厂的整体规划。这包括确定智能工厂的布局、生产设备配置、物流系统规划、信息系统设计等方面的内容。整体规划需要充分考虑企业的实际情况和发展需求,确保智能工厂的可行性和实用性。在整体规划的基础上,需要进一步确定智能工厂所需的关键技术和系统架构。这包括选择适配自动化设备、传感器、执行器等硬件设备,以及设计合理的软件系统、数据管理系统、通信网络等。通过选择合适的技术和架构,可确保智能工厂的高效、稳定运行。

(3)详细设计阶段是智能工厂设计的核心环节,它涉及具体的设备选型和配置、数据采集和传输方案设计等。在详细设计阶段,需要根据整体规划,具体设计智能工厂的布局和设备配置。这包括确定生产设备的摆放位置、物流通道的设置、仓储设施的配置等。同时,还需要选择合适的生产设备、传感器、执行器等硬件设备,以满足生产需求、提高生产效率。数据采集、传输和处理是智能工厂运行的关键环节。在详细设计阶段,需要确定合理的数据采集方案,包括选择合适的传感器、数据采集设备等;设计数据传输网络,确保数据的实时、准确传输;制定数据处理和分析方案,以便及时发现生产过程中的问题和瓶颈。

（4）实施调试阶段是智能工厂设计的重要环节，它直接关系到智能工厂能否正常运行并达到预期效果。在实施与调试阶段，首先需要进行设备的安装与调试工作。这包括将选定的生产设备、传感器、执行器等硬件设备按照设计方案进行安装，并进行相应的调试和校准工作。通过设备安装与调试，可确保设备的正常运行和准确性。在设备安装与调试完成后，需要进行系统集成与测试工作。这包括将各个硬件设备和软件系统进行集成，确保它们协同工作；对整个智能工厂系统进行全面的测试，发现并解决潜在的问题和故障。通过系统集成与测试，可确保智能工厂系统的稳定性和可靠性。

（5）智能工厂的运营优化是持续不断的过程，旨在提高生产效率、降低成本并持续改进生产流程。在智能工厂的运营过程中，需要持续采集生产现场的数据，并进行深入的分析和处理。通过数据采集与分析，可以及时发现生产过程中的问题和瓶颈，为生产优化提供有力的数据支持。利用智能工厂系统中的数据，可进行故障预测与维护工作。通过对设备的运行数据进行分析，可预测设备可能出现的故障和问题，并采取相应的维护措施进行预防。这不仅可减少设备的停机时间，还可延长设备的使用寿命。在智能工厂的运营过程中，需要持续进行生产优化工作。这包括调整生产计划、优化生产流程、提高设备利用率等方面的内容。通过生产优化，可进一步提高生产效率、降低成本并提升产品质量。

3. 智能工厂设计的功能划分

功能划分是实现智能制造的重要基础。本书按照各部分实现的功能，对智能工厂的进行划分，包括智能计划与管理系统、智能生产执行系统、智能物流与仓储系统、智能数据采集与分析系统和智能安全与环保系统。智能计划与管理系统可实现生产计划管理，根据订单和生产计划，智能生成生产任务，实现生产资源的优化配置。通过 MRP 系统精确计算物料需求，确保生产顺畅进行。借助高级计划与排程功能，实现生产任务的智能排程，提高设备利用率。智能生产执行系统能够收集生产现场数据，监控生产过程，确保生产按计划进行。对设备进行远程监控、调试和维护，提高设备综合效率。质量管理系统可对生产过程中的质量数据进行采集、分析和处理，确保产品质量。智能物流与仓储系统包含自动化立体仓库，实现物料的自动化存储、检索和输送。智能物流系统，通过 AGV、RGV 等智能设备实现物料的自动搬运和配送。库存管理系统，实时监控库存状态，确保库存数据的准确性和实时性。智能数据采集与分析系统通过传感器、RFID 等技术实时采集生产现场数据，并对采集的数据进行深入分析，为生产决策提供支持，最后将数据分析结果以直观的方式呈现给管理者，便于及时发现问题并做出调整。智能安全与环保系统可实时监测生产环境的温度、湿度、噪声等参数，确保生产环境安全。对能源消耗进行实时监控和分析，实现节能减排。通过视频监控、门禁系统等手段保障工厂安全。

9.3.3　智能工厂的总体架构

在构建智能工厂的总体架构之前，首先要了解一个参考模型，即工业 4.0 参考架构模型（RAMI 4.0）。RAMI 4.0 是一个三维的模型，包含层级、生命周期和价值流、类别三个维度。层级维度从下到上包括资产层、集成层、通信层、信息层、功能层、业务层。这一维度展现了智能工厂在技术和组织层面的分层结构。资产层包括所有的制造资源，如生产设备、传感器和执行器等。集成层负责将资产层的数据进行采集和集成，实现设备之间的互联互通。通信层提供稳定、可靠的数据传输服务,确保信息的实时性和准确性。信息层对来自集成层的数据进行处理、分析和存储,为上层应用提供数据支持。功能层基于信息层提供的数据,实现各种制造功能,如生产计划、调度、质量控制等。业务层与企业的战略目标相结合,通过功能层提供的支持,实现业务价值的最大化。

生命周期和价值流维度描述了产品从需求分析、设计、生产到服务的全过程。在智能工厂中,这一维度强调了产品的全生命周期管理和持续优化。在需求分析阶段,通过市场调研和客户需求分析,确定产品的功能和性能要求。在设计阶段,利用先进的设计工具和方法,进行产品创新设计,同时考虑生产过程的可行性。在生产阶段,通过高度自动化的生产线和智能化的制造设备,实现高效、高质量的产品生产。在服务阶段,提供产品的售后服务和远程维护,收集客户反馈,持续改进产品质量。

类别维度涵盖了产品、生产现场和控制、质量与管理和运维四个方面。该维度反映了智能工厂在运营过程中的不同关注点。产品方面,关注产品的设计、制造和服务全过程,以实现产品的个性化和高品质。生产现场和控制方面,通过先进的自动化设备和控制系统,实现生产现场的智能化和柔性化。质量与管理方面,建立严格的质量管理体系,确保产品质量和生产过程的稳定性。运维方面,提供设备的远程监控和维护服务,确保生产线的持续稳定运行。

基于 RAMI 4.0 参考模型,能够构建出智能工厂的总体架构。该架构主要包括设备层、控制层、网络层、数据层和应用层。设备层是智能工厂的基础,包括各种生产设备、传感器和执行器等。这些设备借助工业互联网技术实现互联互通,为上层应用提供实时数据。设备层的关键在于设备的智能化和网联化,以此实现生产过程的可视化、可控制和可优化。控制层负责接收设备层的数据,并根据上层应用的需求对设备进行实时控制。控制层采用先进的自动化控制系统,如 PLC(可编程逻辑控制器)和 DCS(分布式控制系统),确保生产过程的精确性和稳定性。网络层是智能工厂的信息高速公路,负责将设备层和控制层的数据传输到数据层。为实现数据的实时传输和共享,网络层需要采用高可靠、低时延的通信网络,如 5G、工业互联网等。数据层堪称智能工厂的"大脑",负责对来自网络层的数据进行存储、处理和分析。通过大数据技术,数据层能够挖掘出生产过程中的有价值信息,为上层应用提供决策支持。数据层还需要具备高效的数据处理能力和强大的数据存储能力,以满足实时性和准确性的要求。应用层是智能工厂的核心,它基于数据层提供的信息,实现各类智能化应用,如生产计划与调度、质量控制、设备远程监控与维护、能源管理等。这些应用能够显著提升生产效率、降低成本并优化资源配置。

智能工厂的总体架构是实现工业 4.0 愿景的关键组成部分。通过构建包含设备层、控制层、网络层、数据层和应用层在内的完整架构,智能工厂能够实现生产过程的全面优化和智能化。这有助于企业提高生产效率、降低成本并增强市场竞争力,进而推动制造业的持续创新和发展。在未来的工业发展进程中,智能工厂将发挥越来越重要的作用,成为推动工业转型升级的重要力量。

9.3.4　智能工厂的系统组成

智能工厂通常由制造执行系统、仓储物流系统、柔性自动化系统和网络与通信系统组成。

1. 制造执行系统

制造执行系统(manufacturing execution system,MES)是实现智能制造的核心系统之一,它处于企业资源计划系统(ERP)和现场控制系统(如 PLC、DCS 等)之间,起着承上启下的作用。MES 能够收集生产现场的数据,对生产过程进行实时的监控、调度和管理,确保生产按照计划推进,同时提高生产效率和产品质量。制造执行系统是一种面向车间层的生产信息化管理系统,它通过对生产现场的数据采集、分析、处理和反馈,实现对生产过程的可视化、可控制和可优化。MES 的主要功能如下。作业计划调度:根据生产计划,制订详细的作业计划,并下达至生产现场,确保生产按照计划进行。生产数据采集:借助各种传感器、条码扫描设备、RFID 等技术手段,实时采集生产现场的数据,包括设备状态、生产数量、质量信息等。生产过程监控:对生产过程中的设备、人员、物料等进行实时监控,确保生产按照作业计划进行,及时察觉并处理异常情况。质量管理:对生产过程中的质量数据进行采集、分析和处理,及时察觉并处理质量问题,确保产品质量符合要求。物料管理:对生产过程中的物料进行追踪和管理,确保物料的供应和使用满足计划要求。设备管理:对生产设备进行远程监控和维护,确保设备的正常运行和延长使用寿命。

在智能工厂中,MES 是实现智能制造的核心系统之一,它如同连接企业资源计划系统和现场控制系统的桥梁。MES 能够实时采集生产现场的数据,为企业提供准确、及时的生产信息,助力企业实现生产过程的可视化、可控制和可优化。同时,MES 还能提高生产效率、降低生产成本、提升产品质量,为企业的持续发展提供有力支撑。MES 的组成架构如图 9.12 所示,制造执行系统的核心技术主要包括数据采集与处理技术、生产计划与调度技术、质量管理与追溯

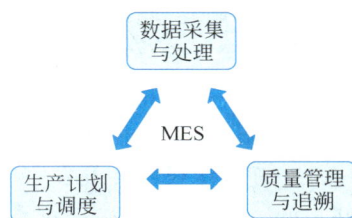

图 9.12　MES 的组成架构

技术等。这些技术共同构成了 MES 的技术基础,为 MES 的功能实现提供了有力支撑。

(1) 数据采集与处理技术是 MES 的基础技术之一,它负责实时采集生产现场的数据,并对这些数据进行处理和分析。数据采集方式包括传感器采集、条码扫描、RFID 识别等。经过处理的数据能够为生产计划调度、质量管理、物料管理等提供精准的信息支持。在数据采集方面,MES 需要接入各类传感器和设备,实时获取生产现场的数据。这些数据包括设备状态、生产数量、质量信息等,对于确保生产过程的顺利进行至关重要。同时,MES 还需对这些数据进行清洗、整合和存储,以便后续的分析和处理。在数据处理方面,MES 需要对采集到的数据进行实时分析,提取有用的信息,为生产决策提供支持。例如,通过对设备状态数据的分析,可以预测设备的维护需求,提前进行维护计划安排;通过对生产数量数据的分析,能够及时调整生产计划,确保生产按照计划进行。

(2) 生产计划与调度技术是 MES 的核心技术之一,它负责制订详细的生产计划,并根据实际情况进行实时的调度和调整。生产计划与调度技术需要考虑多种因素,如订单情况、设备状况、人员安排等,以确保生产按照计划进行并满足客户需求。在生产计划方面,MES 需要根据企业资源计划系统(ERP)下达的订单和生产计划,结合生产现场的实际状况,制订详细的生产计划。这个计划需要考虑到设备的生产能力、人员的技能和数量、物料的供应情况等多种因素,以确保生产的顺利进行。在生产调度方面,MES 需要根据实时采集的生产数据和设备状态信息,对生产计划进行实时的调度和调整。例如,当某台设备出现故障时,MES 需要及时调

整生产计划,将原本安排在该设备上的生产任务转移到其他设备上,以确保生产的连续性和稳定性。

(3)质量管理与追溯技术是 MES 中不可或缺的部分,它负责对生产过程中的质量数据进行采集、分析和处理,及时发现并处理质量问题。同时,该技术还能实现产品质量的追溯和溯源,为企业的质量管理和质量控制提供有力支持。在质量管理方面,MES 需要对生产过程中的质量数据进行实时采集和分析。这些数据包括产品的尺寸、外观、性能等方面的信息。通过对这些数据的分析,MES 可及时发现并处理质量问题,确保产品质量符合要求。同时,MES 还可以根据历史质量数据对生产过程进行优化和改进,提高产品质量水平。在质量追溯方面,MES 需要建立完善的追溯体系,对产品的生产过程进行详细的记录和追溯。这包括原材料的来源、生产过程中的关键参数、生产人员的信息等。当产品出现质量问题时,MES 能够迅速定位问题源头并采取相应的措施进行改进和纠正。这种追溯能力不仅能够提高企业的质量管理水平,还能增强客户对产品的信任度和满意度。

(4)制造执行系统的实施与应用是智能工厂建设中的重要环节。通过合理的实施步骤和关键点控制,可确保 MES 在智能工厂中发挥最大的作用。同时,结合成功案例的分析,可为其他企业提供参考和借鉴。在实施 MES 之前,企业需要进行充分的准备工作,包括明确实施目标、制订实施计划、组建实施团队等。在实施 MES 之前,企业需要对自身的生产流程和管理需求进行深入的分析,明确 MES 需要实现的功能和目标。这有助于确保 MES 的实施方向与企业的实际需求相匹配。根据需求分析的结果,进行系统设计和开发工作。这包括数据库设计、界面设计、功能模块开发等。在这个过程中,需要充分考虑系统的可扩展性、可维护性和易用性。在系统设计和开发完成后,需要对 MES 进行全面的测试,确保其功能的正确性和稳定性。同时,根据测试结果对系统进行优化和改进,提高系统的性能和用户体验。在系统测试通过后,需要对相关人员进行培训,确保他们熟悉 MES 的操作和使用方法。之后,可以逐步将 MES 上线运行,并对其进行持续的监控和维护。

2. 仓储物流系统

仓储物流系统,顾名思义,是指对仓库中的物料进行存储、保管、分拣、配送等一系列物流活动的系统。在智能工厂中,仓储物流系统不仅承担着传统的物料存储和运输功能,还具备信息化、自动化和智能化的特点,能够实现物料的精准管理、高效配送和实时监控。

仓储物流系统的主要功能包括以下几点。物料存储与管理:系统能够对各类物料进行分类、编码和定位,确保物料得以准确存储和快速检索。库存控制:通过实时监控库存情况,系统能够自动进行库存预警和补货操作,避免出现库存积压或短缺的情况。订单处理与分拣:根据生产计划和销售订单,系统能够自动进行订单处理、物料分拣和打包。物流配送:系统能够根据需求,合理规划物流路径和配送时间,确保物料按时送达指定地点。

在智能工厂中,仓储物流系统的作用至关重要。它不仅是连接供应链和生产环节的重要纽带,还是实现智能制造和精益生产的关键环节。借助智能化的仓储物流系统,企业能够实时掌握物料信息、优化库存结构、提高物料周转率、降低库存成本,进而提升生产效率和客户满意度。

随着物流技术的持续发展,仓储物流系统也日益朝着智能化和自动化方向迈进。以下是仓储物流系统中的一些关键技术。自动化仓储技术是实现智能仓储的核心技术之一,主要包括自动化立体仓库、自动堆垛机、自动输送系统等。通过自动化技术,能够实现物料的自动存取、搬运和分拣,大幅提高仓储效率和准确性。此外,自动化仓储技术还可减少人工干预,降低人力成本,提高作业安全性。智能物流规划与管理技术是实现仓储物流系统高效运作的关键所在。它主要包括物流网络规划、库存管理、订单处理与配送计划等。通过运用先进的算法和模型,智能物流规划与管理技术可以优化物流路径、减少运输成本、提高配送效率。同时,它还能够根据实时数据对物流计划进行动态调整,以应对突发事件和需求变化。物联网技术为仓储物流系统提供了全新的数据感知和交互方式。借助物联网技术,能够实现对物料、设备和人员的实时监控与追踪,确保物流信息的准确性和实时性。此外,物联网技术还可与自动化技术相结合,实现智能调度、远程控制等功能,进一步提升仓储物流系统的智能化水平。

为实现仓储物流系统的高效运作,需要对其进行合理的优化与实施。以下是一些关键步骤和策略。在系统布局方面,需要考虑仓库的空间利用率、物料流动的顺畅性及作业人员的操作便利性等因素。通过合理的布局规划,能够减少物料搬运距离、提高工作效率。同时,还需要根据实际需求对仓库进行分区管理,以便更好地满足生产计划和销售订单的要求。在优化策略方面,可以采用先进的仓储管理软件系统对物料信息进行实时更新和管理。通过数据分析功能,可以发现仓储过程中的瓶颈和问题所在,从而制定针对性的优化措施。例如,可对高频次出入库的物料进行就近存储以提高作业效率;对长时间未使用的物料进行重新归类和存储,以降低库存成本等。

仓储物流系统在智能工厂中扮演着重要角色。通过引入自动化技术、智能物流规划与管理技术以及物联网技术等关键技术手段,能够实现对仓储物流系统的全面优化和升级。在实际操作中,还需要加强信息化建设、设备维护与保养以及人员培训与管理等方面的工作,以确保仓储物流系统的高效运作和持续发展。

3. 柔性自动化系统

随着制造业的快速发展和市场需求的多样化,传统的刚性生产线已无法满足现代企业对于灵活性和快速响应市场变化的需求。柔性自动化系统作为一种能够迅速调整生产流程、适应多种产品生产需求的生产模式,正逐渐成为智能工厂的核心组成部分。柔性自动化系统(flexible automation system,FAS)是一种具备高度灵活性和可调整性的自动化生产系统。它能够根据市场需求的变化,快速调整生产流程,以适应不同产品的生产需求。与传统的刚性生产线相比,柔性自动化系统具有以下显著特点。高度灵活性:柔性自动化系统能够轻松切换生产不同种类的产品,而无须进行大量的设备更换或生产线调整。这种灵活性使企业能够快速响应市场变化,满足客户的个性化需求。高效率与高质量:借助先进的自动化设备和智能化技术,柔性自动化系统能够实现高效、精准的生产过程,从而提高产品质量和生产效率。易于扩展和维护:柔性自动化系统通常采用模块化设计,便于根据生产需求进行扩展或缩减。同时,系统的智能化维护功能能够实时监测设备状态,提前预警潜在故障,降低维护成本。

实现柔性自动化系统需要依托一系列关键技术。传感器作为柔性自动化系统的感知器官,能够实时监测生产过程中的各种参数,如温度、压力、流量等。这些数据为系统的智能决策提供重要依据。柔性自动化系统需要精确控制各种机械装置的运动轨迹和速度,以确保生产过程的精准性和稳定性。高精度运动控制技术是实现这一目标的关键。为实现对生产过程的智能调度和优化,柔性自动化系统需要运用各种智能算法,如遗传算法、神经网络等,对生产流程进行持续优化。柔性自动化系统需要实现设备之间、设备与控制系统之间的实时数据传输。可靠的通信技术是确保系统正常运行的基础。

在智能工厂中,柔性自动化系统的应用主要体现在以下几个方面。混线生产:柔性自动化系统能够轻松实现多种产品的混线生产,提高生产线的利用率和生产效率。这对于满足多样化市场需求具有重要意义。快速换型:当市场需求发生变化时,柔性自动化系统能够快速调整生产流程,以适应新产品的生产需求。这大大降低了换型时间和成本。个性化定制生产:随着消费者对个性化产品的需求不断增加,柔性自动化系统为个性化定制生产提供了可能。企业可以根据客户的具体需求,快速生产出符合要求的个性化产品。智能仓储与物流:柔性自动化系统还可以与智能仓储和物流系统相结合,实现生产、仓储、物流的一体化管理。这有助于提高企业整体的运营效率和客户满意度。

4. 网络与通信系统

在智能工厂中,网络与通信系统是连接各个智能化组成部分的关键纽带,是实现智能制造的基石。智能工厂的网络与通信系统架构设计需满足高可靠性、低延迟、大数据传输和安全性等要求。典型的架构设计包括以下几个层次。现场设备层:包括各种传感器、执行器、智能设备等,它们通过现场总线或无线网络连接到控制层。控制层:负责收集现场设备的数据,执行控制指令,并通过工业以太网等技术将数据上传到上一层。监控层:对生产过程进行实时监控,提供可视化界面,便于管理人员进行决策和调整。企业管理层:实现企业资源规划、生产管理、质量管理等高级功能,与控制层进行数据交换。云服务平台:提供数据存储、分析、远程监控等服务,实现工厂数据的云端处理和共享。

网络与通信系统的关键技术包括网络通信协议、数据传输技术、网络安全技术等。网络通信协议:智能工厂中常用的通信协议包括 EtherNet/IP、PROFINET、Modbus TCP/IP 等。这些协议具有高速、稳定、可靠的特点,能够满足工厂内部大量数据的实时传输需求。数据传输技术:为满足实时监控和远程控制的需求,数据传输技术需要具备低延迟、高带宽、高可靠性的特点。5G 通信技术的引入为智能工厂提供了前所未有的可能性,其高速率和低延迟特性极大地提升了数据传输效率。网络安全技术:随着工厂网络的日益复杂,网络安全问题也日益凸显。防火墙、入侵检测系统(IDS)、数据加密等技术被广泛应用于保护工厂网络免受外部攻击和内部泄露的威胁。

尽管网络与通信系统在智能工厂中发挥着重要作用,但仍面临一些挑战。随着网络连接的增多,网络安全风险也随之增加。如何确保工厂网络的安全性和稳定性是一个亟待解决的问题。随着工厂数据量的激增,如何确保数据传输的高效率和稳定性成为关键。5G、6G 等新一代通信技术的不断发展,有望为这一问题提供解决方案。不同厂家、不同设备之间的网络通信标准和协议存在差异,如何实现设备的互操作性是一个重要课题。展望未来,网络与通信系统将朝着更高速度、更低延迟、更强安全性的方向发展。同时,随着云计算、边缘计算等技术的融合应用,智能工厂的网络与通信系统将更加智能化、自适应和可扩展。随着技术的不断进步和应用需求的持续深化,网络与通信系统将在智能工厂中发挥更加核心的作用。

思 考 题

1. 请简述智能制造产线相较于传统生产线的核心优势。
2. 在智能车间中,如何结合工艺规划和智能调度算法,实现生产过程的优化和资源的最大化利用?

3. 在规划智能车间时,如何确定车间的规模、布局和设备选型,以确保车间能够高效、灵活地应对市场变化?

4. 在智能工厂的总体架构中,各层级(如设备层、控制层、企业层)之间的数据交互和协同是如何实现的?

5. 在智能工厂的设计中,如何平衡技术先进性、经济性和可操作性之间的关系?

第 10 章　智能制造系统案例分析

　　智能制造作为新一代信息技术与先进制造技术深度融合的成果,正逐渐成为推动制造业转型升级的重要力量。智能制造系统借助集成大数据、云计算、物联网、人工智能、数字孪生等先进技术,实现了生产过程的自动化、智能化、网络化与柔性化,不仅大幅提升了生产效率与产品质量,还促进了资源的优化配置与可持续利用。本章通过具体案例分析,深入探讨智能制造系统的应用实践、技术特点、实施效果及面临的挑战与机遇。通过选取三一重工、比亚迪汽车、鞍钢等不同行业的代表性企业作为研究对象,深入分析这些企业如何借助智能制造系统实现转型升级,提升核心竞争力。从工程机械的智能化转型先锋,到汽车产业的升级蜕变,再到钢铁行业的数字孪生创新,最后借助航空发动机智能运维系统,展示智能制造在高端装备制造领域的前沿应用。每一个案例都是智能制造力量的一次精彩呈现。

10.1　智能制造引领工程机械行业变革:三一重工案例分析

　　在全球制造业转型升级的大背景下,智能制造作为新一轮工业革命的核心驱动力,正深刻影响着传统制造业的发展格局。三一重工作为中国工程机械行业的领军企业,其在智能制造方面的实践和创新,不仅为企业自身带来了革命性变革,更为整个行业的智能化发展提供了宝贵的经验和启示。

10.1.1　"灯塔工厂"的建设与运营

　　面对多品种、高效率、高质量、低成本的生产挑战,三一重工于 2019 年决定将其位于长沙产业园的"18 号厂房"打造成为工程机械行业的灯塔工厂标杆。这一举措旨在通过智能化、自动化和数字化手段,实现生产的高效、灵活和智能,提升产品质量和企业竞争力。三一重工18 号工厂充分运用数字孪生、柔性自动化生产、规模化的 IIoT(工业物联网)与人工智能技术,构建了数字化柔性设备制造系统。借助该系统,工厂实现了从产品设计、工艺、工厂规划、生产到交付的全流程数字化管理。

　　在 18 号工厂,技术工人通过一台计算机便能为每个工位提供物料和零部件的提取、配送服务。智能焊接机器人配备视觉识别模块,自动识别物料进行焊接,减少了人工干预,提升了焊接质量。重型 AGV(自动导引车)在厂房内自动运输物料,提高了物料配送的效率和准确性。三一重工在智能化转型过程中,重视人才建设,在北京成立智能研究总院,并在事业部成立工艺本院,各子公司开展人才倍增计划并优化人才结构。在"18 号厂房"建设过程中,集团投入近 8000 万元激励奖金,将包括工艺、编程、设备、操作等方面的 2000 多人纳入培养计划。

三一重工的"灯塔工厂"堪称智能制造实践的典范。以长沙 18 号工厂为例,该工厂占地 10 万平方米,采用了大量先进的智能制造技术,如自动化机器人、智能物流系统、数字孪生技术等。工厂内部实现了生产过程的全自动化,员工主要负责操作平台和监控生产状态,大幅减少了人工操作,提高了生产效率和产品质量。

10.1.2　智能物流与供应链管理

在数字化与智能化浪潮的推动下,三一重工作为工程机械行业的领军企业,积极投身智能制造建设中。其中,智能物流和供应链管理作为关键环节,为三一重工的转型升级提供了有力支撑。

三一重工在智能制造进程中,对智能物流和供应链管理进行了深入的探索和创新。公司引入了一系列先进的智能物流设备和技术,如 AGV 小车、自动化仓库等,实现了物料的自动化搬运和存储,有效降低了物流成本,提高了物流效率。同时,三一重工还构建了数字化管理系统,对供应链进行实时监控和优化,确保生产材料的及时供应和库存的合理控制。

在智能物流方面,三一重工积极引入 AGV 小车、自动化仓库等智能物流设备。AGV 小车具备自主导航、感知环境、精确定位等功能,能够高效完成货物的自动搬运、堆垛、装卸等任务,极大地减少了人工干预,提高了物流效率。自动化仓库则借助智能算法和机器人技术,实现了物料的自动化存储和取出,有效降低了库存成本,提高了库存周转率。

在供应链管理方面,三一重工建立了数字化管理系统,实现了供应链的实时监控和优化。该系统通过集成各种数据源,对供应链中的各个环节进行实时跟踪和监控,确保生产材料的及时供应。同时,系统还具备强大的数据分析功能,能够对历史数据进行深入挖掘和分析,为企业的决策提供可靠的数据支持。此外,数字化管理系统还能根据实际需求,对供应链进行灵活调整和优化,确保库存的合理控制,降低库存风险。

通过智能物流和供应链管理的建设,三一重工在智能制造的道路上取得了显著成果。未来,随着技术的不断进步和市场的不断变化,三一重工将继续深化智能物流和供应链管理的创新,推动企业的持续发展和转型升级。同时,公司也将积极探索新的智能物流技术和应用,为行业的智能化发展贡献更多力量。

10.1.3　客户定制化与服务创新

随着市场竞争的日益激烈,客户定制化需求日益凸显。三一重工作为工程机械行业的领军企业,积极利用智能制造平台,实现客户定制化服务的创新,以满足市场的多样化需求。

三一重工通过构建完善的智能制造平台,实现了对客户需求数据的全面收集和分析。该平台集成了客户关系管理、市场调研、产品设计等多个模块,能够实时捕捉市场动态和客户需求变化。同时,平台还利用大数据技术和人工智能算法,对收集到的数据进行深度挖掘和分析,为企业决策提供了有力的数据支撑。

基于智能制造平台收集到的客户需求数据,三一重工开始实施智能化设计与生产流程。在产品设计阶段,企业运用三维建模和仿真技术,根据客户的特殊需求进行个性化设计。同时,通过与供应商和合作伙伴的紧密协作,企业实现了设计、采购、生产等环节的协同优化,确保了产品的质量和交货期。

在生产过程中,三一重工引入了自动化生产线和机器人技术,实现了生产过程的自动化和智能化。借助智能化调度系统,企业能够实时监控生产进度和产品质量,确保产品按时交付且符合客户要求。

在客户定制化服务方面,三一重工通过智能制造平台实现了快速响应和个性化服务。企业建立了完善的客户服务体系,包括售前咨询、售后服务、技术支持等多个环节。在售前阶段,企业根据客户需求提供个性化的产品推荐和解决方案;在售后阶段,企业则通过远程监控和故障诊断系统,为客户提供及时、高效的技术支持和服务。

此外,三一重工还利用智能制造平台,为客户提供了定制化的产品升级和维护服务。企业根据客户的需求和反馈,对产品进行持续优化和改进,确保产品始终保持领先水平。同时,企业还建立了完善的维护体系,为客户提供及时、专业的产品维护服务,延长了产品的使用寿命,并降低了使用成本。

10.1.4　智能化实践成效

1. 生产自动化与智能化

三一重工的智能制造实践始于对生产流程的深度自动化改造。在北京桩机厂和长沙18号工厂,三一重工打造了全球重工行业仅有的两家"灯塔工厂"。这些工厂集成了先进的自动化生产线、智能机器人和数字化管理系统,实现了生产过程的高度自动化和智能化。例如,长沙18号工厂通过引入智能机器人和自动化设备,整体自动化率提升了76%,生产效率提高了34%,同时,通过优化生产节拍,单台套生产时间缩短约75%。

2. 数据驱动的决策与运营

三一重工的智能制造不仅体现在生产流程的自动化上,更体现在数据驱动的决策和运营管理方面。通过构建工业互联网平台,三一重工实现了设备、生产和供应链的全面数据化管理。利用大数据分析和人工智能技术,三一重工能够实时监控生产状态,预测设备故障,优化生产计划,进而实现更为精准和高效的运营管理。

3. 绿色制造与可持续发展

三一重工积极响应国家绿色发展号召,将智能制造与低碳化战略相结合。通过推进产品电动化,三一重工开发了一系列电动化产品,覆盖了各类工程机械。这些产品在性能上与传统燃油机械相媲美,同时在环保和节能方面具有显著优势。三一重工预计,未来3～5年内,电动化产品将成为推动工程机械行业发展的核心动力。

4. 全球化战略与国际竞争力

三一重工的智能制造不仅服务于国内市场,在全球化战略中也发挥了重要作用。2023年,三一重工海外销售收入占比近60%,业务覆盖海外180个国家与地区。三一重工的混凝土设备已成为全球第一品牌,挖掘机连续三年位居全球销量榜首。这些成绩的取得,得益于三一重工在智能制造方面的持续投入和创新,提升了产品的国际竞争力。

三一重工的智能制造实践充分展现了数字化转型在提升企业竞争力、推动行业进步方面的巨大潜力。通过生产自动化、数据驱动、绿色制造、全球化战略等方面的创新和应用,三一重工不仅实现了自身的高质量发展,更为工程机械行业的智能化转型提供了可借鉴的经验和模式。展望未来,随着智能制造技术的不断进步和应用的不断深入,三一重工有望在全球制造业中占据更加重要的地位,引领行业朝着更高效、更智能、更绿色的方向发展。

10.2　面向智能制造的汽车产业升级路径:以比亚迪汽车为例

随着互联网、人工智能等技术的迅猛发展,汽车行业正面临着前所未有的大变局,现代化的升级改造持续推进,全新的生产系统和产品新形态同步发展。在这一过程中,智能制造技术则在其中发挥着重要的作用。智能制造技术的引入满足了汽车的生产制造需求,通过智能制造技术可以提升汽车生产的制造基础,借助发展智能制造平台,增强了汽车企业的竞争力,使汽车产业成为传统工业系统技术更新的引领者。未来的汽车制造行业也将为智能制造技术的发展与创新提供平台和动力。通过二者的高度融合、互相促进与影响,使得汽车行业与智能制造技术都能得到快速的发展,并逐步催生新的产业和业态。智能制造技术实现了生产与供应、信息与价值的全新整合,大幅缩短了汽车产品的整个生产周期,提升了汽车行业的价值链,增强了汽车企业的竞争力。在汽车行业,智能制造实现了研发与供需环节的有效互动,既降低了个性化定制成本,也降低了物流仓储费用,同时提高了产品的质量、安全性和用户满意度。借助智能制造可以有效实现汽车行业由传统加工制造行业向技术密集型的新型创新行业发展,不断提高汽车行业的效率,提升汽车行业的产业价值。得益于智能制造技术的推广应用,比亚迪作为智能制造技术的领军企业,在技术引领与创新、生产效率与价值链优化、个性化定制与用户满意度、技术密集型创新行业的推动、可持续发展与环保等方面发挥了重要作用。

10.2.1　制造设备网络智能化

比亚迪始终致力于推动互联网及信息技术在汽车制造中的应用。在生产线的各个环节部署先进的传感设备,确保每个环节的信息都能被实时采集和监控。例如,在比亚迪的新能源汽车电池生产线上,安装了数百个温度传感器和压力传感器,实时监测电池的生产环境,以确保每块电池的质量和安全。在比亚迪的生产线上,每一台设备、每一个零部件、每一道工序的数据都会通过传感设备实时采集。比亚迪构建了覆盖整个生产线的物联网系统,使这些数据能够实时传输到中央控制系统。例如,在比亚迪的电动汽车组装线上,每个关键部件的安装都由传感器监控,确保安装精度。传感器会实时将数据传输到中央系统,系统根据数据反馈自动调整安装流程,确保每辆车的高质量和一致性。比亚迪运用大数据技术,对生产过程中的数据进行全面记录和深度分析。通过对生产数据的挖掘和分析,能够找出影响生产效率和产品质量的关键因素。例如,在汽车喷漆工序中,其通过对温度、湿度、喷漆速度等数据的分析,优化了喷漆工艺,提高了喷漆质量,降低了返工率。比亚迪的智能制造系统实现了物与物、物与人之间的互动反馈。在生产过程中,传感设备采集的数据会实时反馈到中央控制系统。如果系统检测到某个环节出现异常,如设备故障或工艺参数超出预设范围,会立即向操作人员发出警报。例如,在比亚迪的电池组装线上,如果某个电池单元的温度超过安全阈值,系统会立即警报并自动调整冷却系统,确保生产安全。通过将互联网信息技术与汽车制造深度融合,比亚迪实现了制造过程的网络智能化。其智能制造系统不仅能够实时监控和调节生产过程,还能通过数据分析不断优化生产工艺。例如,在新能源汽车的动力总成制造中,通过实时监控扭矩和转速等关键参数,优化了装配工艺,提高了动力总成的性能和可靠性。比亚迪建立了一套综合智能管控系统,将生产线上的所有数据和信息集成到一个平台上进行统一管理和控制。这个系统包括生产管理、质量控制、设备维护、物流管理等多个模块,能够对整个生产过程进行全面监控和优化。例如,通过综合智能管控系统,可以实时跟踪每个零部件的生产进度和质量状况,确保整个生产流程的顺畅和高效。互联网及信息技术的广泛应用,使比亚迪在汽车制造过程中能够实现精细化管理和控制。例如,在比亚迪的自动驾驶汽车生产线,通过智能制造系统实时监控生产状态,及时发现并解决生产中的瓶颈问题,减少停机时间,提高设备利用率。此外,智能制造系统还能优化生产计划和资源分配,提升生产线的整体效率。例如,通过对生产数据的分析,其优化了供应链管理,减少了库存积压,提高了物流效率。以比亚迪唐 EV 的生产线为例,该生产线全面应用了智能制造技术。

10.2.2　汽车制造生产过程数字可视化和公开可追溯

在汽车生产过程中,将生产制造过程转化为生产数据,借助互联网和信息技术实现生产过程的可视化,从而实现汽车生产计划的及时公布、生产信息的及时监控、安全信息的及时反馈、汽车产品质量及产业链的及时追踪。这一系列举措极大地提高了汽车行业的生产信息化程度及生产销售过程的可视化水平,有利于推动汽车制造行业从粗放型生产向技术精进型转变。

在比亚迪的生产线上,智能制造技术使其能够对每一个生产环节的数据和信息进行严格记录,并转化为相应的生产数据。例如,在新能源汽车电池的生产过程中,使用高精度传感器和自动化设备实时采集生产数据,如电池单元的温度、压力、电流、电压等参数。这些数据不仅被实时记录,还通过互联网技术传输到中央数据中心进行存储和分析。通过智能制造技术和互联网技术,实现了生产过程的可视化。比亚迪搭建了一个覆盖整个生产线的综合信息管理平台,该平台可以实时展示每一个生产环节的状态和数据。例如,在总装车间,管理者和操作人员能够通过大屏幕实时查看生产进度、设备运行状态、产品质量检测结果等信息。这种可视化管理使生产过程更加透明,便于及时发现和解决问题,提高生产效率和产品质量。

智能制造技术的应用使比亚迪能够及时公布生产计划和生产信息。通过综合信息管理平台,生产计划可以实时更新并传达至各个生产环节,确保每个环节都能按计划推进。例如,当市场需求发生变化时,可以快速调整生产计划,并通过平台将新计划及时传达给生产线上的每一个工位,确保生产的灵活性和响应速度。在比亚迪的生产过程中,安全信息的及时反馈至关重要。通过传感器和监控系统,能够实时监测生产环境和设备状态,及时发现安全隐患。例如,在焊接车间,安装了多种传感设备,实时监测焊接温度、烟雾浓度等参数。当监测数据超出安全阈值时,系统会自动发出警报并采取相应的安全措施,确保生产安全。

比亚迪通过智能制造技术实现了产品质量及产业链的及时追踪。在每一个关键生产环节都进行严格的质量检测和数据记录,确保产品的高质量和一致性。例如,在电动汽车的动力总成装配过程中,使用智能检测设备实时监控每一个零部件的安装精度和性能参数,并将这些数据记录在案,形成完整的质量追溯体系。通过这一体系,可以快速追踪和分析任何质量问题,确保产品的可靠性和客户满意度。以比亚迪秦 EV 的生产线为例,该生产线全面应用了智能制造技术和信息技术,实现了生产过程的数字化和可视化。在车身焊接环节,采用了智能焊接机器人,通过实时监控焊接质量和位置精度,确保车身结构的牢固性和一致性。传感设备实时采集的数据通过物联网传输到中央控制系统,管理人员可以通过综合信息管理平台实时查看焊接状态和质量数据。在涂装车间,使用了自动化喷涂机器人和智能传感器,通过对温度、湿度、喷涂速度等参数的实时监测和数据分析,优化了喷涂工艺,提高了喷涂质量和效率。同时,系统还能实时监测车间的环境参数,确保生产过程符合环保要求。在总装车间,利用 AGV(自动导引车)实现了智能物流,通过实时数据反馈,AGV 可以自主选择最优路径,避免拥堵,提高物流效率。生产过程中每一个环节的数据都被实时采集和记录,形成了完整的生产数据链条。这些数据不仅用于生产过程的监控和优化,还可用于后续的产品质量追溯和产业链管理。

比亚迪在智能制造中广泛运用了大数据和智能算法技术。通过对生产数据的深度挖掘和分析,其能够发现生产过程中的瓶颈和问题,并通过智能算法优化生产工艺和流程。例如,通过对生产线设备运行数据的分析,其发现某些设备的故障率较高,于是通过智能算法优化了设备的维护计划和操作参数,大幅降低了设备故障率,提高了生产效率。通过智能制造技术,比亚迪实现了科学管理。综合信息管理平台的应用,让管理者、决策者和操作人员能够实时查看生产数据和信息,及时做出最准确的判断和决策。例如,当市场需求发生变化时,管理者可以通过平台实时调整生产计划,并根据生产数据和市场信息做出相应的策略调整,确保生产和销售的灵活性和高效性。

10.2.3　汽车性能指标个性化

比亚迪借助大量数据采集和分析技术,致力于个性化产品生产,以更好地满足汽车消费者在个性化、定制化、时效性方面的需求,实现"多样化、小规模、周期可控"的柔性化生产模式,进而提升汽车制造业的智能化水平及面向消费者的个性化服务水平。

比亚迪积极运用先进的数据采集和分析技术,全方位了解和挖掘消费者的需求。例如,其通过各种渠道(如在线配置器、客户反馈、市场调研等)收集消费者的偏好和需求数据。运用大数据技术,对这些数据进行深入分析,了解不同消费者在车型配置、颜色选择、内饰风格等方面的个性化需求。

在比亚迪的生产线上,广泛采用了高度柔性的制造设备。这些设备能够迅速适应不同车型和配置的生产需求,实现多品种、小批量的生产方式。例如,在汽车组装车间,采用了模块化设计的生产线和可重构的制造设备,这些设备可根据生产需求的变化快速调整,确保生产过程的灵活性和高效性。以比亚迪汉 EV 的生产为例,该车型在市场上备受青睐,消费者对于配置和个性化需求极为多样。比亚迪通过数据采集和分析,了解消费者对汉 EV 在配置上的具体需求,如不同的电池容量、内饰颜色、车载智能系统等。利用高度柔性的生产设备,实现了汉 EV 的多品种、小批量生产。在汉 EV 的生产过程中,应用了智能制造系统,通过数据驱动的方式,实时调整生产计划和工艺流程。例如,当系统监测到市场对某种特定配置的需求上升时,能够快速调整生产线,增加该配置车型的生产量,确保市场供应的及时性。同时,借助智能仓储和物流系统,优化了零部件的供应链管理,减少了库存积压,提高了物流效率。

比亚迪的生产模式正从传统的厂家主导生产向消费者主导生产转变。借助大数据技术和思维,将消费者与生产者紧密相连,在实现柔性化生产的同时,把数字化手段用到极致。例如,其推出了线上定制平台,消费者可在平台上自主配置车型,根据自身喜好选择颜色、内饰、配置等,系统会将这些定制需求实时传输到生产线,确保每一辆车都能满足消费者的个性化需求。大数据技术在比亚迪的个性化生产中起到了关键作用。通过大数据对客户需求进行分析和挖

281

掘,精准预测市场趋势和消费者偏好。例如,通过分析消费者的浏览记录、购买历史和反馈数据,其能够准确预判未来一段时间内某种车型和配置的需求变化,提前调整生产计划,确保市场供应的及时性和灵活性。

比亚迪不仅在生产过程中运用了智能制造技术,还在产品设计、研发、测试等环节中广泛采用数字化手段。通过构建虚拟仿真和数字孪生系统,在产品设计阶段就能进行全面的模拟和优化,降低了实际生产中的试错成本,提高了研发效率。同时,建立智能测试和质量控制系统,通过大数据分析,实时监控产品质量,确保每一辆车都能达到高标准的质量。

比亚迪唐 EV 是另一个成功的个性化生产案例。通过大数据分析,了解到消费者对于唐 EV 在动力系统、智能驾驶辅助系统、内饰材料等方面的多样化需求。在生产过程中,比亚迪应用了高度柔性的生产设备和智能制造系统,快速响应市场需求变化,实现了多品种、小批量的生产方式。例如,在唐 EV 的生产过程中,通过智能物流系统实现了零部件的精准配送,根据生产计划自动调整零部件的供应,确保生产线的连续性和高效性。同时,通过大数据分析,能够实时监控生产过程中的各项参数,及时调整生产工艺,确保每一辆车的高质量和一致性。

通过智能制造和大数据技术的应用,比亚迪不仅提高了生产效率,还大幅提升了对消费者的个性化服务水平。消费者可以通过线上平台进行个性化定制,比亚迪根据消费者的需求实时调整生产计划,确保每一辆车都能满足客户的个性化需求。此外,还建立了完善的售后服务体系,通过大数据分析,提供个性化的售后服务方案,提升客户满意度。

10.3 数字孪生钢铁智造模式:鞍钢股份案例分析

鞍钢股份有限公司(简称鞍钢股份)是国内大型钢铁生产和销售企业,于 1997 年分别在香港联合交易所和深圳证券交易所挂牌上市。截至 2023 年,公司总资产为 970.14 亿元,净资产为 547.04 亿元。2023 年度共生产铁 2546 万吨,钢 2663 万吨,钢材 2460 万吨,销售钢材 2485 万吨,是中国现代化特大型钢铁联合企业。鞍钢股份致力于打造智能钢铁创新基地,积极实施"1+5+N"数字化升级策略,探索以工业互联网为基石的数字孪生钢铁智能制造新模式,为整个钢铁行业的数字化转型贡献切实可行的解决方案。

10.3.1 数字化转型规划

鞍钢股份深度应用大数据、人工智能、5G、工业互联网、数字孪生等前沿技术,促进数字技术与钢铁制造技术的深度融合,加速钢铁主业在智能化生产运营、数字化产品研发和敏捷化用户服务方面的转型升级。以数据要素为驱动,着力打造钢铁制造流程工业互联网平台。鞍钢股份从业务数字化、数字业务化、数据资产化入手,将数字孪生智能制造作为主攻方向,以工业大数据为核心驱动力,构建全新的钢铁制造流程工业互联网平台。这一平台的构建,不仅是企业数字化转型的关键步骤,更是提升钢铁制造行业智能化水平、实现高质量发展的重要举措。在业务数字化方面,深入剖析传统钢铁制造流程中的各个环节,将业务流程中的关键数据进行采集、整理、分析和应用。通过对生产数据的实时监控和智能分析,能够更精准地把握市场需求、优化生产流程、提高生产效率。在数字业务化进程中,鞍钢股份将数字化技术与钢铁制造业务深度融合,推动业务流程的数字化转型。通过引入先进的数字化管理系统和智能化生产设备,实现对生产过程的精准控制和优化。此外,数字业务化还推动了企业运营模式的创新,使企业能够更灵活地应对市场变化、满足客户需求。通过建立完善的数据管理体系和安全机制,确保数据的准确性和安全性。同时,积极探索数据的商业模式和应用场景,将数据转化为具有商业价值的产品和服务。在打造钢铁制造流程工业互联网平台的过程中,以数字孪生智能制造为主攻方向。通过将物理世界与数字世界相融合,实现了对生产流程的实时模拟和优化。在钢铁制造领域,数字孪生技术可应用于产品设计、生产流程优化、设备维护等多个方面。通过构建数字孪生模型,能够更直观地了解生产流程中的各个环节,发现潜在问题并提前解决。

10.3.2　钢铁工业大数据中心的构建

建设钢铁工业大数据中心,旨在打破壁垒,促进数据融合与应用。钢铁行业规模庞大、业务繁杂、流程错综复杂,数据的多源性和流程的不通畅性一直是制约企业高效运转和决策优化的重要因素。为打破这一困境,鞍钢股份以数据为纽带,连接企业内部各个环节,推动数据贯通融合,提升数据管理和应用的标准化水平。在大数据中心的建设过程中,鞍钢股份注重数据标准的制定和数据模型的构建,其工业大数据中心架构如图10.1所示。通过统筹制定数据标准,确保数据的规范性、一致性和可比性;通过构建数据模型,实现数据的结构化、标准化和可视化。同时,强化统一数据模型(SG-CIM)的应用,推动全公司数据的贯通融合。这一举措不仅提高了数据的准确性和可靠性,也为企业的决策优化和创新发展提供了有力支持。

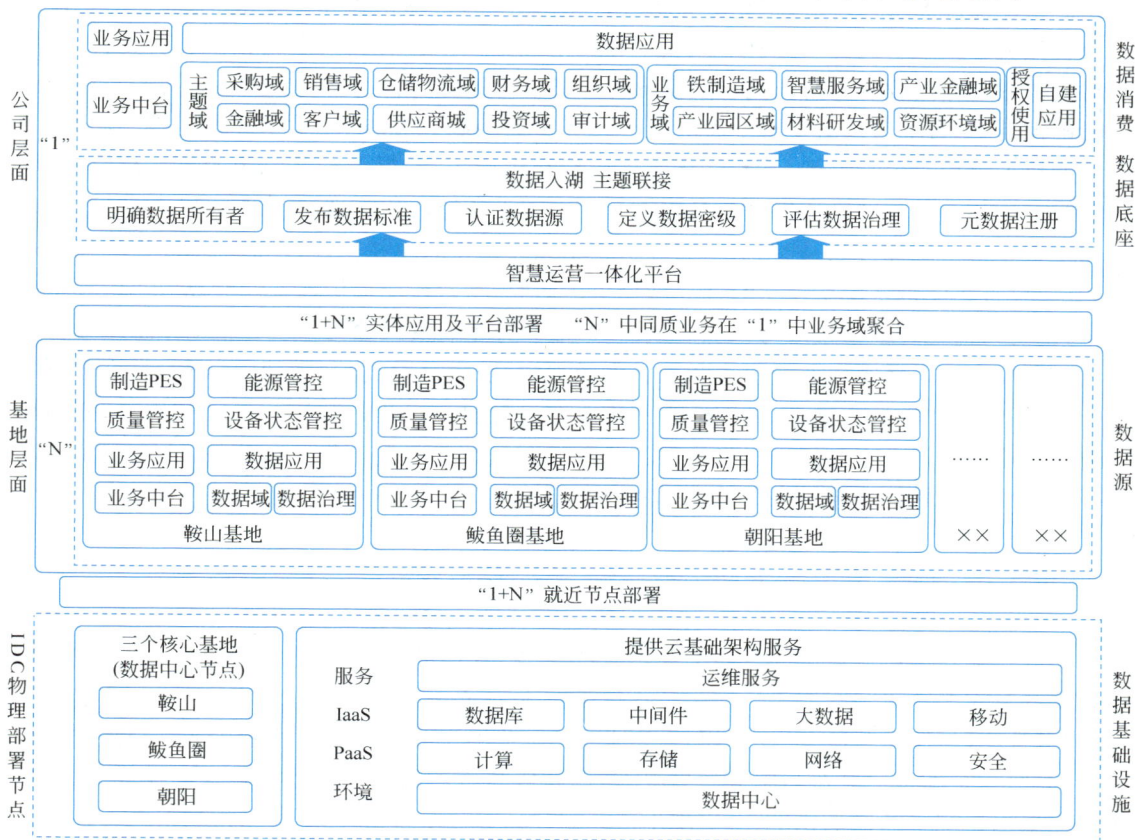

图 10.1　鞍钢股份工业大数据中心架构

大数据中心的建设，重点不仅在于数据的收集和存储，更在于数据的管理和应用。鞍钢股份在大数据中心的建设过程中，提出"一总部＋多基地"的多层级数据目录体系，全面掌握公司数据资源状况，注重数据管理和应用的标准化，实现数据的深度挖掘和应用。随着大数据中心建设的不断深入，在数据管理和应用方面取得了显著成效。企业内部的数据壁垒被打破，数据贯通融合得以实现；数据管理和应用的标准化水平得到提升，数据质量和可靠性得到保障；数据驱动的决策模式得到推广和应用，企业的决策效率和准确性得到提高。这些变化不仅推动了企业的数字化转型和智能化升级，也为钢铁行业的可持续发展提供了有力支撑。

10.3.3 五大平台拓展数字孪生应用

鞍钢股份致力于通过构建五大平台，深度拓展数字孪生技术在钢铁行业的应用，以实现更高效、智能的生产经营管理和持续的创新发展。首先，生产经营决策支持大数据平台是钢铁企业数字化转型的核心。该平台通过收集、整合和分析企业内外部的海量数据，为管理层提供全面、准确、及时的信息支持。借助先进的数据分析技术和算法，平台能够预测市场趋势、优化生产计划、降低运营成本，从而支持企业做出更科学、精准的决策。其次，能源智能管控大数据平台是钢铁企业实现绿色发展的重要支撑。钢铁行业作为能源消耗和排放的主要行业之一，其能源管理的高效与否直接关系到企业的经济效益和环境保护。该平台通过实时监测、分析能源消耗和排放数据，帮助企业识别能源浪费和污染问题，并提供针对性的改进措施。同时，平台还能预测能源需求和供应，优化能源配置，实现能源的精细化管理。再次，钢铁生产全流程质量管控大数据平台致力于提升产品质量和稳定性。该平台通过数字化建模和仿真技术，实现对钢铁生产全流程的实时监控和数据分析。通过对原材料、生产工艺、设备状态等关键因素的精确控制，平台能够及时发现并解决生产过程中的问题，提高产品质量和稳定性。同时，平台还能根据市场需求和反馈，不断优化产品设计和生产工艺，提升产品竞争力。此外，设备状态在线分析与智能诊断大数据平台是钢铁企业实现设备智能化管理的关键。该平台通过实时监测设备运行状态和参数，利用大数据分析技术预测设备故障和损伤，提前采取维修和保养措施，避免设备故障带来的生产中断和经济损失。同时，平台还能提供设备性能和效率的评估报告，为设备的优化升级提供参考依据。最后，产品和技术研发大数据平台是推动钢铁企业技术创新的重要力量。该平台通过收集和分析市场需求、技术趋势、竞争态势等信息，为企业研发新产品、新技术提供有力支持。同时，平台还能够实现研发过程的数字化管理和协作，提高研发效率和质量。五大平台的构建将深度拓展数字孪生技术在钢铁行业的应用，为钢铁企业的数字化转型和智能化升级提供有力支撑。

10.3.4 探索生产经营一体化智能工厂建设模式

钢铁行业作为国民经济的支柱产业，其智能化转型对于提升生产效率、降低成本、优化资源配置具有重要意义。智能工厂的建设不仅是技术的革新，更是经营模式的创新。全业务领域、多基地协同"制造＋服务"经营模式，要求钢铁企业在整个生产经营过程中实现信息的全面集成和共享，打破传统制造与服务的界限，实现制造与服务的深度融合。在这种模式下，钢铁企业需要构建统一的信息化平台，实现生产计划、物料管理、质量控制、设备维护等各个环节的信息化和智能化。同时，企业还需要加强多基地之间的协同合作，实现资源的优化配置和高效利用。通过"制造＋服务"的经营模式,钢铁企业可以更好地满足客户需求,提升客户满意度和忠诚度。

智能化装备是智能工厂建设的基础。钢铁企业需要积极引进和部署先进的智能化装备,包括自动化生产线、机器人、传感器、物联网技术等,以实现对生产过程的实时监控和智能化控制。通过智能化装备的部署应用,钢铁企业可以提高生产效率,降低生产成本,减少人力投入。同时,智能化装备还能实现对生产数据的实时采集和分析,为企业的决策提供有力支持。此外,智能化装备还可提高生产线的灵活性和适应性,满足市场需求的快速变化。

钢铁主体产线的智能化改造是智能工厂建设的关键环节。钢铁企业需要针对现有产线进行智能化改造,包括设备升级、控制系统优化、数据采集与分析等方面。在设备升级方面,钢铁企业需要引进先进的生产设备和技术,提高生产线的自动化和智能化水平。在控制系统优化方面,企业需要采用先进的控制算法和技术,实现对生产过程的精确控制。在数据采集与分析方面,企业需要建立完善的数据采集系统和分析平台,对生产数据进行实时采集和分析,为企业的决策提供有力支持。

生产经营一体化智能工厂建设模式是钢铁行业转型升级的重要方向。通过全业务领域、多基地协同"制造＋服务"经营模式、智能化装备的部署应用、智能化工业模型的开发应用及钢铁主体产线的智能化改造等方面的探索和实践,能够实现生产过程的智能化和数字化,提高生产效率、降低成本、优化资源配置。展望未来,随着技术的不断进步和市场的不断变化,钢铁企业需要持续创新和探索,推动智能工厂的建设和应用不断向前发展。

10.4　航空发动机智能运维系统

航空发动机属于结构复杂、技术密集且成本昂贵的高端机电产品,在其全生命周期内,需要开展多种维护、维修和大修工作。航空发动机机队运维系统融合了现代设备健康管理理论、发动机维修技术、网络信息平台和企业管理方法等,能够对发动机机队进行状态监控、故障诊断、可靠性分析、寿命预测、维修决策、维修成本预算与控制、备件需求预测、维修过程与维修数据管理。航空发动机机队运维是保障发动机机队运营安全性和经济性的关键,也是发动机制造商和航空公司共同关注的领域。由于不同航空公司在机队规模、发动机类型、组织模式、业务流程、信息基础等方面存在很大差异,基于易扩展、可重构、支持多客户端、支持跨企业应用的设备智能运维系统平台,能够快速、灵活地部署面向不同航空公司的发动机智能运维应用系统。本小节介绍设备智能运维系统平台在某民用航空发动机机队运维中的应用,从发动机维修工程管理的实际需求出发,叙述系统构建的关键技术,阐述系统的功能模型以及信息模型,开发航空发动机机队智能运维系统,并给出了系统的运行实例、应用情况、实施规范以及实施效果评价方法。

10.4.1　发动机智能运维系统需求分析

在我国航空领域,飞行安全是航空公司运营中的首要任务。发动机作为飞机的"心脏",其性能和状态直接关乎飞行的安全。为确保飞行安全并努力降低运营成本,我国航空公司长期致力于提升发动机维修工程的管理水平。不少航空公司投入资源购买或自主研发了相关运维系统,以支持发动机的维修与管理工作。然而,随着我国航空业的迅猛发展和航空公司规模的不断扩大,现有的发动机维修工程管理方法逐渐难以适应日益复杂和多变的管理需求。面对这样的现状,不得不深入反思并寻找新的解决方案。目前,发动机维修工程管理主要面临三大挑战:

首先,随着航空公司的兼并整合,发动机的管理模式亟须更新。过去那种分散式、粗放型的管理模式已经难以适应新的形势,无法有效地调配和利用公司的各项资源。为实现更高效的运营,必须打破旧有的属地管理界限和模式,推动发动机管理朝着更加集中、精细化的方向转变。

其次,高昂的维修成本已成为航空公司市场竞争中的一大负担。在日益激烈的市场竞争环境下,有效控制成本,尤其是发动机维修成本,显得尤为重要。据统计,航空公司每年的发动机维修费用高达数十亿元,占整个机务维修成本的近一半。这一巨大的开支给航空公司带来了巨大的经济压力。因此,需要综合运用各类数据、经验和知识,提高维修决策的准确性和有效性,以降低维修成本。

最后,随着我国航空公司机队规模的不断扩大,传统的手工经验式管理已难以应对。大机队对发动机的管理提出了更高的要求,需要我们借助先进的信息技术手段来提升管理效率。

为解决当前面临的问题和挑战,以智能运维技术为指导,结合现代信息技术,研发一款高效的发动机机队智能运维系统显得尤为必要。这样的系统不仅能提升我国航空公司在发动机维修工程管理方面的效能,还能有效提高工程技术人员的工作效率,进而进一步增强我国航空公司在全球市场的竞争力。

例如,某大型航空公司就对这样的智能运维系统提出了明确的需求。他们希望通过该系统实现发动机维修流程的自动化与智能化管理,以确保维修工作的高效、准确。同时,该系统还应具备强大的数据分析和预测功能,以便及时发现并解决潜在的发动机问题,保障飞行的安全和可靠。该系统具有如下需求:

在现代航空运营中,对机队发动机数据进行全面、统一的管理至关重要。这涵盖了发动机的初始数据、航线使用及维修记录、车间详细的维修数据,以及各类工程管理信息。目前,虽然已有部分系统对这些数据进行管理,但存在明显不足:可处理的数据种类有限,且各系统间数据冗余,难以确保数据一致性。这不仅影响了数据管理的效率,还可能误导发动机的维修和运营决策。

为解决这些问题,需要一个更综合、智能的运维管理系统。这样的系统不仅能对各类发动机数据进行统一管理,避免数据的缺失和冗余,实现数据的全面共享,还能基于这些数据,精准预测发动机的维修期限、优化维修时机选择。此外,它还能助力制定年度维修成本预算,明确维修工作内容,并对维修效果进行客观评价。

同时,考虑到航空公司在长期发展过程中已建立了多个信息系统,新的数据管理系统必须能够与这些现有系统实现无缝集成。这样做不仅可降低数据冗余,更能确保数据的一致性和准确性。一个孤立的信息系统,即便功能强大,若无法与现有系统融合,也会成为"信息孤岛",难以发挥最大效用。

综上所述,一个能够整合各类发动机数据、实现智能化管理,并与现有系统集成的数据管理平台,对于提升航空公司运营效率、确保飞行安全具有不可替代的重要作用。

10.4.2　发动机智能运维系统设计

1. 功能模型设计

系统功能主要涵盖发动机运维数据管理、状态监控及维修决策支持三个核心部分。首先，发动机运维数据管理功能是实现发动机全生命周期的管理，涉及从发动机投入使用到报废的整个过程。这一功能还涵盖了对各种运行和维修数据的整理与存储，从而为后续的状态监控和维修决策提供翔实的数据支撑。其次，发动机状态监控功能则聚焦于实时监控发动机的关键参数。具体包括对滑耗数据、磁堵检查数据、孔探检查数据以及性能监控数据的收集、管理和深度分析。这些数据为及时发现潜在问题、预防故障提供了有力工具。最后，发动机机队智能运维系统是整套功能的核心。它巧妙地融合了运维数据和先进的维修规划技术，使送修期限的预测、维修计划的制订及维修工作包的编排都能实现自动化和智能化。这不仅大幅提高了工作效率，还确保了维修决策的准确性和科学性。该系统通过整合这三大功能，为发动机运维提供了一站式解决方案，确保了发动机运行的高效与安全，包含的业务如下。

（1）基本数据管理。在航空领域，数据管理至关重要，它涉及飞机的基本信息及发动机的使用和维护情况。首先，需要明确飞机和发动机的基本数据，包括定义飞机的系列、类型和型号，同样也要明确发动机的系列和型号。其次，管理飞机型号与发动机型号的匹配关系也是一项关键任务。为了更细致地管理，为发动机系列构建了从单元体到子单元体，再到位置件和零部件的树形结构关系。同时，对于寿命件和重要件，设定了限制的小时数或循环次数。每当有新飞机或新发动机加入时，都需要进行详细的注册。

（2）使用数据管理。需要明确发动机的各种使用状态、操作及其前后的状态变化。对发动机使用状态的演变进行严格的控制是必要的。为保持信息的实时性和准确性，系统会自动生成、修改和审批发动机或辅助动力装置的状况周报和修理完工清单。同时，还会颁发和审批发动机或 APU 的拆换指令，并实时监控发动机的维修进度。对出厂的单元体、寿命件和重要件要有详细的清单进行管理，并且可以检索它们的履历。此外，已审批的 PMA/DER、发动机的附件、车间故障数据、报废件、试车数据及周转件等，也都在管理范围内。

（3）状态监控。这一环节主要关注发动机的各种实时数据。系统会管理滑耗数据，精确计算滑耗值，并绘制出滑耗趋势曲线图，助力工程师直观了解发动机的性能变化。同时，磁堵数据的管理也是关键，它能够反映发动机内部的磨损情况。孔探手册与孔探数据都实现了结构化管理，系统会进行损伤趋势分析，及时预警潜在问题。此外，系统还能定制和解析ACARS 报文、PTR 模板，以及厂家的性能报告，从而设置性能基线，对发动机的性能趋势进行深入分析。当数据出现异常时，报警管理功能会提醒相关人员。

（4）拆发计划。综合发动机性能、寿命件、部件损伤、AD/SB 及工程师设置的时限进行送修期限预测；根据送修期限预测结果、机队备发情况、发动机相关参数、备发选择约束条件、初始人为约束等制订送修计划；对送修计划结果进行调整，二次制订送修计划；查看选定的送修计划下的每月的备发情况、新租发的情况和可出租发动机的情况。

（5）成本预算管理。为有效控制成本，系统会对各厂家的零部件价格目录进行管理，同时监控重要件的报废率。针对不同发动机系列和维修模式，系统会管理相应的价格目录，包括工时＋材料、固定价和整机三种模式。年度成本预算的制定与审批也是此环节的重点，涉及包修小时费预算、备发租赁预算等。系统还能归集发动机的成本数据，支持包修和非包修两种送修模式,并进行多维度的费用分析。

(6)维修工作包制定。在这一环节,系统会定义各个单元体及附件的维修级别,并维护、审批发动机本体和附件的定制化维修方案。根据送修目标,系统会确定单元体的维修级别、需更换的寿命件清单、需执行的 AD/SB 清单,以及附件的维修级别。同时,系统还能预测发动机修后的使用时间和送修费用,并自动生成、审批发动机的维修工作包。

(7)维修效果评价。为确保维修质量,系统会定义各个维修效果评价指标的权重和评分准则,并自动收集发动机的维修效果数据进行评价。这有助于及时发现维修过程中的问题,持续提升维修质量。

(8)文档管理。发动机的日常管理和维修工作会产生大量的文档,系统会对这些文档进行统一管理,确保数据的完整性和可追溯性。

(9)系统集成与接口管理。为确保数据的顺畅流通,系统会对各个接口进行设置和管理,包括数据库连接信息、同步时间等关键参数,保障整个系统的稳定运行。

2. 信息模型设计

信息模型的核心价值在于,它为企业提供了一个统一、标准的数据定义框架。该框架不仅明确了数据的含义,还厘清了数据之间的相互关系。重要的是,这种模型不偏向于任何特定的数据应用,同时与数据的物理存储和访问方式相互独立。这使信息模型在支持信息系统集成、数据管理和数据库构造方面发挥了巨大作用,从而确保了数据的完整性和一致性。目前广泛采用 IDEFIX 方法建立信息模型。

(1)基本数据管理。为满足用户对数据查询和维护的高要求,飞机的类别被精细定义。飞机被划分为飞机系列、飞机类型和飞机型号三个层级,形成了一种三级树形关系。而发动机则简化为发动机系列和发动机型号两个层级,构成二级树形关系。这种结构化的分类方法极大简化了数据的管理。尤其对于结构相似的发动机系列,我们可以统一定义其结构,这极大地减少了数据维护的复杂性和工作量。在这一管理环节中,涉及的数据种类繁多,包括但不限于飞机系列、飞机类型、飞机型号、具体飞机、发动机系列、发动机型号、具体发动机以及单元体类型等。每一种数据都扮演着不可或缺的角色,共同构成了航空领域数据管理的基石。

(2)使用数据管理。在航空运营中,对发动机、单元体和寿命件的使用时间进行严密监控是至关重要的。为避免数据冗余和提高处理效率,系统并不直接记录这些部件每天的使用时间,而是通过记录关键时间点和飞机的每日飞行时间来间接计算。这种巧妙的设计不仅减少了数据量,还保证了数据的准确性和实时性。此外,对发动机生命周期的全面控制实际上是对其使用状态演变过程的精细管理。通过将发动机维修数据与特定使用状态相关联,可以快速检索到关键的维修信息,从而大大提高维护效率和飞行安全。在这一环节中,需要管理的数据包括每日飞行小时数、发动机的实时状态、单元体的状态、寿命件和重要件的状态、附件信息、试车数据、采用的 DER 和 PMA 信息,以及发动机的维修进度等。

(3)拆发计划。制订拆发计划时,虽然不同发动机系列可能面临不同的约束条件,但也有很多共通之处。因此,系统将所有可能的约束条件进行统一管理,在制订具体计划时根据实际情况灵活选择适用的条件。这种方法既保证了计划的灵活性,又提高了制订效率。在此过程中,需要关注的数据主要有发动机的维修期限、预计需要拆换的发动机信息,以及初始备发的状态等。

(4)成本预算管理。成本归集可分为包修机队成本归集和非包修机队成本归集。对于非包修机队，根据送修合同的不同或者管理要求的不同，又分为工时＋材料、固定价、整机三种模式。不管怎么划分，成本归集都可以统一到发动机、单元体、账单三个层次。

（5）维修工作包制定。维修工作包的制定是确保飞行安全和运营效率的关键步骤。这一过程严格依据发动机的 CEMP 进行，包括本体 CEMP 和附件 CEMP。通过综合考虑送修目标、单元体的维修级别、需要更换的寿命件及附件的工作指令等因素，结合 CEMP，可以制定出全面而精确的维修工作包。此环节涉及的关键数据包括发动机的 CEMP 信息、单元体的具体工作内容、发动机的维修工作包细节及单元体的维修级别等。

综上所述，信息模型在航空领域的应用是全方位、多层次的。它不仅提高了数据管理的效率和准确性，还为企业决策提供了强有力的数据支持。

10.4.3　系统实施

系统实施分为项目准备、蓝图设计、系统实现、上线准备、上线与支持、持续改进六大阶段。

（1）项目准备。本阶段主要进行项目规划、搭建项目组织、制订项目计划、确定文档模板、确定责任分工、确定软硬件环境等工作。

（2）蓝图设计。本阶段主要进行业务现状调研、业务流程设计、业务问题分析、数据整理启动制订开发计划、原型系统搭建、业务蓝图汇报等工作。

（3）系统实现。本阶段主要进行程序开发、接口开发、系统后台配置、单元测试、集成测试、用户培训等工作。

（4）上线准备。本阶段主要进行上线编程验收、制订上线计划、服务器检查、系统管理培训、静态数据导入、动态数据导入等工作。

（5）上线与支持。本阶段主要进行上线切换运行、生产系统支持、业务数据监控、业务蓝图修正等工作。

（6）持续改进。本阶段主要进行新业务需求清理、后续项目计划、业务数据监控等工作。

10.4.4　系统实施效果评价

系统实施效果可以从以下六个方面进行评价。

（1）系统运行是否正常。系统是否具有较高的可靠性，响应速度是否快，有无卡顿、崩溃现象。

（2）数据存储是否准确合理。系统中业务涉及的各项数据是否覆盖全面，历史数据是否能有效地导入系统中，为数据分析提供基础，系统涉及的运算数据是否准确等。

（3）业务流程是否合理。系统中涉及诸多航空业务流程，运用此系统后是否规范了业务流程，是否为用户带来便利、提高效率。

（4）是否提高经济效益。系统运行后，是否提高了业务效率，缩短业务周期，节省大量成本。

（5）各类报表是否齐全。系统能否方便地生成各类报表文件，大幅提高依靠人力生成报表的效率。

（6）方案是否合理。系统依靠数据分析及人工设置的各类条件计算后生成的各种计划、方案等是否合理。

思　考　题

1. 分析工程机械企业在数字化转型中面临的主要挑战及其应对策略。

2. 简述智能制造在提升工程机械企业内部控制质量中的作用。

3. 企业在进行数字化转型规划时面临哪些主要挑战？如何识别这些挑战并制定应对策略？

4. 如何利用数字孪生技术来优化产品研发流程？数字孪生模型在产品设计阶段如何帮助预测产品性能、评估制造可行性和提前识别潜在问题？

参 考 文 献

[1] 臧冀原,王柏村,孟柳,等.智能制造的三个基本范式:从数字化制造、"互联网＋"制造到新一代智能制造[J].中国工程科学,2018,20(4):13-18.

[2] JI Z,PEIGEN L,YANHONG Z H,et al. Toward New-Generation Intelligent Manufacturing[J]. Engineering,2018,4(4):11-20.

[3] 周济.智能制造:"中国制造2025"的主攻方向[J].中国机械工程,2015,26(17):2273-2284.

[4] RACHNA S,PETER T W. Lean manufacturing:Context,practice bundles,and performance[J]. Journal of Operations Management,2004,21(2):129-149.

[5] 吴澄,李伯虎.从计算机集成制造到现代集成制造:兼谈中国CIMS系统论的特点[J].计算机集成制造系统-CIMS,1998(5):1-5.

[6] 杨叔子,吴波,胡春华,等.网络化制造与企业集成[J].中国机械工程,2000(Z1):54-57,3.

[7] 李伯虎,张霖,王时龙,等.云制造:面向服务的网络化制造新模式[J].计算机集成制造系统,2010,16(1):1-7,16.

[8] 孟柳,延建林,董景辰,等.智能制造总体架构探析[J].中国工程科学,2018,20(4):23-28.

[9] 周济.制造业数字化智能化[J].中国机械工程,2012,23(20):2395-2400.

[10] 董景辰.卷首语:论中国智能制造的三个基本范式[J].电器与能效管理技术,2017(24):2-5.

[11] 王云波,李铁.智能制造发展过程的阶段及其特征[J].冶金自动化,2020,44(5):1-7,55.

[12] 周济,李培根,周艳红,等.走向新一代智能制造[J].Engineering,2018,4(1):28-47.

[13] 李佳意,董万鹏,任梦,等.新时代计算机智能制造模式的研究进展[J].智能计算机与应用,2021,11(3):98-105.

[14] 亓晋,王微,陈孟玺,等.工业互联网的概念、体系架构及关键技术[J].物联网学报,2022,6(2):38-49.

[15] 刘幸,刘潇.自适应控制系统的发展与应用[J].物联网技术,2011,1(7):61-63.

[16] 李杰.以CPS为核心的智能化大数据创值体系[J].中国工业评论,2015(12):50-58.

[17] 朱武.三位一体的工业大数据综述[EB/OL].(2017-10-23)[2025-03-20].https://www.infoq.cn/article/industrial-big-data/.

[18] 郑树泉,覃海焕,王倩.工业大数据技术与架构[J].大数据,2017,3(4):67-80.

[19] 卢秉恒.增材制造技术:现状与未来[J].中国机械工程,2020,31(1):19-23.

[20] 张洁,汪俊亮,吕佑龙,等.大数据驱动的智能制造[J].中国机械工程,2019,30(2):127-133,158.

[21] 张洁.工业大数据研究方向未来五年发展规划[C]//中国机械工程学会机械自动化分会,中国自动化学会制造技术专业委员会.2020·中国制造自动化技术学术研讨会论文集.上海:东华大学,2020:5.

[22] 汪俊亮,高鹏捷,张洁,等.制造大数据分析综述:内涵、方法、应用和趋势[J].机械工程学报,2023,59(12):1-16.

[23] 祝旭.故障诊断及预测性维护在智能制造中的应用[J].自动化仪表,2019,40(7):66-69.

[24] 陈丽娟.我国智能制造产业发展模式探究:基于工业4.0时代[J].技术经济与管理研究,2018(3):109-113.

[25] 张洁,秦威.智能制造调度为先:《制造系统智能调度方法与云服务》导读[J].中国机械工程,2019,30(8):1002-1007.

[26] 邓鹏.传感器与检测技术[M].成都:电子科技大学出版社,2020.

[27] 张宝昌.机器学习与智能感知[M].北京:清华大学出版社,2023.

[28] 韩崇昭,朱洪艳,段战胜.多源信息融合[M].3版.北京:清华大学出版社,2022.

[29] 吴彦华,陈慧贤,宋常建,等.多源信息融合理论与方法[M].北京:国防工业出版社,2024.

[30] 孙力帆.多传感器信息融合理论技术及应用[M].北京:中国原子能出版社,2019.

[31] 陶波,龚泽宇,吴海兵.RFID与机器人:定位、导航与控制[M].武汉:华中科技大学出版社,2021.

[32] 宋丽梅,朱新军,李云鹏.机器视觉原理及应用教程[M].北京:机械工业出版社,2023.

[33] 夏东,周波.机器视觉入门与实战:人脸识别与人体识别[M].北京:机械工业出版社,2023.

[34] 郭艳艳,贾鹤萍,李倩.传感器与检测技术[M].北京:科学出版社,2019.

[35] 王晓彭.传感器与检测技术[M].北京:北京理工大学出版社,2016.

[36] 张宣妮,邹江,谢晓敏.传感器技术应用[M].西安:西北工业大学出版社,2018.

[37] 杨娜.传感器与测试技术[M].北京:航空工业出版社,2012.

[38] 黄源,张婧慧,唐京瑞.工业互联网导论[M].北京:机械工业出版社,2024.

[39] 工业互联网产业联盟.工业互联网体系架构(版本 2.0)[EB/OL].(2019-10-31)[2025-03-20].https://www.miit.gov.cn/cms_files/filemanager/1226211233/attach/20238/7b6171f454f94a5e9a14f2fd3b5f1c4c.pdf.

[40] 许正.工业互联网:互联网＋时代的产业转型[M].北京:机械工业出版社,2015.

[41] 孙新波,刘剑桥,张明超,等.工业互联网平台赋能参与型制造企业价值链数字重构绩效的组态分析[J].管理学报,2024,21(6):811-820.

[42] 李竞博,马礼,李阳,等.感传算协同工业互联网优化设计[J].通信学报,2023,44(6):12-22.

[43] 王建伟.工业赋能:深度剖析工业互联网时代的机遇和挑战[M].北京:人民邮电出版社,2018.

[44] 汤旻安,邱建东,汤自安,等.现场总线及工业控制网络[M].北京:机械工业出版社,2018.

[45] 李正军.现场总线与工业以太网及其应用技术[M].北京:机械工业出版社,2011.

[46] 魏强,王文海,程鹏.工业互联网安全:架构与防御[M].北京:机械工业出版社,2021.

[47] 曾凡一,苘大鹏,许晨,等.新增未知攻击场景下的工业互联网恶意流量识别方法[J].通信学报,2024,45(6):75-86.

[48] 胡向东,万润楠.基于改进随机森林的工业互联网安全态势评估方法[J].电子学报,2024,52(3):783-791.

[49] 张鹏飞,何印,马振华,等.无人机集群协同控制技术综述[J].兵器装备工程学报,2024,45(4):1-9.

[50] 黄玮,胡晶,黄国煜,等.城市路网交通信号分层分布式控制优化方法[J].交通运输系统工程与信息,2023,23(4):111-123.

[51] 肖凡,杨庆凯,周勃,等.面向平均区域覆盖的多机器人分布式控制[J].控制理论与应用,2023,40(3):441-449.

[52] MINGMING H,DING W,DERONG L. Offline and Online Adaptive Critic Control Designs with Stability Guarantee Through Value Iteration[J]. IEEE Transactions on Cybernetics,2022,52(12):13262-13274.

[53] 朱创创,梁晓龙,张佳强,等.无人机集群编队控制演示验证系统[J].北京航空航天大学学报,2018,44(8):1739-1747.

[54] SAURABH A,PRASHANT D. A Survey of Inverse Reinforcement Learning:Challenges,Methods and Progress[J]. Artificial Intelligence,2021,297:103500.

[55] XIONG Y,HAIBO H. Self-learning robust optimal control for continuous-time nonlinear systems with mismatched disturbances[J]. Neural Networks,2018(99):19-30.

[56] YONGMING L,TINGTING Y,SHAOCHENG T. Adaptive Neural Networks Finite-Time Optimal Control for a Class of Nonlinear Systems[J]. IEEE Transactions on Neural Networks and Learning Systems,2020,31(11):4451-4460.

[57] SHUN S,YU L,SHAOJUN G,et al. Observation-Driven Multiple UAV Coordinated Standoff Target Tracking Based on Model Predictive Control[J]. Tsinghua Science and Technology,2022(6):948-963.

[58] 陈博琛,唐文兵,黄鸿云,等.基于改进人工势场的未知障碍物无人机编队避障[J].计算机科学,2022,49(S1):686-693.

[59] DANIEL K D V,ALEXANDRE S B,RICARDO C,et al. Cooperative Load Transportation With Two Quadrotors Using Adaptive Control[J]. IEEE Access,2021(9):129148-129160.

[60] 孔令欢.多约束条件下不确定非线性系统自适应控制方法研究[D].北京:北京科技大学,2023.

[61] 郭田田.不确定非线性系统典型自适应控制的分析与设计[D].济南:山东大学,2023.

[62] YANJUN L,WEI Z,LEI L,et al. Adaptive Neural Network Control for a Class of Nonlinear Systems With Function Constraints on States[J]. IEEE Transactions on Neural Networks and Learning Systems,

2021,34(6)：2732-2741.

[63] JUNJIE F，GUANGHUI W，XINGHUO Y，et al. Distributed Formation Navigation of Constrained Second-Order Multiagent Systems With Collision Avoidance and Connectivity Maintenance[J]. IEEE Transactions on Cybernetics，2020,52(4)：2149-2162.

[64] 沈珺，柳伟，李虎成，等.基于强化学习的多微电网分布式二次优化控制[J].电力系统自动化,2020，44(5)：198-206.

[65] KONSTANTIN S，HAIRONG K，SANJAY R，et al. The Hadoop Distributed File System[C]//2010 IEEE 26th Symposium on Mass Storage Systems and Technologies(MSST). IEEE，2010：1-10.

[66] ZAHARIA M，CHOWDHURY M，FRANKLIN M J，et al. Spark：Cluster Computing with Working Sets[J]. Hot Cloud，2010,10(10)：95.

[67] EFRATI，AMIR. Google's New Features Designed to Speed Web Searches[J]. Wall Street Journal Eastern Edition，2010.

[68] FLACH T，DUKKIPATI N，TERZIS A，et al. Reducing web latency：the virtue of gentle aggression[C]// Proceedings of the ACM SIGCOMMM 2013 conference on SIGCOMM，2013(4)：159-170.

[69] ZHONG R Y，NEWMAN S T，HUANG G Q，et al. Big Data for Supply Chain Management in the Service and Manufacturing Sectors：Challenges，Opportunities，and Future Perspectives[J]. Computers & Industrial Engineering，2016(11)：572-591.

[70] 宋纯贺，曾鹏，于海斌.工业互联网智能制造边缘计算：现状与挑战[J].中兴通讯技术,2019,25(3)：50-57.

[71] 周济.走向新一代智能制造[J].中国科技产业,2018(6)：20-23.

[72] 王传桐，胡峰，徐启永，等.改进频率调谐显著算法在疵点辨识中的应用[J].纺织学报,2018,39(3)：154-160.

[73] 刘涵，郭润元.基于 X 射线图像和卷积神经网络的石油钢管焊缝缺陷检测与识别[J].仪器仪表学报，2018,39(4)：247-256.

[74] 王小巧，刘明周，葛茂根，等.基于混合粒子群算法的复杂机械产品装配质量控制阈优化方法[J].机械工程学报,2016,52(1)：130-138.

[75] CHUANG W，PINGYU J，KAI D. A Hybrid-data-on-tag-enabled Decentralized Control System for Flexible Smart Workpiece Manufacturing Shop Floors[J]. Proceedings of the Institution of Mechanical Engineers，Part C：Journal of Mechanical Engineering Science，2017,231(4)：764-782.

[76] 王见，赵帅，曾鸣，等.物联网之云：云平台搭建与大数据处理[M].北京：机械工业出版社,2021.

[77] 李杰，邱伯华，刘宗长，等.CPS 新一代工业智能[M].上海：上海交通大学出版社,2017.

[78] 汪俊亮，张洁，吕佑龙，等.工业大数据分析[M].北京：电子工业出版社,2022.

[79] 李嘉宁，巩水利.复合材料激光增材制造技术及应用[M].北京：化学工业出版社,2019.

[80] 国家自然科学基金委员会工程与材料科学部.机械工程学科发展战略报告(2021—2025)[M].北京：科学出版社,2021.

[81] 乔·山·王，拉塔查特·蒙空那温.等离子体技术基础[M].刘佳琪，任爱民，邬润辉，译.北京：中国宇航出版社,2022.

[82] 里卡尔多·达阿戈斯蒂诺，彼得罗·法维亚，好伸·阿富，等.先进等离子体技术[M].刘佳琪，任爱民，邬润辉，译.北京：中国宇航出版社,2021.

[83] 顾文琪，马向国，李文萍.聚焦离子束微纳加工技术[M].北京：北京工业大学出版社,2006.

[84] 顾文琪.电子束曝光微纳加工技术[M].北京：北京工业大学出版社,2004.

[85] 崔铮.微纳米加工技术及其应用[M].4 版.北京：高等教育出版社,2020.

[86] 刘志东.特种加工[M].3 版.北京：北京大学出版社,2022.

[87] 史玉升,中国机械工程学会.增材制造技术[M].北京：清华大学出版社,2022.

[88] 周登攀，艾亮.增材制造技术基础[M].北京：机械工业出版社,2023.

[89] 潘家敬，王宁.增材制造工程材料基础[M].北京：机械工业出版社,2021.

[90] 曹凤国.激光加工[M].北京：化学工业出版社,2015.

[91] 李亚江,李嘉宁,高华兵,等.激光焊接切割熔覆技术[M].3版.北京：化学工业出版社,2019.

[92] 郑启光,邵丹.激光加工工艺与设备[M].北京：机械工业出版社,2010.

[93] 杨全占,魏彦鹏,高鹏,等.金属增材制造技术及其专用材料研究进展[J].材料导报,2016,30(S1)：107-111,124.

[94] 李瑞迪,魏青松,刘锦辉,等.选择性激光熔化成形关键基础问题的研究进展[J].航空制造技术,2012(5)：26-31.

[95] YAP C Y,CHUA C K,DONG Z L,et al. APPLIED PHYSICS REVIEWS—FOCUSED REVIEW Review of selective laser melting：Materials and applications[J]. Applied Physics Reviews,2015,2(4)：041101.

[96] 刘洪强.i5T5系列智能车床的研发和应用[J].世界制造技术与装备市场,2019(3)：37-40.

[97] 武汉华中数控股份有限公司.华中9型新一代人工智能数控系统助力中国机床"开道超车"[J].自动化博览,2021,38(5)：41-43.

[98] 孟博洋.基于边缘计算的智能数控系统实现方法研究[D].哈尔滨：哈尔滨理工大学,2021.

[99] 马殷元.物流装备控制和监控系统关键技术研究[D].兰州：兰州交通大学,2017.

[100] 赵林.物流装备数字孪生模型构建及虚拟调试研究[D].北京：机械科学研究总院,2022.

[101] 李新德,辛燕.数控机床[M].北京：机械工业出版社,2023.

[102] 林晓辉.工业机器人原理与应用[M].北京：机械工业出版社,2022.

[103] 王立平.智能制造装备及系统[M].北京：清华大学出版社,2020.

[104] 李伟.数控编程系统的智能化探讨[J].中小企业管理与科技（下旬刊）,2009(12)：281-282.

[105] 钟诗胜,张永健,付旭云.智能运维技术及应用[M].北京：清华大学出版社,2022.

[106] 赵学智,叶邦彦.SVD和小波变换的信号处理效果相似性及其机理分析[J].电子学报,2008(8)：1582-1589.

[107] 张波,李健君.基于Hankel矩阵与奇异值分解（SVD）的滤波方法以及在飞机颤振试验数据预处理中的应用[J].振动与冲击,2009,28(2)：162-166,208.

[108] JHA S K,YADAVA R D S. Denoising by Singular Value Decomposition and Its Application to Electronic Nose Data Processing[J]. lEEE Sensors Journal,2011,11(1)：35-44.

[109] 吕永乐,郎荣玲.基于奇异值分解的飞行数据降噪方法[J].计算机工程,2010,36(3)：260-262.

[110] XUEZHI Z,BANGYAN Y. Selection of Effective Singular Values Using Difference Spectrum and Its Application to Fault Diagnosis of Headstock[J]. Mechanical Systems and Signal Processing,2011,25(5)：1617-1631.

[111] HUANG N E,LONG S R,WU M L C,et al. The Empirical Mode Decomposition and the Hilbert Spectrum for Nonlinear and Non-Stationary Time Series Analysis[J]. Proceedings of the Royal Society A：Mathematical,Physical and Engineering Sciences,1998,454(1971)：903-995.

[112] WU Z,HUANG N E,LONG S R,et al. On the Trend,Detrending,and Variability of Nonlinear and Nonstationary Time Series[J]. Proceedings of the National Academy of Sciences,2007,104(38)：14889-14894.

[113] 罗辉.基于深度特征的民航发动机气路异常检测方法研究[D].哈尔滨：哈尔滨工业大学,2020.

[114] VARUN C,ARINDAM B,VIPIN K. Anomaly Detection：A Survey[J]. ACM Computing Surveys,2009,41(3)：1-58.

[115] Xiuyao S,MINGXI W,CHRISTOPHER J,et al. Conditional Anomaly Detection[J]. lEEE Transactions on Knowledge and Data Engineering,2007,19(5)：631-645.

[116] 陈飞字.基于集成学习算法的异常检测研究[D].南京：南京大学,2015.

[117] 柳新民,刘冠军,邱静,等.一种改进的无监督学习SVM及其在故障识别中的应用[J].机械工程学报,2006(4)：107-111.

[118] 焦李成,杨淑媛,刘芳,等.神经网络七十年：回顾与展望[J].计算机学报,2016,39(8)：1697-1716.

[119] 刘小虎,李生.决策树的优化算法[J].软件学报,1998(10):78-81.

[120] 王晓晔,王正欧.K-最近邻分类技术的改进算法[J].电子与信息学报,2005(3):487-491.

[121] 孙吉贵,刘杰,赵连宇.聚类算法研究[J].软件学报,2008,19(1):48-61.

[122] 沈清,汤霖.模式识别导论[M].长沙:国防科技大学出版社,1991.

[123] CHOPRA S,HADSELL R,LECUN Y. Learning a Similarity Metric Discriminatively,with Application to Face Verification [C]//IEEE Computer Society Conference on Computer Vision and Pattern Recognition. IEEE,2005,1:539-546.

[124] KIMK,MYLARASWAMYD. Fault Diagnosis and Prognosis of Gas Turbine Engines Based on Qualitative Modeling[C]//ASME Turbo Expo 2006:Power for Land,Sea,and Air,2006:881-889.

[125] GANGULI R. Jet Engine Gas-Path Measurement Filtering Using Center Weighted Idempotent Median Filters[J]. Journal of Propulsion and Power,2003,19(5):930-937.

[126] LECUN Y,BENGIO Y,HINTON G. Deep Learning[J]. Nature,2015,521(7553):436.

[127] HENG A,ZHANG S,TAN A C C,et al. Rotating Machinery Prognostics:State of the Art,Challenges and Opportunities[J]. Mechanical Systems and Signal Processing,2009(3):724-739.

[128] ZHIGANG T. A Neural Network Approach for Remaining Useful Life Prediction Utilizing Both Failure and Suspension Data[C]//Piscataway:IEEE,2010.

[129] YULIANGD,YUJONGG,KUNY,et al. ApplyingPCAtoEstablishArtificialNeuralNetworkforCondition-PredictiononEquipmentinPowerPlant[C]//Piscataway:IEEE,2004.

[130] YU P,HONG W,JIANMIN W,et al. A Modified Echo State Network Based Remaining Useful Life Estimation Approach[C]//IEEE Prognostics and Health Management,2012.

[131] ROEMER M J,BYINGTON C S,KACPRZYNSKI G J,et al. An Overview of Selected Prognostic Technologies with Application to Engine Health Management[C]//New York:Amer Soc Mechanical Engineers,2006.

[132] 陈华,郭靖,熊伟,等.应用光滑支持向量机预测汉江流域降水变化[J].长江科学院院报,2008,25(6):28-32.

[133] BOSSI L,ROTTENBACHER C,MIMMI G,et al. Multivariable predictive control for vibrating structures:An application[J]. Control Engineering Practice,2011,19(10):1087-1098.

[134] 欧阳楷,邹睿,刘卫芳.基于生物的神经网络的理论框架——神经元模型[J].北京生物医学工程,1997(2):93-101.

[135] 何新贵,梁久祯.过程神经元网络的若干理论问题[J].中国工程科学,2000(12):40-44.

[136] MACKEY M,GLASS L. Oscillation and chaos in physiological control systems[J]. Science,1977,197(4300):287-289.

[137] 付旭云.机队航空发动机维修规划及其关键技术研究[D].哈尔滨:哈尔滨工业大学,2010.

[138] 谭治学.多源信息融合的民航发动机性能预测方法研究[D].哈尔滨:哈尔滨工业大学,2018.

[139] 谢娟英,高红超,谢维信.K近邻优化的密度峰值快速搜索聚类算法[J].中国科学:信息科学,2016,46(2):258-280.

[140] 钟诗胜,张永健,林琳.基于上下文的适应性产品数据管理模型及其应用[J].计算机集成制造系统,2011,17(1):45-52.

[141] Alfresco Software,Inc. Activiti User Guide[EB/OL].(2018-02-15)[2021-09-07]. https://www.activiti.org/5.x/userguide.

[142] 魏从文.智能生产线布局与设计[M].北京:化学工业出版社,2024.

[143] 肖盛元,庄春生,王玎.传统制造业向智能制造转型升级的研究[J].工业控制计算机.2024,37(6):133-135.

[144] 吴晓莉,晏彪,薛澄岐,等.基于引力模型的智能制造产线信息系统的信息呈现[J].东南大学学报(自然科学版),2021,51(1):145-152.

[145] 王世勇,万加富,张春华,等.面向智能产线的柔性输送系统结构设计与智能控制[J].华南理工大学学

报(自然科学版).2016,44(12):30-35.

[146] 大族激光智能装备.关于 FMS 激光切割柔性生产线[EB/OL].(2021-03-03)[2025-03-20].http://www.hansme.work/news-detail/i-218.html.

[147] 马丽萌,乔非,马玉敏,等.基于 SO-GP 的智能车间组合调度规则挖掘[J].计算机集成制造系统,2021,27(5):1351-1360.

[148] 黄胜,张国富,张冠勇,等.基于数字孪生的新能源汽车电机装配车间设计[J].内燃机与配件,2023(20):65-67.

[149] 宋庭新,李轲.基于 OPC UA 的智能制造车间数据通信技术及应用[J].中国机械工程,2020,31(14):1693-1699.

[150] 朱海平.数字化与智能化车间[M].北京:清华大学出版社,2021.

[151] 孙磊,屠佳佳,毛慧敏,等.针织智能车间自动换筒任务调度技术[J].纺织学报,2023,44(12):189-196.

[152] 王闯,江平宇,杨小宝.智能车间 RFID 标签有效识别及制造信息自动关联[J].中国机械工程,2019,30(2):149-158.

[153] 李昆鹏,刘腾博,阮炎秋.半导体生产车间智能 AGV 路径规划与调度[J].计算机集成制造系统,2022,28(9):2970-2980.

[154] 何爱军,刘银莲,于靖,等.智能物流装备在火炸药行业黑灯工厂中的应用[J].兵工学报,2023,44(S1):196-208.

[155] 刘欢,嵇正波.智能制造产线工业互联协同制造体系应用研究[J].现代工业经济和信息化,2023,13(7):282-284.

[156] 吴秀丽,孙琳.智能制造系统基于数据驱动的车间实时调度[J].控制与决策,2020,35(3):523-535.

[157] 郎新星,段云森.智能制造在太阳能硅片制造中的探究与应用[J].物联网技术,2024,14(6):134-138.

[158] 孙优贤,陈杰.中国自动化技术发展报告[M].北京:化学工业出版社,2018.

[159] 赵世英,王朝华.智能制造车间与调度[M].北京:化学工业出版社,2023.

[160] 陶飞,戚庆林,张萌,等.数字孪生及车间实践[M].北京:清华大学出版社,2021.

[161] 张洁,吕佑龙,汪俊亮,等.智能车间的大数据应用[M].北京:清华大学出版社,2020.

[162] 尹静,杜景红,施灿涛.智能工厂制造执行系统(MES)[M].北京:化学工业出版社,2024.

[163] 任剑,谢翠华,杨艺,等.智能工厂建设方案的正态云多准则优选方法[J].计算机集成制造系统,2021,27(10):2990-3003.

[164] 赵学良,贾梦达,王显鹏,等.石化智能工厂建设关键场景与技术[J].化工进展,2024,43(2):894-902.

[165] 陈明,梁乃明,方志刚,等.智能制造之路:数字化工厂[M].北京:机械工业出版社,2016.

[166] 索寒生,贾梦达,宋光,等.数字孪生技术助力石化智能工厂[J].化工进展,2023,42(7):3365-3373.

[167] 刘业峰,赵元.智能工厂技术基础[M].北京:北京理工大学出版社,2020.

[168] 李俊杰.智能工厂从这里开始:智能工程从设计到运行[M].北京:机械工业出版社,2022.

[169] 王庆涛,周正,李超,等.数字孪生技术在自动驾驶测试领域的应用研究概述[J].汽车科技,2021(2):11-15.

[170] 徐朋月,刘攀,郑肖飞.数字孪生在制造业中的应用研究综述[J].现代制造工程,2023(2):128-136.

[171] 刘海阔.传统制造业企业数字化转型价值创造路径研究[D].哈尔滨:东北农业大学,2023.

[172] 翟洺枢.双碳背景下制造业企业数字化转型动因及绩效研究[D].呼和浩特:内蒙古财经大学,2024.

[173] 易振新,刘亚飞,文蔚.工程机械灯塔工厂建设探索[J].智能制造,2023(3):33-37.

[174] 赵庆涛,王兴,刘宇,等.鞍钢股份数字孪生钢铁智造模式[J].企业管理,2023(8):12-16.

[175] 张健民,单旭沂.热轧产线智能制造技术应用研究:宝钢 1580 热轧示范产线[J].中国机械工程,2020,31(2):246-251.